大学物理实验
（第2版）

浦天舒 郭英 李博 钟宏杰 编著

清华大学出版社
北京

内 容 简 介

本书是东华大学理学院物理系为理工科各专业开设的大学基础物理实验课程的教材。主要内容为测量误差与不确定度评定的基本知识,几十个涵盖力学、热学、电磁学、光学、近代物理的基本实验及以近代物理和技术性物理为主的选做实验。其中许多实验还含有"实验拓展"或"提高要求"部分。附录中有基本物理常量表和国际单位制的介绍。

本书可作为物理或非物理类专业的大学基础物理实验课程的教材和参考书,也可作为各专业学生开展课外科技活动的参考书。

版权所有,侵权必究。举报: 010-62782989, beiqinquan@tup.tsinghua.edu.cn。

图书在版编目(CIP)数据

大学物理实验/浦天舒等编著. —2版. —北京:清华大学出版社,2018(2021.3重印)
ISBN 978-7-302-48992-4

Ⅰ. ①大… Ⅱ. ①浦… Ⅲ. ①物理学—实验—高等学校—教材 Ⅳ. ①O4-33

中国版本图书馆 CIP 数据核字(2017)第 309472 号

责任编辑:佟丽霞
封面设计:傅瑞学
责任校对:赵丽敏
责任印制:丛怀宇

出版发行:清华大学出版社
网　　址:http://www.tup.com.cn, http://www.wqbook.com
地　　址:北京清华大学学研大厦 A 座　　邮　　编:100084
社 总 机:010-62770175　　邮　　购:010-62786544
投稿与读者服务:010-62776969, c-service@tup.tsinghua.edu.cn
质量反馈:010-62772015, zhiliang@tup.tsinghua.edu.cn

印 装 者:三河市少明印务有限公司
经　　销:全国新华书店
开　　本:185mm×260mm　　印　张:23　　字　数:557 千字
版　　次:2011 年 1 月第 1 版　2018 年 6 月第 2 版　印　次:2021 年 3 月第 2 次印刷
定　　价:59.00 元

产品编号:075335-02

前言

此次再版,除纠正已发现的第一版中的错误,主要调整如下:

(1) 新增"用电功量热法测定水的比热容""LCR 电路的谐振现象""毛细管法测量液体黏滞系数和表面张力系数"三个实验。

(2) "灵敏电流计特征的研究""纺织品介电常数的测定"两个实验增加了实验拓展内容。

(3) "电桥及其应用""金属电子逸出功的测定""密立根油滴实验——电子电荷的测定""稳态法测量不良导体的导系数""CCD 器件的特性研究及应用"添加了提高要求。

(4) 部分实验("电桥及其应用""用电位差计校正电压表""碰撞打靶实验"等)在叙述上有所调整。

编 者
2017.11

第1版前言

随着物理学在其他各学科中的渗透和广泛应用，以及各高校在大学基础实验室仪器设备等方面投入的增长，大学基础物理实验的内容日益广泛，教学要求日益提高，因此实验的教学内容、教学模式包括教材的编写，也都不得不适应这种变化。

例如，近年来由于仪器设备的增加和实验项目的增多，我校（东华大学）增开了不少以近代物理实验和技术性物理实验为主的选做物理实验来开阔学生的眼界，并且在物理学科的专业实验室和大学物理课程的演示实验室建设等方面取得了一定成果。本书以原有教材《大学物理实验》（浦天舒、张铮扬、沈亚平等编）和由施芸城、胡群华等编的《大学物理选做实验》讲义为基础，经重新整合编写而成。根据我校的课时安排，为了教学上的灵活性和可操作性，本书把实验分成了基本实验和选做实验。基本实验包括力学、热学、电磁学、光学和近代物理实验，基本上可以满足一般的教学要求；选做实验则以近代物理实验和技术性物理实验为主，在教学上让学生按自己的兴趣选做。同时，我们也对所有实验内容进行了优化组合。首先，在数据处理方面，现编教材以由国际权威组织制定的《测量不确定度指南》为标准来阐述不确定度的评定，使之与国际接轨（但省略了一些数学公式的证明）；其次，也是本书最主要的特点，是许多实验都含有"实验拓展"或"提高要求"部分，它们是前面实验内容的延伸和拓展，但一般不需或只需增添少量仪器，这样既可使教学内容更完整，又可避免做实验时就事论事、只知其一不知其二的弊端。例如，对一些特殊的数据处理方法，如不等精度测量、非线性最小二乘法、不确定度的B类评定等，便作为一些实验的"提高要求"；又如"不平衡电桥""电流表内阻测量"分别作为"电桥及其应用""电表改装"实验的拓展等。"实验拓展"部分一般都具有一定的相对独立性，既能针对不同专业取舍，也可给学生的课外活动提供选择参考。我们想通过这样的安排能让学生认识到，物理学绝不是一门纯理论的科学，而是科学技术和工程实际的重要基础。对于学有余力的学生或对某个实验感兴趣的学生，可让他们选做实验的提高要求部分或参加课外科技活动选做一些近代物理实验和技术性物理实验的内容，尽可能满足其求知需求，以适应当今对学生的个性化教育的需要和学生的个性发展。

本书由浦天舒主编并统稿，钟宏杰教授主审，参加编写的有郭英、李博、杨沁玉、杨旭方、胡群华等老师，另外，还要感谢提供有益建议的李林、丁可、许毓敏等老师以及所有原教材或讲义的编写者。由于条件限制，也限于水平，加之时间紧，编写工作量大，作为基础实验教材不可能包罗万象，许多教学成果（如大学生创新实验项目等）也未能反映，难免挂一漏万，其中的错误之处敬请使用者和读者指正。

编　者
2010.7

目录

绪论 ·· 1
  一、物理实验课的地位和作用 ··· 1
  二、物理实验课的基本程序 ·· 1
  三、适用于所有实验的注意事项 ······································ 3

第1章 测量误差与不确定度评定及实验数据处理 ·············· 4

  1.1 测量及误差 ·· 4
    1.1.1 测量的基本概念 ·· 4
    1.1.2 测量误差的基本概念 ·· 5
    1.1.3 随机变量统计规律的表述 ·································· 10
    1.1.4 正态分布随机误差的统计规律及其表述 ················ 14
  1.2 实验不确定度的评定 ··· 17
    1.2.1 不确定度的由来 ·· 17
    1.2.2 不确定度的概念及表征参数 ······························ 17
    1.2.3 不确定度的估计 ·· 18
    1.2.4 标准不确定度的合成与传递 ······························ 22
  1.3 有效数字及测量结果的表示 ······································ 29
    1.3.1 有效数字的概念 ·· 29
    1.3.2 数值的修约规则 ·· 29
    1.3.3 实验数据的有效位数确定 ·································· 29
  1.4 列表、作图之要点及组合测量与最佳直线参数 ············ 31
    1.4.1 列表法 ·· 32
    1.4.2 作图法和图解法 ·· 32
    1.4.3 最小二乘法和线性拟合 ····································· 33
  思考题 ··· 36
  误差与有效数字练习题 ··· 36
  附录1 t 因子 ·· 37
  附录2 常用函数的标准偏差或不确定度传递公式 ············ 38
  附录3 仪器准确度、仪器误差、分度值和鉴别力阈 ········· 39
  参考文献 ··· 47

第 2 章　基本实验 ·· 49

实验 1　长度测量 ·· 49
实验 2　物体密度的测量 ·· 54
　　附录 1　标准大气压下不同温度的水的密度（g·cm^{-3}） ····················· 58
　　附录 2　计算公式及误差分析 ·· 59
　　附录 3　密度计原理 ·· 60
实验 3　用三线摆测转动惯量 ·· 60
　　附录　电子秒表的使用 ··· 66
实验 4　用拉伸法测量金属丝的弹性模量 ·· 67
　　附录 1　几种材料的弹性模量 ·· 72
　　附录 2　逐差法 ··· 72
　　实验拓展：用 CCD 成像系统测定杨氏模量 ·································· 73
实验 5　电路连接练习及万用表的使用 ·· 75
　　实验拓展：伏安法测电阻的研究 ·· 83
实验 6　电桥及其应用 ·· 86
　　实验拓展：电阻温度计与不平衡电桥 ··· 91
实验 7　示波器的使用 ·· 94
　　实验拓展：组装整流器 ··· 105
实验 8　分光计的调节和使用 ·· 106
　　附录　三棱镜折射率及顶角与最小偏向角的关系 ····························· 113
实验 9　汞光谱波长的测量 ··· 114
　　附录　FGY-01 型分光仪角度读数方法 ·· 118
实验 10　氢原子光谱的测量及里德伯常量的实验证明 ····································· 119
　　附录 1　氢光谱线系能级图 ··· 123
　　附录 2　常用光源的谱线波长表 ··· 124
实验 11　灵敏电流计特性的研究 ·· 124
　　实验拓展：电磁动量之研究 ·· 130
实验 12　用电位差计校正电压表 ·· 132
实验 13　碰撞打靶实验 ··· 137
实验 14　灯丝电阻与其端电压关系的研究 ··· 140
　　实验拓展：研究光电二极管的光电特性 ······································· 141
实验 15　薄透镜焦距的测量 ·· 143
实验 16　利用驻波测定弦线中的波速 ·· 150
　　实验拓展：验证波长与弦线张力、波源振动频率的关系 ····················· 154
实验 17　铁磁材料动态磁滞回线和基本磁化曲线的测量 ··································· 156
实验 18　光的干涉和应用 ··· 164
实验 19　显微镜与望远镜放大率的测量 ·· 169
　　附录　消视差 ··· 176
实验 20　半导体的霍耳系数与电导率 ·· 176

  实验 21 金属电子逸出功的测定 ······ 182
    附录 WF 型系列金属电子逸出功测定仪介绍 ······ 188
    实验拓展：验证二分之三次方定律及求电子的荷质比 ······ 189
  实验 22 电表改装 ······ 190
    实验拓展：测量电流表的内阻 ······ 194
    附录 设计方案参考 ······ 195
  实验 23 液体表面张力系数的测定 ······ 196
  实验 24 纺织品介电常数的测定 ······ 204
    附录 有关本实验的一些说明 ······ 210
    实验拓展 边缘效应修正 ······ 211
  实验 25 转动惯量的动力学测量法 ······ 212
    附录 HMS-2 型通用电脑式毫秒计使用说明 ······ 217
  实验 26 动力学法测定弹性模量 ······ 218
    附录 1 弹性模量 $E=1.6067\frac{l^3 m}{d^4}f^2$ 的推导 ······ 220
    附录 2 讨论 ······ 222
    附录 3 YM—2 型信号发生器和 CY—2 型功率函数信号发生器 ······ 223
  实验 27 声速的测定 ······ 224
  实验 28 密立根油滴实验——电子电荷的测定 ······ 229
  实验 29 迈克耳孙干涉仪 ······ 235
    实验拓展：测定钠 D 线两波长的波长差 ······ 239
  实验 30 激光全息照相 ······ 240

第 3 章 选做实验 ······ 245
  实验 31 扭摆法测量材料的切变模量 ······ 245
    实验拓展：根据所测琴钢丝的切变模量测定物体的转动惯量 ······ 250
  实验 32 玻尔共振实验 ······ 250
    附录 1 ZKY-BG 型玻尔共振仪调整方法 ······ 259
    附录 2 简单故障排除 ······ 259
  实验 33 液体黏滞系数的测量 ······ 260
  实验 34 气体比热容比的测量 ······ 263
    附录 仪器操作 ······ 265
  实验 35 空气热机实验 ······ 265
    附录 1 仪器介绍 ······ 269
    附录 2 空气热机实验仪的维护 ······ 272
  实验 36 冷却法测量金属的比热容 ······ 272
    附录 铜-康铜热电偶分度表 ······ 275
  实验 37 稳态法测量不良导体的导热系数 ······ 276
  实验 38 金属线膨胀系数的测量 ······ 279
  实验 39 半导体热电特性实验 ······ 281

实验 40　利用虚拟仪器技术测量发光二极管的伏安特性 ……………………… 283
　　　附录　电流表的内接和外接 ……………………………………………… 285
　实验 41　数字电表原理及应用技术实验 ………………………………………… 286
　实验 42　音频信号光纤传输技术实验 …………………………………………… 292
　实验 43　CCD 器件的特性研究及应用 …………………………………………… 299
　实验 44　偏振光的研究和检测 …………………………………………………… 306
　实验 45　声光衍射与液体中声速的测定 ………………………………………… 311
　实验 46　光学信号的空间频谱与空间滤波 ……………………………………… 315
　实验 47　用电功量热法测定水的比热容 ………………………………………… 320
　实验 48　LCR 电路的谐振现象 …………………………………………………… 323
　实验 49　毛细管法测量液体黏滞系数和表面张力系数 ………………………… 328
　　　附录　水在不同温度下的黏滞系数和表面张力系数 ………………………… 333
　实验 50　弗兰克-赫兹实验 ………………………………………………………… 334
　实验 51　核磁共振 ………………………………………………………………… 337

总附录 A　理工科类大学物理实验课程教学基本要求 ………………………… 350
总附录 B　附表 …………………………………………………………………… 353
　附表 B.1　常用基本物理常量表（CODATA2006 年推荐值） ……………………… 353
　附表 B.2　国际单位制的基本单位 ………………………………………………… 354
　附表 B.3　国际单位制的两个辅助单位 …………………………………………… 355
　附表 B.4　国际单位制中 21 个具有专门名称的导出单位 ……………………… 355
　附表 B.5　中华人民共和国法定计量单位 ………………………………………… 355

绪 论

一、物理实验课的地位和作用

物理学从本质上说是一门实验科学。300多年前,伽利略和牛顿等学者,以科学实验方法研究自然规律,逐渐形成了一门物理科学。物理学的发展及物理学史上许多关键问题的解决,最后都诉诸实验。例如,杨氏的光干涉实验证实了光的波动说;迈克耳孙-莫雷实验证实了以太不存在;赫兹实验证实了麦克斯韦的电磁场理论关于电磁波存在的预言。而近代物理学的重大突破,更离不开科学实验这个环节的研究结果。

随着科学技术的发展,物理学实验越做越精确,越做范围越广,它可以验证更深一层的理论,推动理论研究的发展;它可以启示新科学思想,提供新的科学方法;它用精确的定量数据辨明各类事物的细微差异;它证明了一定的假设并使假设转化为理论;它指出理论可靠性和适用的范围。近代科学的历史表明,物理学领域内的众多研究成果都是理论和实验密切结合的结晶。

作为一门独立课程的物理实验课,是学生进入大学后受到系统的实验技能训练的开端,是后继课程的基础。本课程教学的主要目的如下:

(1) 通过课程的学习,使学生受到基本物理概念、基本物理实验方法、基本物理实验技能方面的基本训练;使学生逐步具备运用物理概念、物理方法进行科学实验的能力。

(2) 培养和提高从事科学实验的素质。包括:理论联系实际和实事求是的科学作风;严格的操作规程,严肃认真的工作态度;不怕困难,主动进取的探索精神;遵守纪律,爱护公共财物的优良品德。

科学的发展、新产品的开发、新工艺的使用都离不开基础训练。作为德、智、体全面发展的工程科学技术人才,不仅要有深广的理论知识,还必须有现代科学的实验能力,才能适应现代社会的需求。

二、物理实验课的基本程序

在指导教师的指导下,学生在物理实验课中要充分发挥独立性和主动性。整个实验过程一般分为三个阶段。

(一) 实验的预习

实验预习是实验课的重要环节。

预习要求理解实验的目的和原理,弄懂重要的物理概念和公式,了解实验的具体过程,抓住实验操作的关键,在此基础上写出预习报告。

预习报告的内容主要有：一、实验名称；二、实验目的；三、所用的仪器设备（一般应写出型号）；四、简要原理和计算公式，电学实验必须画出电路图，光学实验必须画出光路图，其他实验应画出仪器装置简图；五、实验步骤；六、实验数据表格。

未作预习和预习报告的学生在补作之前均不能进入实验的第二阶段。

（二）实验的操作和记录

实验进行前先要熟悉仪器，了解仪器工作的原理和操作方法，考虑仪器的合理布局，然后将仪器安置调节好。

使用电学仪器还应注意用电安全，须经教师检查后才能接通电源。实验过程中要养成良好的记录实验数据（现象）习惯：根据仪器最小刻度单位或精度等级准确读数，原始数据不能随意修改。原始数据须记录在实验笔记本或预习报告上，还应根据不同实验的需要记下实验时间、地点、合作者、室温、气压、使用的仪器编号及实验过程中发现的问题。

实验记录是做实验的重要组成部分，必须在实验记录本中记录所做的一切。每个实验的记录都应从新的一页开始。它应包括5个主要部分：

(1) 实验标题和日期；

(2) 观测数据；

(3) 计算；

(4) 实验方法的有关说明，必要时可画出图表，电学实验要画出电路图；

(5) 实验结果，包括标准不确定度。

下面我们依次说明这5个部分。

(1) 标题应就实验目的作简明的叙述，间或指明所用方法。必须写上实验日期。

(2) 得到观测数据后，立即用钢笔记在记录本上。这一点很重要。绝不能用零散纸张和铅笔，理由如下。

① 那样做很浪费时间，因为所有观测数据最终要记到固定的记录本中。

② 那样做显得潦草，可能导致混乱。

③ 那样做可能导致不科学的工作方法。因为它使你有机会为了要"得到正确的答案"——不管其含义如何，而去选用你认为较优的某些数据，舍弃你认为较劣的某些数据——而不阐述取舍的理由。要记住，不存在什么"正确答案"，通常在教材和资料中引用的重要物理量的公认值，是由许多有经验的实验工作者反复测定的。把你的实验结果与公认值作比较，无疑是有意义的。但是，如果你的结果和它"完全一致"，那多半是碰巧而不是你的高明，应该考虑你的实验结果的标准不确定度，从而弄清公认值是否在你得到的结果的标准不确定度之内。

发现数据记错，不要涂掉原数据，而是用斜线划掉原数据，再在旁边写上正确数据。养成如实记录数据的好习惯。

记录中不要遗漏每个观测数据的误差范围，也不要忘记标明所用的单位。

教材中有不少作为实例的表格可供参考，可以根据实际情况适当地修改表格。

(3) 简洁明了地表述计算过程，以便必要时无须解释就能验算。不要混淆观测值和计算值。如果在同一表格中同时要列入观测值和计算值的话，务必将它们分清。

(4) 只有在完成实验之后方能写出在实验中遇到的困难和其他现象，以及克服这些困难的方法；观测数据要及时记录下来，而计算值紧随其后；实验中观察到不寻常的现象时，最好及时记录下来,若一时无法解决,可供以后分析讨论。

画出图表,往往可以使叙述比较简短而清晰。但图表不等于图画,好的图表都是简单的,即图中只画出为说明问题所必要的直线或曲线,并用必要的标号加以阐明。

(5) 结论中应包括下列内容:

① 解释得到的曲线;

② 叙述实验结果,给出其数据、标准不确定度和所用单位,特别注意给出的应当是有效数字;

③ 在测定任何普适常量(常数)的实验中,要给出它的公认值,并注明这些公认值引自什么资料;

④ 评论②与③之间的差异,并提出改进实验技术的建议。

如未能完成实验,应写出中止实验的理由。

科学研究中的实验记录本是极其宝贵的资料,要长期保存,因此必须认真对待。

(三) 写实验报告

书写实验报告是对该次实验的全面总结,也是为在今后实际工作中书写科研论文和工作报告打好基础。

实验报告要求字迹端正、文字通顺,数据表格和实验结果完整清晰、结论正确。还要有对该实验的分析。

完整的实验报告通常包括下列几个部分:

一、实验名称;二、实验目的;三、仪器;四、简要原理和计算公式(电学实验必须画出电路图,光学实验必须画出光路图,其他实验应画出仪器装置简图);五、实验步骤;六、实验数据表格;七、主要计算过程(包括误差计算)和作图(如波形图、各种关系图、曲线图等);八、实验结果;九、小结或讨论(内容不限,可以是实验中现象的分析,对实验关键问题的研究体会,实验的收获和建议,也可以解答思考题)。(以上一至六点为预习报告的内容)

实验报告一般应在实验进行后抓紧完成,在下次实验前交指导教师批阅。没有按要求完成的,教师可以要求学生退回补做。

三、适用于所有实验的注意事项

仔细阅读实验标题,准确理解它的意思。教材中有的地方提示一些理论要点,但不作系统完整的讨论。如果你不熟悉实验涉及的理论知识,我们设想你在做实验之前会设法去掌握它。

阅读实验指导全文,对需要做的事情、需要注意的事项及需要作的记录,都能做到"心中有数"。

检查要用的仪器,如果有疑问应请教老师。

按给定的实验步骤进行实验操作。但要记住,实验教材并不是为不了解整个实验、只会盲目机械地从一个操作到下一个操作的人写的。

把观察到的一切数据记在实验记录本上。

做完实验后,把仪器物品放回原处。

第1章 测量误差与不确定度评定及实验数据处理

实验是在理论思想指导下,利用科学仪器设备,人为地控制或模拟自然现象,使它以比较纯粹和典型的形式表现出来,然后再通过观察与测量去探索自然界客观规律的过程。物理实验的目的是探寻和验证物理规律,而许多物理规律是用物理量之间的定量关系来表达的。由于自然条件错综复杂,变化多端,即使在实验室中作了充分控制也难免不受影响。所以,观察与测量也不会永远是在理想化的条件下进行,所谓"完善的测量"是做不到的。

无论是实验的设计、操作,都要考虑误差对实验结果的影响。测量误差理论可以帮助我们合理选择测量仪器、安排操作步骤。一个复杂的实验,往往只有几个关键的测量量对实验结果影响较大,误差理论可以帮助我们抓住主要矛盾。对实验结果的可靠性,既不能人为夸大而造成潜在的危害,也不能人为缩小而造成可能的浪费。应力求用最小的代价取得最好的结果,而不能片面地认为仪器越高级越好、环境条件越稳定越好等。可以说,实验过程的每一步都与测量误差理论密切相关。

在物理实验中,可以获得大量的测量数据,这些数据必须经过认真的、正确的、有效的处理,才能得出合理的结论,从而把感性认识上升为理性认识,形成或验证物理规律;否则,测量数据就会毫无价值。所以数据处理是物理实验中的一项极其重要的工作。不确定度评定是数据处理工作的核心。

1.1 测量及误差

1.1.1 测量的基本概念

1. 量、测量和单位

任何现象或实体都以量来表征,量具有对现象和实体作定性区别或定量确定的特征。定量就需要进行测量。测量是通过实验方法(包括所用的测量方法、测量仪器)为确定客观事物(被测对象)的测量值而取得定量数据的过程。为确定被测对象的测量值,首先要选定一个单位即标准量,然后将被测对象与这个标准量进行比较,比较的结果给出被测量是测量单位的若干倍或几分之几,这一比值即为反映被测量值的数字。显然,数字的大小与选用的单位有关,在表示一个被测对象的测量值时必须包含数值和单位两个部分。

测量过程中,测量单位必须以物质形式体现出来,这就需要标准器具和仪器。

为保证量值准确统一,对基本量建立了相应的基准,由基准给出量值单位的真值(或约定真值)。为满足不同精度的测量要求,需要建立量值的传递系统。实现量值的逐级传递需要一定的测量器具和测量方法,并有相应的精度要求。

目前,在物理学上各物理量的单位,都采用中华人民共和国法定计量单位,它是以国际单位制(SI)为基础的单位。国际单位制是在1960年第11届国际计量大会上确定的和之后修改充实的,它是以米(长度)、千克(质量)、秒(时间)、安培(电流强度)、开尔文(热力学温度)、摩尔(物质的量)和坎德拉(发光强度)作为基本单位,称为国际单位制的基本单位;其他量(如力、能量、电压、磁感应强度等)的单位均可由这些基本单位导出,称为国际单位制的导出单位。

2. 测量方法及其分类

对不同的被测量和不同的测量要求,需要采用不同的测量方法。这里,测量方法是泛指测量中所涉及的测量原理、测量方式、测量系统及测量环境条件等诸项测量环节的总和。测量中这些环节的一系列误差因素都会使测量结果偏离真实值而产生一定的误差。因此,对测量过程诸环节的分析研究是测量数据处理及其精度估计的基础。

按不同的原则,可对测量方法进行不同形式的分类。按照对实验数据处理方式的不同,在基础物理实验中可把测量方法归并为直接测量和间接测量两大类。

(1) 直接测量

直接测量是将被测量与作为标准的量直接进行比较,或者用经标准量标定了的或事先刻度好的仪器对被测量进行测量,从而直接获得被测量值。例如,用尺子测量长度、用温度计测量温度、用电流表测量电流就可分别直接得到长度、温度、电流量。

(2) 间接测量

间接测量是指直接测量与被测量有确定函数关系的其他量,然后按这一函数关系间接地获得被测量值的方法。例如,为测量圆的面积 S,可直接测量其直径 d,然后根据函数关系 $S=\pi d^2/4$ 求得面积。又如,用伏安法测电阻,就是利用电压表和电流表分别测量出电阻两端的电压和通过该电阻的电流,然后根据欧姆定律计算出被测电阻的大小。

1.1.2 测量误差的基本概念

1. 测量的绝对误差

人们在进行各种实验时,所获得的实验结果往往以相应数据的形式反映出来。例如,天文观测、大地测量、标准量值的传递、机械零件加工、仪器的装调、实弹射击、导弹发射等,这些实验结果给出相应的实验数据。

实验给出的某个量值的实验数据总不会与该量值的理论期望值完全相同,因此称实验或实验数据存在误差,即实验误差。在测量工作中,对某个量进行测量时,该量的客观真值(客观上的实际值)是测量的期望值,测量所得数据与其差值即为测量误差。更具体地说,测量误差 δ 定义为被测量的测得值 X_k(此处下标 k 表示第 k 次测量)与其相应的真值 a 之差。即

$$\delta = X_k - a \tag{1}$$

上述定义是误差的基本表达形式。为区别于相对误差(见下一小节),上述定义的误差也称绝对误差。以下如不特别指明,测量误差均指绝对误差。

这里"测得值"是由测量所得的赋予被测量的值。若此值是示值(由测量仪器提供的被测量的值),则测得值是示值;若此值是被测量的若干个观测值(observation)的(算术)平均值,则测得值是平均值。它既可以是直接测量的结果,也可以是间接测量的结果。完整地阐述测量结果应包括测量的不确定度。不确定度是测量准确度的表征。它表示由于存在测量误差而使被测量值不能肯定的程度。根据误差理论提供的依据,可对测量的不确定度作出估计。

这里的"真值"是指被测量的客观真实值,它是在某量所处的条件下通过完善的测量所得到或确定的量值,或者说是在某一时刻和某一位置或状态下某量的效应体现出的客观值。由于要做到"完善的测量"是极其困难的,所以在大多数场合被测量的(真)值是未知的,(量的)真值是理想概念。事实上,量子效应排除唯一真值的存在。只有下述几种情况,被测量的(真)值是可知的。

(1) 理论真值

例如,平面三角形内角之和恒为 180°,同一量值自身之差为 0 而自身之比为 1。

(2) 计量学的约定真值

例如,长度单位 1 m 是光在真空中在 1/299 792 458 s 时间间隔内所行进的路程。光速的数值及不确定度在历史上有过几次变动,但随着科学技术的进步,总的趋势是逐步逼近真值的。在 1975 年第 15 届国际计量大会上,光速的推荐值是 299 792 458 m/s,其(标准)不确定度为 $\pm 4 \times 19^{-9}$ m/s。长度单位 1 m 是计量学的一种约定真值。常数委员会 1986 年推荐的阿伏伽德罗常量 $6.022\ 136\ 7 \times 10^{23}$ mol^{-1},其标准不确定度为 $\pm 0.000\ 003\ 6 \times 10^{23}$ mol^{-1},也是计量学的约定真值。约定真值都具有一定的不确定度,但就所要达到的目的而言,其本身的不确定度可以忽略不计。

(3) 标准器具的约定真值

此约定真值指在给定地点,由参考标准(即具有所能得到的最高计量特性的计量标准)复现的量值。例如,作为参考标准的标准砝码、标准物质、标准测量仪器等在其证书中所给出的值,市场上公平秤给出的值也作为市场上的约定真值。

有时,可通过某种手段获得真值的近似值,当这一近似值与真值的差值在实际问题中可以忽略不计时,就可以用这一近似值代替真值,从而计算出测量误差。此时称这一近似值为相对真值。

在相当长的时间里,测量的准确度用误差表示,应该说误差具有清晰的概念,它已被大众广泛接受。但是由于被测量的(真)值在大多数情况下是未知的,这就使得用误差来表示测量结果的准确度遇到了困难。过去也把如前述的光速和阿伏伽德罗常量的不确定度 $\pm 4 \times 10^{-9}$ m/s 和 $\pm 0.000\ 003\ 6 \times 10^{23}$ mol^{-1} 叫做误差,实际上它们并不是误差的具体值,而是给出的一个数值区间,即给出了以"±"号前面的数值为中心,以"±"号后面的数值为区间的范围,而实际值(或被测量的真值)则(以一定的概率)落在此区间内。为了避免造成概念上的混乱,人们提出了不确定度的概念,凡是用区间("±"号)并以一定的概率(称为置信概率,用 P 表示)给出的误差指标称为不确定度。这个概念已为国际上所采用。

2. 测量的相对误差

误差按其表示方式,可分为绝对误差和相对误差,两者都是代数量,可正可负。相对误差 δ_R 是(绝对)误差 δ 与被测量的(真)值 a 之比,即

$$\delta_R = \delta/a \tag{2}$$

相对误差通常以百分数（%）表示，习惯上把被测量有准确真值或有准确公认值和理论值时的相对误差称为百分误差。由于 a 在大多数场合是未知的，而测得值的绝对误差通常很小，因此，在相对误差的表示中，往往以测得值代替被测量的（真）值，即

$$\delta_R = \delta/X_k \tag{3}$$

用相对误差能确切地反映测量效果，被测量的量值大小不同，允许的测量误差也应有所不同。被测量的量值越小，允许的测量绝对误差值也应越小。引入相对误差的概念就能很好地反映这一差别。例如，有两个测量结果：$X_1 = (1.00 \pm 0.01)$ cm，$X_2 = (10.00 \pm 0.01)$ cm，虽然绝对误差（不确定度）均为 0.01 cm，但由于被测量量值的大小不同，显然后者的测量效果优于前者。

仪器的引用误差属于相对误差的一种，引用误差定义为

$$\text{引用误差} = \frac{\text{示值误差}}{\text{引用值}} \times 100\% \tag{4}$$

式中引用值通常指全量程值（或量程上限），必要时参阅仪器说明书；示值误差常用误差绝对值表示。我国的电工仪表等大多数采用引用误差，分为 0.1、0.2、0.5、1.0、1.5、2.5 和 5.0 等级别。若仪表为 1.5 级，说明合格仪表最大允许引用误差为 1.5%。如果仪表的量程为 $0 \sim X_F$，仪表示值为 X_k，则该仪表在 X_k 邻近的示值误差绝对值（亦称极限误差或误差限或不确定度限）$\leqslant X_F \times 1.5\%$，或者说示值误差绝对值的相对误差 $\leqslant \frac{X_F}{X_k} \times 1.5\%$。一般情况下，$X_k \leqslant X_F$，故当 X_k 越接近 X_F，相对误差越小，反之则相对误差较大。我们使用这类仪表测量时，测量值应尽可能在所选仪表的上限值邻近或 2/3 量程值以上。

例 1 经检定发现，量程为 250 V 的 2.5 级电压表在 123 V 处的示值误差最大，为 5 V（指与标准表比较）。问该电压表是否合格？

解 按电压表精度等级的规定，2.5 级表的最大允许引用误差应为 2.5%。而该电压表的最大引用误差为

$$q = \frac{5}{250} \times 100\% = 2\%$$

因最大引用误差小于最大允许引用误差，故该电压表合格。

3. 误差按其性质的分类

从不同的角度出发，可对测量误差作出种种区分。如按照测量误差的表示方式可将其分为绝对误差和相对误差；按照测量误差的来源可将其区分为装置误差、环境误差、方法误差、人员误差等；按照对测量误差的掌握程度，可将其区分为已知的误差和未知的误差；按照测量误差的特征规律，可将其区分为随机误差和系统误差两大类。

还有一类误差，由于外界干扰、操作读数失误等原因而明显超出规定条件下的预期值，以前称为粗大误差。包含粗大误差的测得值或粗大误差称为异常值（outlier）。测量要避免出现高度显著的异常值，已被谨慎确定为异常值的个别数据要剔除。

（1）随机误差

在重复条件下，对同一被测量实行多次测量时，每个观测值或测量结果 X_k 通常会有所不同。可以推测这是由于对测量结果有影响的量发生不可预测的或随机的时空变化造成的（有时这也源于被测量定义的不完整），例如，测量时周围温度的微小变化，外界环境造成的

微弱振动、局部的空气湍流、电网电压、频率的小量起伏等。这使得测量结果在测量前不可预知,事实上有无穷多个随机取值,可表示为随机变量 X。对于随机变量,可以定义它的数学期望(均值):

$$E(X) = \mu \tag{5}$$

有关随机变量及数学期望的概念见 1.1.3 节。

随机误差 δ_r 定义为测量结果 X_k 减去在重复条件下对同一被测量实行无限多次测量结果的平均值 μ(数学期望),即

$$\delta_r = X_k - \mu \tag{6}$$

这里提到的重复条件是指相同的测量方法、相同的测量人员、相同的条件下使用相同的测量装置并在相同的地点短时间内重复测量。强调短时间内是为了保持相同的测量环境。

由于测量结果可被看作随机变量,故随机误差也是随机变量,具有随机变量的一切特征。在单个的测量数据中,这类误差表现出无规则性,不具有确定的规律,但在大量的测量数据中却表现出统计规律性,其取值具有一定的分布特征,因而可利用概率论提供的理论和方法来研究。

由于随机误差取值是不可预知的,因而不能通过"修正"的方法消除掉,但可以通过改善测量条件和增加测量次数来减小。随机误差对测量结果的影响不能以误差的具体值去表达,只能用统计的方法作出估计。

(2) 系统误差

系统误差 δ_s 是在重复条件下对同一被测量实行无限多次测量结果的平均值 μ 减去被测量(真)值 a,即

$$\delta_s = \mu - a \tag{7}$$

它表现为其值固定不变或按确定的规律变化。例如,加工误差会使量块具有一恒定的系统误差;温度变化会使金属刻度尺伸缩而产生误差;电压波动会使仪表示值产生相应的误差等。这里所谓确定的规律是指在顺次考察各测量结果时,测量误差具有确定的值(当随机误差可忽略不计时),在相同的考察条件下,这一规律可重复地表现出来,因而原则上可用函数的解析式、曲线或数表表达出来。如果已认识到某个系统误差是对测量结果有影响的某一量引起的,且可以定量给出,则应设法予以修正。对测量仪器而言,其系统误差称为仪器的偏差误差(bias error)。

应当指出,系统误差虽有确定的规律性,但这一规律并不一定确知。按照对其掌握的程度可将系统误差分为已知的系统误差(确定性的系统误差)和未知的系统误差(不确定的系统误差)。显然,数值已知的系统误差可通过"修正"的方法从测量结果中消除。

系统误差来源于仪器的固有缺陷、实验方法的不完善或这种方法所依据的理论的近似性、环境的影响、实验者缺乏经验和生理或心理的特点。

需要特别指出的是,系统误差的消除、减小或修正属于技能问题,可以在实验前、实验中、实验后进行。例如,实验前对测量仪器进行校准,使方法尽可能完善,对人员进行专门训练等;在实验中采取一定方法对系统误差加以补偿;实验后在结果处理中进行修正等。

虽然系统误差的发现、消除、减少或修正是一个技能问题,但是,要找出其原因,寻求其

规律绝非轻而易举之事。这是因为：

① 实验条件一经确定，系统误差就获得了一个客观上的恒定值，在此条件下进行多次测量并不能发现该系统误差；

② 在一个具体的测量过程中，系统误差往往会和随机误差同时存在，这给分析是否存在系统误差带来了很大的困难。

能否识别和消除系统误差，与实验者的经验和实际知识有着密切关系。因此，对于初学实验者来说，应该从一开始就逐步地积累这方面的感性知识，在实验时要分析：采用这种实验方法（理论）、使用这套仪器、运用这种操作技术会不会对测量结果引入系统误差？

科学史上曾有过这样一个事例：

1909—1914 年间美国著名物理学家密立根以他巧妙设计的油滴实验，证实了电荷的不连续性，并精确地测得元电荷的大小为

$$e = (1.591 \pm 0.002) \times 10^{-19} \text{C}$$

后来，由 X 射线衍射实验测得的 e 值却与油滴实验值差了千分之几。通过查找原因，发现密立根实验中所用的空气黏滞系数数值偏小，以致引入了系统误差。在重新测量了空气的黏滞系数之后，由油滴实验测得的 e 值为

$$e = (1.601 \pm 0.002) \times 10^{-19} \text{C}$$

它与 X 射线衍射法测得的结果 $(1.6020 \pm 0.0002) \times 10^{-19} \text{C}$ 十分吻合。

此例说明了实验条件一经确定，多次测量（密立根曾观测了几千个带电油滴）也发现不了系统误差，必须要用其他的方法（本例中改变了产生系统误差根源的条件），才可能发现它；同时也说明了实验中应从各方面去考虑是否会引入系统误差，当忽略某一方面时，系统误差就可能从这一方面渗透到测量结果中来。

最后应当指出的是，虽然按定义来区分测量误差是随机误差还是系统误差是非常明确的，但在实验测量工作中，有时这两类误差却不易区别，因为在一定条件下这两种误差的性质可以互相转化。例如，原来被看成是随机误差的测量误差，随着科学技术水平的提高，可以发现引起这种误差的原因，从而能够掌握这种误差的变化规律，这样就有可能把这种误差当作系统误差来对待。也会有相反的情况：原来被看成是系统误差的测量误差，造成这种误差的原因及变化规律也能被掌握，由于造成误差的已知因素变化比较频繁或很复杂，同时对测得值的影响又很微弱，若掌握其变化规律所付的代价较大，在能够满足实际需要的情况下，可以把这种误差当作随机误差，用统计方法来研究。

以上关于随机误差和系统误差的定义的好处是在数学上有明确的表示式(6)和式(7)，但这样实际上是把不具有抵偿性（抵偿性是指当测量次数足够多时正、负误差之和的绝对值近似相等）的随机误差也归入了系统误差。显然，对于这类误差，也应该用统计的方法来研究其对测量结果的影响。大多数随机误差有抵偿性，相当多的还有单峰性，即绝对值小的误差出现概率大，随机误差分布绝大多数是"有界性"的。

测量结果的误差包括随机误差和系统误差，即 $\delta = \delta_r + \delta_s$，通常认为 δ 是由很多个随机影响和系统影响引起的。但由于如前所述的情况，对其影响的评定（以"不确定度"表征），对于二者都既可以用统计的方法来评定，也可以用非统计的方法来评定。

4. 测量的准确度

测量结果中随机误差和系统误差的影响程度通常用精密度（反映随机误差的影响程

度)、正确度(反映系统误差的影响程度)和准确度(又称精确度,反映随机误差和系统误差的综合影响程度)的高低来表示。可以形象地用图 1 来说明。子弹落在靶心周围有三种情况:图 1(a)表示随机误差小但系统误差大,即精密度高但正确度低;图 1(b)表示系统误差小而随机误差大,即正确度高而精密度低;图 1(c)表示随机误差和系统误差都小,即准确度高。

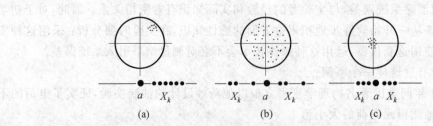

图 1 精密度、正确度和准确度

测量结果的精确程度在数值上以"不确定度"表征。它反映的是测量结果中随机误差与系统误差的综合影响,是评价测量方法优劣的基本指标之一。

1.1.3 随机变量统计规律的表述

1. 随机变量的分布函数和分布密度

随机变量的统计规律已在概率论中作了详细论述。在概率论中,把可以取特定的一组值中的任意值,即取值同其概率分布有关的变量称为随机变量。也就是说,对于随机变量,单独一个取值是不能描述该随机变量的,即使列举出该随机变量的全部可能取值,仍不能完全描述它。要完全描述这个随机变量,还必须给出各种可能取值及其出现的概率。由于测量工作不完善以及人们对被测量及其影响的认识不足,它们所引起的随机误差是一种随机变量。作为随机变量,随机误差 δ_r 的统计规律可由分布函数 $F(x)$ 或分布密度函数 $f(x)$ 给出完整的表述。所谓分布函数即随机变量 δ_r 小于或等于任意实数 x 的概率,即

$$F(x) = P(\delta_r \leqslant x) \tag{8}$$

式中,$P(\delta_r \leqslant x)$ 表示作为随机变量的随机误差取值小于 x 的概率。从数学抽象上来讲,设 X 是一个随机变量,X 的可能值的全体便称为总体(或母体),把 X 称为总体变量,把 X 的分布函数 $F(x)$ 称为总体的分布函数。

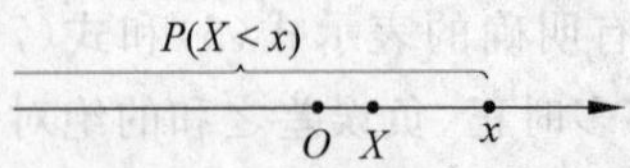

若随机变量取值在数轴上,$P(X<x)$ 表示随机变量落在 x 点左面的概率(见图 2)。当 x 点右移(即 x 增大)时这一概率增大;当 x 点右移至无穷远处($x \to +\infty$)时,这一概率为 1,即

图 2 随机变量的分布函数

$$F(+\infty) = 1 \tag{9}$$

反之,当 x 点向左移(即 x 减小)时,这一概率减小;当 x 点左移至无穷远处($x \to -\infty$)时,这一概率为 0,即

$$F(-\infty) = 0 \tag{10}$$

可见,分布函数是非负函数(即其取值为正数或零),也是非降函数(随 x 的增大分布函数不会减小)。

利用分布函数可以给出随机变量落入任意区间上的概率,这对随机误差分布的理论分析与实际计算十分有用。

随机变量的分布密度函数 $f(x)$ 是分布函数 $F(x)$ 的导数(设 $F(x)$ 可导):
$$f(x) = F'(x) \tag{11}$$
而分布函数为分布密度函数的积分:
$$F(x) = \int_{-\infty}^{x} f(x)\mathrm{d}x \tag{12}$$
由于分布函数 $F(x)$ 是非降函数,因此分布密度函数是非负的,即
$$f(x) \geqslant 0 \tag{13}$$
因为 $F(+\infty)=1$,所以分布密度函数从 $-\infty$ 到 $+\infty$ 的积分等于1,即
$$\int_{-\infty}^{\infty} f(x)\mathrm{d}x = 1 \tag{14}$$
这一积分是整个分布密度函数曲线下的面积,代表随机变量全部取值的概率。而在任意区间 $[a,b]$ 内的概率则为
$$P(a \leqslant x \leqslant b) = \int_{a}^{b} f(x)\mathrm{d}x \tag{15}$$
这一概率是区间 $[a,b]$ 上分布密度函数曲线下的面积。

分布函数或分布密度函数给出了随机变量 X 取值的概率分布,这是对随机变量统计特征的完整描述,是十分有用的。

2. 随机变量的数字特征

随机变量的分布函数或分布密度函数完整地描述了随机变量的分布特性。但在实际测量数据处理中,一方面,要确定被测量观测值的分布函数或分布密度函数的具体函数形式相当困难;另一方面,在某些问题中,并不需要全面了解观测值的分布函数或分布密度函数,而只要求了解被测量观测值(一种随机变量)的某些特征就可以了。在测量不确定度的表示中,数学期望和方差(或者用方差的正平方根即标准差)是最基本的特征量。实验数据处理中,基础工作是根据被测量的观测值(实验数据),求出被测量之数学期望和方差的最佳估计值。

(1) 数学期望

随机变量 X 的数学期望 $E(X)$ 定义为 X 的所有取值 $X_1, X_2, \cdots, X_k, \cdots$ 的平均值:
$$E(X) = \frac{1}{n}\sum_{k=1}^{n} X_k, \quad n \to \infty \tag{16}$$
此处取 $n \to \infty$ 是因为被测量的观测值或随机误差作为随机变量其取值是无限的。若随机变量 X 的分布函数为 $F(x)$,则数学期望定义为
$$E(X) = \int_{-\infty}^{\infty} x\mathrm{d}F(x) = \int_{-\infty}^{\infty} xf(x)\mathrm{d}x \tag{17}$$
即数学期望是以随机变量取值的概率为权,对 X 的加权平均。式(16)表示各 X_k 值的权都是 $1/n$。

因为 $F(x)$ 是总体的分布函数,因此数学期望也即总体的均值。它反映了 X 的平均特征,或者说数学期望 $E(X)$ 是 X 所有可能取值的平均值。当然,这只是一种抽象,因为取值 X_k 实际上是无限的,不可能找出它的所有可能取值。即对于随机变量 X 而言,其总体均值(即期望)$E(X)$ 在大多数情况下是未知的,须用样本均值来估计。关于样本均值的概念见

1.2.3 节的第 2 部分。

可证明数学期望有如下性质：

① 设 C 是常数，则有 $E(C)=C$；

② 设 X 是随机变量，C 是常数，则有
$$E(CX) = CE(X)$$

③ 设 X_1、X_2 是任意两个随机变量，则有
$$E(X_1 + X_2) = E(X_1) + E(X_2)$$

该性质可以推广到任意有限个随机变量的和的场合。

例：把测量结果作为随机变量用 X 表示，即把式(6)中的 X_k 用 X 代替，取期望得
$$E(\delta_r) = E(X-\mu) = E(X) - E(\mu) = \mu - \mu = 0 \tag{18}$$

即由式(6)所定义的随机误差的数学期望为零。这一性质称为随机误差的抵偿性。较直观一点就是说当 $n \to \infty$ 时，有
$$\frac{1}{n}\sum_{k=1}^{n}\delta_{r_k} \to 0 \tag{19}$$

即当测量次数足够大时，该随机误差的算术平均值趋于零 $\left(\text{注意}\sum_{k=1}^{n}\delta_{r_k}\text{并不趋于零}\right)$。

④ 设 X_1、X_2 是两个相互独立的随机变量，则有
$$E(X_1 X_2) = E(X_1)E(X_2)$$

这里 X_1、X_2 相互独立，直观地说就是它们取值时互不牵连，亦即指 X_1 和 X_2 互不影响。该性质也可以推广到任意有限个相互独立的随机变量之积的场合。

(2) 方差和标准差

随机变量 X 的方差 $\sigma^2(X)$ 定义为
$$\sigma^2(X) = E(X - E(X))^2 \tag{20}$$

因 $E(X) = \mu$，所以方差即总体 $(X_1-\mu)^2, (X_2-\mu)^2, \cdots, (X_k-\mu)^2, \cdots$ 的均值：
$$\sigma^2(X) = \frac{1}{n}\sum_{k=1}^{n}(X_k - \mu)^2, \quad n \to \infty \tag{21}$$

上式也称为总体方差。通常由于总体均值 μ 未知，导致总体方差无法计算，也须用样本方差来估计。

若已知 X 的分布密度为 $f(x)$，则
$$\sigma^2(X) = \int_{-\infty}^{\infty}[x - E(X)]^2 f(x)\mathrm{d}x \tag{22}$$

可证明方差具有如下性质：

① 设 C 是常数，则有
$$\sigma^2(C) = 0$$

② 设 X 是随机变量，C 是常数，则有
$$\sigma^2(CX) = C^2 \sigma^2(X)$$

③ 设 X_1、X_2 是两个相互独立的随机变量，则有
$$\sigma^2(X_1 + X_2) = \sigma^2(X_1) + \sigma^2(X_2)$$

该性质可以推广到任意有限多个相互独立的随机变量之和的场合。

实际上更常用标准差(或称均方差),它定义为方差的正平方根,即
$$\sigma(X) = \sqrt{\sigma^2(X)} \tag{23}$$

显然,方差或标准差反映了测量值或随机误差取值的分散程度,或重复测量各测量值的密集程度(即测量的精密度)。方差或标准差大,表明误差取值的分散程度大;方差或标准差小,表明误差取值的分散程度小。但须注意,测量值密集(精密度高)并不表示其与真值的接近程度高。

(3) 协方差和相关系数

对于不相互独立的两个随机变量 X_1 和 X_2,数学上可用一个二维的随机变量(X_1,X_2)来表示。对于二维随机变量,除了要了解它们各自的期望和方差外,还要了解 X_1 和 X_2 之间的相互关系。协方差是度量它们相互依赖关系的数字特征。按方差的定义

$$\begin{aligned}\sigma^2(X_1+X_2) &= E[(X_1+X_2)-E(X_1+X_2)]^2 \\ &= E\{X_1^2+X_2^2+2X_1X_2+[E(X_1)]^2+[E(X_2)]^2+ \\ &\quad 2E(X_1)E(X_2)-2(X_1+X_2)E(X_1+X_2)\} \\ &= E\{X_1^2-2X_1E(X_1)+[E(X_1)]^2+X_2^2-2X_2E(X_2)+[E(X_2)]^2+ \\ &\quad 2X_1X_2+2E(X_1)E(X_2)-2X_1E(X_2)-2X_2E(X_1)\} \\ &= E[X_1-E(X_1)]^2+E[X_2-E(X_2)]^2+2E[(X_1-E(X_1))(X_2-E(X_2))] \\ &= \sigma^2(X_1)+\sigma^2(X_2)+2E[(X_1-E(X_1))(X_2-E(X_2))]\end{aligned}$$

X_1 和 X_2 的协方差定义为
$$\text{Cov}(X_1,X_2) = E[(X_1-E(X_1))(X_2-E(X_2))] \tag{24}$$
而
$$\rho(X_1,X_2) = \frac{\text{Cov}(X_1,X_2)}{\sigma(X_1)\sigma(X_2)} \tag{25}$$

称为随机变量 X_1 和 X_2 的相关系数。显然,当 X_1、X_2 相互独立时 $\text{Cov}(X_1,X_2)$ 或 $\rho(X_1,X_2)$ 为零。

相关系数是随机变量 X_1 和 X_2 相互依赖性的度量。就一般情形而言,误差量或待测量之间存在一定的线性依赖关系,但这一依赖关系又不具有确定性。此时,线性依赖关系是在"平均"意义上的线性关系,是指一个误差量或待测量随另一个误差量或待测量的变化具有线性关系变化的倾向,但其具体取值又不遵从确定的线性关系而具有一定的随机性,这就是误差量或待测量之间的相关关系。线性相关关系表示误差量或待测量之间的线性依赖关系的趋势,而并非确定的线性关系。

这一线性相关关系有强有弱,随着相关性的加强,线性关系的倾向增强,相互间联系的随机性减小。误差量或待测量间的这一关系最强时,一个误差或待测量的取值完全地决定了另一个的取值。此时,两个误差量或待测量间的关系已不再有随机性,而有一确定的线性函数关系。随着相关性的减弱,误差量或待测量间线性关系的趋势变弱,相互关系的随机性增强。当这一关系最弱时,两个误差量或待测量的取值相互间无任何影响,一个取值的大小与另一个取值的大小无关,这是互不相关的情形。通常,两个误差量或待测量的关系是属于上述两种极端情形之间的相关关系。

注:上述的相关和不相关是指线性相关和线性不相关。一般地说,对两个随机变量,仅仅线性不相关($\rho=0$)并不能保证它们相互独立,因为它们还可能存在着非线性的依赖关系。

但相互独立则能保证它们线性不相关。

(4) 平均误差

实际中有时也用平均误差作为数据精度的评定参数。随机变量 X 的平均误差 θ 定义为测量误差绝对值的数学期望,即 $|X_1-\mu|,|X_2-\mu|,\cdots,|X_k-\mu|,\cdots$ 的(总体)均值:

$$\theta = \frac{1}{n}\sum_{k=1}^{n} |X_k - \mu|, \quad n \to \infty \tag{26}$$

若 X 的分布密度函数为 $f(x)$,则

$$\theta = \int_{-\infty}^{\infty} |x - \mu| f(x) \mathrm{d}x \tag{27}$$

注:把 θ 称为"误差"易产生误解。其实它与 σ 一样是误差的表征参数而不是误差值本身。

从反映测量值或随机误差取值的分散性来看,θ 不如 σ 灵敏(见例 2),且不便于统计计算,实践上已趋于淘汰。

(5) 方差的传递

在间接测量时,待测量是由直接测量的量通过计算而得到的。若

$$Y = f(X_1, X_2, \cdots, X_N) \tag{28}$$

在 $X_1, X_2, \cdots, X_N$ 的期望值 $\mu_1, \mu_2, \cdots, \mu_N$ 附近按泰勒级数展开,忽略二阶及以上项,有

$$Y \approx f(\mu_1, \mu_2, \cdots, \mu_N) + \left(\frac{\partial f}{\partial X_1}\right)_{\mu_1,\cdots,\mu_N}(X_1 - \mu_1) +$$

$$\cdots + \left(\frac{\partial f}{\partial X_N}\right)_{\mu_1,\cdots,\mu_N}(X_N - \mu_N) \tag{29}$$

因 $f(\mu_1,\cdots,\mu_N)$, $\left(\frac{\partial f}{\partial X_1}\right)_{\mu_1,\cdots,\mu_N}$, $\cdots$, $\left(\frac{\partial f}{\partial X_N}\right)_{\mu_1,\cdots,\mu_N}$ 都是常数,于是有 Y 的期望值

$$E(Y) \approx f(\mu_1, \mu_2, \cdots, \mu_N) \tag{30}$$

则

$$[Y - E(Y)]^2 \approx \left(\frac{\partial f}{\partial X_1}\right)^2_{\mu_1,\cdots,\mu_N}(X_1-\mu_1)^2 + \cdots + \left(\frac{\partial f}{\partial X_N}\right)^2_{\mu_1,\cdots,\mu_N}(X_N-\mu_N)^2 + \cdots +$$

$$2\sum_{i=1}^{N}\sum_{j=i+1}^{N-1}\left(\frac{\partial f}{\partial X_i}\right)_{\mu_1,\cdots,\mu_N}\left(\frac{\partial f}{\partial X_j}\right)_{\mu_1,\cdots,\mu_N}(X_i-\mu_i)(X_j-\mu_j) \tag{31}$$

两边取期望,得

$$\sigma^2(Y) \approx \sum_{i=1}^{N}\left(\frac{\partial f}{\partial X_i}\right)^2_{\mu_1,\cdots,\mu_N}\sigma^2(X_i) + 2\sum_{i=1}^{N}\sum_{j=i+1}^{N-1}\left(\frac{\partial f}{\partial X_i}\right)_{\mu_1,\cdots,\mu_N}\left(\frac{\partial f}{\partial X_j}\right)_{\mu_1,\cdots,\mu_N}\mathrm{Cov}(X_i, X_j)$$

$$\tag{32}$$

上式称为方差传递公式。由于期望 $\mu_i(i=1,2,\cdots,N)$ 一般是未知的,导致方差 $\sigma^2(X_i)(i=1,2,\cdots,N)$ 无法计算,实际须用不确定度传递公式(见 1.2.4 节式(57)或式(60))代替。

1.1.4 正态分布随机误差的统计规律及其表述

1. 正态分布随机变量的分布密度函数

正态分布最初是在误差理论的研究中提出来的。高斯(Gauss)于 1795 年推导出它的函数形式,所以又称为高斯分布。通常随机误差服从或近似服从正态分布。若连续型随机

变量 X 的分布密度函数为

$$f(x) = \frac{1}{\sigma\sqrt{2\pi}} e^{-\frac{(x-\mu)^2}{2\sigma^2}}, \quad -\infty < x < \infty \quad (33)$$

其中 μ、σ 为常数，且 $\sigma>0$，则称 X 服从参数为 μ、σ 的正态分布，记为 $X \sim N(\mu,\sigma^2)$。正态分布曲线如图 3 所示。

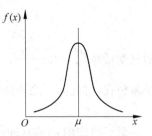

图 3　正态分布密度函数

由概率论的理论可知，正态分布的随机变量的和仍为正态分布的随机变量。但若有部分误差不服从正态分布，则误差和就不服从正态分布。不过当误差项数量增加，而又"均匀地"小（直观的解释即方差相差不太大），由概率论的中心极限定理可知，误差和的分布将趋于正态分布。这揭示了正态分布的重要性。

2. 正态分布随机变量的表征参数（数字特征）

若随机变量 $X \sim N(\mu,\sigma^2)$，则 X 的数学期望（由式(17)）为

$$E(X) = \int_{-\infty}^{\infty} x \frac{1}{\sigma\sqrt{2\pi}} e^{-\frac{(x-\mu)^2}{2\sigma^2}} dx = \frac{1}{\sigma\sqrt{2\pi}} \int_{-\infty}^{\infty} x e^{-\frac{(x-\mu)^2}{2\sigma^2}} dx = \mu \quad (34)$$

可见，正态分布的期望为 μ，从而正态分布随机误差 $X-\mu$ 的数学期望为零，这也是前面所述的随机误差抵偿性的反映。X 的方差（由式(22)）则为

$$\sigma^2(X) = \int_{-\infty}^{\infty} (x-\mu)^2 \frac{1}{\sigma\sqrt{2\pi}} e^{-\frac{(x-\mu)^2}{2\sigma^2}} dx = \sigma^2 \quad (35)$$

可见，正态分布随机变量的方差等于其分布密度函数的参数 σ 的平方。由此可见 σ 的重要性。显然，参数 σ 即为标准差。

由图 4 可见，标准差大，相应的分布曲线低而宽，表明误差取值分散程度大，对测量结果的影响就大。标准差小，则情形正相反。

例 2　求正态分布随机误差绝对值的数学期望（平均误差）。

解　$\theta = \int_{-\infty}^{\infty} |x-\mu| \frac{1}{\sigma\sqrt{2\pi}} e^{-\frac{(x-\mu)^2}{2\sigma^2}} dx = \sqrt{\frac{2}{\pi}}\sigma = 0.7979\sigma$

因 $\theta < \sigma$，故在表示分散性时 θ 不如 σ 灵敏。

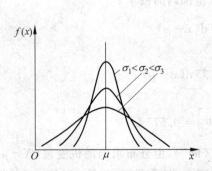

图 4　不同标准差的正态分布密度函数

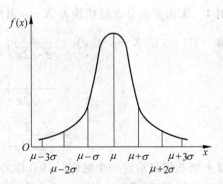

图 5　正态分布函数取值的概率

3. 正态分布随机误差概率的计算

由分布密度的定义，随机变量 $X \sim N(\mu,\sigma^2)$ 取值在区间 $[a,b]$ 的概率为

$$P(a \leqslant X \leqslant b) = \int_a^b f(x) dx = \frac{1}{\sigma \sqrt{2\pi}} \int_a^b e^{-\frac{(x-\mu)^2}{2\sigma^2}} dx \tag{36}$$

通过变量替代 $u = \frac{x-\mu}{\sigma}$ 后,可通过查概率积分表求得积分的值亦即概率 $P(a \leqslant X \leqslant b)$。而 X 取值在区间 $[a,b]$ 之外的概率则为

$$\alpha = 1 - P \tag{37}$$

对于给定的 α,称区间 $[a,b]$ 为随机变量 X 的一个置信区间,而称 $P = 1-\alpha$ 为置信系数或置信度。

例 3 分别求出正态分布随机误差 $X-\mu$ 出现于 $\pm\sigma$、$\pm2\sigma$、$\pm3\sigma$ 范围内的概率 P_1、P_2 和 P_3(图 5)。(或 μ 包含于随机区间 $X\pm\sigma$、$X\pm2\sigma$ 和 $X\pm3\sigma$ 的概率 P_1、P_2 和 P_3)

解 $P_1(-\sigma \leqslant X-\mu \leqslant \sigma) = \frac{1}{\sigma\sqrt{2\pi}} \int_{-\sigma}^{\sigma} e^{-\frac{(x-\mu)^2}{2\sigma^2}} d(x-\mu)$

$$= 2\left[\frac{1}{\sqrt{2\pi}} \int_0^1 e^{-\frac{u^2}{2}} du\right] = 0.6826$$

$P_2(-2\sigma \leqslant X-\mu \leqslant 2\sigma) = \frac{1}{\sigma\sqrt{2\pi}} \int_{-2\sigma}^{2\sigma} e^{-\frac{(x-\mu)^2}{2\sigma^2}} d(x-\mu)$

$$= 2\left[\frac{1}{\sqrt{2\pi}} \int_0^2 e^{-\frac{u^2}{2}} du\right] = 0.9545$$

$P_3(-3\sigma \leqslant X-\mu \leqslant 3\sigma) = \frac{1}{\sigma\sqrt{2\pi}} \int_{-3\sigma}^{3\sigma} e^{-\frac{(x-\mu)^2}{2\sigma^2}} d(x-\mu)$

$$= 2\left[\frac{1}{\sqrt{2\pi}} \int_0^3 e^{-\frac{u^2}{2}} du\right] = 0.9973$$

即区间 $[\mu-\sigma, \mu+\sigma]$、$[\mu-2\sigma, \mu+2\sigma]$、$[\mu-3\sigma, \mu+3\sigma]$ 包含的面积分别占概率分布总面积的约 68%、95%、99%。由上例可知正态分布的随机误差取值超出 $\pm3\sigma$ 的概率仅为 0.27%,因而一般将 $\pm3\sigma$ 视为这一误差的实际界线。即认为实际的误差不会超出其极限误差 $\pm3\sigma$。

例 4 求出正态分布随机误差 $X-\mu$ 出现于 $\pm\theta$ 范围内的概率 P。

解 $P(-\theta \leqslant X-\mu \leqslant \theta) = \frac{1}{\sigma\sqrt{2\pi}} \int_{-\theta}^{\theta} e^{-\frac{(x-\mu)^2}{2\sigma^2}} d(x-\mu)$

$$= \frac{1}{\sigma\sqrt{2\pi}} \int_{-\sqrt{\frac{2}{\pi}}\sigma}^{\sqrt{\frac{2}{\pi}}\sigma} e^{-\frac{(x-\mu)^2}{2\sigma^2}} d(x-\mu)$$

$$= 2\left[\frac{1}{\sqrt{2\pi}} \int_0^{\sqrt{\frac{2}{\pi}}} e^{-\frac{u^2}{2}} du\right] = 0.5751$$

以上例题都是给定一个区间 $[a,b]$(称为"置信区间"),由分布求出随机变量 $(X-\mu)$ 在这一区间的概率 P[或总体随机变量分布中的未知参数 μ 包含于区间 $(X-b, X-a)$ 的概率 P](亦称"置信概率")。反过来,如果给定 P(或 α),也可以由分布求出随机变量或 μ 的置信区间。由于误差(作为随机变量)的具体数值是未知的,所求得的区间如 $X\pm\sigma$、$X\pm2\sigma$、… 为随机区间,但如果选定了一个样本,$X\pm\sigma$、$X\pm2\sigma$、… 区间就变成了确定的区间,它或者包含 μ,或者不包含 μ,此时概率 P(如 P_1、P_2、…)的意义是:由不同样本确定的置信区间中

覆盖 μ 的区间所占的百分比。这些置信区间给出了总体均值（当系统误差为零时，总体均值即为真值）可能存在的范围的估计。

1.2 实验不确定度的评定

1.2.1 不确定度的由来

测量的目的是确定被测量的值。测量不确定度表示由于存在测量误差而使测量结果不确定或不能肯定的程度，也就是不可信度，它是测量准确度的表征，表示测量结果与被测量（真）值之间的一致程度。在相当长的时间里，测量准确度用测量误差表示。测量误差 δ 是被测量的测得值 X_k 与其相应的真值 a 之差。由于被测量的（真）值在大多数情况下是未知的，这就使得用误差来表示测量结果的准确度遇到了困难。为了避免造成概念上的混乱，20 世纪 60 年代提出了用不确定度表示测量准确度的建议，70 年代得到进一步发展，不确定度术语在测量领域有了应用，但表示方法却各不相同。1977 年，美国国家标准局（现在的美国国家标准和技术研究院的前身）的局长向国际计量委员会提出了提案，要求解决测量不确定度表示的国际统一问题。之后，国际计量委员会和国际计量局向几十个国家的计量实验室及五个国际组织征求意见，并成立了"关于不确定度表述"工作组，该组于 1980 年起草了"关于表述不确定度的建议"INC—1(1980)，并于 1981 年由第 70 届国际计量委员会作了讨论。国际计量委员认为该工作组的建议可以作为不确定度表达方式的最终协议的基础，并提出，该工作组的建议可向有关方面推广；国际计量局在今后的比对工作中积极采用这些建议的原则，提倡有关机构研究和试用这些建议。1986 年，国际计量委员会要求国际标准化组织（ISO）在 INC—1(1980)建议书的基础上起草一份能被广泛应用的指南性文件。在国际计量局（BIPM）、国际电工委员会（IEC）、国际临床化学联合会（IFCC）、国际标准化组织（ISO）、国际理论物理与应用物理联合会（IUPAP）、国际理论化学与应用化学联合会（IUPAC）及国际法制计量组织（OIML）的支持下，国际标准化组织于 1993 年出版了《测量不确定度表示指南》(*Guide to the Expression of Uncertainty in Measurement*)，目的是促进以足够完整的信息表示不确定度，统一测量不确定度的评定与表示方法，为测量结果的国际比对提供基础。该"指南"在建议书 INC—1(1980)的基础上，对测量不确定度的评定与表示方法作出了具体明确的规定与说明，是规范测量不确定度评定与表示的国际文件。

我国于 1999 年由国家质量技术监督局发布了计量技术规范 JJF 1059—1999《测量不确定度评定与表示》，原则上等同采用《测量不确定度表示指南》(GUM)的基本内容，这是我国该项内容的法规性文件。

这样，对测量结果表示及其可靠性的评定就有了统一的准则和依据。

1.2.2 不确定度的概念及表征参数

测量不确定度反映了测量误差对测量结果的影响，它的大小表示了测量结果的可信程度。测量误差的或大或小，或正或负，其取值具有一定的分散性，即不确定性。在多次重复测量中，可看出测量结果将在某一范围内波动，从而展示了这种不确定性。测量结果可能的取值范围越大，即其误差值的可能范围越大，表明测量误差对测量结果的影响越大(在概率的意义上),测量结果的可靠性越低;反之,测量结果可能的取值范围越小,表明测量误差对测量结果的影响越小,即测量结果不确定的程度越小,因而测量结果也就越可靠。

前面已给出了表征随机变量 X 分布特征的参数——方差 σ^2 和标准差 σ。方差 σ^2 或标准差 σ 反映了测量结果(或测量随机误差)可能取值的分散程度。σ^2 或 σ 较大,表明测量结果的取值范围较宽,在概率意义上对测量误差的影响较大,应认为该测量结果的精度较低,或可靠性较差;反之,σ^2 或 σ 较小,表明测量误差的影响小,测量结果取值不确定的程度小而精度高。方差或标准差是测量随机误差作用的表征参数,与误差值本身不同。

因此,方差 σ^2 或标准差 σ 可作为测量不确定性的表征参数。对于随机误差,参数 σ^2 或 σ 一般可用统计方法进行估计,因此在实践上是使用估计的标准差 s 作为随机误差引起的不确定度的表征参数,用 u 表示,即 $u=s$,在不确定度的表述中常称 u 为标准不确定度。这是估计不确定度的统计方法。但是由于客观条件的制约,实际中有相当多的误差因素的标准差无法用统计方法给出,特别是对某些系统性误差更是如此。(另外,随机误差作用的表征参数(标准差)也并非总是要用统计的方法估计。)此时,需借助其他方法,在详细研究测量过程的基础上,按误差的作用机理来确定标准差,这就是非统计的方法。这类方法依赖某种非统计实验和对测量方法及以往实验资料的深入分析,没有固定的模式和规则化的方法,应针对具体的测量的问题去研究,因此用非统计的方法估计不确定度更为困难,它是基于经验或其他信息假定的概率分布对不确定度进行评定,也用(估计的)标准差 u 来表示。

为了表达方便,把用统计方法评定的不确定度分量称为 A 类评定,所评定的不确定度分量称为 A 类不确定度,记为 u_A;把用其他方法(非统计方法)评定的不确定度分量称为 B 类评定,所评定的不确定度分量称为 B 类不确定度,记为 u_B。要注意 A 类、B 类的差别只是评定方法不同而已。A 类和随机、B 类和系统不存在简单的对应关系。

1.2.3 不确定度的估计

1. 概述

根据表示方式的不同,测量不确定度在使用中有下述三种不同的说法。

标准不确定度 u(standard uncertainty)是用标准偏差表示的测量结果的不确定度。

合成标准不确定度 u_c(combined standard uncertainty)简称为合成不确定度。根据其他一些量值求出测量结果的标准不确定度,等于这些量的方差与协方差加权和的正平方根,权重按测量结果随这些量的变化而确定(见 1.2.4 节)。

扩展不确定度 U(expanded uncertainty)是用包含因子 k(coverage factor)乘以合成标准不确定度,得到一个区间来表示的测量不确定度。它将合成标准不确定度扩展了 k 倍,从而提高了置信水平,称为扩展不确定度,也曾用总不确定度(overall uncertainty)来称呼。所以,扩展不确定度是规定测量结果区间的量,可期望该区间包含了合理赋予的被测量值分布的大部分。为了将扩展不确定度所定义的区间与一定的置信水平联系起来,需要清楚了解测量结果及其合成标准不确定度表征的概率分布,或者合理假设其概率分布。只有当这些假设正确时,赋予此区间的置信水平才可能知道。

从数理统计的观点看,不确定度是对总体的未知参数(数学期望或真值)的区间估计。参数的区间估计应给出包含参数的区间及参数包含于这一区间的概率。

不确定度也可以相对量的形式给出,如 $u(X)/X$、$U(X)/X$ 等。

2. 用统计的方法估计不确定度

用统计的方法估计不确定度又称为不确定度的 A 类评定。其基本方法是 Bessel 公式法。

设在相同的条件下,对被测量 X 进行 n 次独立重复测量,得观测值 X_k,$k=1,2,\cdots,n$,则 X 可看作随机变量。在数理统计中,把 X 的全部可能取值称为一个总体,而把组成总体的每个基本单元 X_k 称为个体,从总体中随机抽取 n 个个体 $(X_1,X_2,\cdots,X_n)$ 称为抽样,抽取的 n 个个体称为容量为 n 的子样(或样本)。实际上,常难以对总体作全面研究,一般只能取有限个个体(即子样)加以研究,以推出总体的某种特征。当然,子样并不是总体,因而由子样给出的结果只能说是总体特征的近似。这里子样应是随机抽取的,并满足如下条件:抽取的子样个体 X_k 是独立的,且与总体 X 具有相同的分布。这样上述的 n 个观测值 $(X_1,X_2,\cdots,X_n)$ 便是一个容量为 n 的随机样本。《测量不确定度指南》推荐用 Bessel 公式求观测值的实验方差,即

$$s^2(X_k) = \frac{1}{n-1}\sum_{k=1}^{n}(X_k - \overline{X})^2 \tag{38}$$

式中

$$\overline{X} = \frac{1}{n}\sum_{k=1}^{n}X_k \tag{39}$$

为样本的算术平均值,也是随机变量。利用随机误差的抵偿性容易证明,$\overline{X}$ 是随机变量 X 的期望 μ 的最佳估计值,即当 $n\to\infty$ 时,$\overline{X}\to\mu$,或 $E(\overline{X})=\mu$。由 X_k 的独立性可以证明,$s^2(X_k)$ 是对总体方差 $\sigma^2(X_k)$ 的无偏估计,即 $E(s^2(X_k))=\sigma^2(X_k)$。

$s^2(X_k)$ 也称为样本方差,常写成 s_X^2。在不会发生混淆的情况下,也可写成 s^2。它的正平方根

$$s(X_k) = \sqrt{\frac{1}{n-1}\sum_{k=1}^{n}(X_k - \overline{X})^2} \tag{40}$$

称为实验标准偏差或样本标准偏差,也可写成 s_X 或 s。它是 n 个观测值中任一次观测值的标准偏差,常称为单次观测值或测量列的实验标准偏差。

因 $\overline{X}$ 也是随机变量,因而可求其期望和方差。其期望即为 μ,其方差 $\sigma^2(\overline{X})$(或写成 $\sigma_{\overline{X}}^2$)则可以证明是

$$\sigma^2(\overline{X}) = \frac{\sigma^2(X_k)}{n} \tag{41}$$

(注意此处的 n 为有限值)而

$$s^2(\overline{X}) = \frac{s^2(X_k)}{n} \tag{42}$$

$\left(\text{也常写成 } s_{\overline{X}}^2 = \frac{s_X^2}{n}\right)$ 则是 $\sigma^2(\overline{X})$ 的无偏估计,即 $E[s^2(\overline{X})] = \sigma^2(\overline{X})$。$\overline{X}$ 的实验标准偏差 $s(\overline{X})$ 是 $s^2(\overline{X})$ 的正平方根,即

$$s(\overline{X}) = \sqrt{\frac{1}{n(n-1)}\sum_{k=1}^{n}(X_k - \overline{X})^2} \tag{43}$$

$s(\overline{X})$（或写成 $s_{\overline{X}}$）表示 $\overline{X}$ 对 μ 的分散性，它是 $s(X_k)$ 的 $1/\sqrt{n}$。因此，测量次数 n 越大，所得算术平均值的标准差就越小，其可靠程度就越高。但当 $n>10$ 以后，$\sigma_{\overline{X}}$ 或 $s_{\overline{X}}$ 随 n 的增大而减小的速度下降（图6），所以测量次数的规定要适当，应顾及到实际效果，一般取 $n<10$。在较高精度测量中，若以随机误差为主，并且测量条件较好，则测量次数可多些。

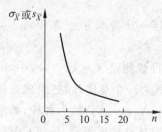

图6　$\sigma_{\overline{X}}$ 或 $s_{\overline{X}}$ 与 n 的关系曲线

3. 用其他方法估计不确定度

用其他方法（非统计方法）估计不确定度称为不确定度的 B 类评定。B 类评定在不确定度评定中占有重要地位，因为有的不确定度无法用统计方法来评定，或者虽可用统计方法，但不经济可行。所以在实际工作中，采用 B 类评定方法反而居多。

例如在对被测量 X 进行单次测量时，由估读引起的不确定度分量以及由仪器的最大允差信息所决定的不确定度分量，因不是采用对一系列观测值的统计分析，故其不确定度评定属于 B 类评定。

（1）仪器的最大允差

与仪器本身特性有关的信息可从生产厂商的技术说明书、校准证书、手册或其他来源（如有关测量装置（含仪器）的一般知识和材料的性能，以前的测量数据、经验或资料等）得到。在基础物理实验所用仪器中，遇到较多的是给出被测量的置信区间上下限即"极限误差"或"误差限"或"不确定度限值"$\pm U_{仪}$（也称仪器的最大允差或仪器误差）的情况。即认为被测量 X 落在上限 $X+U_{仪}$ 和下限 $X-U_{仪}$ 内的概率（严格地说，应是被测量的期望落在 $X+U_{仪}$ 和 $X-U_{仪}$ 内的概率）为1，而落在该范围之外的概率为0。对于这种情况，若没有别的说明，那么只能假设 X 是按等概率落在该范围的任何地方，即假设 X 为均匀分布，其分布密度函数应为

$$f(x) = \begin{cases} \dfrac{1}{2U_{仪}}, & -U_{仪} < x < U_{仪} \\ 0, & x < -U_{仪} \text{ 或 } x > U_{仪} \end{cases} \tag{44}$$

其分布曲线为一相应于该范围的平行于坐标轴的直线段，如图7所示。显然它从 $-\infty$ 至 ∞ 的积分为1。其方差（由式(22)）则为

$$\sigma_{仪}^2(X) = \int_{-\infty}^{\infty} x^2 \frac{1}{2U_{仪}} dx = \int_{-U_{仪}}^{U_{仪}} x^2 \frac{1}{2U_{仪}} dx = \frac{U_{仪}^2}{3} \tag{45}$$

标准差为

$$\sigma_{仪}(X) = \frac{U_{仪}}{\sqrt{3}} \tag{46}$$

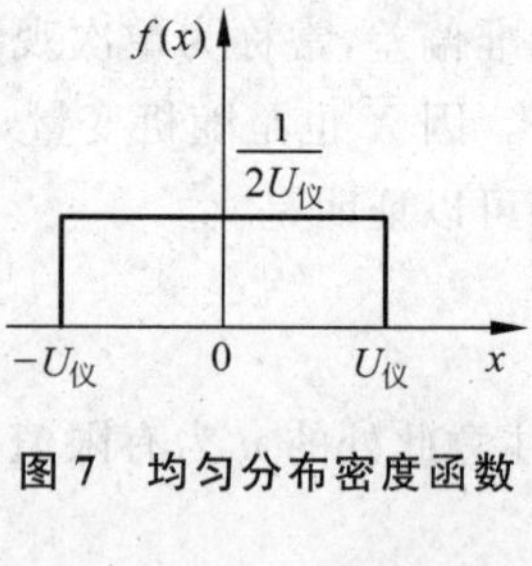

图7　均匀分布密度函数

可认为是均匀分布的误差有：由测量仪器传动的间隙、摩擦力等造成一定的灵敏度阈；数字显示仪器的量化误差使显示结果产生末位一个数字的误差；正态分布的误差在经较大截尾后也可近似看作均匀分布的误差。因误差正态分布时通常把标准差 σ 的3倍作为极限误差，所以当所用仪器的特性误差分布不知道时，假设被测量 X 的误差为均匀分布是一种较为保守的处理，即可将被测量 X 的 B 类标准不确定度估计为

$$u_{仪}(X) = \frac{U_{仪}}{\sqrt{3}} \tag{47}$$

在仪器的示值误差由(最大)允许误差给出时,若没有提供有关误差分布的信息,一般可以认为误差在允许范围内具有任意值,是等概率的均匀分布。例如 1.5 级仪表,其最大示值误差为 1.5% 乘以仪表的全量程值 X_F,即 $X_F \times 1.5\%$。若没有其他有关误差分布的信息,为保险起见,可按均匀分布处理,即 B 类标准不确定度为 $u_{仪}(X) = (X_F \times 1.5\%)/\sqrt{3}$。

数字仪表的仪器误差限有几种表达式。现给出两种:

$$U_{仪} = a\% N_x + b\% N_m \tag{48}$$

或

$$U_{仪} = a\% N_x + n \text{字} \tag{49}$$

式中,a 是数字式电表的准确度等级;N_x 是显示的读数;b 是某个常数,称为误差的绝对项系数;N_m 是仪表的满度值;n 代表仪器固定项误差,相当于最小量化单位的倍数,只取 $1, 2, \cdots$ 数字。例如某数字电压表 $U_{仪} = 0.02\% U_x + 2$ 字,则其固定项误差是最小量化单位的 2 倍。若取 2 V 量程时数字显示为 1.478 6 V,最小量化单位是 0.000 1 V,于是 $U_{仪} = 0.02\% \times 1.478\ 6 + 2 \times 0.000\ 1 \approx 5 \times 10^{-4}$ (V)。

仪器误差的影响相当于对测量结果给出了一个附加的修正,因其上下限为对称界限,故修正值的期望为 0,但其(标准)不确定度并不为 0,而是 $u_{仪}$。

(2) 测量者的估算误差

测量者对被测物或对仪器示数判断的不确定性会产生估算误差。对于有刻度的仪器仪表,由估读引起的不确定度分量 $u_{估读}$ 通常是取最小刻度的十分之几,如 1/10 或 1/5,一般小于 $U_{仪}/\sqrt{3}$。比如,估读螺旋测微器最小刻度的十分之一为 0.001 mm,小于其最大允差 $0.004/\sqrt{3}$ mm = 0.002 mm。但有时也取 1/2,视具体情况而定。特殊情况下,可以更大。例如在示波器上读电压值时,如果荧光线条较宽,且可能有微小抖动,则测量不确定度可取仪器分度值的 1/2,若分度值为 0.2 V,那么测量不确定度 $u_{估读}(X) = \frac{1}{2} \times 0.2$ V = 0.1 V。又如,用肉眼观察远处物体成像的方法粗测透镜的焦距,虽然所用钢尺的分度值只有 1 mm,但此时测量不确定度 $u_{估读}(X)$ 可取数毫米,甚至更大。在用拉伸法测杨氏模量的实验中,要测量反射镜到标尺之间的距离(约 1~2 m),由于装置的原因,很难保证米尺的绝对水平和被测物体两端与米尺的刻线对齐,米尺倾斜 2°,可产生 0.6 mm 的误差,米尺倾斜 3°,可产生 1.4 mm 的误差,加上被测物体两端与米尺的刻度线对不齐等因素,$u_{估读}$ 一般在 1~2 mm。关于估算误差或估读不确定度在 $[-U_{估读}, U_{估读}]$ 内的分布,尚未见确切的说法,可以预期与 $U_{仪}$ 有相同的性质,即在 $[-U_{估读}, U_{估读}]$ 内均匀分布。

电桥、电位差计等有平衡指示器的仪器,由于人眼分辨能力的限制,会造成人眼无法判断平衡指示器是否准确指零。当指针在零位附近一个微小范围 δ 内,测量者会认为已经平衡。由此产生的误差限

$$U_{估读} = \frac{\delta}{S} \tag{50}$$

称为灵敏度误差限。式中 S 为该仪器(该电路)的灵敏度。δ 一般取 0.2 格(若平衡指示器未指零,由指示器示数引起的不确定度称为变差,$U_{估读}$ 可直接取为步进值的一半)。灵敏度

标准差估计值(不确定度)为

$$u_{估读} = \frac{U_{估读}}{\sqrt{3}} = \frac{\delta}{\sqrt{3}S} \tag{51}$$

数字仪器指示装置的分辨力是其不确定度的另一来源。若数字显示仪器指示装置的分辨力(即指示显示装置有效辨别的最小示值)为 d，那么输入仪器的信号在输入量为 $X-(1/2)d$ 至 $X+(1/2)d$ 区间内示值不会发生变化。输入量在该区间内可以是任意的，可认为服从半宽度为 $(1/2)d$ 对称的均匀分布，且标准不确定度 $u_{估读}(X)=0.5d/\sqrt{3}=0.29d$。

在测量中，如果估读误差较小，可以认为仪器的最大允差已包含了测量者正确使用仪器的估算误差，则 $u_{估读}$ 可忽略不计。而当估读误差较大时，作为一种简化，可以认为 $u_{仪}$ 和 $u_{估读}$ 是彼此无关的，B 类不确定度 u_B 为它们的合成：

$$u_B = \sqrt{u_{仪}^2 + u_{估读}^2} \tag{52}$$

标准不确定度的评定分为 A 类和 B 类根据的是评定方法的不同，并不是两类不确定度的性质有区别。两类不确定度都是基于概率分布，并都用方差的正平方根，即标准偏差作量化表示。标准不确定度的 B 类评定应如同 A 类评定那样认真对待。B 类评定既需要知识又需要经验。至于哪一类更可信，要视具体问题而定。应注意在评定时不要重复计入。如果在 A 类评定中已考虑了产生不确定度的某个影响因素，则在 B 类评定中就不应再考虑。例如在多次测量时 A 类评定已包含了估读误差的影响，则 $u_{估读}$ 就不应再计入。

不确定度的 B 类评定所给出的(估计的)标准差含有一定的人为因素的影响，因此其客观性受到影响，这就使非统计评定方法的应用具有很大的局限性。但由于客观条件的限制，用统计的方法远不能解决所有误差因素的不确定度估计问题，所以非统计的方法在实际测量的不确定度估计中仍有广泛的应用。

1.2.4 标准不确定度的合成与传递

1. 合成

不确定度的合成仿照方差的合成。若测量结果含统计不确定度分量与非统计不确定度分量

$$u_{A1}, u_{A2}, \cdots, u_{Ai}, \cdots, u_{Am}$$
$$u_{B1}, u_{B2}, \cdots, u_{Bj}, \cdots, u_{Bn}$$

且它们之间互相独立时，则合成(标准)不确定度 u_c 表征为

$$u_c = \sqrt{\sum_{i=1}^{m} u_{Ai}^2 + \sum_{j=1}^{n} u_{Bj}^2} \tag{53}$$

式中，m 和 n 分别表示 A、B 两类不确定度的个数。

对于任何一个直接测量，原则上都必须算出它的统计不确定度和估计出非统计不确定度后，按"方和根"的方式合成为合成不确定度。但并非式中的项每次都出现。当对被测量进行单次测量时，其中的标准不确定度 A 类评定 u_A 不出现。但这绝不表示单次测量的不确定度比多次测量的不确定度小，原因有二：首先，单次测量的可信度一般比较低，为了达到与多次测量相同的置信度，必须把仪器误差适度放大，所以合成不确定度并没有减小；其

次,实际测量时一般不存在绝对意义上的单次测量,因为一个严谨的测量者有良好的测量习惯,虽然只记录了一个测量数据,但这个数据是经过测量者检查或验证的,具有多次测量取平均值的效果。设想测量时读数明显地随机变化,却随意记录一个读数作为测量结果,是不可思议的。所以,单次测量仅适用于读数不会明显变化的测量(用精度更低的仪器测量时就是如此,但仪器误差变大了,合成不确定度肯定不会减小)。用现代数字化智能仪器单次测量时,其实就是多次测量,原因是它的测量取样速度很快,显示出来的读数其实是数十次,甚至是成百上千次测量取样的平均值,所以可以不必考虑统计不确定度的影响。

对单次测量,有时会因待测量的不同,其不确定度的计算也有所不同。例如用温度计测量温度时,温度的不确定度合成公式为 $u_c(X)=\sqrt{u_{仪}^2(X)+u_{估读}^2(X)}$;而在长度测量中,长度值是两个位置读数 X_1 和 X_2 之差,其不确定度合成公式为 $u_c(X)=\sqrt{u_{估读}^2(X_1)+u_{估读}^2(X_2)+u_{仪}^2(X)}$。这是因为 X_1 和 X_2 在读数时都有因估读所引起的不确定度,因此在计算合成不确定度时都要算入。

例 5 已建成一泳道长为 50 m 的游泳池,比赛官员要求检查中间泳道的长度。检查时用由高质量殷钢制成的带尺测量长度,带尺用恒定张力拉紧。带尺的温度效应和弹性效应很小,可以略去。用带尺测量中间泳道 6 次,其观测值如下(单位为 m):

$$50.005 \quad 49.999 \quad 50.003 \quad 49.998 \quad 50.004 \quad 50.001$$

查阅带尺的技术说明,得知带尺的分划刻度误差不大于 ±3 mm(+3 mm 和 −3 mm 可看作均匀分布的上限和下限),试求该泳道长度的估计值及它的合成标准不确定度 $u_c(X)$。

解 泳道长度的估计值即算术平均值

$$\overline{X}=\frac{1}{n}\sum_{k=1}^{6}X_k=50.001\,7\text{ m}$$

它的实验标准偏差

$$s(\overline{X})=\sqrt{\frac{1}{n(n-1)}\sum_{k=1}^{6}(X_k-\overline{X})^2}=1.15\text{ mm}$$

以上是用统计方法进行评定的,即 A 类标准不确定度 $u_A(X)=s(\overline{X})=1.15$ mm。

由带尺的技术说明得知,分划刻度的误差上限为 +3 mm,下限为 −3 mm,该泳道长度落在上、下限之外的概率为 0。在没有关于分划刻度误差分布的说明时,只能假设按等概率落在上、下限范围内的任何地方,即假设为均匀分布,其标准不确定度 $u(X)=3/\sqrt{3}$ mm = 1.73 mm。它是用非统计方法进行评定的,是 B 类标准不确定度,即 $u_B(X)=1.73$ mm。由于 $u_A(X)$ 是用统计方法进行评定的,而 $u_B(X)$ 是用非统计方法进行评定的,它们是不相关的,因而合成方差

$$u_c^2(X)=u_A^2(X)+u_B^2(X)$$

把 $u_A(X)=1.15$ mm,$u_B(X)=1.73$ mm 代入,得 $u_c(X)=2.08$ mm ≈ 0.002 1 m。

例 6 电压测量的不确定度计算。

用标准数字电压表在标准条件下,对被测直流电压源 10 V 点的输出电压值进行独立测量 10 次,测得值见表 1。(说明:本例中以 U_D 表示电压值,u 表示不确定度。)

表 1 电压测量的数值

次数 n	1	2	3	4	5
测量结果 U_D/V	10.000 107	10.000 103	10.000 097	10.000 111	10.000 091
次数 n	6	7	8	9	10
测量结果 U_D/V	10.000 108	10.000 121	10.000 101	10.000 110	10.000 094

解 计算 10 次测量的平均值得 $\overline{U}_D = 10.000\ 104$ V，并取平均值作为测量结果的估计值。

分析测量方法，可知在标准条件下测量，由温度等环境因素带来的影响可忽略。因此，电压测量不确定度的影响因素主要有：标准电压表的示值稳定度引起的不确定度 u_1，标准电压表的示值误差引起的不确定度 u_2，电压测量重复性引起的不确定度 u_3。分析这些不确定度特点可知，不确定度 u_1、u_2 应采用 B 类评定方法，而不确定度 u_3 应采用 A 类评定方法。下面分别计算各不确定度分量。

标准电压表的示值稳定度引起的标准不确定度分量 u_1：在电压测量前对标准电压表进行 24 h 的校准，并知在 10 V 点测量时，其 24 h 的示值稳定度不超过 $\pm 15\ \mu$V，取均匀分布，按式(47)得由标准电压表示值稳定度引起的不确定度分量为

$$u_1 = 15/\sqrt{3} = 8.7\ \mu\text{V}$$

标准电压表的示值误差引起的标准不确定度分量 u_2 由标准电压表的检定证书给出，其示值误差按 3 倍标准差计算为 $3.5 \times 10^{-6} \times U_D$（标准电压表示值），故 10 V 的测量值，由标准表的示值误差引起的标准不确定度分量为

$$u_2 = \frac{3.5 \times 10^{-6} \times 10}{3}\text{V} = 1.17 \times 10^{-5}\ \text{V} = 11.7\ \mu\text{V}$$

对于因电压测量重复性引起的标准不确定度分量 u_3，由 10 次测量的数据用 Bessel 法计算单次测量的标准偏差 $s(U_D) = 9\ \mu$V，平均值的标准偏差 $s(\overline{U}_D) = \dfrac{9}{\sqrt{10}} = 2.8\ \mu$V，则电压测量重复性引起的标准不确定度为

$$u_3 = s(\overline{U}_D) = 2.8\ \mu\text{V}$$

由于不确定度分量 u_1、u_2、u_3 互相独立，按式(53)得电压测量的合成标准不确定度为

$$u_c = \sqrt{u_1^2 + u_2^2 + u_3^2} = \sqrt{8.7^2 + 11.7^2 + 2.8^2}\ \mu\text{V} = 14.85\ \mu\text{V} \approx 15\ \mu\text{V}$$

用合成标准不确定度评定电压测量的不确定度，则测量结果为

$$\overline{U}_D = 10.000\ 104\ \text{V}, \quad u_c = 0.000\ 015\ \text{V}$$

例 7 用一级千分尺（螺旋测微器）对一圆柱体进行了 6 次测量，测量结果如下表。千分尺的零位读数为 $D_0 = -0.008$ mm，给出结果的表达式。

次数 n	1	2	3	4	5	6
D'/mm	2.125	2.123	2.121	2.127	2.124	2.126

解 平均值 $\overline{D'} = \dfrac{1}{6}\sum\limits_{i=1}^{6} D' = 2.124$ mm。

对可定系统误差进行修正，即修正千分尺零位误差，$\overline{D} = \overline{D'} - D_0 = 2.132$ mm。

测量列标准偏差 $s_x = \sqrt{\dfrac{1}{6-1}\sum\limits_{i=1}^{6}(D'_i - \overline{D'})^2} = 0.0022$ mm。

平均值的标准偏差 $s_{\bar{x}} = \dfrac{s_x}{\sqrt{6}} = 0.0009$ mm。

标准不确定度的 A 类评定即为 $u_A = s_{\bar{x}} = \dfrac{s_x}{\sqrt{6}} = 0.0009$ mm。

本实验中标准不确定度的 B 类评定为千分尺仪器误差限引入的 B 分量 u_{B1} 以及零位读数的估读误差 u_{B2}。根据国家标准，一级千分尺在 $0\sim100$ mm 的测量范围内的仪器误差限 $U_{仪} = 0.004$ mm，则 $u_{B1} = U_{仪}/\sqrt{3} = 0.002$ mm；估读误差 $u_{B2} = 0.001$ mm。

合成标准不确定度
$$u_c = \sqrt{u_A^2 + u_{B1}^2 + u_{B2}^2} = \sqrt{0.0009^2 + 0.002^2 + 0.001^2}\ \text{mm} = 0.0025\ \text{mm}$$

相对不确定度
$$E_D = \dfrac{u_c}{\overline{D}} \times 100\% = 0.12\%$$

测量结果表示
$$D = (2.132 \pm 0.003)\ \text{mm},\quad E_D = 0.12\% \approx 0.2\%$$

2. 传递

现设各直接测量量的测得值为 $X_1, X_2, \cdots, \overline{X}_i, \cdots, \overline{X}_j, \cdots, X_N$，其中 $\overline{X}_i$ 和 $\overline{X}_j$ 是 n 对独立同时观测值 X_{ik} 和 $X_{jk}(k=1,2,\cdots,n)$ 的算术平均值，而其他量则是独立观测量。把它们代入其与间接测量量 Y 的关系式 $Y = f(X_1, X_2, \cdots, X_N)$ 中，有
$$Y = f(X_1, X_2, \cdots, \overline{X}_i, \cdots, \overline{X}_j, \cdots, X_N)$$

现在，若将 $f(X_1, X_2, \cdots, \overline{X}_i, \cdots, \overline{X}_j, \cdots, X_N)$ 在 $X_1, X_2, \cdots, \overline{X}_i, \cdots, \overline{X}_j, \cdots, X_N$ 的期望值 $\mu_1, \mu_2, \cdots, \mu_i, \cdots, \mu_j, \cdots, \mu_N$ 附近按泰勒级数展开，忽略二阶及以上项，则有

$$\begin{aligned}
& f(X_1, X_2, \cdots, \overline{X}_i, \cdots, \overline{X}_j, \cdots, X_N) \\
& \approx f(\mu_1, \mu_2, \cdots, \mu_i, \cdots, \mu_j, \cdots, \mu_N) + \left(\dfrac{\partial f}{\partial X_1}\right)_{\mu_1,\cdots,\mu_N}(X_1 - \mu_1) + \\
& \left(\dfrac{\partial f}{\partial X_2}\right)_{\mu_1,\cdots,\mu_N}(X_2 - \mu_2) + \cdots + \left(\dfrac{\partial f}{\partial X_i}\right)_{\mu_1,\cdots,\mu_N}(\overline{X}_i - \mu_i) + \cdots + \\
& \left(\dfrac{\partial f}{\partial X_j}\right)_{\mu_1,\cdots,\mu_N}(\overline{X}_j - \mu_j) + \cdots + \left(\dfrac{\partial f}{\partial X_N}\right)_{\mu_1,\cdots,\mu_N}(X_N - \mu_N)
\end{aligned} \tag{54}$$

因此
$$\begin{aligned}
E[f(X_1, X_2, \cdots, \overline{X}_i, \cdots, \overline{X}_j, \cdots, X_N)] & \approx f(\mu_1, \mu_2, \cdots, \mu_i, \cdots, \mu_j, \cdots, \mu_N) \\
& \approx E(Y)
\end{aligned} \tag{55}$$

即在忽略高阶项的情况下，可用 $f(X_1, X_2, \cdots, \overline{X}_i, \cdots, \overline{X}_j, \cdots, X_N)$ 来估算 $f(\mu_1, \mu_2, \cdots, \mu_i, \cdots, \mu_j, \cdots, \mu_N)$ 亦即 $E(Y)$。

因不确定度的合成仿照方差的合成，所以只要在方差传递公式中用 $u^2(X_1), \cdots, u^2(X_i), \cdots, u^2(X_j), \cdots, u^2(X_N)$ 代替 $\sigma^2(X_1), \cdots, \sigma^2(X_i), \cdots, \sigma^2(X_j), \cdots, \sigma^2(X_N)$，用

$$u(X_i, X_j) = \frac{1}{n-1}\sum_{k=1}^{n}(X_{ik}-\overline{X}_i)(X_{jk}-\overline{X}_j) \tag{56}$$

代替 $\text{Cov}(X_i,X_j)$，用 $\left(\frac{\partial f}{\partial X_1}\right)^2_{X_1,\cdots,X_N},\cdots,\left(\frac{\partial f}{\partial X_i}\right)^2_{X_1,\cdots,X_N},\cdots,\left(\frac{\partial f}{\partial X_j}\right)^2_{X_1,\cdots,X_N},\cdots,\left(\frac{\partial f}{\partial X_N}\right)^2_{X_1,\cdots,X_N}$

代替 $\left(\frac{\partial f}{\partial X_1}\right)^2_{\mu_1,\cdots,\mu_N},\cdots,\left(\frac{\partial f}{\partial X_i}\right)^2_{\mu_1,\cdots,\mu_N},\cdots,\left(\frac{\partial f}{\partial X_j}\right)^2_{\mu_1,\cdots,\mu_N},\cdots,\left(\frac{\partial f}{\partial X_N}\right)^2_{\mu_1,\cdots,\mu_N}$，便得到 Y 的不确定度传递公式：

$$\begin{aligned} u^2(Y) \approx & \left(\frac{\partial f}{\partial X_1}\right)^2_{X_1,\cdots,\overline{X}_i,\cdots,\overline{X}_j,\cdots,X_N} u^2(X_1)+\cdots+\left(\frac{\partial f}{\partial X_i}\right)^2_{X_1,\cdots,\overline{X}_i,\cdots,\overline{X}_j,\cdots,X_N} u^2(\overline{X}_i)+\cdots+\\ & \left(\frac{\partial f}{\partial X_j}\right)^2_{X_1,\cdots,\overline{X}_i,\cdots,\overline{X}_j,\cdots,X_N} u^2(\overline{X}_j)+\cdots+\left(\frac{\partial f}{\partial X_N}\right)^2_{X_1,\cdots,\overline{X}_i,\cdots,\overline{X}_j,\cdots,X_N} u^2(X_N)+\\ & 2\left(\frac{\partial f}{\partial X_i}\right)_{X_1,\cdots,\overline{X}_i,\cdots,\overline{X}_j,\cdots,X_N}\left(\frac{\partial f}{\partial X_j}\right)_{X_1,\cdots,\overline{X}_i,\cdots,\overline{X}_j,\cdots,X_N} u(\overline{X}_i,\overline{X}_j) \end{aligned} \tag{57}$$

其中，$u^2(\overline{X}_i)=\frac{u^2(X_i)}{n}$，$u^2(\overline{X}_j)=\frac{u^2(X_j)}{n}$ 和

$$u(\overline{X}_i,\overline{X}_j)=\frac{1}{n(n-1)}\sum_{k=1}^{n}(X_{ik}-\overline{X}_i)(X_{jk}-\overline{X}_j) \tag{58}$$

分别是方差 $\sigma^2(\overline{X}_i)=\frac{\sigma^2(X_i)}{n}$，$\sigma^2(\overline{X}_j)=\frac{\sigma^2(X_j)}{n}$ 和协方差

$$\text{Cov}(\overline{X}_i,\overline{X}_j)=\frac{1}{n}\text{Cov}(X_i,X_j) \tag{59}$$

的估计值。当各变量都是正态分布时，可以证明 $E[u^2(Y)]\approx\sigma^2(Y)$。

当各直接测量量互相独立时，不确定度传递公式可简化为

$$u^2(Y) \approx \sum_{i=1}^{N}\left(\frac{\partial f}{\partial X_i}\right)^2_{X_1,X_2,\cdots,X_N} u^2(X_i) \tag{60}$$

其中，$u^2(X_i)$ 为各测得值 X_i 的方差估计值（测得值也可为 X_i 的平均值 $\overline{X}_i$，则其方差估计值为 $u^2(\overline{X}_i)$，相应地上式中的偏导数也应用 X_i 的平均值 $\overline{X}_i$ 代入求得）。由上式可以得到一些常用的不确定度传递公式如下：

对加减法：$Y=X_1\pm X_2$，则

$$u^2(Y)=u^2(X_1)\pm u^2(X_2) \tag{61}$$

对乘除法：$Y=X_1X_2$，或 $Y=X_1/X_2$，则

$$\left[\frac{u(Y)}{Y}\right]^2=\left[\frac{u(X_1)}{X_1}\right]^2+\left[\frac{u(X_2)}{X_2}\right]^2 \tag{62}$$

对乘方（或开方）：$Y=X^n$，则

$$\left[\frac{u(Y)}{Y}\right]^2=\left[n\cdot\frac{u(X)}{X}\right]^2 \tag{63}$$

例8 用电子天平测得一个圆柱体的质量 $m=80.36\text{ g}$；电子天平的最小指示值为 0.01 g；不确定度限值为 0.02 g。用钢尺测量该圆柱体的高度 $H=H_2-H_1$，其中，$H_1=4.00\text{ cm}$，$H_2=19.32\text{ cm}$；钢尺的分度值为 0.1 cm，估读 $1/5$ 分度；不确定度限值为 0.01 cm。用游标卡尺测量该圆柱体的直径 D（数据如下表所示）；游标卡尺的分度值为 0.002 cm；不确定度限值为 0.002 cm。

D/cm	2.014	2.020	2.016	2.020	2.018
	2.018	2.020	2.022	2.016	2.020

试根据上述数据,计算该圆柱体的密度及其不确定度。

解 (1) 圆柱体的质量 $m=80.36$ g,则

$$u(m)=\sqrt{(u_{估读}(m))^2+(u_{仪}(m))^2}$$
$$=\sqrt{(0.01/\sqrt{3})^2+(0.02/\sqrt{3})^2}\text{ g}=0.013\text{ g}$$

(2) 圆柱体的高 $H=H_2-H_1=(19.32-4.00)$ cm $=15.32$ cm,则

$$u(H)=\sqrt{2(u_{估读}(H))^2+(u_{仪}(H))^2}$$
$$=\sqrt{2\times(0.02)^2+(0.01/\sqrt{3})^2}\text{ cm}=0.029\text{ cm}$$

(3) 圆柱体直径的平均值 $\overline{D}=\dfrac{1}{10}\sum_{i=1}^{10}D_i=2.018\,4$ cm,则

$$u_A(D)=s(\overline{D})=\sqrt{\dfrac{1}{10\times(10-1)}\sum_{i=1}^{10}(D_i-\overline{D})^2}=0.000\,78\text{ cm}$$

$$u(D)=\sqrt{(u_A(D))^2+(u_{仪}(D))^2}$$
$$=\sqrt{(0.000\,78)^2+(0.002/\sqrt{3})^2}\text{ cm}=0.001\,4\text{ cm}$$

(4) 根据上述数据计算材料的密度 ρ:

$$\rho=\dfrac{m}{V}=\dfrac{4m}{\pi\overline{D}^2 H}=\dfrac{4\times80.36}{3.141\,6\times 2.018\,4^2\times 15.32}\text{ g/cm}^3=1.639\text{ g/cm}^3$$

$$\dfrac{u(\rho)}{\rho}=\sqrt{\left(\dfrac{u(m)}{m}\right)^2+\left(2\cdot\dfrac{u(D)}{\overline{D}}\right)^2+\left(\dfrac{u(H)}{H}\right)^2}$$
$$=\sqrt{\left(\dfrac{0.013}{80.36}\right)^2+\left(2\cdot\dfrac{0.001\,4}{2.018\,4}\right)^2+\left(\dfrac{0.029}{15.32}\right)^2}=0.24\%\approx 0.3\%$$

$$u(\rho)=\dfrac{u(\rho)}{\rho}\cdot\rho=0.24\%\times 1.639\text{ g/cm}^3=0.004\text{ g/cm}^3$$

$$\rho\pm u(\rho)=(1.639\pm 0.004)\text{ g/cm}^3=(1.639\pm 0.004)\times 10^{-3}\text{ kg/cm}^3$$

例 9 用单摆测重力加速度的公式为 $g=4\pi^2 l/T^2$。现用最小读数为 1/100 s 的电子秒表测量周期 T 五次,其数据为 2.001、2.004、1.997、1.998、2.000(单位为 s);用Ⅱ级钢卷尺测摆长 l 一次,$l=100.00$ cm。试求重力加速度 g 及合成不确定度,并写出结果表达式。(注:每次周期值是通过测量 100 个周期获得,每测 100 个周期要按两次表,由于按表时超前或滞后,造成的最大误差是 0.5 s;Ⅱ级钢卷尺测量长度 l(单位是 m)的示值误差为 $\pm(0.3+0.2l)$mm,或者,作为一种简化,示值误差也可直接取为 0.5 mm(最小分度的一半);由于卷尺很难与摆的两端正好对齐,在单次测量时引入的误差极限值为 ± 2 mm。)

解 (1) 计算 $\overline{g}$。

$$\overline{T}=\dfrac{2.001+2.004+1.997+1.998+2.000}{5}\text{ s}=2.000\text{ s}$$

$$\overline{g}=\dfrac{4\pi^2 l}{\overline{T}^2}=\dfrac{4\times 3.141\,6^2\times 1.000\,0}{2.000^2}\text{m/s}^2=9.872\text{ m/s}^2$$

(2) 计算直接测量量摆长的不确定度 u_l。

摆长只测了一次,只考虑 B 类不确定度。因 II 级钢卷尺仪器误差为示值误差:$U_{卷尺仪} = \pm(0.3+0.2l)$ mm $= \pm 0.5$ mm,即示值误差相应的不确定度是

$$u_{l仪} = \frac{U_{卷尺仪}}{\sqrt{3}} = \frac{0.5}{\sqrt{3}} \text{mm} = 0.29 \text{ mm}$$

测量时卷尺不能准确对准 l 两端造成的误差 $U_{卷尺对不准} = \pm 2$ mm,相应的不确定度是

$$u_{l对不准} = \frac{U_{卷尺对不准}}{\sqrt{3}} = \frac{2}{\sqrt{3}} \text{mm} = 1.2 \text{ mm}$$

故

$$u_l = \sqrt{u_{l仪}^2 + u_{l对不准}^2} = \sqrt{0.3^2 + 1.2^2} \text{ mm} = 1.2 \text{ mm}$$

相对不确定度

$$\frac{u_l}{l} = \frac{1.2}{1\,000.0} = 0.12\%$$

(3) 计算直接测量量周期的不确定度 u_T。

T 的 A 类不确定度

$$s_{\overline{T}} = \sqrt{\frac{\sum_{i=1}^{5}(T_i - \overline{T})^2}{5(5-1)}} = 0.001\,2 \text{ s}$$

T 的 B 类不确定度有两个分量,一个与仪器误差对应,一个与按表超前或滞后造成的误差对应,分别是

$$u_{T仪} = \frac{U_{秒表仪}/100}{\sqrt{3}} = \frac{0.01/100}{\sqrt{3}} \text{s} = 0.000\,058 \text{ s}$$

$$u_{T按表} = \frac{U_{秒表按表}/100}{\sqrt{3}} = \frac{0.5/100}{\sqrt{3}} \text{s} = 0.002\,9 \text{ s}$$

因 $u_{T仪}$ 比 $u_{T按表}$ 小得多可略去,故合成不确定度为

$$u_T = \sqrt{s_{\overline{T}}^2 + u_{T按表}^2} = \sqrt{0.001\,2^2 + 0.002\,9^2} \text{s} = 0.003\,1 \text{ s}$$

相对不确定度为

$$\frac{u_T}{\overline{T}} = \frac{0.002\,9}{2.000} = 0.15\%$$

(4) 计算间接测量量重力加速度的不确定度 u_g。

由于 l 和 T 的关系是乘除关系,用相对不确定度传播公式较简单,有

$$\frac{u_g}{\overline{g}} = \sqrt{\left(\frac{u_l}{l}\right)^2 + \left(2 \times \frac{u_T}{\overline{T}}\right)^2} = \sqrt{(0.12\%)^2 + (2 \times 0.15\%)^2} = 0.32\% \approx 0.4\%$$

$$u_g = \overline{g} \cdot \frac{u_g}{\overline{g}} = 9.872 \times 0.32\% \text{ m/s}^2 = 0.032 \text{ m/s}^2$$

(5) 写出结果表达式:

$$g = (9.872 \pm 0.032) \text{m/s}^2 \quad 或 \quad g = (9.87 \pm 0.04) \text{m/s}^2$$

在计算不确定度时,一般都用电子计算器或电脑自动计算,算出的数值位数一般都有 7~8 位。如果是中间值,如 $\overline{g} = 9.872\,14$ m/s² 也是允许的(计算时主观臆断地进行省略,如

写成 $\bar{g}=9.9$ m/s² 是绝对不允许的,因为省略引入了 0.3%的误差)。但在写出测量结果表达式时,必须把不确定度写成 1 位或 2 位(有效数字),且只进不舍,同时使测量平均值的最后一位与不确定度的最后一位对齐。按照国家标准规定,相对不确定度也最多取两位有效数字。考虑到教学实验一般精度不高,故约定:当结果的相对不确定度大于 1%时,取 2 位有效数字;当结果的相对不确定度小于 1%时,取 1 位有效数字,也只进不舍。

1.3 有效数字及测量结果的表示

1.3.1 有效数字的概念

使用测量仪器或工具对某一物理量进行测量时,测量读数可以读到最小分格值,这些都是可靠数字。然后,还可以对最小分格估读一位,一般可估读到十分之一或五分之一,这一位是反映客观实际的可疑数字,是可以反映出测量仪器或工具精密度的一种粗略表示方法,因此是有效的。

所以,测量值中所有可靠数字加上一位可疑数字称为测量值的有效数字,这些数字的总位数称为该测量值的有效位数。有效数字也可和被测物理量的大小有关,如用 mm 刻度的米尺测量长为 19.9 mm 及 119.9 mm 的两个物体,前者为 3 位有效数字,后者为 4 位有效数字。有效数字是仪器精密度和被测物理量本身大小的客观反映,因此有效数字是不能随意增减的。

有效数字的位数越多,说明测量的精度越高。第 1 位非零数字前的"0"在确定有效位数时无意义,而第 1 位非零数字后的"0"在确定有效位数时应计入有效位数,如 0.031 010 为 5 位有效数字。换算单位时,有效数字的位数保持不变。

在进行单位换算和变换小数点位置时,应使用科学记数法。

如大单位换成小单位:

$$1.2 \text{ m} = 1.2 \times 10^2 \text{ cm} = 1.2 \times 10^3 \text{ mm} = 1.2 \times 10^6 \text{ μm}$$

小单位换成大单位:

$$1.2 \text{ μm} = 1.2 \times 10^{-3} \text{ mm} = 1.2 \times 10^{-4} \text{ cm} = 1.2 \times 10^{-6} \text{ m}$$

即不同单位用 10 的不同幂次表示。

1.3.2 数值的修约规则

数值修约(rounding off 或 roundoff)就是去掉数据中多余的位,也叫做化整。教学实验测量次数一般较少,数据分散性常不太大。我们简化地约定:一般只用四舍五入规则。但对于表示精度的数据(标准差、标准或扩展不确定度等),在去掉多余位数时,只入不舍。例如,不确定度 0.23,若取一位数字则应写为 0.3,而不写为 0.2。因此,若误差限定在 0.2 才算合格,则判定这一结果不合格。

修约过程应该一次完成,不能多次连续修约。例如要使 0.546 保留到一位有效位数,不能先修约成 0.55,接着再修约成 0.6,而应当一次修约成 0.5。

1.3.3 实验数据的有效位数确定

1. 原始数据有效位数确定

通过仪表、量具等读取原始数据时,一般要充分反映计量器具的准确度,通常要把计量器具所能读出或估出的位数全读出来。

①游标类量具,如游标卡尺、分光计方位角的游标度盘、水银大气压力计的读数游标尺等,一般应读到游标分度值的整倍数。②对于数显仪表及有十进步进式标度盘的仪表,如数字电压表、电阻箱、电桥等,一般应直接读取仪表的示值。③对指针式仪表,读数时一般要估读到最小分度值的 1/4～1/10。④对于可估读到最小分度以下的计量器具,当最小分度不小于 1 mm 时,通常要估读到 0.1 分度,如螺旋测微计和测量显微镜鼓轮的读数,都要估读到 1/10 分度;少数情况下也可只估读到 0.2 或 0.5 分度,例如光具座上的标尺的坐标读数可以只估读到毫米分度的 1/2 或 1/5。

2. 运算后的有效数字

对参与运算的数和中间运算结果都不修约,只在算出不确定度后,最后结果表示前再修约,这样做既是需要,也更有利于实验效率的提高。但对于不评定不确定度且教师又未给定有效位数的部分大学物理实验,运算结果的有效数字位数则按以下规则合理地确定。

(1) 加减运算:几个数相加减,运算结果的欠准数与诸数中最高位的欠准数位置对齐,如

$$
\begin{array}{r} 30.3 \\ +\ 1.384 \\ \hline 31.684 \end{array} \text{应取 31.7} \quad\xrightarrow{\text{可简化为}}\quad
\begin{array}{r} 30.3 \\ +\ 1.38 \\ \hline 31.68 \end{array} \text{应取 31.7}
$$

$$
\begin{array}{r} 12.6 \\ -\ 4.378 \\ \hline 8.222 \end{array} \text{应取 8.2} \quad\xrightarrow{\text{可简化为}}\quad
\begin{array}{r} 12.6 \\ -\ 4.38 \\ \hline 8.22 \end{array} \text{应取 8.2}
$$

(2) 乘除运算:几个数相乘除时,运算结果有效数字的位数与各数中有效数字位数最少的一个相同,如

$$
\begin{array}{r} 10.522 \\ \times\ 0.34 \\ \hline 42088 \\ 31566\ \ \ \\ \hline 3.57748 \end{array} \text{应取 3.6} \quad\xrightarrow{\text{可简化为}}\quad
\begin{array}{r} 10.5 \\ \times\ 0.34 \\ \hline 420 \\ 315\ \ \\ \hline 3.570 \end{array} \text{应取 3.6}
$$

$$
0.34\overline{\smash{)}10.522}\quad \text{商 30.9 应取 31} \quad\xrightarrow{\text{可简化为}}\quad 0.34\overline{\smash{)}10.5}\quad \text{商 30.8 应取 31}
$$

(3) 乘方、立方、开方运算:运算结果的有效数字位数与其底的有效数字位数相同。

(4) 对数、三角函数运算:运算结果的有效数字位数可按间接测量误差传递公式进行计算后决定。

例如：$y=\lg x$，$x=\bar{x}\pm s_x=1\,988\pm 3$，则

$$\bar{y}=\lg\bar{x}=\lg 1\,988=3.298\,416\,3\cdots$$

$$\lg x=\frac{\ln x}{\ln 10}=\frac{1}{\ln 10}(\ln x)$$

$$s_y=\frac{1}{\ln 10}\left(\frac{s_x}{x}\right)=6.554\times 10^{-4}=7\times 10^{-4}$$

$\bar{y}$ 应取 3.298 4，$y=\bar{y}\pm s_y=3.298\,4\pm 0.000\,7$。

又如：$y=\sin\theta$，$\theta=\bar{\theta}\pm s_\theta=60°00'\pm 0°02'$，则

$$\bar{y}=\sin\bar{\theta}=\sin 60°00'=0.866\,025\,4\cdots$$

$$s_y=|\cos\theta|\,s_\theta=\cos 60°00'\times\frac{\pi\times 2}{180\times 60}=0.5\times 5.818\times 10^{-4}$$

$$=2.909\times 10^{-4}=3\times 10^{-4}$$

$\bar{y}$ 应取 0.866 0，$y=\bar{y}\pm s_y=0.866\,0\pm 0.000\,3$。

常数 π、e 等可认为有效数字是无限的，参加运算时一般比测量值多取一位，如 $S=\pi R^2$，$R=2.0$ cm，π 取 3.14。

注意，前述有效数字的运算法则仅是在数据量较少的情况下，为满足有效数字的基本定义，只保留最后一位数字为可疑而建议采用的。但是必须强调指出：四则运算的位数定则仅仅是一种粗略的方法，常常与评定了不确定度后的结果有偏差，而且对于四则运算以外的其他运算，位数定则一般较繁，有时甚至很难导出，所以，由不确定度决定有效位数才是根本的方法。

3. 测量结果最终表达式中的有效位数

根据实验后计算的不确定度来确定被测量值的有效数字是正确决定有效数字的根本依据。

(1) 不确定度的有效位数

不确定度（或标准差等）由于都是欠准数，一般只需取一位或二位有效数字。标准不确定度 u_c 宜取两位，在测量精度不高时取一位也可。多数实际工作中要由标准不确定度 u_c 计算扩展不确定度 U，在这一意义上 u_c 只是中间结果。

用百分数表示的相对不确定度也取一位到二位，本书规定小于 1.0% 时取一位，大于 1.0% 时取两位。

(2) 被测量值的有效位数

结果表达式中的被测量值或最佳值的有效位数要求与不确定度的末位对齐。

如：$\bar{X}=1.254$ mm，$s_X=0.02$ mm。结果表达式为 $X=(1.25\pm 0.02)$ mm。

又如：$\bar{y}=0.866\,025\,4$，$s_y=0.000\,290\,9$。结果应写为 $y=0.866\,0\pm 0.000\,3$。

对于测量所得结果，必要时还要写出对测量结果有作用的影响量的值。例如测量电流计的内阻时写出室温为 $t=(20.0\pm 1.0)$℃，因为被测量值随温度升高而增加，温度是重要的影响量。

1.4 列表、作图之要点及组合测量与最佳直线参数

对于观测对象是互相关联的两个（或两个以上）物理量的这一类实验，利用列表和作图可以使大量数据表达清晰醒目，条理化，易于检查数据和发现问题，避免差错，同时有助于反映出物理量之间的对应关系。当然，列表也适用于单一物理量的重复测量。

在直接测量与间接测量中，测量目的只有一个，而当测量目的有数个时，则需要通过组

合测量解联立方程式,求得被测量的值。实验中,经常遇到两个物理量 x、y 间存在 $y=a+bx$ 的线性关系,a、b 为此线性函数的参数,测出若干组 x、y 值同时求出未知参数 a、b 的过程,是最简单的组合测量。

下面介绍列表、作图之要点及用最小二乘法进行线性拟合求最佳直线参数的方法。

1.4.1 列表法

数据在列表处理时,应该遵循下列原则。

(1) 各栏目(纵或横)均应标明名称及单位,若名称用自定的符号,则需加以说明。必要时还应写明所用仪器的准确度等级及仪器误差。

(2) 列入表中的数据应主要是原始测量数据,处理过程中的一些重要中间结果也应列入表中。测量数据应以有效数字表示。

(3) 栏目的顺序应充分注意数据间的联系和计算的程序,力求简明、齐全、有条理。

(4) 若是函数测量关系的数据表,则应按自变量由小到大或由大到小的顺序排列。

1.4.2 作图法和图解法

在科学实验和工程技术中作图法具有直观简明和应用方便等优点。特别在有些科学实验的规律和结果还没有完全掌握时,可以通过作图法来寻找测量量之间的函数关系,获得经验公式。

作图法有一定格式和要求,主要有以下几点。

(1) 坐标纸必须选用直角坐标纸(又称毫米方格纸)、对数坐标纸、半对数坐标纸和极坐标纸等。最常使用的是直角坐标纸。

在坐标纸上以横坐标为自变量,纵坐标为因变量。在坐标轴的轴端应标明物理量的名称、符号和单位。然后,选取坐标原点及标度(坐标轴上每一厘米格所代表的物理量值),原点不一定取为(0,0)。标度必须取得适当,以利于满足实验测量的有效数字的要求。纵、横坐标的单位大小、比例要适当,使作出的曲线位于方格纸的中央。

(2) 实验数据在图中应用硬铅笔在图纸上准确描点,用"+""×""△""0""○"等符号作标志,分组清楚,明显标出。

(3) 凡定标或标准校正曲线,点与点间应折线相连;而一般物理量间的关系曲线,则应圆滑,连线时必须使用作图工具,使图线描绘得光滑匀整。

图线应尽可能通过较多实验点,由于测量误差,某些实验点可能不在图线上,但应分布在图线两侧,两侧数目和到图线距离大体相等。

(4) 图线作好后应在图线上方写上完整的图名(注明曲线名称),图名下边还应写出必不可少的实验条件和注解。

(5) 如需要从图上读取数值进行计算时,应在图上用记号标出读数的点,标明该点坐标值(标出正确的有效数字位数)。

若欲求斜率,应取较远的两点,而不应取相邻点。

(6) 最后在图纸的空白处写上制作者和制作日期。

利用作好的图线,定量地求得待测量或经验方程,称为图解法。最简单的为求直线方程:$y=a+bx$,一般用下列公式:

$$\text{斜率} \quad b = \frac{y_2 - y_1}{x_2 - x_1} (\text{单位})$$

截距 $a = \dfrac{x_2 y_1 - x_1 y_2}{x_2 - x_1}$（单位）

例：

次数 n	1	2	3	4	5	6	7	8	9	10
I/mA	10.0	20.0	30.0	40.0	50.0	60.0	70.0	80.0	90.0	100.0
U/V	1.48	2.96	4.52	6.04	7.52	8.96	10.54	12.00	13.52	14.98

根据上表作的图如图 8 所示。

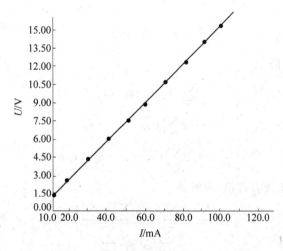

图 8 $U \sim I$ 关系图

1.4.3 最小二乘法和线性拟合

用图解法处理数据虽有许多优点，但它是一种粗略的数据处理方法，因为它不是建立在严格的统计理论基础上的数据处理方法，在作图纸上人工拟合直线（或曲线）时有一定的主观随意性。不同的人用同一组测量数据作图，可得出不同的结果，因而人工拟合的直线往往不是最佳的。所以，用图解法处理数据，一般是不求误差的。

由一组实验数据找出一条最佳的拟合直线（或曲线），常用的方法是最小二乘法，所得的变量之间的相关函数关系称为回归方程。所以最小二乘法线性拟合亦称为最小二乘法线性回归。

在这里只讨论用最小二乘法进行一元线性拟合问题，有关多元线性拟合与非线性拟合，读者可参阅其他专著。

最小二乘法的原理是：若能找到一条最佳的拟合直线，那么这拟合直线上各相应点的值与测量值之差的平方和在所有拟合直线中应是最小的。

假设所研究的两个变量 x 与 y 间存在线性相关关系，回归方程的形式为

$$y = a + bx \tag{64}$$

是一条直线。测得一组数据 x_i、y_i，$i = 1, 2, \cdots, n$，现在要解决的问题是：怎样根据这组数据来确定式（64）中的系数 a 和 b。

我们讨论最简单的情况，即每个测量值都是等精度的，且假定 x_i、y_i 中只有 y_i 有明显的

测量随机误差,如果 x_i、y_i 均有误差,只要把相对来说误差较小的变量作为 x 即可。

由于存在误差,实验点是不可能完全落在由式(64)拟合的直线上的。对于和某一个 x_i 相对应的 y_i 与直线在 y 方向上的残差为

$$V_i = y_i - y = y_i - a - bx_i \tag{65}$$

图 9 线性拟合

如图 9 所示。按最小二乘法原理应使

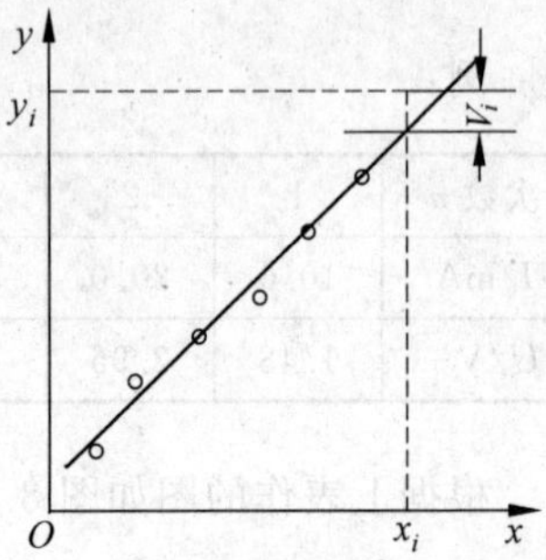

$$s = \sum_{i=1}^{n} V_i^2 = \sum_{i=1}^{n}(y_i - a - bx_i)^2 = s_{\min} \tag{66}$$

使其为最小的条件是

$$\frac{\partial s}{\partial a} = 0, \quad \frac{\partial s}{\partial b} = 0; \quad \frac{\partial^2 s}{\partial^2 a} > 0, \quad \frac{\partial^2 s}{\partial b^2} > 0$$

由一阶微商为零得

$$\begin{cases} \dfrac{\partial s}{\partial a} = \sum 2(y_i - a - bx_i)(-1) \\ \qquad = -2\sum(y_i - a - bx_i) = 0 \\ \dfrac{\partial s}{\partial b} = -2\sum(y_i - a - bx_i)x_i = 0 \end{cases} \tag{67}$$

由方程组(67)(亦称正规方程组)可解得

$$a = \frac{\sum x_i^2 \sum y_i - \sum x_i \sum(x_i y_i)}{n \sum x_i^2 - (\sum x_i)^2} \tag{68}$$

$$b = \frac{n \sum(x_i y_i) - \sum x_i \sum y_i}{n \sum x_i^2 - (\sum x_i)^2} \tag{69}$$

若令

$$\begin{cases} [X] = \dfrac{\sum x_i}{n} \\ [Y] = \dfrac{\sum y_i}{n} \\ [XX] = \dfrac{\sum x_i^2}{n} \\ [XY] = \dfrac{\sum x_i y_i}{n} \end{cases} \tag{70}$$

则 a、b 为

$$a = [Y] - b[X] \tag{71}$$

$$b = \frac{[XY] - [X][Y]}{[XX] - [X]^2} \tag{72}$$

式(66)对 a、b 求二阶微商后,可知 $\dfrac{\partial^2 s}{\partial a^2} > 0, \dfrac{\partial^2 s}{\partial b^2} > 0$,这样式(71)、式(72)给出的 a、b 对应于 $s = \sum V_i^2$ 的极小值,即为用最小二乘法对拟合直线所得的两个参量:截距和斜率。于

是，就得到了直线的回归方程式(64)。

在前述假定只有 y_i 有明显随机误差条件下，a 和 b 的标准偏差可以用下列两式计算：

$$s_a = \sqrt{\frac{\sum x_i^2}{n \sum x_i^2 - (\sum x_i)^2}} \cdot s_y = \sqrt{\frac{[XX]}{n([XX]-[X]^2)}} \cdot s_y \tag{73}$$

$$s_b = \sqrt{\frac{n}{n \sum x_i^2 - (\sum x_i)^2}} \cdot s_y = \sqrt{\frac{1}{n([XX]-[X]^2)}} \cdot s_y \tag{74}$$

其中 s_y 为测量值 y_i 的标准偏差：

$$s_y = \sqrt{\frac{\sum V_i^2}{n-2}} = \sqrt{\frac{\sum (y_i - a - bx_i)^2}{n-2}} \tag{75}$$

式中，$n-2$ 是自由度，其意义是：如果只有两个实验点，$n=2$，有两个正规方程就可以解出结果，而且 y_i 的 s_y 应当为零，所以自由度是 $n-2$。

如果实验是在已知线性函数关系下进行的，那么用上述最小二乘法线性拟合，可得出最佳直线及其截距 a、斜率 b，从而得出回归方程。如果实验是要通过 x、y 的测量值来寻找经验公式，则还应判断由上述一元线性拟合所找出的线性回归方程是否恰当。这可用下列相关系数 ρ 来判别：

$$\rho = \frac{\sum (x_i - \bar{x})(y_i - \bar{y})}{\sqrt{\sum (x_i - \bar{x})^2 \sum (y_i - \bar{y})^2}} = \frac{[XY] - \overline{xy}}{\sqrt{([XX] - \bar{x}^2)([YY] - \bar{y}^2)}} \tag{76}$$

相关系数 ρ 的数值大小表示相关程度的好坏。若 $\rho=\pm 1$ 表示变量 x、y 完全线性相关，拟合直线通过全部实验点；当 $|\rho|<1$ 时，实验点之间的线性不好，$|\rho|$ 越小线性越差，$\rho=0$ 表示 x 与 y 完全不相关（如图 10 所示）。

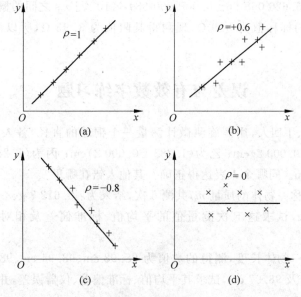

图 10　相关系数

思 考 题

1. 掷一粒骰子,求所得点数的均值和方差。
2. 掷二粒骰子,求所得点数的均值和方差。

提示:求出每一点数的概率(频率),注意求总体均值(期望)和方差时都须加权。

3. 连掷一粒骰子 n 次(比如 20 次),所得点数构成一个随机样本。试计算此样本的均值和样本方差,它们与总体的均值和方差比较是否相同?

4. 每次掷二粒骰子,共掷 n 次(比如 20 次),试计算所得点数(可看作一个随机样本)的均值和方差,并与总体的均值和方差比较。

5. 掷两粒骰子,令 ξ 表示第一粒出现的点数,η 表示其中较大的点数,求 (ξ,η) 的协方差。

提示:先罗列所有 (ξ,η) 的可能值,分别求出 ξ,η 取值 1,2,3,4,5,6 时的概率,再分别求出 ξ,η 的加权平均值(即期望),最后由式(24)计算协方差。

6. 掷两粒骰子 20 次,令 ξ 表示第一粒出现的点数,η 表示其中较大的点数,由此得到 (ξ,η) 的一个随机样本,求此样本的协方差。

提示:根据样本分别算出 ξ,η 的平均值(即期望的估计值),由式(58)计算样本的协方差。

7. 判断以下说法是否正确:

(1) 由于正负随机误差 $\delta_{r_k}(k=1,2,\cdots,n)$ 互相抵消,所以当测量次数趋向无限(即 $n \to \infty$)时,$\sum_{k=1}^{n} \delta_{r_k} \to 0$。

(2) 普朗克常量 $6.626\,068\,96 \times 10^{-34}$ J·s 的标准不确定度为 $0.000\,000\,33 \times 10^{-34}$ J·s,所以真值出现在 $(6.626\,068\,96 \pm 0.000\,000\,33) \times 10^{-34}$ J·s 之间的概率为 100%。

(3) 某一电阻的标称值为 3.9 Ω,现测得其阻值为 3.93 Ω,所以测量的绝对误差是 0.03 Ω。

误差与有效数字练习题

1. 有甲、乙、丙、丁四人,用螺旋测微计测量一个铜球的直径,各人所得的结果表达如下:甲为 $(1.283\,2 \pm 0.000\,2)$ cm;乙为 $(1.283 \pm 0.000\,2)$ cm;丙为 $(1.28 \pm 0.000\,2)$ cm;丁为 $(1.3 \pm 0.000\,2)$ cm。问哪个人表达得正确?其他人错在哪里?

2. 用精密天平称一物体的质量 m,共测 5 次,结果为:3.612 7 g、3.612 2 g、3.612 1 g、3.612 0 g、3.612 5 g,试求这 5 次测量值的平均值、标准偏差及相对误差,并写出结果 $(\bar{m} \pm s_m)$。

3. 用米尺测量一物体长度,测得的数值为 98.98 cm、98.94 cm、98.96 cm、98.97 cm、99.00 cm、98.95 cm 及 98.97 cm,试求其平均值、标准偏差、仪器误差,并用上述误差表示测量结果 $(\bar{L} \pm s_L; \bar{L} \pm \Delta_{仪})$。

4. 用米尺测量正方形的边长为:$a_1 = 2.01$ cm,$a_2 = 2.00$ cm,$a_3 = 2.04$ cm,

$a_4 = 1.98$ cm, $a_5 = 1.97$ cm，试分别求正方形周长和面积的平均值、标准偏差 (s_C, s_S)、相对误差、周长和面积的测量结果 ($\overline{C} \pm s_C$; $\overline{C} \pm \Delta_{仪}$; $\overline{S} \pm s_S$; $\overline{S} \pm \Delta_{仪}$)。

5. 在测量固体比热实验中，放入量热器的固体起始温度是 $t_1 = (99.5 \pm 0.1)$℃，固体放入水中后，温度逐渐下降，当达到平衡时，$t_2 = (26.2 \pm 0.1)$℃。试求温度降低值 $t = t_2 - t_1$ 的表示式及相对误差（以上表示式中的误差为标准偏差）。

6. 一个铅质圆柱体，测得其直径为 $d = (2.040 \pm 0.001)$ cm，高度为 $h = (4.120 \pm 0.001)$ cm，质量 $m = (149.10 \pm 0.05)$ g，式中误差均为标准偏差。试：(1) 计算铅的密度 ρ；(2) 计算铅密度 ρ 的相对误差和标准偏差；(3) 表示 ρ 的测量结果。

7. 按照误差理论和有效数字运算规则改正以下错误：(1) $N = (10.800\,0 \pm 0.2)$ cm；(2) 有人说 0.287 0 有 5 位有效数字，有人说只有 3 位，请纠正，并说明其原因；(3) $\overline{L} = 28$ cm $= 280$ mm；(4) $L = (28\,000 \pm 8\,000)$ mm；(5) $\overline{S} = 0.022\,1 \times 0.022\,1 = 0.000\,488\,41$；(6) $\overline{N} = \dfrac{400 \times 1\,500}{12.60 - 11.6} = 600\,000$。

8. 试用有效数字运算规则计算下列各式：

(1) $98.754 + 1.3$；

(2) $107.50 - 2.5$；

(3) 111×0.100；

(4) $\dfrac{76.000}{40.00 - 2.0}$；

(5) $\dfrac{50.00 \times (18.30 - 16.3)}{(103 - 3.0) \times (1.00 + 0.001)}$；

(6) $\dfrac{100.0 \times (5.6 + 4.412)}{(78.00 - 77.0) \times 10.000} + 110.0$；

(7) 已知 $y = \lg x$, $\overline{x} \pm s_x = 1\,220 \pm 2$，求 y；

(8) 已知 $y = \sin \theta$, $\overline{\theta} \pm s_\theta = 45°30' \pm 0°02'$，求 y；

(9) 已知 $V = (1\,000 \pm 1)$ cm^3，求 $\dfrac{1}{V}$。

9. 写出下列测量关系的标准偏差传递式：

(1) $g = 4\pi^2 \dfrac{L}{T^2}$；

(2) $N = \dfrac{x - y}{x + y}$。

10. 某同学在弹簧劲度系数的测量中得到如下数据：

F/g	2.00	4.00	6.00	8.00	10.00	12.00	14.00
Y/cm	6.90	10.00	13.05	15.95	19.00	22.05	25.10

其中 F 为弹簧所受的作用力，Y 为弹簧的长度。已知 $Y - Y_0 = \left(\dfrac{1}{K}\right) F$，试用图解法处理数据，从图中求出弹簧的劲度系数 K 及弹簧的原来长度 Y_0。

附录1 t 因 子

虽然当随机变量 X 是正态分布时，其期望 μ 包含于随机区间 $X \pm \sigma$（或 $\overline{X} \pm \dfrac{\sigma}{\sqrt{n}}$）的概率是 0.683，但由于 σ 未知，只能求出其估计值即样本方差 s^2，可以证明此时随机变量

$T = \dfrac{\overline{X} - \mu}{s/\sqrt{n}}$ 服从概率密度为 $P = \dfrac{\Gamma\left(\dfrac{n}{2}\right)}{\sqrt{(n-1)\pi}\,\Gamma\left(\dfrac{n-1}{2}\right)}\left(1 + \dfrac{t^2}{n-1}\right)^{-\frac{n-1}{2}}$ 的 t 分布〔即 $P(T \leqslant t)$

$= \displaystyle\int_{-\infty}^{t} f(t)\,dt$〕,所以当测量次数 n 较少时(例如 $n < 10$),如果仍要保持均值的随机误差 $(\overline{X} - \mu)$ 出现的概率 P 如同正态分布时一样,可将均值的实验标准偏差 $s/\sqrt{n}$ 乘以一个 t 因子:

$$(s/\sqrt{n})\,t$$

求得 μ 包含于随机区间 $\overline{X} \pm t\dfrac{s}{\sqrt{n}}$ 的概率。对 $P = 0.683$,不同的测量次数 n 对应的 t 因子的值如附表 1 所示。

附表 1　$P = 0.683$ 时不同的测量次数下 t 因子的值

测量次数 n	2	3	4	5	6	7	8	9	10	15	20	30	40	∞
$t_{0.683}$	1.84	1.32	1.20	1.14	1.11	1.09	1.08	1.07	1.06	1.04	1.03	1.02	1.01	1.00

附录 2　常用函数的标准偏差或不确定度传递公式

倍数关系:$N = Kx$,其中 K 是常数,x 的标准偏差为 s_x,则

$$s_N = |K|\,s_x$$

乘除关系:$N = x \cdot y$,则

$$\dfrac{\partial N}{\partial x} = y, \quad \dfrac{\partial N}{\partial y} = x$$

$$s_N = \sqrt{y^2 s_x^2 + x^2 s_y^2}$$

$$E_N = \dfrac{s_N}{N} = \sqrt{\dfrac{y^2 s_x^2 + x^2 s_y^2}{(x \cdot y)^2}} = \sqrt{\left(\dfrac{s_x}{x}\right)^2 + \left(\dfrac{s_y}{y}\right)^2} = \sqrt{E_x^2 + E_y^2}$$

当 $N = \dfrac{x}{y}$ 时,则可得

$$s_N = \sqrt{\dfrac{1}{y^2}s_x^2 + \dfrac{x^2}{y^4}s_y^2}$$

相对误差计算比较简单,公式为

$$E_N = \dfrac{s_N}{N} = \dfrac{\sqrt{\dfrac{1}{y^2}s_x^2 + \dfrac{x^2}{y^4}s_y^2}}{\dfrac{x}{y}} = \sqrt{\left(\dfrac{s_x}{x}\right)^2 + \left(\dfrac{s_y}{y}\right)^2} = \sqrt{E_x^2 + E_y^2}$$

即对 $N = x \cdot y$ 或 $N = \dfrac{x}{y}$,N 的相对误差为 x、y 各相对误差的"方和根",$E_N = \sqrt{E_x^2 + E_y^2}$。可以证明若函数自变量之间为乘除关系,$N = f(x, y, z, \cdots, u)$,则 $E_N = \sqrt{E_x^2 + E_y^2 + E_z^2 + \cdots + E_u^2}$。

可见函数关系为乘除关系时,先用相对误差传递公式算出 E_N,然后通过 $S_N = N \cdot E_N$

计算标准偏差 s_N 较为方便。

幂次关系：$N = x^p y^q$，p、q 为常数，则

$$\frac{\partial N}{\partial x} = px^{p-1}y^q, \quad \frac{\partial N}{\partial y} = qx^p y^{q-1}$$

$$s_N = \sqrt{(px^{p-1}y^q)^2 s_x^2 + (qx^p y^{q-1})^2 s_y^2}$$

$$E_N = \frac{s_N}{N} = \sqrt{p^2 E_x^2 + q^2 E_y^2}$$

与乘除关系类似，可以证明 $N = x^p \cdot y^q \cdot z^r \cdots$，$N$ 的相对误差

$$E_N = \sqrt{p^2 E_x^2 + q^2 E_y^2 + r^2 E_z^2 + \cdots}$$

$$s_N = N \cdot E_N$$

常用函数标准偏差传递公式见附表 2。

附表 2　常用函数标准偏差传递公式

测量关系式 $N = f(x, y, \cdots, u)$	标准偏差传递公式
$N = x + y$	$s_N = \sqrt{s_x^2 + s_y^2}$
$N = x - y$	$s_N = \sqrt{s_x^2 + s_y^2}$
$N = Kx$	$s_N = \|K\| s_x$；$E_N = \dfrac{s_x}{x}$
$N = \sqrt[n]{x}$	$E_N = \dfrac{1}{n}\dfrac{s_x}{x}$；$s_N = N \cdot E_N$
$N = x \cdot y$	$E_N = \sqrt{\left(\dfrac{s_x}{x}\right)^2 + \left(\dfrac{s_y}{y}\right)^2}$；$s_N = N \cdot E_N$
$N = \dfrac{x}{y}$	$E_N = \sqrt{\left(\dfrac{s_x}{x}\right)^2 + \left(\dfrac{s_y}{y}\right)^2}$；$s_N = N \cdot E_N$
$N = \dfrac{x^p y^q}{z^r}$	$E_N = \sqrt{p^2\left(\dfrac{s_x}{x}\right)^2 + q^2\left(\dfrac{s_y}{y}\right)^2 + r^2\left(\dfrac{s_z}{z}\right)^2}$；$s_N = N \cdot E_N$
$N = \sin x$	$s_N = \|\cos x\| s_x$
$N = \ln x$	$s_N = \dfrac{s_x}{x}$

附录3　仪器准确度、仪器误差、分度值和鉴别力阈

仪器准确度，它与测量准确度有联系但又有区别，是指测量仪器给出接近于被测量真值示值的能力。在消减系统误差情况下，对被测量进行多次重复测量以减小其随机误差，这时就能保证测量准确度高于用准确度级别标出的仪器准确度。因此在实际测量时，在单次测量中或不确定度中的 A 类分量远小于 B 类分量时，常用由仪器准确度推算得到的仪器误差来估算测量的误差限。

仪器准确度用仪器的准确度级别来标志。对天平、秒表及电子仪器产品则又习惯用精度级别和精度表示。这与测量精密度（简称精度）有所不同，前者为产品习惯语，而后者为计量学上的术语。

根据仪器和仪表的准确度级别，就可确定相应仪器和仪表的仪器误差。

仪器误差是在实验误差分析和计算时常使用的一个名词，有必要对它有所了解。

仪器误差，可以是一个定值，如对确定规格的测量量具、级别一定的电表当同一量程时仪器误差为一定值，但也可以不是定值，如电磁测量中的电阻箱、电位差计等，它们的仪器误差与测量值大小有关。而仪器准确度对一定的仪器和仪表，则是完全确定的，仪器误差是以仪器准确度为依据进行推算的。

仪器的分度值绝不是任意的，它是与仪器准确度或仪器误差相对应的，两者保持在同一数量级。一般仪表分度值取为准确度数值的 2～0.5 倍，高精度仪表分度值要求还要高些，如：0.5 级的电表的分度值常为准确度数值（或仪器误差）的 2～1.3 倍。又如一些测量用具——秒表、温度计等，分度值一般为准确度数值的 0.5 倍（水银温度计的准确度为 ±0.2℃，其分度值为 0.1℃）。因此在实际应用时经常以其分度值乘一系数来粗略估算仪器误差。

鉴别力阈是指使测量仪器的响应产生可感知的变化的最小激励变化，又称灵敏阈或灵敏限。它不同于分辨率，分辨率是指指示装置对紧密相邻量值有效辨别的能力。一般认为模拟式指示装置的分辨率为标尺分度值的一半，数字式指示装置的分辨率为末位数的一个字码。它又不同于灵敏度，仪器灵敏度是指计量仪器的响应变化除以相应的激励变化。显然当激励和响应为同种量时，灵敏度也可称为放大比或放大倍数。如光杠杆的灵敏度就是光杠杆的放大倍数。

仪器准确度、仪器误差、分度值和鉴别力阈一般不相等，鉴别力阈总是小于前几项。也有的仪器这些值完全相等，如 0.02 mm 游标分度的游标卡尺，它的仪器准确度、仪器误差和鉴别力阈皆为 0.02 mm。因此鉴别力阈也就决定了测量误差可能达到的最小值。

在引用有关仪器的误差时，还有必要对描述仪器误差的仪器允许误差进行介绍。仪器和仪表所允许的误差极限值，称为允许误差。这时仪器的示值（或标称值）为

$$（约定）真值 - \Delta \leqslant 示值（或标称值）\leqslant （约定）真值 + \Delta$$

式中 Δ 为允许误差的绝对值。

下面介绍常用仪器的仪器误差。

1. 钢直尺和钢卷尺

常用的钢直尺的分度值为 1 mm，有的在起始部分或末端 50 mm 内加刻 0.5 mm 的刻线。

常用的钢卷尺分大、小钢卷尺两种，小钢卷尺的长度有 1 m 和 2 m 两种，大钢卷尺的长度有 5 m、10 m、20 m、30 m 和 50 m 五种，它们的分度值皆为 1 mm。

按国家标准，钢直尺和钢卷尺的允许误差如附表 3 所示。

附表 3　钢直尺和钢卷尺的允许误差

	规格/mm	允许误差/mm
钢直尺	至 300	±0.1
	300～500	±0.15
	500～1 000	±0.2
钢卷尺	1 000	±0.5
	2 000	±1

2. 游标卡尺

游标卡尺使用前必须检查初读数,即先令游标卡尺的两钳口靠拢,检查游标的"0"线的读数,以便对被测量值进行修正。

我国使用的游标卡尺其分度值通常有:0.02 mm、0.05 mm 和 0.1 mm 三种。它们不分精度等级,一般测量范围在 300 mm 以下的游标卡尺取其分度值为仪器的允许误差,如附表 4 所示。

附表 4　游标卡尺的允许误差

游标精度 /mm	游标刻线数/格	游标刻线总长/mm	主尺分度值 /mm	游标分度值 /mm	示值误差 /mm
0.1	10	9	1	9/10=0.9	±0.1
		19		19/10=1.9	
0.05	20	19	1	19/20=0.95	±0.05
		39		39/20=1.95	
0.02	25	12	0.5	12/25=0.48	±0.02
	50	49	1	49/50=0.98	

3. 螺旋测微计(千分尺)

螺旋测微计是一种常用的高精度量具,按国家标准(GB 1216—1975)规定,量程为 25 mm 的一级螺旋测微计的仪器误差为 0.004 mm。螺旋测微计仪器误差主要由以下几个因素产生:①螺旋测微计两测量面不严格平行;②螺杆误差;③温度不同(试件与螺旋测微计温度不同或相同,但测量环境温度不同于螺旋测微计的定标温度);④转动微分筒作测量时,转矩的变化(同一测量人或不同的测量者);⑤读数误差,由于圆筒上的指示线与微分筒上的刻度不在同一平面内而产生的视差。

螺旋测微计的精度分零级和一级两类。大学物理实验使用的是一级,其仪器误差与量程有关,如附表 5 所示。

附表 5　螺旋测微计的允许误差　　　　　　　　　　　　　　mm

测量范围	<100	100~150	150~200
允许误差	±0.004	±0.005	±0.006

4. 天平

天平的感量是指天平的指针偏转一个最小分格时,秤盘上所要增加的砝码。天平的灵敏度与感量互为倒数。天平感量与最大称量之比定义为天平的级别。国家标准有 10 级,如附表 6 所示。

附表 6　天平的精度级别和感量与最大称量之比

精度级别	1	2	3	4	5
感量/最大称量	1×10^{-7}	2×10^{-7}	5×10^{-7}	1×10^{-6}	2×10^{-6}

续表

精度级别	6	7	8	9	10
感量/最大称量	5×10^{-6}	1×10^{-5}	2×10^{-5}	5×10^{-5}	1×10^{-4}

天平型号及其参数如附表 7 所示。

附表 7 天平型号及其参数

类 别	型 号	级别	最大称量/kg	感量/10^{-6} kg	不等臂误差/10^{-6}	示值变动性误差/10^{-6} kg	游码质量误差/kg
物理天平	TW—02 型	10	200×10^{-3}	20	<60	<20	
	TW—05 型	10	500×10^{-3}	50	<150	<50	
	TW—1 型	10	$1\,000\times10^{-3}$	100	<300	<100	
	WL 型	9	400×10^{-3}	20	60	20	20×10^{-6}
		9	$1\,000\times10^{-3}$	50	100	50	50×10^{-6}
分析天平	TG628A 型	6	200×10^{-3}	1	3	1	
精密天平	TG604 型	6	$1\,000\times10^{-3}$	5	≤10	≤5	
	TG504 型	5	$1\,000\times10^{-3}$	2	≤4	≤2	

5. 砝码

砝码是与相应的衡量仪器配套使用的称衡质量的量具。根据《砝码检定规程》(JJG 99—2006) 1 mg～5 000 kg 的砝码准确度分为 E_1、E_2、F_1、F_2、M_1、M_{12}、M_2、M_{23}、M_3 等级,其最大允许误差的绝对值(|MPE|)见附表 8。

附表 8 砝码最大允许误差的绝对值(|MPE|,以 mg 为单位)

标称值	E_1	E_2	F_1	F_2	M_1	M_{12}	M_2	M_{23}	M_3
5 000 kg			25 000	80 000	250 000	500 000	800 000	1 600 000	2 500 000
2 000 kg			10 000	30 000	100 000	200 000	300 000	600 000	1 000 000
1 000 kg		1 600	5 000	16 000	50 000	100 000	160 000	300 000	500 000
500 kg		800	2 500	8 000	25 000	50 000	80 000	160 000	250 000
200 kg		300	1 000	3 000	10 000	20 000	30 000	60 000	100 000
100 kg		160	500	1 600	5 000	10 000	16 000	30 000	50 000
50 kg	25	80	250	800	2 500	5 000	8 000	16 000	25 000
20 kg	10	30	100	300	1 000		3 000		10 000
10 kg	5.0	16	50	160	500		1 600		5 000
5 kg	2.5	8.0	25	80	250		800		2 500
2 kg	1.0	3.0	10	30	100		300		1 000
1 kg	0.5	1.6	5.0	16	50		160		500
500 g	0.25	0.8	2.5	8.0	25		80		250

续表

标称值	E_1	E_2	F_1	F_2	M_1	M_{12}	M_2	M_{23}	M_3
200 g	0.10	0.3	1.0	3.0	10		30		100
100 g	0.05	0.16	0.5	1.6	5.0		16		50
50 g	0.03	0.10	0.3	1.0	3.0		10		30
20 g	0.025	0.08	0.25	0.8	2.5		8.0		25
10 g	0.020	0.06	0.20	0.6	2.0		6.0		20
5 g	0.016	0.05	0.16	0.5	1.6		5.0		16
2 g	0.012	0.04	0.12	0.4	1.2		4.0		12
1 g	0.010	0.03	0.10	0.3	1.0		3.0		10
500 mg	0.008	0.025	0.08	0.25	0.8		2.5		
200 mg	0.006	0.020	0.06	0.20	0.6		2.0		
100 mg	0.005	0.016	0.05	0.16	0.5		1.6		
50 mg	0.004	0.012	0.04	0.12	0.4				
20 mg	0.003	0.010	0.03	0.10	0.3				
10 mg	0.003	0.008	0.025	0.08	0.25				
5 mg	0.003	0.006	0.020	0.06	0.20				
2 mg	0.003	0.006	0.020	0.06	0.20				
1 mg	0.003	0.006	0.020	0.06	0.20				

6. 电子天平

上海天平仪器厂生产的电子天平型号及其参数如附表9所示。

附表9 电子天平型号及其参数

型 号	FA2104S	FA1004	FA1104	FA1604	FA2004	FA2104	JA1203	JA2003	JA3003	JA5003
称量范围/g	双量程 0~60 0~210	0~100	0~110	0~160	0~200	0~210	0~120	0~200	0~300	0~500
实际标尺分度值/mg	0.1/1	0.1	0.1	0.1	0.1	0.1	1	1	1	1
去皮范围/g	0~210	0~100	0~110	0~160	0~200	0~210	0~120	0~200	0~300	0~500
重复性误差（标准偏差）/g	0.0002	0.0002	0.0002	0.0002	0.0002	0.0002	0.001	0.001	0.001	0.001
线性误差/g	±0.0005/ ±0.002	±0.0005	±0.0005	±0.0005	±0.0005	±0.0005	±0.002	±0.002	±0.002	±0.002
稳定时间（典型）/s	≤6	≤6	≤6	≤8	≤8	≤8	≤6	≤6	≤6	≤6
稳定时间（可调）/s	2/4/8	2/4/8	2/4/8	2.5/5/10	2.5/5/10	2.5/5/10	2/4/8	2/4/8	2/4/8	2/4/8

续表

型 号	FA2104S	FA1004	FA1104	FA1604	FA2004	FA2104	JA1203	JA2003	JA3003	JA5003
秤盘直径/mm	\multicolumn{6}{c}{$\phi 80$}			$\phi 110$		
外形尺寸/mm	\multicolumn{10}{c}{330×195×304}
净重/kg	\multicolumn{10}{c}{8.5}
电源	\multicolumn{10}{c}{220^{+22}_{-33} V, 50 Hz 或 110±11 V, 60 Hz}
功率/W	\multicolumn{10}{c}{15}
自校砝码量值/g	200	100	100	100	200	200	100	200	200	200
开机预热时间/min	180	180	180	180	180	180	60	60	60	180

7. 停表和数字毫秒表

实验室中使用的机械式停表一般分度值为 0.1 s，仪器误差亦为 0.1 s。
CASIO 电子秒表计时的基本误差为

$$U_\text{仪} = (0.01 + 0.0000058 \times t)\text{s}$$

式中 t 为计时时间。

数字毫秒表，时间基值分别为 0.1 ms、1 ms 和 10 ms，其仪器误差分别为 0.1 ms、1 ms 和 10 ms。

8. 水银温度计、热电偶、光测高温计等

实验室中测温仪器多采用水银温度计、热电偶、光测高温计和压力计式温度计。它们的测量范围和仪器误差如附表 10 所示。

附表 10 测温仪器的测量范围和仪器误差

仪器名称	测量范围/℃	仪器误差/℃
实验室用水银-玻璃温度计	−30～300	0.05
一等标准水银-玻璃温度计	0～100	0.01
工业用水银-玻璃温度计	0～150	0.5
基准铂铑-铂热电偶	600～1 300	0.1
标准铂铑-铂热电偶	600～1 300	0.4
工作铂铑-铂热电偶	600～1 300	0.3%（乘以被测温度）
标准光测高温计	800～1 400	5
工作光测高温计	1 400 以下	10
工作光测高温计	2 000 以下	20
工作光测高温计	3 000 以下	40
标准辐射高温计	900～1 800	5
工作辐射高温计	以度标的上限计	1.5%～3%
压力计式温度计	以度标的上限计	2%

9. 旋钮式电阻箱

根据部颁标准(D)36—61将测量用的电阻箱分为0.02、0.05、0.1、0.2四个级别。等级的数值表示电阻箱内电阻器阻值相对误差的百分数,这个电阻箱内电阻器阻值误差与旋钮的接触电阻误差之和构成电阻箱的仪器误差。用相对误差表示时为

$$\frac{U_{仪}}{R} = \left(a + b\frac{m}{R}\right)\%$$

式中,m 为所用十进位电阻箱旋钮的个数,与选用的接线柱有关;R 为所用电阻数值的大小,a 为电阻箱的级别,b 是与旋钮接触电阻有关的常数,它们的关系见附表11。

附表11　电阻箱的级别及与旋钮接触电阻有关的常数

级别 a	0.02	0.05	0.1	0.2
常数 b	0.1	0.1	0.2	0.5

如ZX21型六旋钮十进位电阻箱,已知为0.1级,当选用电阻值为0.1Ω时,若用6个旋钮,其相对误差为

$$E_1 = \frac{U_{仪}}{R} = \left(0.1 + 0.2 \times \frac{6}{0.1}\right)\% = 12\%$$

可见其误差主要是由旋钮的接触电阻所引起。若改用低电阻0.9Ω接线柱,只用1个旋钮时,则 $m=1$,这时其相对误差为

$$E_2 = \frac{U_{仪}}{R} = \left(0.1 + 0.2 \times \frac{1}{0.7}\right)\% = 2.1\%$$

大大减小了误差。故要合理选用低电阻接线柱。

10. 电气测量指示仪表的精度级别

根据《电测量指示仪表通用技术条件》(GB 776—76)规定,仪表的准确度分为:0.1、0.2、0.5、1.0、1.5、2.5、5.0七个等级。旧的仪表还会出现4.0的级别。

仪表准确度等级的数字 a 是表示仪表本身在正常工作条件(位置正常,周围温度为20℃,几乎没有外界磁场的影响)下可能发生的最大绝对误差与仪表的额定值(量程)的百分比值。

实验中一般多使用单向标度尺的指示仪表,在规定的条件下使用时,根据仪表级别的定义可得示值的最大绝对误差为

$$U_{仪} = x_m \cdot a\%$$

式中,x_m 为仪表的量程;a 为仪表的准确度等级。测量时,某一示值 x 的最大相对误差为

$$E = \frac{U_{仪}}{x} = \frac{x_m}{x} \cdot a\%$$

由此可见,在选用仪表的量程时要尽可能使所测数值接近仪表的满量程值,其测量的准确度才接近于仪表的准确度。

11. 万用表

实验室中常用的万用表有:MF9型、500型、MF30型。下面分别介绍其精度等级及主要性能。

(1) MF9 型(附表 12)

附表 12　MF9 型万用表的精度等级及其主要性能

功能	测量范围	内阻和电压降	精度等级	基本误差表示方法
直流电压	0.5 V～2.5 V～10 V～50 V～250 V～500 V	20 kΩ/V	2.5	以标度尺上量限的百分数表示
交流电压	10 V～50 V～250 V～500 V	4 kΩ/V	4.0	
直流电流	50 μA～0.5 mA～5 mA～50 mA～500 mA	0.6 V	2.5	
电阻①	0～4 kΩ～40 kΩ～4 MΩ～40 MΩ	—	2.5	以标度尺长度的百分数表示
音频电平②	−10～+22 dB	—	4.0	

① 作欧姆表使用测量电阻时,为了提高测量准确度,指针最好指在中间一段刻度,即全刻度的 20%～80% 弧度范围内。
② 音频电平测量：测量方法与交流电压相似,将选择开关旋至适当的 V 范围内,使指针有较大的偏转度。若被测源同时带有直流电压,则在仪表的正插口上应串联一个电容大于 0.1 μF、耐压大于 400 V 的隔直电容器。

音频电平的刻度系根据 0 dB=1 mW,600 Ω 输送标准设计,标度尺指示值为 −10～+22 dB。音频电平与电压、功率的关系为

$$电平 = \left(10 \times \lg \frac{P_2}{P_1}\right) dB = \left(20 \times \lg \frac{V_2}{V_1}\right) dB$$

式中,P_1 为在 600 Ω 负荷阻抗上 0 dB 的标称功率(为 1 mW);V_1 为在 600 Ω 负荷阻抗上消耗功率为 1 mW 时的相应电压,$V_1 = \sqrt{PR} = \sqrt{1.00 \times 10^{-3} \times 600} = 7.76 \times 10^{-1}$ V;P_2、V_2 分别为被测功率和电压。

(2) 500 型(附表 13)

附表 13　500 型万用表的精度等级及其主要性能

功能	测量范围	内阻/(kΩ/V)	精度等级	基本误差表示方法
直流电压	0～2.5 V～10 V～50 V～250 V～500 V	20	2.5	以标度尺工作部分上量限的百分数表示
	2 500 V	4	4.0	
交流电压	0～10 V～50 V～250 V～500 V	4	4.0	
	2 500 V	4	5.0	
直流电流	0～50 μA～1 mA～10 mA～100 mA～500 mA	—	2.5	以标度尺工作部分长度的百分数表示
电阻	0～2 kΩ～20 kΩ～200 kΩ～2 MΩ～20 MΩ	—	2.5	
音频电平	−10～+22 dB	—	—	

(3) MF30 型(附表 14)

12. 单电桥

按《测量电阻用直流电桥》(ZBY 164—83),单电桥基本误差的允许极限为

$$E_{\lim} = \pm \frac{a}{100}\left(\frac{R_N}{k} + x\right)$$

式中,k 值一般取 10;x 为标度盘示值即测量值;R_N 为基准值,为该量程内最大值的 10 的整数幂。$a/100$ 是用百分数表示的准确度等级指数,可参看各仪器说明书,或产品上所附的说明。如 QJ23 型盒式电桥的测量范围及准确度如附表 15 所示。

附表 14　MF30 型万用表的精度等级及其主要性能

功能	测量范围	电阻和电压降	精度等级	基本误差表示方法
直流电压	0～1 V～5 V～25 V	20 kΩ/V	2.5	以标度尺上量限的百分数计算
	0～100 V～500 V	5 kΩ/V		
交流电压	0～10 V～100 V～500 V	5 kΩ/V	4.0	
直流电压	0～50 μA～500 μA～5 mA～50 mA～500 mA	<0.75 V	2.5	
电阻	0～4 kΩ～40 kΩ～400 kΩ～4 MΩ～40 MΩ	25 Ω(中心)	2.5	以标度尺长度的百分数计算
音频电平	−10～+22 dB		4.0	

附表 15　QJ23 型盒式电桥的测量范围及准确度

倍率	测量范围/Ω	检流计	准确度/%	电源电压/V
0.01	1～9.999	内附	±2	4.5
0.01	10～99.99			
0.1	100～999.9		±0.2	
1	1 000～9 999			
10	10^4～9.999×10^4	外附	±0.5	6
100	10^5～9.999×10^5			15
1 000	10^6～9.999×10^6		±2	

13. 电位差计

电位差计的基本误差允许极限为

$$E_{\lim}=\pm\frac{a}{100}\left(\frac{U_N}{10}+x\right)$$

式中，$\frac{a}{100}$ 为用百分数表示的电位差计的准确度等级，如 UJ31 型电位差计为 0.05 级，则 $a=0.05$；U_N 为基准值，指第 1 测量盘第 10 点的电压值；x 为标度盘示值，即测量值。其基本误差允许极限单位为 V。

参 考 文 献

[1] 钱绍圣. 测量不确定度. 实验数据的处理与表示[M]. 北京：清华大学出版社，2002.
[2] 丁振良. 误差理论与数据处理[M]. 哈尔滨：哈尔滨工业大学出版社，2002.
[3] 沈元华，陆申龙. 基础物理实验[M]. 北京：高等教育出版社，2003.
[4] 张兆奎，缪连元，张立. 大学物理实验[M]. 上海：华东化工学院出版社，1990.
[5] 陈尚松，雷加，郭庆. 电子测量与仪器[M]. 北京：电子工业出版社，2005.
[6] 陈群宇. 大学物理实验(基础和综合分册)[M]. 北京：电子工业出版社，2003.
[7] 凌亚文. 大学物理实验[M]. 北京：科学出版社，2005.

[8] 梁家惠,李朝荣,徐平,等. 基础物理实验[M].北京:北京航空航天大学出版社,2005.
[9] 马黎君. 大学物理实验[M]. 北京:中国建材工业出版社,2004.
[10] 熊永红. 大学物理实验[M]. 武汉:华中科技大学出版社,2004.
[11] 王银峰,陶纯匡,汪涛. 大学物理实验[M]. 北京:机械工业出版社,2005.
[12] 刘传安. 英汉大学物理实验[M]. 天津:天津大学出版社,2005.
[13] 朱鹤年. 新概念物理实验测量引论[M]. 北京:高等教育出版社,2007.

第2章 基本实验

实验1 长度测量

一、实验目的

1. 掌握游标卡尺、螺旋测微计的测量原理,正确使用游标卡尺、螺旋测微计。
2. 正确读数和记录数据,掌握误差估算和实验结果表示法。

二、实验仪器

米尺、游标卡尺、螺旋测微计、待测样品(铁片、空心圆柱体)。

三、实验原理

长度是基本物理量之一。根据被测物体的测量要求,通常用米尺、游标卡尺、螺旋测微计等测量仪器来度量物体的长度。

这些测量仪器的规格用量程和分度值来表示。量程是测量的长度范围,分度值是仪器所标示的最小划分单位。一般说分度值越小,仪器越精密。现分别介绍本实验所使用的仪器构造原理。

(一) 米尺

米尺分度值为 1 mm,毫米以下一位需估读,为可疑数。米尺的仪器误差 $\Delta_{仪}=0.5$ mm。

设米尺的仪器误差为均匀分布,则米尺的标准偏差为 $s_{仪}=\dfrac{\Delta_{仪}}{\sqrt{3}}=0.3$ mm。

测量时,一般不用米尺端点作为测量起点,以免由于边缘磨损而引起测量误差,而可选择某刻度线(最好为一整数,如 10 cm、20 cm 等)作为起点,将待测物的两端与米尺进行比较,一端必须与米尺的某一刻度对准,尺身紧贴待测物,读出待测物两端的米尺刻度读数。

待测物的长度:

$$L = 末位置读数 - 初位置读数$$

要避免或减小读数时的视差办法是掌握"紧贴、正视、仔细读数"。如图 1-1 所示,由于未"正视"读数,将产生视差,应在不同起点多测几次,然后进行数据处理。

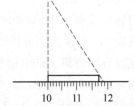

图 1-1 读数时"正视"避免视差

(二) 游标卡尺

游标卡尺主要由游标和主尺两部分构成(见图1-2)。

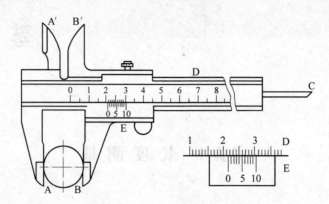

图 1-2 游标卡尺
A′、B′—内量爪；A、B—外量爪；C—深度尺(尾尺)；D—主尺；E—游标

主尺上1分格长度为1 mm，与量爪A、A′连成一体。游标上有10个(或20个、50个)分格，并与量爪B、B′连成一体。游标可紧贴主尺滑动。主尺上最小分度的估读数可以使用游标读出。外量爪A、B用来测量被测物的厚度、外径；内量爪A′、B′用来测量被测物的内径。尾尺C则可测量空洞等的深度。

使用前使A、B量爪合拢，此时游标的零线和主尺的零线应对齐(如不对齐，应记下初读数，对测量值进行修正)。当被测物放进A、B量爪时，游标向右移动，游标的零线和主尺的零线距离就是被测物的长度(内量爪A′、B′及尾尺C同理使用)。

游标卡尺往往是游标尺上n分格的总长与主尺上$(n-1)$分格的总长相等，设a表示主尺上一个分度的长度，b表示副尺上一个分度的长度，则有

$$nb = (n-1)a$$

故 $a-b=\dfrac{a}{n}$。定义$\delta=a-b$为游标的精度，它是游标的分度值，数值上等于$\dfrac{a}{n}$。

可见，游标的精度$\dfrac{a}{n}$仅与主尺的分度值a和游标的分度数n有关，与游标的长度无关。

通常游标卡尺的游标为20格及50格，仪器误差$\Delta_{仪}$分别为0.05 mm及0.02 mm。设误差为均匀分布，则仪器的标准偏差$s_{仪}=\dfrac{\Delta_{仪}}{\sqrt{3}}$。

1. 读数方法

游标精度有0.1 mm、0.05 mm和0.02 mm等数种(游标分别为10、20、50格)。下面以游标精度0.1 mm为例分析读数原理。

主尺分度每格1 mm，游标分度10格对应主尺上9 mm，即每格9 mm/10=0.9 mm。主尺与游标每格的长度差为游标读数值=1.0 mm−0.9 mm=0.1 mm。

从图1-3可见，当主尺零线与游标零线对齐时，主尺第一

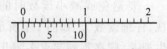

图 1-3 主尺与游标

分度线与游标第一分度线相差0.1 mm;主尺第二分度线与游标第二分度线相差0.2 mm;……;主尺第九分度线与游标第九分度线相差0.9 mm。而主尺第九分度线正好和游标第十分度线对齐。

现在试读下列读数:

图1-4所示,主尺第三分度线与游标零线对齐,被测物为3.0 mm;图1-5所示,主尺第九分度线与游标第九分度线对准,被测物为0.9 mm。

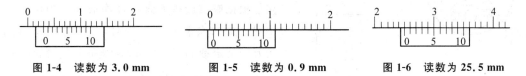

图1-4 读数为3.0 mm　　　图1-5 读数为0.9 mm　　　图1-6 读数为25.5 mm

通过以上分析,以图1-6为例,游标卡尺读数方法为:

先读主尺毫米的整数,即游标零线左边主尺上的刻度线读数25 mm;后读游标上毫米的小数,看游标零线右边第几分度线与主尺分度线对齐,即小数读数值0.5 mm;两次读数相加即为被测物长度:

$$L = (25.0 + 0.5)\text{mm} = 25.5 \text{ mm}$$

以上分析是1/10分度的游标卡尺。对于1/20、1/50分度可同理分析。

综上分析,游标卡尺测量长度的表达式为

$$L = K_0 + K\delta$$

式中,L为被测物体的长度;δ为游标卡尺的精度;K_0是游标零线所示主尺上的读数;K是游标与主尺对齐的那一条游标刻度线,是第几根(第0根不算)。

注:$K\delta$值在一般游标上都直接刻出来,不必由测量者计算,因此直接读出即可。例如,我们使用的游标卡尺的游标上的数"1"、"2"、…代表"5×0.02 mm=0.1 mm"、"10×0.02 mm=0.2 mm"、…,而游标上每一小格代表0.02 mm,因此,使用时可以很快读出数值,见图1-7。

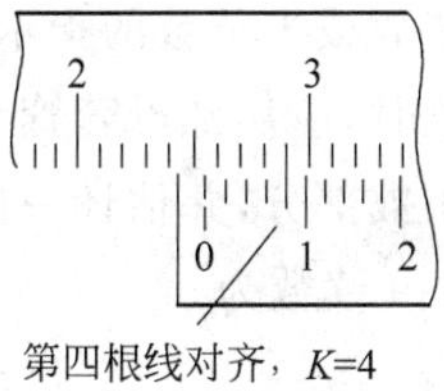

第四根线对齐,$K=4$
所以读数为25.00 mm+0.08 mm=25.08 mm

图1-7 直接读数

2. 使用注意事项

(1) 使用前要检查其主尺和游标零线位置,若不对齐,应记下初读数(即零点误差,可正可负),以便对测量值进行修正。

(2) 测量时,待测物要卡正,用力松紧要适当(夹得太紧会损坏卡尺和待测物,夹得太松则测量不准确),不允许用来测量粗糙物体,并切忌把被测物在卡口内挪动。读数时要使游标在主尺上暂时固定,不作移动,可拧紧尺上的紧固螺钉。

(3) 游标卡尺的精度反映的就是仪器误差,在一定测量范围内亦等于它的示值误差。由于在寻找游标与主尺重合线时完全是凭视力感觉的,它带有估计的成分,所以游标卡尺上读数的最后一位已是误差位,带有估读的成分,故不能也无法在游标卡尺读数后再加一位估读数。

(4) 读数时毫米的整数部分由主尺读出,不足1 mm部分由游标读出,还应注意游标零线的位置,切不可将边框作为零线来读数。

(三) 螺旋测微计

螺旋测微计又称千分尺,是比游标卡尺更精密的测量工具,能估计到千分之一毫米。千分尺外形构造如图 1-8 所示。

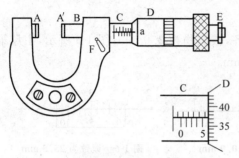

图 1-8 千分尺
AA′—测砧；B—测微螺杆；C—螺母套管；
D—微分筒；E—棘轮；F—锁扣

螺旋测微计主要由一根精密的测微螺杆和螺母套管组成。测微螺杆的后端带一个具有 n 分度的微分筒 D。螺母套管的螺距为 0.5 mm,它是根据螺纹旋进原理设计而成的。当微分筒相对于螺母套管转动一周时,测微螺杆将沿轴线方向前进或后退 0.5 mm,因而微分筒转过一个分格时,螺杆将移动 $\dfrac{0.5}{n}$ mm。这使沿轴线方向的微小长度可用圆周上较大的长度精确地表示出来,实现了机械放大,从而提高了测量精度。设 δ 为螺距,n 为微分筒一周的分度数,则微分筒上最小分度值为 $\dfrac{\delta}{n} = \dfrac{0.5}{50}$ mm = 0.01 mm,再估读一位,则螺旋测微计可度量到千分之一毫米,故又称千分尺(注：螺旋测微计的仪器误差见第 1 章附录 3)。

1. 读数方法

螺杆移动的毫米数,可从螺母套管 C 上读取。在 C 上刻有一条水平线 a；在水平准线上下每隔 0.5 mm 有一条刻度线,上面为毫米数,下面为 0.5 毫米数。微分筒 D 的棱边作为读取毫米整数或半整数的指示线,而准线 a 作为微分筒读数的基准线。

读数时,应从螺母套管 C 上读出整数部分(每格 0.5 mm,且上下错开),再从微分筒 D 上读出小数部分,并估计一位,就得到测量值。

图 1-9 读数为
$$L = 5.000 \text{ mm} + 0.390 \text{ mm} = 5.390 \text{ mm}$$

图 1-10 读数为
$$L = 5.500 \text{ mm} + 0.382 \text{ mm} = 5.882 \text{ mm}$$

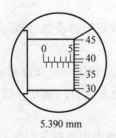

5.390 mm

图 1-9 读数为 5.390 mm

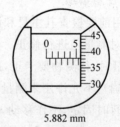

5.882 mm

图 1-10 读数为 5.882 mm

由于千分尺调节要求高,而且频繁使用后,初读数不一定为零(即微分筒 D 的零线和准线 a 的始端零毫米处未对齐),这时应记下初读数值。如图 1-11 初读数为 +0.028 mm；图 1-12 初读数为 -0.025 mm。测量时,测出的读数应减去初读数。

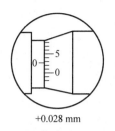
+0.028 mm

图 1-11　初读数为 +0.028 mm

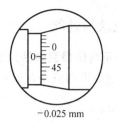
−0.025 mm

图 1-12　初读数为 −0.025 mm

2. 使用注意事项

(1) 使用前应旋开锁紧的锁紧螺钉 F(锁紧时,微分套筒无法旋动)。

(2) 记录零点读数(即零点误差),应注意它是正或负,以便对测量数据作零点修正。

(3) 夹持待测物进行测量时,被测物在 A、A′之间,转动微分筒 D,推进螺杆 B 后当 A、A′面与被测物将接触时,应轻轻旋转棘轮 E(不要用转动微分筒来夹持被测物),只要听到在转动棘轮时发出喀、喀的声音,就表示 A、A′面已经接触到被测物,此时即可读数。

(4) 读数时先读标尺,再读微分筒并要估计一位。

(5) 测量完毕应在测砧 A 与测杆 A′间留出间隙,以免因热膨胀而损坏螺纹,并把它放在盒内,防止受潮。

四、实验内容与步骤

1. 用米尺测量铁片长度,重复测量 5 次;用游标卡尺测铁片宽度,重复 5 次;用螺旋测微计测铁片厚度,重复 5 次。将测量结果记于表 1-1。

表 1-1　用米尺、游标卡尺、螺旋测微计测量铁片长、宽、厚　　　　　　　　　　　mm

使用仪器	零点校正值	$\Delta_{仪}$	$s_{仪}$	次数\内容	1	2	3	4	5	平均值	标准偏差
米尺				L							
游标卡尺				B							
螺旋测微计				H							

2. 用游标卡尺测量空心圆柱体内、外直径、高度及孔深,各重复测量 5 次。将测量结果记于表 1-2。

表 1-2　用游标卡尺测量空心圆柱体内外径、高度及孔深　　　　　　　　　　　mm

次数\内容	1	2	3	4	5	平均值	s
外径 D							
内径 d							
高度 H							
孔深 h							

五、数据记录与处理

1. 使用不同仪器测量铁片各量

计算各量的平均值及合成标准不确定度。

测量结果：$L = \overline{L} \pm u_L$ $\qquad E_L = \dfrac{u_L}{\overline{L}} \times 100\%$

$\qquad\qquad\quad B = \overline{B} \pm u_B$ $\qquad E_B = \dfrac{u_B}{\overline{B}} \times 100\%$

$\qquad\qquad\quad H = \overline{H} \pm u_H$ $\qquad E_H = \dfrac{u_H}{\overline{H}} \times 100\%$

2. 用游标卡尺测量空心圆柱体内、外径、高度及孔深

游标卡尺零点校正值＝_____ ；$\Delta_{仪} =$_____ ；$s_{仪} =$_____ 。

计算各量的平均值及合成标准不确定度。

测量结果：外径 $D = \overline{D} \pm u_D$ $\qquad E_D = \dfrac{u_D}{\overline{D}} \times 100\%$

$\qquad\qquad\quad$内径 $d = \overline{d} \pm u_d$ $\qquad E_d = \dfrac{u_d}{\overline{d}} \times 100\%$

$\qquad\qquad\quad$高度 $H = \overline{H} \pm u_H$ $\qquad E_H = \dfrac{u_H}{\overline{H}} \times 100\%$

$\qquad\qquad\quad$孔深 $h = \overline{h} \pm u_h$ $\qquad E_h = \dfrac{u_h}{\overline{h}} \times 100\%$

六、思考题

1. 什么是游标卡尺的精度值？给你一把游标卡尺如何迅速确定其精度值？
2. 游标卡尺测量长度时如何读数？游标本身有无估读数？
3. 螺旋测微计以毫米为单位可估读到哪一位？初读数的正或负如何判断？待测长度如何确定？

实验2 物体密度的测量

密度是物质的基本属性之一，各种物质都具有确定的密度值，工业上常用测定密度的方法来检验原材料的纯净度。例如，纺织工业中可用测定纤维密度的办法鉴别纤维的品种，对混纺及交织的纺织品可以由测定密度来确定它们的混纺含量。

本实验中介绍两种常用的方法测定固体密度。

一、实验目的

1. 掌握电子天平的调节和使用方法；
2. 学习用直接法和流体静力称衡法测量固体密度；
3. 学习根据不同的测量对象和测量要求选择合适的测量工具。

二、实验仪器

（一）FA/JA 型电子天平使用简介

电子天平采用轻触按键，能实行多键盘控制，操作灵活方便，各功能的转换与选择只需按相应的按键。

1. 准备

将天平置于稳定的工作台上，避免震动、阳光照射和气流。

工作环境温度：Ⅰ级天平(20 ± 5)℃，温度波动度不大于 1℃/h；Ⅱ级天平(20 ± 7.5)℃，温度波动度不大于 5℃/h。

相对湿度：Ⅰ级天平 50%～75%；Ⅱ级天平 50%～80%。

工作电压为(220^{+22}_{-33})V，50 Hz 或(110 ± 11)V，60 Hz。

在使用前观察水平仪，如水平仪水泡偏移，需调整水平调节脚，使水泡位于水平仪中心。

2. 开机

选择合适电源电压，将电压转换开关置相应位置。

接通天平电源，就开始通电工作（显示器未工作），通常需预热以后，再开启显示器进行操作使用。

键盘的操作功能如下。

(1) ON 开启显示器键

只要轻按一下 ON 键，显示器全亮：

$$\begin{array}{|l|}\hline \pm\quad 8888888\% \\ 0\quad\quad\quad\quad\quad g \\ \hline\end{array}$$

对显示器的功能进行检查，约 2 s 后，显示天平的型号。

例如：

$$—1604—$$

然后是称量模式。

$$\boxed{0.000\ 0\ g}\quad 或\quad \boxed{0.000\ g}$$

(2) OFF 关闭显示器键

轻按 OFF 键，显示器熄灭即可。若较长时间不再使用时，应拔去电源线。

(3) TAR 清零、去皮键

置容器于秤盘上，显示出容器的质量，

$$\boxed{+18.900\ 1\ g}$$

然后轻按 TAR 键，显示消隐，随即出现全零状态，容器质量值已去除，即去皮重，

$$\boxed{0.000\ 0\ g}$$

当拿去容器，就出现容器质量的负值，

$$\boxed{-18.900\ 1\ g}$$

再轻按 TAR，显示器为全零，即天平清零。

$$\boxed{0.0000\ \text{g}}$$

3. 校准天平

轻按 CAL 键,当显示器出现 CAL-时,即松手,显示器就出现 CAL-100,其中"100"为闪烁码,表示校准砝码需用 100 g 的标准砝码。此时就把准备好的"100 g"校准砝码放上秤盘,显示器出现……等待状态,经较长时间后显示器出现 100.000 g,拿去校准砝码,显示器应出现 0.000 g,如若显示不为零,则再清零,重复以上校准操作。(注意:为了得到准确的校准结果,最好反复以上校准操作 2 次。)

校准显示顺序如图所示:

$\boxed{0.0000\ \text{g}} \rightarrow \boxed{\text{CAL-100}} \rightarrow \boxed{\cdots\cdots} \rightarrow \boxed{100.000\ \text{g}} \rightarrow \boxed{0.000\ \text{g}}$

4. 称量

按 TAR 键,显示为零后,置被称物于秤盘,待数字稳定——显示器左边"0"的标志熄灭后,该数字即为被称物的质量值。

5. 去皮重

置容器于秤盘上,天平显示容器质量,按 TAR 键,显示零,即去皮重。再置被称物于容器上,这时显示的是被称物的净质量值。

6. 累计称量

用去皮重称量法,将被称物逐个置于秤盘上,并相应逐一去皮清零,最后移去所有被称物,则显示数的绝对值为被称物的总质量值。

7. 读取偏差

置基准砝码(或样品)于秤盘上,去皮重,取下基准砝码,显示其质量负值。再置被称物于秤盘上,视被称物比基准砝码重或轻,相应显示正或负偏差值。

8. 下称

拧松底部下盖板的螺钉,露出挂钩。将天平置于开孔的工作台上,调整水平,并对天平进行校准工作,就可用挂钩称量挂物了。

9. 天平的维护与保养

天平必须小心使用。秤盘与外壳须经常用软布和牙膏轻轻擦洗,切不可用强溶剂擦洗。

(二)其他器具

游标卡尺、螺旋测微计、铜圆柱体、塑料杯、托架、温度计、细线。

三、实验原理

物体的质量为 m,体积为 V,则物体的密度为

$$\rho = \frac{m}{V} \tag{2-1}$$

只要测量 m 和 V,就可由上式测定其密度 ρ。

(一)直接法(圆柱体为例)

若被测圆柱体的质量为 m,其高度为 h,直径为 d,则

$$V = \frac{1}{4}\pi d^2 h$$

$$\rho_1 = \frac{m}{V} = \frac{4m}{\pi d^2 h} \tag{2-2}$$

（二）流体静力称衡法

根据阿基米德原理，浸没在液体中的物体所受到的浮力，其大小等于物体所排开的液体的重力。

设物体在空气中的重力为 $W_1 = m_1 g$，物体浸没在液体中的重力为 $W_2 = m_2 g$，则该物体在液体中受到的浮力为 $F = W_1 - W_2 = (m_1 - m_2)g$，应等于物体所排开液体的重力 $V\rho_0 g$，即

$$F = W_1 - W_2 = (m_1 - m_2)g = V\rho_0 g$$

从而得

$$V = \frac{m_1 - m_2}{\rho_0}$$

$$\rho_2 = \frac{m_1}{V} = \frac{m_1}{m_1 - m_2} \cdot \rho_0 \tag{2-3}$$

式中，ρ_0 为液体的密度（一般用水），其大小与温度有关（见本实验附录1）。

四、实验步骤

1. 天平调整：先调水平，有必要时，再校准。
2. 称衡铜圆柱体在空气中的质量 m_1，重复 6 次。
3. 把托架置于挂钩下方。
4. 把盛有大半杯水的塑料杯放在托架上。
5. 取约 20 cm 长的细线，用来系牢铜圆柱体，将其挂在天平的小钩上，并使圆柱体全部浸没在水中（注意：圆柱体不能与杯子相碰），称衡铜圆柱体在水中的质量 m_2，重复 6 次。
6. 用游标卡尺测铜圆柱体高度 h，测 6 次。
7. 用螺旋测微计测铜圆柱体直径 d，测 6 次。
8. 用温度计测水温。

五、数据记录（表 2-1）

天平的最小分度值_____ mg；仪器误差 $\Delta_{仪} =$ _____ mg；$s_{仪} =$ _____ mg。
游标卡尺的分度值_____ mm；仪器误差 $\Delta_{仪} =$ _____ mm；$s_{仪} =$ _____ mm。
螺旋测微计的分度值_____ mm；仪器误差 $\Delta_{仪} =$ _____ mm；$s_{仪} =$ _____ mm。
螺旋测微计初值_____ mm；水温_____ ℃。

表 2-1 数据记录

内容 次数	待测物在空气中的质量 m_1/g	待测物在水中的质量 m_2/g	高度 h/mm	直径 d/mm
1				
2				
3				

续表

次数\内容	待测物在空气中的质量 m_1/g	待测物在水中的质量 m_2/g	高度 h/mm	直径 d/mm
4				
5				
6				
平均值				
s				

计算 m_1、m_2、h、d 的合成标准不确定度 u_{m_1}、u_{m_2}、u_h、u_d。

六、数据处理

1. 用式(2-2)计算 $\bar{\rho}_1$,用式(2-3)计算 $\bar{\rho}_2$。
2. 用误差传递公式分别算出 E_{ρ_1}、E_{ρ_2} 以及 u_{ρ_1}、u_{ρ_2}。
3. 写出密度测量结果的表达式。

七、思考题

1. 本实验中哪些是给出值?哪些是直接测得量?哪些是间接测得量?
2. 如何对式(2-2)和式(2-3)按标准差的传递公式计算间接量 $\bar{\rho}_1$、$\bar{\rho}_2$ 的 u_{ρ_1}、u_{ρ_2}?
3. 试对两种测量密度的方法进行比较分析。
4. 试设计一种比水密度小(如石蜡)、形状不规则的固体密度测定方法。

附录1　标准大气压下不同温度的水的密度($g \cdot cm^{-3}$)

温度/℃	0	1	2	3	4
0	0.999 84	0.999 90	0.999 94	0.999 95	0.999 97
10	0.999 73	0.999 63	0.999 52	0.999 40	0.999 27
20	0.998 23	0.998 02	0.997 80	0.997 57	0.997 33
30	0.995 68	0.995 37	0.995 05	0.994 73	0.994 40
温度/℃	5	6	7	8	9
0	0.999 96	0.999 94	0.999 91	0.999 88	0.999 81
10	0.999 13	0.998 89	0.998 80	0.998 62	0.998 43
20	0.997 06	0.996 81	0.996 54	0.996 26	0.995 97
30	0.994 06	0.993 71	0.993 36	0.992 99	0.992 62

当温度计可测水温精确到0.1℃时,水的密度可用内插法求得:

$$\rho_x = \rho_1 + \frac{\rho_2 - \rho_1}{t_2 - t_1}(t_x - t_1)$$

举例：求 $t=20.5℃$ 时水的密度 ρ。

查表知：

$t = 21℃$ 时，$\rho_{21℃} = 0.998\,02 \text{ g/cm}^3$

$t = 20℃$ 时，$\rho_{20℃} = 0.998\,23 \text{ g/cm}^3$

$$\rho_{20.5℃} = 0.998\,23 \text{ g/cm}^3 + \frac{(0.998\,02 - 0.998\,23)\text{g/cm}^3}{(21.0-20.0)℃} \times (20.5-20.0)℃$$
$$= 0.998\,12 \text{ g/cm}^3$$

附录 2　计算公式及误差分析

1. 计算公式

$$\bar\rho_1 = \frac{4\bar m_1}{\pi \bar d^2 \bar h}$$

$$E_{\rho_1} = \sqrt{\left(\frac{u_{m_1}}{\bar m_1}\right)^2 + \left(\frac{u_h}{\bar h}\right)^2 + \left(\frac{2u_d}{\bar d}\right)^2}$$

$$u_{\rho_1} = E_{\rho_1} \cdot \bar\rho_1$$

则

$$\rho_1 = \bar\rho_1 \pm u_{\rho_1}$$

$$\bar\rho_2 = \frac{\bar m_1}{\bar m_1 - \bar m_2} \cdot \rho_0$$

$$E_{\rho_2} = \sqrt{\left[\frac{\bar m_2 u_{m_1}}{\bar m_1 (\bar m_1 - \bar m_2)}\right]^2 + \left(\frac{u_{m_2}}{\bar m_1 - \bar m_2}\right)^2}$$

$$u_{\rho_2} = E_{\rho_2} \cdot \bar\rho_2$$

则

$$\rho_2 = \bar\rho_2 \pm u_{\rho_2}$$

2. $\rho = \dfrac{m_1}{m_1 - m_2} \cdot \rho_0$ **误差推导**

$$\ln\rho = \ln m_1 - \ln(m_1 - m_2) + \ln\rho_0$$

$$\frac{\mathrm{d}\rho}{\rho} = \frac{\mathrm{d}m_1}{m_1} - \frac{\mathrm{d}(m_1 - m_2)}{m_1 - m_2} + \frac{\mathrm{d}\rho_0}{\rho_0}$$

合并同一变量系数得

$$\frac{\mathrm{d}\rho}{\rho} = \frac{-m_2}{m_1(m_1 - m_2)}\mathrm{d}m_1 + \frac{\mathrm{d}m_2}{m_1 - m_2} + \frac{\mathrm{d}\rho_0}{\rho_0}$$

微分号变误差号平方相加再开方：

$$\mathrm{d}m_1 \to u_{m_1}, \quad \mathrm{d}m_2 \to u_{m_2}, \quad \mathrm{d}\rho_0 \to u_{\rho_0}$$

$$E_\rho = \frac{u_\rho}{\rho} = \sqrt{\left[\frac{m_2 u_{m_1}}{m_1(m_1-m_2)}\right]^2 + \left(\frac{u_{m_2}}{m_1-m_2}\right)^2 + \left(\frac{u_{\rho_0}}{\rho_0}\right)^2}$$

考虑到在整个测量过程中水温 t 不变，则

$$u_{\rho_0} = 0$$

$$E_\rho = \sqrt{\left[\frac{m_2 u_{m_1}}{m_1(m_1-m_2)}\right]^2 + \left(\frac{u_{m_2}}{m_1-m_2}\right)^2}$$

3. 误差分析

(1) 在液体中称衡时细线会吸湿而引起误差,所以操作要快,以免吸湿过多。同时使用悬线短些好。

(2) 两种方法比较,一般液体静力称衡法比较正确,因为使用精度较高的分析天平或电子天平,使用仪器少,影响间接测量误差的因素少。

附录3　密度计原理

在物理实验中使用的密度计,是一种测量液体密度的仪器。它也是根据物体浮在液体中所受的浮力等于重力的阿基米德原理制造与工作的。密度计是一根粗细不均匀的、附有标度的密封玻璃管,管的下部装有少量密度较大的铅丸或水银。如图2-1所示。使用时将密度计竖直地放入待测的液体中,待密度计平稳后,从它的刻度处读出待测液体的密度。常用的密度计有两种,一种测密度比纯水大的液体密度,叫重标;另一种测密度比纯水小的液体,叫轻标。其原理是:物体的重力将物体拉向地面,但是如果将物体放在液体中,浮力将产生反方向的作用力。浮力的大小等同于物体取代的液体(体积为 V,密度为 ρ)的重量 $\rho g V$,或者说是排开的液体的重量。

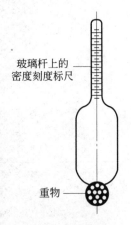

图2-1　密度计

密度计重力 mg 是一定的,根据浮力的变化上浮或下沉。一个功能完好的密度计在放入液体足够长时间后处于直立悬浮状态(前提是测量液体密度不超过其量程),此时浮力向上推的力量等于重力向下拉的力量。

密度计的重力不变,其上浮或下沉可以改变其所受浮力的大小而达到平衡。当重力大于浮力时,密度计会下沉,浮力增加;反之密度计上浮,浮力减小。当它浸入不同的液体中,因浸入深度不同而示值不同。密度计底部的铁砂或铅丸可用来保持平衡,也调整了其重力大小。

因为浮力 $\rho g V = mg$,密度计进入液体越深,排开液体的体积 V 也就越大,而 g 一定,故此时液体的密度就越小。所以密度计读数是下大上小,其示值表示液体的密度,单位为克/立方厘米(g·cm^{-3})。

检定密度计标准装置采用比较法:把被检密度计与标准密度计比较,从而计算出被检密度计的示值并得到修正误差。

实验3　用三线摆测转动惯量

转动惯量是刚体转动时惯性大小的量度,是表明刚体特性的一个物理量。刚体转动惯量除了与物体的质量有关外,还与转轴的位置和质量分布即形状、大小和密度分布有关(如果刚体形状简单,且质量分布均匀,可以直接计算出它绕特定轴的转动惯量)。对于形状复杂、质量分布不均匀的刚体,计算将非常困难,可用实验的方法进行测定,如对纺织机械中的一些机件、飞轮等进行测定、分析。

一、实验目的

1. 学习用三线摆测量刚体的转动惯量。
2. 验证转动惯量的平行轴定理。

二、实验仪器

三线摆实验仪(包括圆环和两个小圆柱体)、电子秒表、游标卡尺、钢直尺、气泡水准仪。

三、实验原理

三线摆是一个密度均匀的圆盘,以等长的三条线对称地悬挂在一个水平固定的小圆盘下面,如图 3-1 所示。下圆盘可绕上、下两圆盘的中心轴线 OO' 作来回扭转。扭转的过程就是圆盘势能与动能的转化过程,根据转动周期和有关参数就可以测定圆盘(包括置于圆盘上的物体)的转动惯量(图中 r、R 分别为上、下圆盘中心到悬线孔之间的圆半径)。

设下圆盘的质量为 m_0,当它从平衡位置开始绕 OO' 轴转过 θ_0 角时,它将上升到某一高度 h,其势能的增加为 $E_1 = m_0 g h$。

当下圆盘从最大转角 θ_0 自由地转回到平衡位置时,其角速度达到最大值,大小为 ω_0,此时下圆盘具有的转动能为 $E_2 = \frac{1}{2} J_0 \omega_0^2$。式中 J_0 是下圆盘对于通过其重心且垂直于圆盘面的 OO' 轴的转动惯量。若略去摩擦阻力和空气阻气,根据机械能守恒定律得

$$m_0 g h = \frac{1}{2} J_0 \omega_0^2$$

如果最大转角 θ_0 足够小,下圆盘所作的来回摆动(转动)可看作为简谐运动,则它的角位移 θ 与时间 t 的关系为

$$\theta = \theta_0 \sin \frac{2\pi}{T} t$$

式中,θ 是圆盘在时间 t 的角位移;θ_0 即为角振幅;T 是一个完全摆动的周期。摆动的初位相认为是 0,于是角速度为

$$\omega = \frac{d\theta}{dt} = \frac{2\pi \theta_0}{T} \cos \frac{2\pi}{T} t = \omega_0 \cos \frac{2\pi}{T} t$$

经过平衡位置时的最大角速度 ω_0 为

$$\omega_0 = \frac{2\pi}{T} \theta_0$$

$$m_0 g h = \frac{1}{2} J_0 \left(\frac{2\pi}{T} \theta_0 \right)^2 \tag{3-1}$$

在图 3-2 中,下圆盘的中心为 O 点,上圆盘的中心为 O' 点,上、下圆盘的悬点到圆盘中心的距离分别为 r 和 R,悬线长度 $AB = l$,上、下两圆盘间的垂直距离为 H。

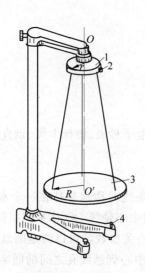
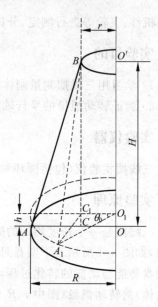

图 3-1　三线摆　　　　　　　　　　图 3-2　三线摆几何参量标示

1—上圆盘；2—悬线调节螺钉；3—下圆盘；4—底座调节螺钉

当下圆盘扭转角 θ_0 后升高到 O_1 点，因此，$OO_1 = h$，B 为上圆盘中某一悬点，作一垂线 BC_1C 与下圆盘的交点为 C，与扭转角 θ_0 后的下圆盘的交点为 C_1，$CC_1 = h$，$BC = H$。则有

$$h = OO_1 = CC_1 = BC - BC_1 = \frac{(BC)^2 - (BC_1)^2}{BC + BC_1} \tag{3-2}$$

$$(BC)^2 = (AB)^2 - (AC)^2 = l^2 - (R-r)^2 = H^2 \tag{3-3}$$

$$(BC_1)^2 = (A_1B)^2 - (A_1C_1)^2 = l^2 - (R^2 + r^2 - 2Rr\cos\theta_0) \tag{3-4}$$

$$BC = H, \quad BC_1 = H - h$$

$$h = \frac{l^2 - (R^2 - r)^2 - [l^2 - (R^2 + r^2 - 2Rr\cos\theta_0)]}{BC + BC_1}$$

$$= \frac{l^2 - R^2 - r^2 + 2Rr - l^2 + R^2 + r^2 - 2Rr\cos\theta_0}{H + H - h}$$

$$= \frac{2Rr - 2Rr\cos\theta_0}{2H - h} = \frac{2Rr(1 - \cos\theta_0)}{2H - h}$$

$$= \frac{2Rr \cdot 2 \cdot \sin^2\frac{\theta_0}{2}}{2H - h} \tag{3-5}$$

由于 $H \gg h$，则

$$2H - h \approx 2H$$

当摆角 θ_0 很小时，则

$$\sin^2\frac{\theta_0}{2} \approx \left(\frac{\theta_0}{2}\right)^2 = \frac{\theta_0^2}{4}$$

$$h = \frac{Rr\theta_0^2}{2H} \tag{3-6}$$

$$m_0 g \frac{Rr\theta_0^2}{2H} = \frac{1}{2} J_0 \left(\frac{2\pi\theta_0}{T}\right)^2 \tag{3-7}$$

$$J_0 = \frac{m_0 g R r}{4\pi^2 H} \cdot T^2 \tag{3-8}$$

欲测量质量为 m_1 的待测圆环对于 OO' 轴的转动惯量，只要把该待测圆环放在下圆盘上，使其质心落在 OO' 轴上，就能够得到该待测圆环和下圆盘共同对于 OO' 轴的转动惯量为

$$J_1 = J_{盘+环} = \frac{(m_0 + m_1)gRr}{4\pi^2 H} \cdot T_1^2 \tag{3-9}$$

由此根据物体对某转轴的总转动惯量等于其各部分对这一转轴的转动惯量和的原理，可计算出待测圆环绕 OO' 轴的转动惯量 J_{m_1} 为

$$J_{m_1} = J_1 - J_0 \tag{3-10}$$

若把两个质量均为 m_2，且形状完全相同的小圆柱体，对称地放在下圆盘上，离圆盘中心距离为 d（见图 3-3），测得摆动周期为 T_2，同样，可以得到两圆柱体和下圆盘一起绕 OO' 轴的转动惯量为

$$J_2 = J_{盘+柱} = \frac{(m_0 + 2m_2)gRr}{4\pi^2 H} \cdot T_2^2 \tag{3-11}$$

因此，一个小圆柱体绕 OO' 轴的转动惯量

$$J_{m_2} = \frac{1}{2}(J_2 - J_0)$$

实验公式的应用条件如下：
(1) 三线足够长（$l > 50$ cm）且等长；
(2) 上、下两盘水平，转轴垂直，且是上、下两盘中心的连线；
(3) 下盘不晃动；
(4) θ 角控制在 5°左右。

另一方面，根据平行轴定理，这个小圆柱体的转动惯量

$$J'_{m_2} = \frac{1}{2} m_2 r_柱^2 + m_2 d^2 \tag{3-12}$$

式中，$r_柱$ 为小圆柱体的半径；$\frac{1}{2} m_2 r_柱^2$ 是小圆柱体绕通过其自身中心轴线的转动惯量；d 是圆盘的中心与圆柱中心轴之间的距离。由此可以用实验值 J_{m_2} 与由平行轴定理计算得到的 J'_{m_2} 作比较。

四、实验内容与步骤

（一）实验内容

测量圆盘、圆环和两个小圆柱体绕中心轴 OO' 的转动惯量。

（二）实验步骤

1. 三线摆实验仪的调整：利用气泡水准仪（或铅垂线）和钢直尺，调节三线摆实验仪底座螺钉和三悬线长度，使支架垂直，上、下圆盘水平，三悬线的长度相等。

2. 扭动上圆盘，使下圆盘摆动，摆角在 5°左右，并尽可能消除转动以外的振动。（正确

的启动方法是使已调成水平的下盘保持静止,然后用手轻轻转动上圆盘约 5°左右,再顺势退原处。这样下盘只受到一扭力矩的作用,不会发生晃动现象。若直接用手来转动下盘,就很难使它不晃动)。

3. 待下圆盘摆动平衡后开始计时,用秒表测定 50 个完全周期的时间 t,重复 3 次,取平均值 $\bar{t}$,可得周期 $T_0 = \dfrac{\bar{t}}{50}$。

4. 将待测圆环放在下圆盘上,并使它们的圆心重合,重复步骤 2、3,得到周期 T_1。

5. 取下待测圆环,将两个质量相同、形状相同的小圆柱体对称地放在下圆盘上,与刻槽线相切,如图 3-3 所示,重复步骤 2、3,得到周期 T_2。

6. 各刚体几何参数和质量的测量。

(下圆盘、圆环、圆柱体的质量均已标明在其表面上。)

(1) 分别测出上圆盘与下圆盘的三悬点之间的距离 a 和 b,如图 3-4 所示,取其平均值 $\bar{a}$ 和 $\bar{b}$,根据 $\bar{r} = \dfrac{\sqrt{3}}{3}\bar{a}$,$\bar{R} = \dfrac{\sqrt{3}}{3}\bar{b}$,算出 $\bar{r}$,$\bar{R}$。

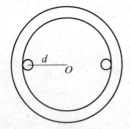

图 3-3 验证平行轴定理

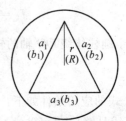

图 3-4 圆盘参量 R、r 测量的图示

测出上、下两圆盘间的垂直距离 H,测出下圆盘的直径 D_1,刻槽线直径 D_2。

(2) 测出圆环的内、外直径 $D_内$ 和 $D_外$,小圆柱体直径 $D_柱$,各取其平均值 $\bar{D}_内$、$\bar{D}_外$、$\bar{D}_柱$,再算出 $\bar{r}_内$、$\bar{r}_外$、$\bar{r}_柱$。H 用钢直尺测量,其余均用游标卡尺测量。

五、注意事项

1. 了解秒表的使用方法,先试用几次,掌握秒表的正确使用方法。不要随意玩弄,注意及时归还。

2. 掌握测量周期的正确方法:有的同学因为没有掌握数周期的正确方法,因此往往少数一个周期。有的以最大角位移处为计时起点,也有的同学一启动就按秒表。正确的方法是在启动后摆动数次后,通过平衡位置作为计时起点,并使握住秒表的手与摆线一起摆动,同时最好口中报数"5,4,3,2,1,0"报到"0"时按动秒表,然后一直数到测周期数如"50"时停止秒表(记下 n 次全振动时间 $t = nT$),这样做可以调动人的手、口、眼、脑等各个器官的积极因素,以尽量减少测量时间的误差。

3. 用游标卡尺测量上、下圆盘悬点间的距离 a、b 时,要防止卡尺刀口割损悬线。

4. 在实验公式中:

下盘的转动惯量

$$J_0 = \frac{m_0 gRr}{4\pi^2 H} \cdot T_0^2$$

盘加环的转动惯量

$$J_1 = \frac{(m_0 + m_1)gRr}{4\pi^2 H} \cdot T_1^2$$

盘加两个圆柱的转动惯量

$$J_2 = \frac{(m_0 + 2m_2)gRr}{4\pi^2 H} \cdot T_2^2$$

可以发现三个公式中有一共同因子 $\frac{gRr}{4\pi^2 H}$,它对每一实验组来说是一个固定不变的常量,用 K 来表示,即 $K = \frac{gRr}{4\pi^2 H}$。这样三个公式就简化为

$$J_0 = m_0 K T_0^2$$
$$J_1 = (m_0 + m_1) K T_1^2$$
$$J_2 = (m_0 + 2m_2) K T_2^2$$

可见,转动惯量可以用 mKT^2 的形式表达,其中,m 是参加摆动物体的总质量,T 为测得的对应周期,K 为该套实验的固有常量。

在计算中可以先求出 K 值,然后就可以用简化公式计算转动惯量 J。

六、数据记录与处理

1. 记录有关测量数据

参考表 3-1~表 3-4 如下。

表 3-1　各周期及转动惯量的测定

待测对象及其质量		悬盘的质量 $m_0 =$　　kg	圆环的质量 $m_1 =$　　kg $m_0 + m_1 =$　　kg	两圆柱体的总质量 $2m_2 =$　　kg $m_0 + 2m_2 =$　　kg
转动次数 n		50	50	50
振动时间 t/s	1			
	2			
	3			
	平均值			

表 3-2　圆盘的几何参数　　　　　　　　　　　　　　单位____

次数	a	$\bar{a}$	$\bar{r}$	b	$\bar{b}$	$\bar{R}$	D_1	$\bar{R}_1$	D_2	$\bar{R}_2$
1										
2										
3										

表 3-3 圆环圆柱的几何参数　　　　　　　　　　　　　　　单位____

次数	$D_内$	$\bar{r}_内$	$D_外$	$\bar{r}_外$	$D_柱$	$\bar{r}_柱$	$\bar{d}=\bar{R}_2-\bar{r}_柱$	H
1								
2								
3								
平均值								

表 3-4 测量结果数据　　　　　　　　　　　　　　　　　　单位____

总的转动惯量		$J_0=m_0 K T_0^2$	$J_1=(m_0+m_1)K T_1^2$	$J_2=(m_0+2m_2)K T_2^2$
待测量的转动惯量	实验值	J_0	$J_{m_1}=J_1-J_0$	$J_{m_2}=\dfrac{J_2-J_0}{2}$
	理论值	$J'_0=\dfrac{1}{2}m_0 R_1^2$	$J'_{m_1}=\dfrac{1}{2}m_1(r_外^2+r_内^2)$	$J'_{m_2}=\dfrac{1}{2}m_2(r_柱^2+2d^2)$
		$E=\dfrac{|J_实-J_理|}{J_理}\times 100\%$		

2. 分别按各实验公式求出转动惯量 J_0、J_{m_1}、J_{m_2}，作为实验值。

3. 按 $J'_0=\dfrac{1}{2}m_0\bar{R}_1^2$，$J'_{m_1}=\dfrac{1}{2}m_1(\bar{r}_内^2+\bar{r}_外^2)$ 和式(3-12)分别算出各理论值。

4. 分别对各组 J 与 J' 进行分析比较，求出百分误差 $E=\dfrac{|J_实-J_理|}{J_理}\times 100\%$。

七、预习思考题

1. 仪器如何进行调整？有何要求？
2. 对下圆盘的摆动有何要求？如何进行调整？
3. 如何正确地测量周期？如何测得上、下圆盘悬点间的距离 a、b？

附录　电子秒表的使用

电子秒表由液晶面板显示时间，最小显示时间是 0.01 s。其外形结构如图 3-5 所示。

常用的电子秒表有 J9-1 型(有 S_1、S_2、S_3 三个按钮)和 E7-1 型(有 S_1、S_2 两个按钮)两种，其中，S_1 按钮为启动/停止(start/stop)，S_2 按钮为复零(reset)，S_3 按钮为状态选择，可作计时、闹时、秒表三种状态(进行实验时，选择秒表状态。E7-1 型电子秒表无此按钮)。一般在实验中，只使用 S_1 和 S_2 两个按钮的启动、停止、复零三种功能。

当看到液晶显示为 0 时，按动一下 S_1，秒表立即开始工作，若要停止时，再按动一下 S_1 即可，液晶上所显示的时间就是从第一次按动 S_1 到第二次按动 S_1 之间的时间，如：1 分

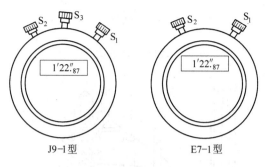

图 3-5　电子秒表外形图

22.87 秒(即是 82.87 s)。再按 S_2,液晶显示的时间即复零。如果要累计时间,不要按 S_2 按钮,而按 S_1 按钮,秒表则继续计时。

由于电子秒表的按钮均有一定的机械寿命,因此不要随意乱按,以免损坏,影响实验的正常进行。

实验 4　用拉伸法测量金属丝的弹性模量

弹性模量(杨氏模量)是描述固体材料抵抗应变能力的重要物理量,是选定机械构件材料的依据之一,是工程技术中常用的力学参数。

本实验提供了一种测量微小长度变化的方法,即光杠杆镜尺法,它可以实现非直接接触式的放大测量,其结构简单,测量精确,使用方便,故应用较广。光杠杆镜尺法还可以用来测量微小的角度变化,例如在灵敏电流计、冲击电流计、光点式检流计中都被采用。

本实验在测量数据的处理上,介绍了一种常用的数据处理方法——逐差法。

一、实验目的

1. 测定金属丝的弹性模量。
2. 了解光杠杆的结构,掌握光杠杆镜尺法测量微小长度的原理和方法。
3. 学会用逐差法处理数据。

二、实验仪器

弹性模量仪、光杠杆、望远镜、标尺、砝码(10 只)、米尺、游标卡尺、螺旋测微计。

三、实验原理

(一)拉伸法测量弹性模量

如图 4-1 所示,一粗细均匀的金属丝,长度为 L,截面积为 S,将其上端固定,下端悬挂砝码,于是金属丝受外力 F 的作用而发生形变,伸长了 ΔL。比值 F/S 是金属丝单位截面积上的作用力,称为应力;比值 $\Delta L/L$ 是金属丝的相对伸长,称为应变。根据胡克定律,金属丝在弹性限度内,它的应力和应变成正比,即

$$F/S = Y(\Delta L/L) \tag{4-1}$$

或

$$E = \frac{FL}{S\Delta L} \tag{4-2}$$

比例系数 E 就是该金属丝的弹性模量,又称杨氏模量。

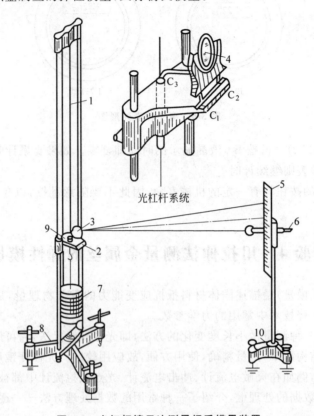

图 4-1 光杠杆镜尺法测量杨氏模量装置

1—钢丝;2—升降平台;3—光杠杆系统;4—平面镜;5—标尺;6—望远镜;
7—砝码;8—杨氏模量仪支架;9—圆柱形夹头;10—测量系统支架

在式(4-2)中,F、S 和 L 都比较容易测量,ΔL 是一个很小的长度变化量,很难用普通测量长度的仪器将它测准。

(二) 光杠杆镜尺法测量 ΔL

为解决上面提出的问题,可用光杠杆镜尺法进行非接触式放大测量。

光杠杆的构造如图 4-2 所示,其中 Q 为一平面镜,可绕 OO' 轴转动,R 为底座,b 为光杠杆臂长。整个实验装置如图 4-1 所示,待测金属丝长约 1 m,上端夹紧于横梁上夹子中间,下端连接一个金属圆柱形夹头 9,圆柱体下有一挂钩,可挂砝码盘,2 为可升降平台,6 为望远镜,5 为标尺。

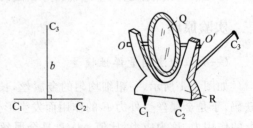

图 4-2 光杠杆构造

测量时,将光杠杆两前脚 C_1、C_2 放在升降平台 2 的沟槽内,后脚 C_3 放在圆柱体上,但不能放在穿金属丝的凹坑中(见图 4-1),平面镜大致铅直,望远镜水平地对准平面镜。适当调节后,从望远镜中可以看清楚小镜反射的标尺像,并可读出与望远镜叉丝横线相重合的标尺刻度数值。

参看图 4-3,设未加砝码时,从望远镜中读得标尺读数为 X_0,当增加砝码时,金属丝伸长 ΔL,光杠杆后脚 C_3 随之下降 ΔL,这时平面镜转过 α 角,镜面法线也转过 α 角。根据光的反射定律,反射线将转过 2α 角,这时望远镜中读得的标尺新读数为 X_i。由图 4-3 可以得到

$$\tan 2\alpha = \frac{|X_i - X_0|}{D} = \frac{\Delta X_i}{D}$$

式中,D 为光杠杆镜面到标尺之间的距离。

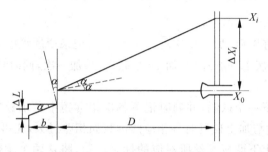

图 4-3 光杠杆测量原理图示

因为 ΔL 是微小的长度变化,$\Delta L \ll b$,又因为 α 角很小,所以近似有

$$\tan 2\alpha \approx 2\alpha, \quad \tan \alpha \approx \alpha \approx \Delta L/b$$

由此可得

$$2\Delta L/b = \Delta X_i/D$$
$$\Delta L = b\Delta X_i/2D \tag{4-3}$$

由式(4-3)可知,光杠杆镜尺法的作用在于将微小的 ΔL 放大为标尺上位移 X_i,通过 X_i、b、D 这些比较容易测量准的量间接地测定 ΔL。

将式(4-3)代入式(4-2),并用 $S = \pi d^2/4$(d 为金属丝直径)代入,则有

$$E = \frac{8FLD}{\pi d^2 b \Delta X_i} \tag{4-4}$$

四、实验内容和步骤

(一) 仪器的调整

1. 调节支架底脚螺钉,使两支柱呈铅直,以维持平台水平,并使挂有砝码托盘的圆柱体能在平台空隙中无摩擦地上下自由移动(应挂上全部砝码使金属丝拉直)。

2. 将光杠杆放在升降平台上,前脚 C_1、C_2 放在平台的沟槽内,后脚 C_3 放在圆柱体上(不能放在凹坑中),C_1、C_2、C_3 维持在同一水平面上;平面镜镜面大致铅直,望远镜和标尺放在离光杠杆镜面前 2 m 左右,标尺竖直,望远镜与平面镜等高并水平地对准平面镜。

3. 调节望远镜能看清标尺读数,包括下面三个环节的调节。

(1) 调节目镜,看清叉丝(叉丝横线有三根,上下两根短线,中间一根长线,竖线一根),可通过旋转目镜来实施(调到叉丝无重影)。

(2) 调节物镜,看清标尺读数。先将望远镜对准光杠杆镜面,然后在望远镜的外侧沿镜

筒方向看过去,观察光杠杆镜面中是否有标尺像。若有,就可以从望远镜中观察;若没有,则要微动光杠杆或标尺,直到在望远镜中看到标尺像。然后,调节目镜与物镜间的距离,直至标尺读数清楚,并使落在叉丝(中间一根横线)上的标尺刻度 X_i 与望远镜在同一高度的刻度基本相同,如图 4-3 所示。

(3) 消除视差。仔细调节目镜、物镜间的距离,直至当人眼作上下微小移动时,标尺像与叉丝无相对移动为止。

如果未加砝码和砝码全部加上时标尺读数无变化,就要检查光杠杆三个脚的位置是否放得正确。读数变化要控制在标尺的中部,这要稍微调节一下光杠杆镜面的俯仰角度。

(二)测量

1. 仪器全部调整好以后,加一个砝码(1.000 kg),记录望远镜中标尺读数 X_1。

2. 继续加砝码,每次 1.000 kg,共加 10 个砝码,每加一次,同时将望远镜中所示标尺读数记下,共 10 个数据。

3. 再每次相继取下一个砝码,并同时记下各次望远镜中所示标尺读数,直至剩下一个砝码为止。取下砝码时与加上砝码时各相应的读数如相差过大,应再校正仪器重做一次。

4. 记下望远镜中上下两根叉丝所对应的标尺读数,将这两个读数之差乘以 50 即为平面镜到标尺之间的距离 D,作单次测量。

5. 用米尺测量金属丝的长度 L,测量 1 次,求出标准偏差 $s_L(=\Delta_{仪}/\sqrt{3})$。

6. 用螺旋测微计测量金属丝上不同位置处的直径 6 次,记录于表 4-2。

7. 用游标卡尺测量光杠杆后脚 C_3 到 $\overline{C_1C_2}$ 的垂直距离 b(可将光杠杆取下,将光杠杆的三个足尖印在一张平纸上,得到 C_1、C_2、C_3 三个印痕标记,用铅笔画出 C_3 到 $\overline{C_1C_2}$ 的垂线,即为 b)。

注意:

(1) 光杠杆、望远镜和标尺所构成的光学系统,经调节好后,在实验过程中,就不准再移动,特别是在加减砝码时要格外小心,轻取轻放。否则,所测数据无效,实验重做。

(2) 注意维护金属丝的平直状态,在用螺旋测微计测量其直径时勿将它扭折。

(3) 望远镜的手轮及水平调节螺钉都有一定的调节幅度,不可旋过头。

五、数据记录

表 4-1 望远镜中标尺读数

次数	F_i/kg	加砝码时标尺读数 X_i/cm	减砝码时标尺读数 X_i'/cm	同负荷下标尺读数平均值 $\overline{X_i}$/cm	每加、减 5 个砝码标尺读数的差值 ΔX_i/cm
1	1×1.000			$\overline{X_1}=$	$\Delta X_1 = \overline{X_6} - \overline{X_1} =$
2	2×1.000			$\overline{X_2}=$	
3	3×1.000			$\overline{X_3}=$	$\Delta X_2 = \overline{X_7} - \overline{X_2} =$
4	4×1.000			$\overline{X_4}=$	
5	5×1.000			$\overline{X_5}=$	$\Delta X_3 = \overline{X_8} - \overline{X_3} =$
6	6×1.000			$\overline{X_6}=$	

续表

次数	F_i/kg	加砝码时标尺读数 X_i/cm	减砝码时标尺读数 X_i'/cm	同负荷下标尺读数平均值 $\overline{X_i}$/cm	每加、减5个砝码标尺读数的差值 ΔX_i/cm
7	7×1.000			$\overline{X_7}=$	$\Delta X_4 = \overline{X_9} - \overline{X_4} =$
8	8×1.000			$\overline{X_8}=$	
9	9×1.000			$\overline{X_9}=$	$\Delta X_5 = \overline{X_{10}} - \overline{X_5} =$
10	10×1.000			$\overline{X_{10}}=$	
				$\overline{\Delta X}=(\quad)$cm	

表 4-1 中

$$\overline{\Delta X} = \frac{1}{5}\sum_{i=1}^{5}\Delta X_i$$

镜面与标尺间的距离 $D=(\quad)$cm

金属丝的长度 $L=(\quad)$cm

光杠杆的臂长 $b=(\quad)$cm

$F_1 \pm s_{F_1} = (1.000 \pm 0.005) \times 9.794$ N

表 4-2 金属丝的直径 d 的测量数据

初读数_____cm,仪器误差_____cm

次数	1	2	3	4	5	6	平均值
直径 d_i/m							

测量结果:

$$d = \overline{d} \pm u_d \text{(m)}$$

式中不确定度 u_d 的 A 类分量 s_d 为

$$s_d = \left[\frac{1}{(6-1)}\sum_{i=1}^{6}(d_i - \overline{d})^2\right]^{1/2}$$

六、数据处理

1. 将 $F=5F_1$ 及 L、D、b、$\overline{\Delta X}$、$\overline{d}$ 代入式(4-4),计算金属丝的弹性模量 $\overline{E}$。
2. 将测量结果与公认值进行比较。
3. 写出杨氏模量的测量结果(注意有效数字)。

七、思考题

1. 本实验用了哪些原理和方法对微小长度进行测量及处理数据?有何优点?
2. 为什么在实验中选用不同的量具和仪器测定各长度?选择的原则是什么?
3. 本实验中,哪一个量的测量误差对结果的影响最大?试根据具体情况进行讨论。如何用最小二乘法拟合拉力与伸长量的数据进而估算杨氏模量的测量结果的不确定度?

附录1 几种材料的弹性模量

材料名称	弹性模量/(N/m²)	材料名称	弹性模量/(N/m²)
生铁	$7.35\times10^{10}\sim8.33\times10^{10}$	工具钢	$2.06\times10^{11}\sim2.16\times10^{11}$
锻铁	$1.96\times10^{11}\sim2.16\times10^{11}$	冷拉制黄铜	$8.92\times10^{10}\sim9.70\times10^{10}$
低碳钢和高合金钢	$1.96\times10^{11}\sim2.06\times10^{11}$	辗压磷青铜	1.13×10^{11}
特种钢	$2.16\times10^{11}\sim2.35\times10^{11}$	康铜	1.63×10^{11}

附录2 逐 差 法

当两个变量(例如钢丝所受的拉力与其伸长量)之间是线性关系时,一般可把它们的测量值用最小二乘法进行线性拟合。但对于等间隔线性变化量的测得值,也可用称做逐差法的简化的数据处理方法求得它们的平均值。

由随机误差的抵偿性可知,算术平均值是多次测量的最佳值,为了减小随机误差,在实验中都是尽量进行多次测量。但是,在等间隔线性变化量的测量中,若仍用一般的求平均值的方法,将会发现只有第一次测量值和最后一次测量值起作用,所有中间的测量值全部抵消,对这种测量,就无法反映出多次测量能减小随机误差的特点了。

现以测量弹簧劲度系数的例子来说明逐差法处理数据的过程。

将弹簧悬挂在装有竖直标尺的支架上,先记下弹簧下端点在标尺上的读数 n_0,然后依次在弹簧下端的挂钩上加 1 kg、2 kg、3 kg、…、7 kg 的砝码,分别记下对应的弹簧端点在标尺上的位置 n_1、n_2、n_3、…、n_7。对应于 1 kg 砝码弹簧相应的伸长为:$\Delta n_1=n_1-n_0$,$\Delta n_2=n_2-n_1$,$\Delta n_3=n_3-n_2$,…,$\Delta n_7=n_7-n_6$。根据求平均值的定义,弹簧在 1 kg 砝码的作用下,其平均伸长为

$$\overline{\Delta n}=\frac{\Delta n_1+\Delta n_2+\Delta n_3+\cdots+\Delta n_7}{7}$$

$$=\frac{(n_1-n_0)+(n_2-n_1)+(n_3-n_2)+\cdots+(n_7-n_6)}{7}$$

$$=\frac{n_7-n_0}{7}$$

从上式可知,中间值全部抵消,只有始末两次测量值起作用,与增加 7 kg 的单次测量等价。

为了保持多次测量的优点,只要在数据处理方法上作一些变化,仍能达到利用多次测量来减小随机误差的目的。

通常,可将等间隔连续测量值分成两组。

一组为

$$n_0,n_1,n_2,n_3$$

另一组为

$$n_4,n_5,n_6,n_7$$

取对应项的差值(称为逐差):

$$\Delta n_1=n_4-n_0$$
$$\Delta n_2=n_5-n_1$$

$$\Delta n_3 = n_6 - n_2$$
$$\Delta n_4 = n_7 - n_3$$

再取平均值：

$$\overline{\Delta n} = \frac{1}{4}\sum_{i=1}^{4}\Delta n_i = \frac{1}{4}[(n_4 - n_0) + (n_5 - n_1) + (n_6 - n_2) + (n_7 - n_3)]$$

由此可见，与前面不同，这时各个数据都用上了。但应注意，$\overline{\Delta n}$是增加 4 kg 砝码时弹簧的平均伸长。

逐差法的优点：①充分利用测量数据，而且得到平均的效果，减小随机误差；②可以绕过一些具有定值的未知量求出实验的结果。

使用逐差法应满足的条件：①必须是一元函数，而且可以写成多项式；②自变量的变化应等间距或可换成等差级数的数据序列；③自变量的误差应远小于因变量的误差。

实验拓展：用 CCD 成像系统测定杨氏模量

CCD 是电荷耦合器件（charge couple device）的简称，是目前较实用的一种图像传感器，它有一维和二维两种。一维用于位移、尺寸的检测，二维用于平面图形、文字的传递。现在的二维的 CCD 器件已作为固态摄像器应用于可视电话和无线电传真领域，在生产过程的监视和检测上的应用也日渐广泛。

本实验用读数显微镜配以作为固态摄像机的二维 CCD 器件，对金属丝的微小伸长量进行直接测量，把从显微镜中看到的图像通过 CCD 成像、显示系统将光学图像转变为视频电信号，由视频电缆接到监视器，在电视屏幕上显示出来。

一、实验目的

1. 掌握米尺、外径千分尺、读数显微镜的使用方法；
2. 学习 CCD 成像系统的使用方法，了解其特性；
3. 完成两种样品——涂树脂钢丝及康铜丝材料的杨氏模量测定，更好地理解杨氏模量的物理含义。

二、实验仪器及装置

实验装置如图 4-4 所示，包括以下几部分。

(1) 金属丝支架

S 为金属丝支架，高约 1.32 m，可置于实验桌上。支架顶端设有金属丝悬挂装置，金属丝长度可调，约 95 cm。金属丝下端连接一小圆柱，圆柱中部方形窗中有细横线供读数用，小圆柱下端附有砝码托。支架下方还有一钳形平台，设有限制小圆柱转动的装置（未画出），支架底脚螺钉可调。

(2) 读数显微镜

读数显微镜 M 用来观测金属丝下端小圆柱中部方形窗中细横线位置及其变化。目镜前方装有分划板，分划板上有刻度，其刻度范围 0～6 mm，分度值 0.01 mm，每隔 1 mm 刻一数字。H_1 为读数显微镜支架。

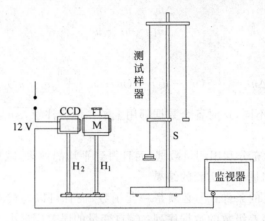

图 4-4 实验装置图

(3) CCD 成像、显示系统

① CCD 黑白摄像机：灵敏度：最低照度≤0.2 lx；CCD 专用 12 V 直流电源。

② 黑白视频监视器：屏幕尺寸 14 英寸，420 线。

③ CCD 摄像机支架 H_2。

三、实验内容

(一) 测量钢丝材料的杨氏模量

1. 认识和调节仪器

(1) 认识仪器。实验前，应该学习并掌握仪器的正确使用方法。

(2) 调节仪器。

① 调节支架 S 铅直(用底脚螺钉调节)，使金属丝下端的小圆柱与钳形的平台无摩擦地上下自由移动，旋转金属丝上端夹具，使圆柱两侧刻槽对准钳形平台两侧的限制圆柱转动的小螺钉；两侧同时对称地将旋转螺钉旋入刻槽中部，力求减小摩擦。

② 先调显微镜目镜用眼睛看到清晰的分划板像。再将物镜对准小圆柱平面中部，调节显微镜前后距离，然后微调显微镜旁螺钉直到看清小圆柱平面中部上细横刻线的像，并消除视差。(判断无视差的方法是当左右或上下稍微改变视线方向时，两个像之间没有相对移动，这是显微镜已调节好的标志。)只有无视差的调焦，才能保证测量精度。

③ 将 CCD 摄像机装上镜头，把视频电缆线的一端接摄像机的视频输出端子(Video out)，另一端接监视器的视频输入端(Video in)。将 CCD 专用 12 V 直流电源接到摄像机后面板 Power 插孔，并将直流电源和监视器分别接 220 V 交流电源。仔细调整 CCD 位置及镜头焦距，直到监视器屏幕上看到清晰的图像。

2. 观测伸长变化

为使砝码托平稳，可在金属丝下端先加一块砝码，此时监视器屏幕上显示的小圆柱上的细横刻线指示的刻度为 L_0，记录其数值，然后在砝码托盘上逐次加 50 g 砝码，对应的读数为 $L_i(i=1,2,\cdots,10)$。再将所加的砝码逐个减去，记下对应的读数为 $L_i'(i=1,2,\cdots,10)$，并将两对应读数 L_i 与 L_i' 求平均：$\overline{L_i}=\dfrac{L_i+L_i'}{2}$。

3. 用直尺测量金属丝长度 L；用外径千分尺测量金属丝直径 d（测 10 次），注意记下外径千分尺的零读数。

4. 用逐差法对 $\overline{L}_i(i=1,2,\cdots,10)$ 进行处理，计算 $\overline{\Delta L}$ 及杨氏模量 E 的值：

$$\overline{\Delta L} = \frac{(\overline{L}_6 - \overline{L}_1) + (\overline{L}_7 - \overline{L}_2) + (\overline{L}_8 - \overline{L}_3) + (\overline{L}_9 - \overline{L}_4) + (\overline{L}_{10} - \overline{L}_5)}{5}$$

$$E = \frac{4FL}{\pi d^2 \overline{\Delta L}}$$

由于采用逐差法，此处 $F=5\times 0.500\times 9.794(\text{N})$。（其中 9.794 m/s² 是上海地区的重力加速度。）

5. 将测量结果与公认值 $(2.00\times 10^{11}\ \text{N/m}^2)$ 进行比较。

（二）其他测量

测量其他钢丝材料的杨氏模量及涂树脂康铜丝受相同力的伸长量，以了解不同材料对杨氏模量的影响。

四、使用注意事项

1. 实验前必须检查试样是否处于平直状态，如果有扭折或弯曲，须用木质螺钉刀柄的圆凹槽部位沿试样来回拉动，直至使试样平直后方可进行实验。

2. 使用 CCD 摄像机时应注意：CCD 不可正对太阳光、激光或其他强光源，CCD 的 12 V 直流电源不要随意用其他的电源替代，不要使 CCD 视频输出短路；防止振动、跌落；不要用手触摸 CCD 前表面，防止 CCD 过热；在测量间隙最好关闭电源；镜头和 CCD 接口螺钉较细密，旋转时要轻，镜头要防潮、防污染。

3. 使用监视器时应注意防振，并注意勿将水或油溅在屏幕上。

4. 注意维护金属丝的平直状态，使用外径千分尺测量其直径时勿将它扭折。

五、思考题

1. 对微小伸长量测量除读数显微镜方法外，还有哪些方法？

2. 根据不确定度估算，$\dfrac{u(E)}{E}$ 表达式中哪些项的影响最大？如何降低其影响？（先用最小二乘法拟合拉力与伸长量的数据）

实验 5 电路连接练习及万用表的使用

电磁学实验中经常要用到各种电学的基本仪器，其中有电源、电表、电阻及开关等，各种仪器都具有一定的使用规则。对初学者来说，必须了解它们的基本原理及使用规则，使以后进入电磁学部分的系统实验时，能正确使用来完成有关的实验。

一、实验目的

1. 熟悉电学实验常用仪器和器材的使用方法。
2. 学习按电路图连接线路和线路故障的排除技术。
3. 学习万用表的使用。

二、实验仪器

直流稳压电源、电压表、电流表、万用表、滑线变阻器、电阻箱、开关及导线等。

(一) 万用表

万用表主要由表头(电流计)和转换开关所控制的测量电路所组成。按照设计要求,可以用来测量电阻、直流电压、交流电压和直流电流,有的还可测量交流电流。电表面板上,按照万用表的功能有各种刻度用以指示相应的数值,如电阻值、电压值、电流值(有交直流之分)等。对于某一测量内容,一般分成大小不同的几挡,测量电阻时,每挡标明的是倍率;其他测量内容,每挡标明的是量程。所谓量程,即使用该挡测量时所允许的最大值。

万用表有各种型号,但基本功能大致相同,本实验采用的是 MF-500 型万用表,如图 5-1 所示。

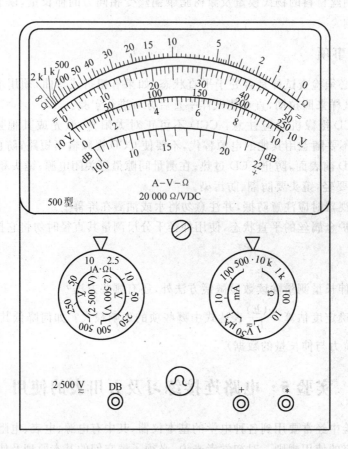

图 5-1 万用表面板

使用万用表测量时,除了应注意使用电表时的注意事项外,还特别要分清测量的对象是什么,量限是多少,然后使用控制旋钮来选择相应的测量功能。在测量电阻时,为了获得较正确的测量值,每次测量不同的量程(倍率)前都应校正零点,即用表棒对接(短接)后,使用调零器使指针指"0"Ω值。面板上 2 500 V 及 DB 插孔属特种用途,本实验暂不用。

特别应注意的是使用万用表时各个旋钮不能拨错,既不能用电压挡来测量电流,也不能用电流挡来测量电压,否则很容易损坏万用表。如用电流挡来测量电压,因电流表内阻较小,把它并联在线路上,流过万用表的电流将很大,这样就会烧坏万用表。

(二) 直流稳压电源

直流稳压电源实际上是一台电子仪器,其作用是把交流电转变成大小可调的稳定的直流电,输出可用调节旋钮来调节。当旋钮顺时针旋转时,输出电压增加;逆时针旋转时,输出电压减少至零。可按照实验所需电压任意调节,并由电压表指示输出电压大小,使用起来十分方便。使用直流稳压电源时,除应注意使用电源的注意事项外,为了安全起见,一般在实验前应使输出电压为零,然后在实验时,使用调节旋钮逐步增加电压至实验规定值。

(三) 电表

在使用各类电表时,应掌握它的正确使用方法,读数时目光要正对指针,不能斜视。有反射镜的仪表要使指针与像重合,如图 5-2 所示。

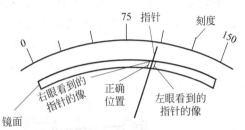

图 5-2 电表读数时正确位置示意

在每个电表面板刻度线的左或右下角都标有该表的使用标识,如表 5-1 所示,使用者须根据各表所标出的符号正确使用。

表 5-1 电表的使用符号

-或DC	～或AC	≃	A	☆	⊥	⊓	2.5	⊞
直流型	交流型	交直流型	磁电式	绝缘强度试验(2 kV)	垂直放置	水平放置	级数	Ⅱ级防外磁场及电场

电表的量程即表示可测量的最大值,是指针指向满刻度的指示值,用 x_m 表示。正确选用量程应根据待测量的大小来考虑。量程选得太小,待测量大于量程时,表头指针有可能偏出满刻度以外,使电表损坏;量程选得过大,待测量大大小于量程,则指针偏转过小,读数不易准确,误差就大。因此使用时应估计待测量的大小,取量程稍大于待测量即可。一般要求表头指针的偏转超过 2/3 满刻度为宜,这是为了减小测量时的仪器误差。

电表的级数即电表的准确度等级,表示电表的相对额定误差;符号用 "a" 表示,定义式为: $a\% = (\Delta_{仪}/x_m) \times 100\%$。根据《电测量指示仪表通用技术条件》(GB 776—76)的规定,电表的准确度等级分为 0.1、0.2、0.5、1.0、1.5、2.5 和 5.0 级七个等级,标在电表的面板上。由定义式可知,对于一个多量程的电表来说,级数只有一个,则不同的量程对应有不同的仪器误差。一旦量程选定以后,通过级数可求得该量程下的仪器误差 $\Delta_{仪} = x_m \times a\%$。

例:0.5 级电表,量程选 15 V 时,其仪器误差 $\Delta_{仪} = x_m \times a\% = 15 \text{ V} \times 0.5\% = 0.075 \text{ V}$。

对于单量程的电表,根据表面刻度即可读出量值,所以通电后只需观察到指针与反射镜中指针像重合后读出对应的数值(包括估计值)即可。多量程的电表必须通过表面总格数及量程的比值,求得分度值,即分度值=量程/表面总格数;然后根据通电后指针所指的表面格数通过下式求得所测量值的读数,即读数=分度值×读取的格数(包括估计值)。

(四) 电阻

为了改变电路中的电流和电压或作为特定电路的组成部分,在电路中经常要接入各种大小不同的电阻。电阻可分为固定和可变的两类。无论固定电阻还是可变电阻,使用时除注意其标称值外,还应注意其额定功率,即容许通过的最大电流 $\left(I=\sqrt{\dfrac{W}{R}}\right)$。固定电阻接入电路比较简单,可变电阻的接法不同,其功能也不一样。下面着重介绍两种可变电阻——滑线变阻器和电阻箱的结构及使用方法。

1. 滑线变阻器

滑线变阻器的外形结构如图 5-3(a)所示。把电阻丝绕在瓷筒上,然后把电阻丝两端分别与接线柱 A、B 相连。因此 A、B 之间的电阻即为滑线变阻器的总电阻,此阻值是固定不变的。在瓷筒上方的金属结构滑动接头 C 可在穿过它的铜棒上来回移动,它的下端在移动时始终与绕在瓷筒上的电阻丝接触。铜棒的两端分别装有接线柱 C' 和 C'' 用以代替滑动头 C 接入电路。当 C 的位置改变时,AC 与 BC 之间的电阻就随之发生变化。滑线变阻器的符号可用图 5-3(b)表示。

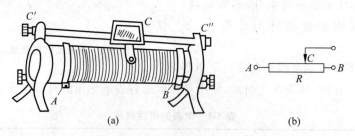

图 5-3 滑线变阻器
(a) 外形;(b) 符号

变阻器在电路中有以下三种不同接法。

(1) 作固定电阻

变阻器中两固定端 A 和 B 串联在电路中,其阻值即变阻器中的总电阻。

(2) 制流接法

如图 5-4 所示,即变器中任何一个固定端 A(或 B)与滑动端 C 串联在电路中(注意只能接一个固定端)。当滑动头 C 向 A 移动时,AC 间电阻变小;当滑动头向 B 移动时,AC 间电阻变大。可见由于变阻器的作用,改变了电路中的总电阻,从而使电路中的电流发生变化,由此可使电路的电流控制在一定范围内变化,以达到制流目的,此电路称制流电路。

(3) 分压接法

如图 5-5 所示,即将变阻器的两个固定端分别与电源的两极相连,由滑动端 C 和任一固定端 B(或 A)将电压输出。由于电流流过变阻器的全部电阻丝,故 AC 之间任意两点都有电势差。当 C 点向 A 点移动时,BC 间电压 U_{BC} 增大;当 C 点向 B 点移动时,U_{BC} 减小。可见改变滑动头 C 的位置就改变了 $BC(AC)$ 间的电压,此电路称分压电路。

应该注意的是,变阻器在制流电路和分压电路中的接法是不同的。对此,一定要弄清楚,不能混淆。同时还应养成这样的习惯:开始实验前,在制流接法中,变阻器的滑动头 C 应放在中央为宜;在分压接法中,变阻器的滑动头应放在输出电压为最小的位置。

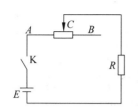
图 5-4　变阻器的制流接法

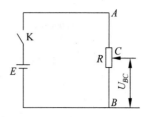
图 5-5　变阻器的分压接法

2. 电阻箱

电阻箱是由若干个标准的固定电阻元件,按照一定的组合方式接在特殊的变换开关装置上构成的。利用电阻箱可以在电路中准确调节电阻值,准确度高的电阻箱还可作为标准电阻量具。图 5-6 所示为某一种电阻箱的内部电路和面板示意图。

在箱面上有 6 个旋盘和 4 个接线柱,每个旋盘的边上都标有 0~9 十个数字,靠盘边缘的面板上有▲标志,以指示数值,并有×0.1,×1,×10,×100,×1 000,×10 000 等字样,也称倍率。当某个旋盘上的数字旋到对准所示的倍率时,用倍率乘上旋钮上的数字,即为该旋盘所指示的电阻数值。把 6 个旋盘所指示的数值相加,就是电阻箱的总电阻值。应该指出上述计算方法是指在使用最外侧的两个接线柱时才正确(即 99 999.9 Ω 与 0 两个接线柱),也就是说在计算电阻箱所示的电阻值时,必须考虑到所用的接线柱。

如图 5-6 所示,电阻箱所指示的电阻值应为 3×0.1,4×1,5×10,6×100,7×1 000,8×10 000,总电阻为 (3×0.1+4×1+5×10+6×100+7×1 000+8×10 000)Ω=87 654.3 Ω (用外侧两个接线柱)。四个接线柱上标有 0、0.9 Ω、9.9 Ω、99 999.9 Ω 字样,0 与 0.9 Ω 两挡接线柱的阻值调节范围为 0.1~0.9 Ω;0 与 9.9 Ω 两挡接线柱的阻值调节范围为 0.1~9.9 Ω;0 与 99 999.9 Ω 两挡接线柱的阻值调节范围为 0.1~99 999.9 Ω。

在使用时,如只需要 0.1~0.9 Ω 或 0.1~9.9 Ω 的阻值变化,则将导线接到 "0" 和 "0.9 Ω" 或 "0" 和 "9.9 Ω" 两接线柱即可。这种接法,可以避免电阻箱其余部分的接触电阻对低电阻带来不可忽略的误差。电阻箱各挡电阻容许通过的电流是不同的,现以 ZX 21 型电阻箱为例,列于表 5-2。

表 5-2　ZX 21 型电阻箱的功率表

旋钮倍率	×0.1	×1	×10	×100	×1 000	×10 000
容许负载电流/A	1.5	0.5	0.15	0.05	0.015	0.005

对于 0.1 级电阻箱的仪器误差,通常用下面的公式来计算。
绝对误差
$$\Delta_{R仪} = (RS + 0.2m)\%$$
相对误差
$$\frac{\Delta_{R仪}}{R} = \left(S + 0.2\frac{m}{R}\right)\%$$

式中,R 为电阻箱在使用时所指示的值;S 为电阻箱的等级;m 为所用电阻箱的旋盘数;0.2 是一个系数;$0.2m$ 这一项是考虑到旋盘触点接触电阻引入的误差。上式说明电阻箱的仪

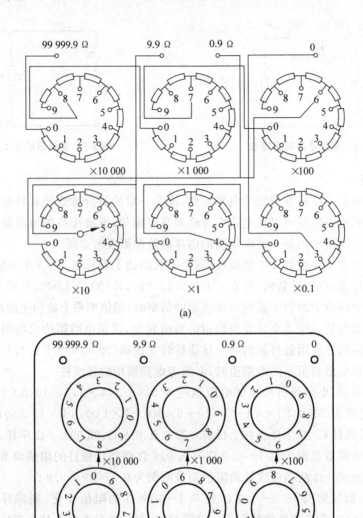

图 5-6 电阻箱

(a) 线路；(b) 面板

器误差与所使用的电阻数值大小有关。电阻箱的基本误差如表 5-3 所示。

表 5-3 电阻箱基本误差表

等级	基本误差/%	等级	基本误差/%
0.02	$\pm(0.02+0.1m/R)$	0.1	$\pm(0.1+0.2m/R)$
0.05	$\pm(0.05+0.1m/R)$	0.2	$\pm(0.2+0.5m/R)$

在电气原理图中，常用不同的图形符号来代表各个元件，用线条表示它们之间的联系。

表 5-4 列举了常用电气元件符号,以供参考。

表 5-4　常用的电气元件符号

名　　称		符　　号	名　　称	符　　号
原电池或蓄电池			单刀单向开关	
固定电阻			单刀双向开关	
变阻器 (可调电阻)	1. 可变电阻		双刀双掷开关	
	2. 滑线式变阻器		换向开关	
电容器的一般符号			不连接的交叉电线	
可变电容器			连接的交叉电线	
电感线圈			晶体二极管	
有铁芯的电感线圈			稳压管	
有铁氧体芯的电感线圈			晶体三极管	
有铁芯的单相双线变压器				

三、实验内容

1. 接线应在理解电路的基础上进行,图 5-7 所示为分压电路。电源电压 E 通过开关 K 加到滑线变阻器两端进行分压,再送到电阻 R_B 上(R_B 大小适当)。用电压表测量 cd 间电压,用电流表测量流过 R_B 的电流。

连接线路应从电源开始,然后按回路接线法一个回路一个回路连接,如图 5-7 所示的①、②、③三个回路。连线时,所有的电源开关都要断开,直到检查无误后,才合上开关。

为安全实验起见,滑线变阻器的滑动头一般置于分压最小位置,通电后,视实际情况再作调节。最后用万用表分别测量 U_{cd} 的大小及 R_B 上流过的电流。

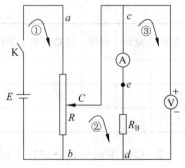

图 5-7　分压电路

2. 用万用表检查电路故障

电路发生故障的原因很多,应先作外观检查,看是否有错接、漏接或多接的情况。有时接线虽然无误,但有可能产生如下一些故障,如导线、电键接触不良造成断路;电表或元件损坏等造成断路或短路。这些故障往往无法从外观发现。排除这些故障可借助于仪器,常用的是万用表,检查的方法有两种。

(1)电压检查法　对有源电路,常采用逐点测试电压的方法寻找故障所在。在图 5-7 中当合上开关后,若无论怎样调节滑动头 C,电流表始终指零,此时可用万用表的电压挡进行测试检查(万用表的电压量限应大于或等于电源电压)。测试程序为：若 $U_{ab}\neq 0 \rightarrow U_{cd}=0$，则可以判断出故障肯定发生在 acd 之间。

电压检查法在有源电路中可带电测量,能检查运行状态下的电路,这是它的突出优点。但这种方法在检测小电压时不够灵敏。

(2) 电阻检查法　要求待测电路不能带电,待测部分无其他分路,然后才能对此无源线路逐段检查其导通与否。

电阻检查法对初步检测个别元件、零件或导线的质量等是很有用的。

若用电流检查法对电路故障进行检查,则必须拆开电路再串入电流表,这是很不方便的。所以电流检查法较少用于故障检查。

四、实验步骤及数据处理

1. 用万用表粗测所给电阻 R_B(断开电路时)。
2. 按图 5-7 进行桌面仪器布局,然后根据接线规则接好线路。
3. 正确选取电压表及电流表的量程,必须满足指针超过 2/3 满刻度的要求。其中电压表量程估算可根据所供给的电源电压值,电流表量程可按选好的电压值为依据,通过欧姆定律估算。
4. 根据选好的电压量程及已给的 R_B 值,核算电阻负载电流是否超出允许电流值,如果超出,必须重新选择电压量程。
5. 在上述步骤完成的条件下,检查线路,并记下各表的量程及级数于表 5-5。在接线正确无误的条件下接通电源,读取 U、I 的指示值记录于表 5-5。
6. 用万用电表测量对应的 U、I 及 R 值,数据记录于表 5-5。

表 5-5　测量数据记录

名称	量程	级数	仪器误差	表面总格数	分度值	表面读出的格数	测量值	测量结果 $N=N_{测}\pm s_{仪}$	万用表测量读数
U/V									
I/A									
$R_{计}/\Omega$					$R_{计}=R\pm s_R$，　$E_R=$ ____ %				

7. 根据下列公式分别算出测量结果：

$$N = N_{测} \pm s_{仪}$$

其中

$$s_{仪} = \frac{\Delta_{仪}}{\sqrt{3}}$$

计算公式如下。

电表类　测量值=分度值×表面读出的格数(包括估计值)

　　　　分度值=量程/表面总格数

　　　　仪器误差=量程×级数/100

R 为间接测量值,必须通过 U、I 这两个直接测量值运算而得,即

$$R = \frac{U}{I}$$

测量结果

$$R_{计} = R \pm s_R$$

其中

$$s_R = R \times E_R$$

而

$$E_R = \sqrt{E_U^2 + E_I^2}$$

式中

$$E_U = \frac{s_U}{U}, \quad E_I = \frac{s_I}{I}$$

五、注意事项

1. 使用万用表时,要注意测量的对象(交流或直流,电流、电压或电阻)及量程(不知待测量大小时,一般应先选择最大量程进行测试),注意"＋"、"－"端。

2. 测量电阻时,应在测量前先校正电阻挡的零点。

六、思考题

1. 使用万用表测量电路电压和电流时应注意什么？在测量电阻时应注意什么？
2. 使用直流稳压电源时应注意什么？
3. 用电压表(或电流表)不同的电压挡测量同一段电路的电压(或电流)时常会出现较大的差别,试从电表示值误差的角度分析其原因。
4. 总结一下连接电路与检查电路故障的体会心得。
5. 滑线变阻器有哪几种用途？在图 5-7 中作何用途？

实验拓展：伏安法测电阻的研究

一、实验目的

1. 研究伏安法测电阻时,电表的不同接法引起的系统误差及消除(或减小)这种误差的方法。
2. 在给定的电阻标称值分别为 5 Ω,10 W 及 1.8 Ω,0.25 W 的情况下,分别用伏安法测量电阻值,讨论、设计实验最佳方案,包括选用仪器、线路图、误差估算等。
3. 要求设计方案误差值 $E_x \leqslant 1.5\%$。

二、实验仪器

直流稳压电源：有 0～30 V 各挡输出电压。

直流电压表量程为 0～3 V～15 V～30 V～75 V～150 V～300 V～600 V。

直流电流表量程为 7.5 mA～15 mA～30 mA～75 mA～300 mA～750 mA～1.5 A～3 A～7.5 A。满量程时内阻上的压降约为 27～45 mV（由此可估算内阻）。

电表的准确度等级根据设计需要而定。

三、实验设计要求

1. 科学性：选用仪器、设计线路图等方案中要写出理论依据。
2. 先进性：在设计方案时要独立思考，有创造性，能在设计方案上领先。
3. 可行性：根据实验室条件及仪器设备，切实可行。

四、设计报告要求

1. 写出理论依据，如原理、公式等。
2. 根据电阻的标称功率正确选择电压表和电流表的量程。分析过程的理论依据。
3. 画出测量线路图。
4. 具体操作步骤。
5. 数据记录表格、误差计算公式等。

五、实验报告要求

在设计报告的基础上，完成整个实验报告。要有误差分析，并讨论实验过程中所碰到的问题，总结失败与成功的经验。实验结果的表示要正确。

六、提示

1. 设计原理

伏安法测电阻，即测出电阻两端电压 U 和通过的电流 I，求出 R。线路可用电流表内接法（见图 5-8）和外接法（见图 5-9）。

图 5-8　内接法　　　　　　　　　图 5-9　外接法

2. 仪器选择

（1）电表的准确度等级

根据设计要求 $E_x = \dfrac{\Delta_{R_x}}{R_x} = \dfrac{\Delta_U}{U} + \dfrac{\Delta_I}{I} \leqslant 1.5\%$，如果按乘除的间接测量值与直接测量值的相对误差分配，设 $E_U = E_I = \dfrac{1}{2} E_x$，则 $E_U = \dfrac{\Delta_U}{U} \leqslant 0.75\%$，$E_I = \dfrac{\Delta_I}{I} \leqslant 0.75\%$。

磁电式电表的级数 a 为 0.1、0.2、0.5、1.0、2.0、2.5、5.0 共七级，由于误差产生还包含其他因素，所以选择仪表 $a\% < E_x$。即电压表与电流表均选为 0.5 级较合适。（为什么不选再小一些？）

(2) 量程的选择

由被测电阻的标称值及额定功率计算 R_x 的额定电流和电压。

额定功率
$$N_{\max} = I_{\max}^2 R_x$$

额定电流
$$I_{\max} = \sqrt{\frac{N_{\max}}{R_x}}$$

额定电压
$$U_{\max} = I_{\max} R_x$$

为了不使被测电阻过热,一般选用 $\frac{1}{3}I_{\max}$ 作为测试工作电流的最大值,则测量中工作电压的最大值为 $\frac{1}{3}I_{\max}R_x$。

为减少电表示值的相对误差,电表量程应适当小一点,务必在测量时使电表指针偏转为满偏的 2/3 以上。设电压表及电流表的量程分别为 U_m、I_m,可以估算:

$$E_U = \frac{\Delta_U}{U} \leqslant 0.75\%, \quad 则 \quad U_{\min} \geqslant \frac{\Delta_U}{E_U} = \frac{U_m \cdot a\%}{0.75\%} = \frac{2U_m}{3}$$

同理有

$$E_I = \frac{\Delta_I}{I} \leqslant 0.75\%, \quad I_{\min} \geqslant \frac{I_m \cdot a\%}{E_I} = \frac{I_m \cdot a\%}{0.75\%} = \frac{2I_m}{3}$$

以证明电压表及电流表选择是正确的。

3. 确定电表内阻

由电表面板指示,确定电流表和电压表的内阻。

4. 有效数字的确定

由电表等级及量程确定电表指示值的最大误差,从而确定测量值的有效数字。

5. 误差分析

分析本实验存在的系统误差和随机误差。线路设计中存在的误差属于哪一类?如何纠正?

(1) 外接法(图 5-10)

$R = \frac{U}{I}$,而电流计 I 值不等于流经 R_x 的电流值,需修正:

$$R_x = \frac{U}{I - \frac{U}{R_V}}$$

(2) 内接法(图 5-11)

$R = \frac{U}{I}$,而电压表中读数 U 值不等于 R_x 两端的电压值,需修正:

$$R_x = \frac{U - IR_A}{I}$$

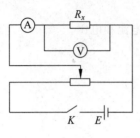
图 5-10 外接法

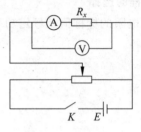
图 5-11 内接法

实验 6 电桥及其应用

电桥是一种利用桥式电路的比较原理制成的用于测量电路参数的仪器。由于避免了所用电表精度限制引起的误差,可以得到较高的测量准确度。电桥在电磁测量和自动控制技术中得到了广泛的应用,如测量电阻、电容、电感以及温度、压力等非电量电测,在纺织工艺上借助电桥测定应变片的阻值变化来测量纱线张力大小的变化等。

电桥分为直流电桥和交流电桥两大类。直流电桥又分为单臂电桥和双臂电桥。前者又称惠斯通电桥,主要用于精确测量中值电阻;后者又称开尔文电桥,适用于测量低值电阻。交流电桥还可以测量电容、电感等物理量。

一、实验目的

1. 掌握惠斯通电桥的工作原理。
2. 掌握惠斯通电桥测电阻的方法。

二、实验仪器

板式惠斯通电桥、箱式惠斯通电桥、检流计、电阻箱、待测电阻、电源、导线、电键。

三、实验原理

惠斯通电桥的基本线路如图 6-1 所示。由四个电阻连接成一个桥式电路,其中 R_x 为待测电阻,R_1、R_2、R_s 为可调的标准电阻。每一桥支路称为电桥的一个臂(桥臂)。电源 E、开关 K_1、限流电阻 R 跨接在对角点 A、C 之间。检流计 G、开关 K_2 跨接在对角点 B、D 之间。接有检流计的对角线 B、D 即所谓的"桥",它的作用是将"桥"两端的电位直接进行比较。当"桥"两端的电位相等时,检流计中无电流通过,称为电桥达成平衡。可以证明,桥臂电阻值之间存在如下的关系时,两对应边电阻的乘积相等,即

$$R_1 R_s = R_2 R_x$$

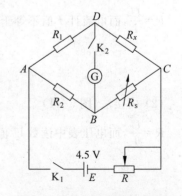
图 6-1 惠斯通电桥的基本线路

$$R_x = \frac{R_1}{R_2}R_s = KR_s \tag{6-1}$$

式(6-1)称为电桥平衡方程式。

$K = R_1/R_2$ 称为"倍率"。R_s 为可变标准电阻,因而在电桥平衡时,便可利用式(6-1)求出未知电阻 R_x。实际上,R_x 为标准电阻 R_s 的 K 倍,故称 R_s 为"比较臂"。由于 R_1、R_2 和 R_s 均为标准电阻,所以用电桥测量电阻准确度较高。

然而,电桥的准确度受到两方面因素的制约:一是桥臂电阻的准确度,二是电桥的灵敏度。显然,若灵敏度过低,桥臂电阻的改变不能引起检流计指针的明显偏转,就会使测量的准确度降低;反之,若灵敏度很高,达到平衡就需用精度更高(即分度值更小)的桥臂电阻,就会使引线电阻的影响变大,同样会使测量的准确度降低。

电桥的灵敏度 S_0 定义为桥臂电阻 R_s 改变一微量 ΔR_s 引起的检流计指针的偏转格数 Δn,即

$$S_0 = \frac{\Delta n}{\Delta R_s}(\text{格}/\Omega)$$

电桥的相对灵敏度 S 定义为桥臂电阻的相对变化 $\frac{\Delta R_s}{R_s}$ 引起的检流计指针的偏转格数 Δn,即

$$S = \frac{\Delta n}{\frac{\Delta R_s}{R_s}} = S_0 R_s(\text{格})$$

电桥的灵敏度或相对灵敏度与检流计本身的灵敏度 S_i(等于 $\Delta n/\Delta I_g$,即由桥臂电阻的改变导致的桥路电流改变 ΔI_g 引起的检流计指针的偏转格数 Δn)以及检流计的内阻 R_g、电源电压、桥臂总电阻、桥臂电阻的比值都有关。

因此,平衡电桥法测电阻的误差由两方面因素决定:一是 R_1、R_2、R_s 本身的误差;二是电桥的灵敏度。

显然,当电桥有足够高的灵敏度时,由灵敏度引起的测量误差可以忽略。但当检流计的灵敏度过低或在因电源电压较低、桥臂电阻过大导致电桥的灵敏度较差的情况下,此时要将 R_s 改变较大的 ΔR_s 才能观察出检流计有所偏转(一般取指针偏离零点 0.2 格为肉眼能观察的界限),这时必须考虑电桥灵敏度带来的误差。适当提高电桥的工作电压、减小桥臂的总电阻可提高电桥的灵敏度(但须注意不能超过元件的额定功率)。

四、实验步骤

(一) 用原理式电桥测电阻

1. 为了简化线路,在接线中不用 R,按图 6-1 把线路接好,R_2 数值事先由实验室提供,然后调节 R_1,使 $R_1/R_2 = K = 1$。

2. 将 R_s 调至 R_x 标称值,接通 K_1、K_2,看检流计有否偏转,逐渐改变 R_s 使检流计偏转减小,再逐渐改变 R_s 使检流计偏转为零,电桥达到平衡。

3. 记下电阻箱 R_1、R_s 和 R_2 的数值,算出 R_x(Ⅰ)。

设电桥灵敏度足够高,主要考虑 R_1、R_2、R_s 引起的误差。此时由仪器误差传递公式有

$$\frac{U_{R_x}}{R_x} = \sqrt{\left(\frac{U_{R_1}}{R_1}\right)^2 + \left(\frac{U_{R_2}}{R_2}\right)^2 + \left(\frac{U_{R_s}}{R_s}\right)^2 + \left(\frac{0.2}{S}\right)^2}$$

式中，U_{R_1}、U_{R_2}、U_{R_s} 都是仪器误差（或不确定度限）。

4. 交换 $R_x(Ⅰ)$ 与 R_s，调节 R_s 使电桥平衡，记下 R_s'。

由公式 $R_x = \sqrt{R_s R_s'}$ 算出 R_x。

根据误差传递公式有

$$\frac{U_{R_x}}{R_x} = \sqrt{\frac{1}{2^2}\left[\left(\frac{U_{R_s}}{R_s}\right)^2 + \left(\frac{U_{R_s'}}{R_s'}\right)^2\right] + \left(\frac{0.2}{S}\right)^2} \approx \frac{U_{R_s}}{\sqrt{2}R_s}$$

由此可见，使用了交换法后电桥的误差只取决于 R_s 的误差。

一般 R_s 为精度较高的一种电阻箱，实验室常用的电阻箱的精度为 0.1 级，电阻箱误差的计算公式为

$$U_{R_s} = U_{R仪} = \pm(0.001R + 0.002m)$$

式中，R 为电阻箱的指示值；m 为使用转盘数；0.002 是一个与接触电阻有关的参数。

单臂电桥的接触电阻和接线电阻一般为 0.01 Ω（当待测电阻的数值很小时，接触电阻和接线电阻不可忽略时，可用双臂电桥进行测量）。

（二）用箱式电桥测电阻

在用原理式电桥测电阻时，必须已知 R_2、R_1，并读出 R_s，再计算出 R_x。但是可以看到在计算 R_x 时，并不一定需要知道 R_1、R_2 的数值，只是知道它们的正确比值（$R_1/R_2 = K$），也就可以计算出 R_x，在箱式电桥中就是如此。箱式电桥的原理和原理式电桥相同，其面板外形如图 6-2 所示，电源装在箱内或接在左上角外接电源接线柱 B 上。图中左上角的转盘是用来决定比例臂的，例如当转盘中的数值"0.001"转到箭头所指的方向时，就表示 $K = 0.001$。图中右面 4 个转盘代表 R_s 的 4 位数值。待测电阻 R_x 接在右下角的 R_x 两个接线柱上。图中 B、G 两按钮表示图 6-1 中的 K_1 和 K_2 两个开关。

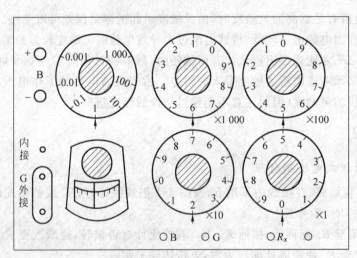

图 6-2 箱式电桥面板

箱式电桥的内部结构电路如图 6-3 所示。

用箱式电桥测量待测电阻 $R_x(Ⅰ)$、$R_x(Ⅱ)$ 和 $R_x(Ⅲ)$ 的操作步骤如下。

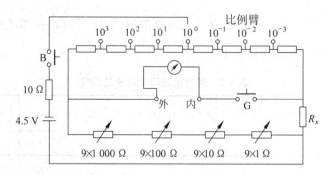

图 6-3　箱式电桥内部结构电路

1. 将检流计"连接片"从"内接"位置改放在"外接"位置,然后检查检流计的指针是否与零线重合。若指针不是指在零线上,略微旋转检流计上的"零点调节器"(不要转动太多),不通电时,指针应指在零线上。

2. 将待测电阻 R_x(Ⅱ)接在 R_x 两个接线柱上。

3. 选择比例臂 $K=1$。

4. 由 $R_s=R_x/K$,预置 R_s 值。

5. 先按 B,后按 G,转动 R_s,使检流计的指针由偏离零线调到与零线重合,即指针不发生偏转,这时电桥即达到平衡。

6. 记下此时的比例臂 K 和 R_s 的数值,并按照公式 $R_x=R_sK$ 计算出 R_x 值,填入表 6-3 中。

7. 把比例臂 K 改为"0.1",再按操作步骤 4、5、6 测定 R_x(Ⅱ)一次。

8. 把比例臂 K 改为"0.01"或"10",再按操作步骤 4、5、6 测定 R_x(Ⅱ)一次。

9. 从所选择的三个比例臂中,根据所测量的数据,你认为在测量 R_x(Ⅱ)时,选择哪一挡较适宜?

10. 分别将待测电阻 R_x(Ⅰ)和 R_x(Ⅲ)接在电桥的 R_x 两个接线柱上,由 R_x 的标称值选取比例臂 K,务必使 R_s 能有 4 位读数。

11. 按操作步骤 4、5、6 测定 R_x(Ⅰ)、R_x(Ⅲ)各一次,并将数据填入表 6-4 中。

选用原则是:因箱式电桥中,R_s 由 4 个转盘组成,因此有 4 位有效数字,在使用时比例臂的选择应以 4 个转盘均用上,即出现 4 位数为准。

五、数据处理

表 6-1　用自搭电桥测电阻

电阻	R_1/R_2	R_s/Ω	$R_x=\dfrac{R_1}{R_2}\cdot R_s/\Omega$	E_r	$(R_x\pm U_{R_x})/\Omega$
R_x(Ⅰ)	1				

注:建议 R_x(Ⅰ)用 36 Ω。

表 6-1 的误差计算公式为

$$E=\frac{U_{R_x}}{R_x}=\sqrt{\left(\frac{U_{R_1}}{R_1}\right)^2+\left(\frac{U_{R_2}}{R_2}\right)^2+\left(\frac{U_{R_s}}{R_s}\right)^2+\left(\frac{0.2}{S}\right)^2}$$

因为都是一次测量，R_1 和 R_s 都是 0.1 级电阻箱，所以 $\dfrac{U_{R_1}}{R_1}$ 和 $\dfrac{U_{R_s}}{R_s}$ 都可近似取 0.1%，$\dfrac{U_{R_2}}{R_2}$ 见实验室提供的数据（在操作面板上）。

表 6-2 用交换法研究电桥的误差

电阻	R_2/R_1	R_s'/Ω	$R_x = \dfrac{R_2}{R_1} \cdot R_s'/\Omega$	$R_x = \sqrt{R_s \cdot R_s'}/\Omega$	E_r	U_{R_x}/Ω	$(R_x \pm U_{R_x})/\Omega$
R_x（Ⅰ）	1						

表 6-2 的误差计算公式为

$$E = \frac{U_{R_x}}{R_x} = \sqrt{\frac{1}{2^2}\left[\left(\frac{U_{R_s}}{R_s}\right)^2 + \left(\frac{U_{R_s'}}{R_s'}\right)^2\right] + \left(\frac{0.2}{S}\right)^2}$$

因为 R_s 是 0.1 级电阻箱，所以 $\dfrac{U_{R_s}}{R_s}$ 和 $\dfrac{U_{R_s'}}{R_s'}$ 均为 0.1%。

表 6-3 用 QJ23 型电桥不同比例臂测电阻

待测电阻	R_1/R_2	R_s/Ω	$R_x = (R_1/R_2 \cdot R_s)/\Omega$
	0.1		
R_x/Ω	1.0		
	10		

注：建议 R_x 用 430 Ω。

表 6-4 用 QJ23 型电桥测电阻

待测电阻	K	R_s/Ω	$R_x = KR_s/\Omega$	准确度	U_{R_x}/Ω	$(R_x \pm U_{R_x})/\Omega$
R_x（Ⅰ）						
R_x（Ⅱ）						
R_x（Ⅲ）						

注：建议 R_x（Ⅰ）用 36 Ω，R_x（Ⅱ）用 430 Ω，R_x（Ⅲ）用 5.1 kΩ。

表 6-4 的误差计算公式为

$$U_{R_x} = KR_s a(\%)$$

其中 a 为仪器的准确度等级，它取决于两个因素：电源电压值和 K 值。在取好 K 值后根据实验室提供的电源（4.5 V）在 QJ23 型仪器背面可查找。

六、注意事项

1. 按图自搭电桥接好线路，检查无误后，再把检流计的锁扣打开，这时检流计指针才会自由摆动。若指针不停在零点，可旋动调零旋钮，将指针调到零点。使用完毕，应将锁扣关上，以免指针动荡而震断吊丝。

2. QJ23 型箱式电桥测量电阻完毕，应将 B、G 按钮松开，并将短路片接在"内接"接线柱上，使检流计短路。

七、思考题

1. 当电桥达到平衡后,若互换电源与检流计的位置,电桥是否仍保持平衡?试证明之。
2. 如何通过实验测定电桥的灵敏度?
3. 用箱式电桥测电阻时,若被测电阻 $R_x \approx 30 \text{ k}\Omega$,根据实验要求 R_x 为 4 位有效数字,比例臂 R_1/R_2 应选取多少?

八、提高要求:桥臂电阻的正确选择

1. 提示与指导

对惠斯通电桥电路解基尔霍夫方程组,可以得到通过检流计 G 的桥路中的电流为

$$I_g = \frac{(R_2 R_x - R_1 R_s)U}{(R_2+R_s)(R_1+R_x)R_g + R_2 R_s(R_1+R_x) + R_1 R_x(R_2+R_s)}$$

式中 U 为电源的端电压,R_g 为检流计的内阻。

设在 $I_g \approx 0$ 时改变任一桥臂电阻一个小量(例如 R_s 增加或减小 ΔR_s),I_g 的改变量为 ΔI_g,考虑到 $I_g \approx 0$ 时有 $R_2 R_x \approx R_1 R_s$,则

$$\Delta I_g = \frac{\dfrac{\Delta R_s}{R_s}U}{R_1+R_2+R_s+R_x+R_g\left(2+\dfrac{R_1}{R_x}+\dfrac{R_s}{R_2}\right)}$$

设检流计的灵敏度为 S_i,即由 ΔI_g 引起的检流计的偏转格数 $\Delta n = S_i \Delta I_g$,因此电桥的(相对)灵敏度

$$S = \frac{\Delta n}{\dfrac{\Delta R_s}{R_s}} = \frac{S_i \Delta I_g}{\dfrac{\Delta R_s}{R_s}} = \frac{S_i U}{R_1+R_2+R_s+R_x+R_g\left(2+\dfrac{R_1}{R_x}+\dfrac{R_s}{R_2}\right)}$$

即电桥的(相对)灵敏度 S 与检流计的灵敏度 S_i 及内阻 R_g、电源电压 U、桥臂总电阻、桥臂电阻的比值都有关。因此对电阻测量不确定度的影响除了桥臂电阻的误差外,还与桥臂电阻的大小亦即桥臂电阻的选择有关。如果以检流计指针偏转 0.2 格作为人眼可分辨的极限,则待测电阻的(相对)不确定度(限)为

$$\frac{U_{R_x}}{R_x} = \sqrt{\left(\frac{U_{R_1}}{R_1}\right)^2 + \left(\frac{U_{R_2}}{R_2}\right)^2 + \left(\frac{U_{R_s}}{R_s}\right)^2 + \left(\frac{0.2}{S}\right)^2}$$

式中 U_{R_1}、U_{R_2}、U_{R_s} 分别为由桥臂电阻 R_1、R_2、R_s 的误差引起的不确定度(限)。

2. 实验任务

取一 36 Ω 左右的被测电阻,根据实验测得的电桥的相对灵敏度 S,通过计算选择不同桥臂电阻时被测电阻的测量不确定度,正确选择桥臂电阻。

实验拓展:电阻温度计与不平衡电桥

温度是一热学量,电测法测量温度主要是利用电磁参量随温度变化的定量关系进行的。本实验通过不平衡电桥组成基于电阻变化的温度计,是电桥原理在生产实际中的一个应用

实例。它和电阻配合可以使非电学量转化为电学量,这样在实际应用中便于自控和遥测,为工业自动化创造了有利条件。

一、实验目的

1. 掌握电阻温度计测量温度的基本原理和方法。
2. 学习采用不平衡电桥测非电量的标定方法。

二、实验仪器

铜电阻、标准电阻箱、稳压电源、不平衡电桥装置(在这个装置中除了 R_t 和电源 E 以外已经按图 6-4 的线路把所有元件都已接好)。

三、实验原理

已知在 $-50\sim150\,^\circ\!\mathrm{C}$ 范围内铜电阻体的阻值随温度变化的关系为

$$R_t = R_0(1 + At + Bt^2 + Ct^3)$$

式中,R_0、R_t 分别为 $0\,^\circ\!\mathrm{C}$ 和 $t\,^\circ\!\mathrm{C}$ 时的电阻值;A、B、C 为参数。利用金属的这种性质来测量介质温度的仪器称为电阻温度计,它一般是由铜电阻体和不平衡电桥组合而成。

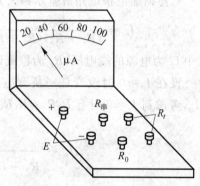

图 6-4 不平衡电桥装置

我国生产的铜电阻体,在 $-50\sim150\,^\circ\!\mathrm{C}$ 温度范围内的电阻值与温度的对应关系,在出厂时已统一标定,见表 6-5。不必要测 A、B、C 之值,只要测出电阻体的电阻值,即可从表中查出它对应的温度,所以这种方法的实质就是测电阻。但是如果每测一次电阻从表上查一次对应的温度,仍然不十分方便,为使温度测量能连续进行,即从电表表面刻度读数连续地反映出温度的变化,一般采用不平衡电桥来实现,其电路如图 6-5 所示。

其原理是:当电桥的四个桥臂上电阻配合适当(为了方便起见,本实验中 $R_2=R_3$),电桥可以达到平衡,此时电流表上无电流通过。当铜电阻 R_t 随温度改变而阻值发生变化时,从而使电桥偏离平衡,电流表中将有电流流过。如果电源电压保持不变,那么一定温度 t 对应一定的 R_t,而 R_t 又对应一定的 I_t,即为相应的电表偏转量。所以表中通过的电流就直接与温度变化有关。这样温度变化引起的桥臂 R_t 电阻值的变化可以直接由电表指针偏转大小来决定。只要事先对电表进行标定,就可以根据电流表的读数连续地测量温度。

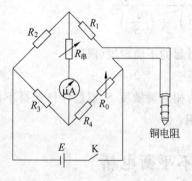

图 6-5 不平衡电桥示意图

表 6-5 铜电阻体阻值与温度关系表

温度/℃	电阻值/Ω	温度/℃	电阻值/Ω	温度/℃	电阻值/Ω
−50	41.7	20	57.5	90	73.3
−45	42.9	25	58.6	95	74.4
−40	44.0	30	59.8	100	75.5
−35	45.1	35	60.9	105	76.7
−30	46.2	40	62.0	110	77.8
−25	47.4	45	63.1	115	78.9
−20	48.5	50	64.3	120	80.0
−15	49.6	55	65.4	125	81.2
−10	50.8	60	66.5	130	82.3
−5	51.9	65	67.6	135	83.4
0	53.0	70	68.8	140	84.5
5	54.1	75	69.9	145	85.7
10	55.3	80	71.0	150	86.8
15	56.4	85	72.2		

四、实验步骤

（一）按铜电阻 R_t 与温度 t 的关系对电流表进行 0～100℃ 标定

1. 将稳压电源 E 按图 6-4 接入"＋"、"－"接线柱，用一只标准电阻箱暂时代替铜电阻接入 R_t 接线柱。

2. 把电阻箱的阻值转到 53.0 Ω，即相当于铜电阻 0℃ 时的电阻值。

3. 接通电源应使电流表（微安培表）的指针指在刻度 0.0 μA 处，为达到此要求，可调节可变电阻 R_0。再把电阻箱转到 75.5 Ω，此时电流表的指针应指在刻度 100.0 μA 处（相当于测量温度为 100℃），为达到此目的，可调节可变电阻 $R_串$。再次调节电阻箱阻值到 53.0 Ω，如指针不在 0.0 μA 处，再调节 R_0 使指针到 0.0 μA；再一次调节电阻箱的阻值到 75.5 Ω，如指针不在 100.0 μA 处，再重复调节 $R_串$，使指针到 100.0 μA。如此反复调节直到达到要求为止。然后保持 R_0、$R_串$ 不变。

4. 按表 6-5 电阻与温度的关系，从 53.0 Ω 开始，依次调节电阻箱的阻值为 54.1 Ω、55.3 Ω、56.4 Ω 等值，一直到 75.5 Ω 为止。并依次将对应的微安表的读数记入表 6-6 中，这些读数分别表示 0℃、5℃、10℃ 等刻度位置，共 21 点，相当于已经定标好的温度计。

（二）利用已经标定好的铜电阻温度计测温度

1. 在 R_t 处拆下标准电阻箱换上铜电阻体，此时由电流表指针的偏转就可读出对应的室温。同时用水银温度计测室温,与其对照比较。

2. 将铜电阻体和水银温度计同时放入温度不同的热水中分别读出各自对应所显示的温度,前后共测 3 次(可以在热水中掺冷水来改变温度)。

3. 以水银温度计作标准,检查铜电阻是否正确,并进行分析讨论。

五、数据记录表

表 6-6 电阻温度计的定标

温度/℃	电阻/Ω	电表读数/μA	温度/℃	电阻/Ω	电表读数/μA	温度/℃	电阻/Ω	电表读数/μA
0	53.0		35	60.9		70	68.8	
5	54.1		40	62.0		75	69.9	
10	55.3		45	63.1		80	71.0	
15	56.4		50	64.3		85	72.2	
20	57.5		55	65.4		90	73.3	
25	58.6		60	66.5		95	74.4	
30	59.8		65	67.6		100	75.5	

测室温:铜电阻温度计读数____℃,水银温度计读数____℃

测热水温度:
铜电阻温度计读数____℃,____℃,____℃
水银温度计读数____℃,____℃,____℃

六、思考题

1. 为什么可以用电阻体做成温度计?
2. 电阻温度计是怎样定标的?
3. 利用实际装置能否制成一只可测 35~45℃ 温度的体温表?如有可能应如何制作?

实验 7 示波器的使用

模拟式示波器又称为阴极射线(即电子射线)示波器,是一种快速直观的电子测量仪器,能直接用来观察各种电压的波形,并能测定电压的大小及周期、相位等,一切可转化为电压的电学量(如电流、电功率、阻抗等)随时间的变化过程都可以用示波器进行观察和测量;配合各种换能器,把非电学量(如温度、位移、压力、光强等)变换成电压信号后也能通过示波器来观测;由于电子质量非常小,惯性也小,因而可以在很高的频率范围内工作,所以特别适用于观察瞬时变化过程;用高增益放大器可观测微弱信号;多踪(或多线)示波器可以比较几个信号之间的相应关系。因此,示波器是一种用途非常广泛的测量仪器。

一、实验目的

1. 了解示波器的主要组成部分和工作原理,熟悉示波器和信号发生器的使用方法。
2. 学会用示波器测量电信号的方法。

3. 利用李萨如图形测量正弦电压的频率。

二、实验仪器

（一）示波器

图 7-1 为 ST16 型示波器的面板图,各控制旋钮可按功能块划分如下。

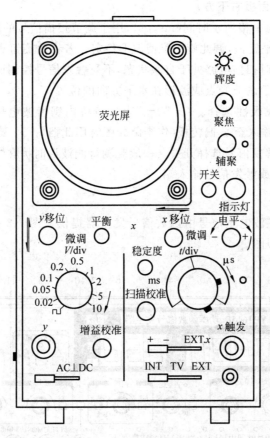

图 7-1 示波器面板图

1. 光点控制部分（面板右上方）

ON 电源开关,开时红灯亮。

※ 辉度调节旋钮。

⊙ 聚焦调节旋钮。

○ 辅助聚焦调节旋钮。

［聚焦和辅助聚焦两者配合调节使屏幕上亮点为 1 mm 左右的小圆点（或波形成细线）即可］。

2. y 轴控制部分（面板左下方）

V/div　y 轴输入灵敏度,分"粗调"和"微调",第一挡级的"⊓"为 100 mV 方波校准信号,供校准之用。

y　y 轴信号（待测信号）由此输入。

↕ 垂直移位,用于调节光点或波形在垂直方向的位置。

AC⊥DC y 输入方式耦合开关。拨向"AC"表示输入端处于交流耦合状态,隔断被测信号中的直流分量,使屏上显示的波形不受直流电平的影响;拨向"DC"表示输入端处于直流耦合状态;拨向"⊥"表示输入端处于接地状态,便于确定输入端为零时光迹在屏上的基准位置。

3. x 轴控制部分(面板右下方)

t/div 表示屏上每一格所示时间($\text{ms},\mu\text{s}$),用于调节扫描信号的周期(或频率)。

LEVEL 触发电平旋钮,调此旋钮可使波形稳定。若将此旋钮顺时针旋足并使此电位器联动的开关断开,此时扫描电路处于自激状态,不受触发信号控制而连续扫描。

⇌ 水平移位,用于调节光点或波形在水平方向的位置。

＋－EXT.x 触发极性选择。"＋""－"表示将机内锯齿波电压加在 x 轴偏转板上;EXT.x 表示外界电压输入至 x 偏转板(作李萨如图时用此挡)。

INT TV EXT 触发信号选择开关。一般观测待测波形时拨在"INT(内)"即可。

x 外加扫描信号或触发信号输入端。

(二)信号发生器

本实验所用的正弦波电压信号由函数信号发生器提供。图 7-2 是 YB1615P 型功率函数信号发生器的前面板图。

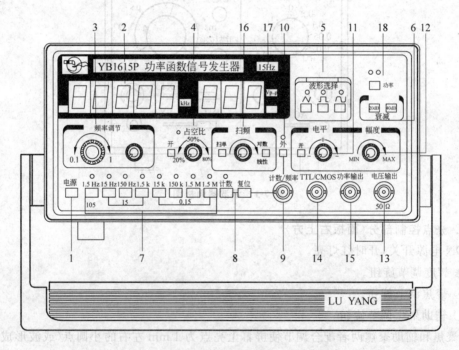

图 7-2 YB1615P 型信号发生器前面板

1—电源开关;2—频率显示;3—频率调节;4—占空比开关;5—波形选择;6—衰减开关;7—频率范围选择;8—计数、复位键;9—外计数、测频端;10—外计数、测频开关;11—电平调节;12—输出幅度调节;13—电压输出端;14—TTL/CMOS输出端;15—功率输出端;16—扫频输出开关、速率调节;17—电压输出显示;18—功率输出按键

（三）整流滤波电路装置（自制）

三、实验原理

示波器种类繁多，但它们的基本原理、主要电路以及使用方法大致相同。现将其主要组成部分及波形显示原理简述如下。

（一）示波器的基本结构

示波器的基本结构包括两大部分：示波管和控制示波管工作的电子电路。

示波管是一种特殊的电子管，主要由电子枪、垂直（y 轴）和水平（x 轴）两对偏转板（控制电子束运动）及荧光屏三部分组成。受控的电子束轰击荧光屏，使输入示波器的信号显示在荧光屏上，以供观察和测量，其结构如图 7-3 所示。

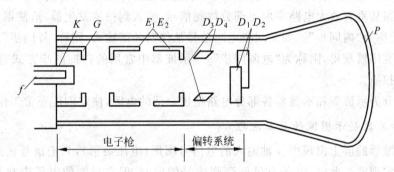

图 7-3 示波管结构示意图

f—灯丝；K—阴极；G—栅极；E_1、E_2—加速聚焦电极；D_1、D_2—水平偏转板；D_3、D_4—垂直偏转板；P—荧光屏

控制示波管工作的电路主要包括垂直放大电路、扫描发生器、同步电路以及电源等部分，其方框图如图 7-4 所示。

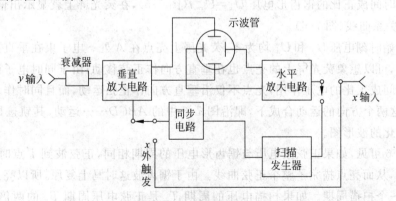

图 7-4 示波器电路框图

垂直放大器将 y 端输入的信号放大，加到示波管的 y 偏转板上，同时保证示波器测量灵敏度这一指标要求。y 输入端与垂直放大器之间有一个衰减器，其作用是使过大的输入信号电压减小，以适应放大器的要求。相应的控制旋钮为 V/div 及其微调旋钮（ST16 型示波器）。

扫描发生器产生线性良好、频率连续可调的锯齿波信号,作为波形显示的时间基线(即电子束在荧光屏上"扫出"一条"基线",作为时间轴),其电压与时间的关系如图 7-5 所示。

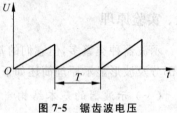

图 7-5 锯齿波电压

该信号的特点是:在一个周期内,电压随时间的增加而增加(即呈线性变化),而当完成一个周期时,电压突然变为"0";以后,重复这样的变化。这种作用称"扫描",其电压称扫描电压(或锯齿波电压)。这是一种线性电压,由于视觉的"暂留"作用,在荧光屏上就出现了一条水平的扫描线。锯齿波的扫描频率(周期 T 的倒数)用 t/div 及其微调旋钮调节(ST16 型示波器)。水平放大电路将上述的锯齿波信号放大,输送到 x 偏转板,以保证扫描基线有足够的宽度。另外,水平放大电路也可以直接放大外来信号,这样示波器可作为 x-y 显示之用。

同步电路从垂直放大电路中取出部分待测信号,输入到扫描发生器,迫使锯齿波与待测信号同步(此称为"内同步"。如果同步电路信号从仪器外部输入,则称"外同步"。如果同步信号从电源变压器获得,则称为"电源同步")。示波器中常用的扫描同步方式有两种:连续扫描和触发扫描。

电源部分为示波管和示波器各部分电路提供合适的电源,使它们能正常工作。

(二) 示波器显示图像的基本原理

要在示波器的屏上出现由 y 轴输入的电信号图形(电压波形),只把信号送到 y 轴偏转板上是无法实现的。此时,电子束虽已受到信号的控制,但它只能使电子束在垂直方向运动,其结果在屏上出现一条垂直线。若仅将锯齿波扫描电压输入 x 轴,其结果屏上显示的是一条水平线。只有在 y 轴输入电信号的同时,在 x 轴输入上述锯齿波的扫描电压,此时由 y 轴输入的电信号波形在屏上就被展开。两种信号合成的原理如图 7-6 所示。

设在 y 偏转板上加上一个随时间作正弦变化的电压 $U_y = U_{ym}\sin\omega t$,同时在 x 偏转板上加入一个与时间成正比的锯齿形电压 $U_x = U_{xm}t$(图 7-5),在荧光屏上就显示出信号电压 U_y 和时间 t 的关系曲线(图 7-6)。

设在开始时刻电压 U_y 和 U_x 均为零,荧光屏上亮点在 A 处。电子束在垂直方向的正弦电压作用下,可以想象荧光屏上的亮点也在垂直方向作正弦移动;由于同时电子束在水平方向受到与时间成正比的电压作用,光点不仅沿垂直方向作正弦运动,而且同时作水平匀速运动,光点在这两个方向的运动合成下,即沿图 7-6 中的 $ABCD$……运动,其轨迹即为电压信号随时间变化的波形图。

由图 7-6 可见,如果正弦波电压与锯齿形电压的周期相同,正弦波到 I' 点时,锯齿波也正好到 I'' 点,从而亮点描完了整个正弦曲线。由于锯齿波这时马上复原,所以亮点又回到 A 点,开始下一个扫描周期。如果扫描电压的周期 T_x 是正弦电压周期 T_y 的两倍,在荧光屏上就显示出两个完整的正弦波。同理,$T_x = 3T_y$,在荧光屏上显示出 3 个完整的波形。以此类推,如果要求示波器显示出完整的波形,扫描电压的周期 T_x 须为 y 偏转板电压周期 T_y 的整数倍,即

$$T_x = nT_y, \quad n = 1, 2, 3, \cdots \tag{7-1}$$

式中,n 为荧光屏上所显示出的完整波形的数目。式(7-1)也可表示为

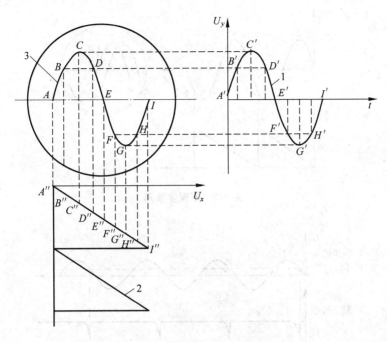

图 7-6 电信号图形的合成
1—垂直偏板上所加的正弦波电压；2—水平偏转板上所加的锯齿波电压；3—荧光屏上的波形

$$f_y = nf_x, \quad n = 1, 2, 3, \cdots \tag{7-2}$$

式中，f_y 为加在 y 偏转板电压的频率，f_x 为扫描电压的频率。由此，若已知扫描电压的周期或频率，通过式(7-1)即可求出被测信号的周期或频率，反之亦然。

显然，为了观察到完整的波形，被测信号频率 f_y 必须是扫描电压频率 f_x 的整数倍，即锯齿波的周期是被测信号的整数倍，这样锯齿波在被测信号的每个周期的同一时刻开始扫描，使每次扫描的图像重合，波形稳定显示。如果不满足整数倍关系，则每次扫描得到的波形不重合，观察到的波形就向右或向左移动，如图 7-7 所示。这时虽然可以通过调节扫描电压的频率 f_x 使其与 f_y 接近整倍数关系，但由于扫描信号源与被测信号源是独立的，不可能始终满足整数倍这一条件，总是有些差异，这时所显示的波形还是会慢慢地移动。因此，示波器必须具有扫描同步功能，目的是让被测信号去控制扫描信号，使其满足稳定扫描的条件。

一种较常用的扫描方式是触发扫描，在这种方式中，把被测信号或与之有关的信号整形变成触发脉冲信号，扫描信号发生器在触发脉冲的触发下，才产生一个扫描电压（在扫描过程中，扫描电路不受在此期间的触发脉冲的影响）。经过一定时间（扫描周期）后扫描发生器又恢复到起始状态，这样便完成了一次扫描。然后等待下一个触发脉冲的到来，再重新进行一次扫描。其波形图如图 7-8 所示。

操作时，使用"电平"（LEVEL）旋钮，改变触发电平的大小，当待测信号电压上升到触发电平时，扫描发生器便开始扫描，扫描时间的长短，由扫描速度选择开关控制。图 7-9 为触发扫描波形显示图，表示每次触发点都在被测信号相同位置启动扫描而重复显示信号波形，从而保证了图像的稳定。

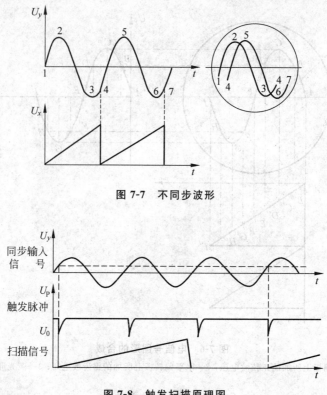

图 7-7 不同步波形

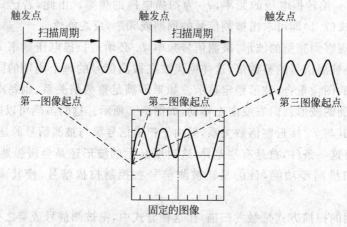

图 7-8 触发扫描原理图

图 7-9 触发扫描波形显示图

(三) 李萨如图形观察

示波器除可用来观察、测试电信号外,还可用于观测两种电信号的合成。此时,x 偏转板上所加的信号不再是锯齿波扫描电压,而是其他波形的电压,也称为非线性扫描电压。在此情况下锯齿波发生器便不再作用于 x 轴偏转板(对 ST16 型示波器,其 "+－EXT.x" 拨向 "EXT.x"),控制"扫描"的有关旋钮就不再起作用。

如果在示波器的 x 和 y 偏转板上分别输入两个正弦信号,且它们频率的比值为简单整数,这时荧光屏上就显示李萨如图形,它们是两个互相垂直的简谐振动合成的结果。若 f_x、f_y 分别代表 x 与 y 轴输入信号的频率,N_x、N_y 分别为李萨如图形与假想水平线及假想垂直线的切点数目或交点数目,它们与 f_x、f_y 的关系是

$$\frac{f_y}{f_x} = \frac{N_x}{N_y}$$

如图 7-10(a) 中水平直线与图形的相切点数为 1 点(a),垂直直线与图形的相切点数为 2 点(b,c),则

$$\frac{f_y}{f_x} = \frac{N_x}{N_y} = \frac{1}{2}$$

如图 7-10(b) 中水平直线与图形的相交点数为 1 点(a'),垂直直线与图形的相交点数为 2 点(b',c'),则

$$\frac{f_y}{f_x} = \frac{N_x}{N_y} = \frac{1}{2}$$

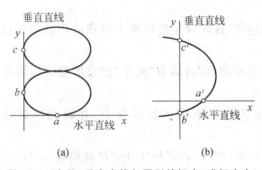

图 7-10 水平、垂直直线与图形的切点(或相交点)

在荧光屏上数得水平直线与图形的切点数(或相交点数)和垂直直线与图形的切点数(或相交点数),就可以从一已知频率 f_y(或 f_x)求得另一频率 f_x(或 f_y)。

四、实验内容

1. 观察前的检查和校准

(1) 开机,调节辉度使光点或波形亮度适中。
(2) 调节 x、y 移位旋钮使光点或波形位于屏幕中央。
(3) "V/div"拨至"⊓"挡。
(4) "t/div"拨至"2 ms"挡。
(5) "AC⊥DC"拨至"⊥"。
(6) "LEVEL"顺时针旋足,置于"自动(AUTO)"。
(7) "+－EXT.x"拨至"+"。
(8) "INT TV EXT"拨至"INT"。

此时屏幕上将出现不同步的方波波形(即波形呈现向左或向右的移动)。若此时波形不在屏幕中央,可用 x、y 移位旋钮将其调至中央。

(9) 将"LEVEL"慢慢逆时针转动,直至方波波形稳定。
(10) 反复调节"聚焦"和"辅聚"旋钮,使波形成细线。

(11) 将"V/div"和"t/div"的微调旋钮顺时针旋足(即校准位置),屏幕上的方波波形应为垂直幅度约 5 div(峰-峰值),水平轴上的周期宽度约 10 div,如图 7-11 所示。

(12) 若方波波形未达到如图 7-11 所示要求,可调节"增益校准"和"扫描校准"使方波波形达到上述要求(在教师指导下进行)。

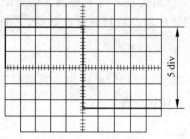

图 7-11　方波波形图

2. 观察正弦波

1) 用比较法测定示波器的扫描频率

设加在 y 轴的正弦波频率 f_y 为扫描频率 f_x 的 n 倍,即 $f_y = nf_x$,则在荧光屏上将出现 n 个完整波形。若 f_y 为已知,而 n 可在荧光屏上数出,则可求得扫描频率 f_x。具体步骤如下:

(1) "AC⊥DC"拨向"AC",把信号发生器输出的 50 Hz 正弦波输入示波器的 y 输入通道。

(2) "V/div"拨离"⊓"位置并调至使屏幕上显示的正弦波幅度适当,同时调节"电平"(LEVEL)使波形稳定。

(3) 调节"t/div"及其微调(同时调节"电平"使波形稳定),使屏上分别出现 1 个、2 个、3 个和 4 个完整的正弦波。

(4) 分别计算出上述情况下锯齿波的频率,并将观察的波形和计算的数值记入表 7-1 中。

注意:除了在校准位置(即"V/div"和"t/div"的微调旋钮顺时针旋到底时)外,正弦波的周期不能由示波器上的"t/div"的指示读出,故上述情形下锯齿波的频率 f_x 应根据公式 $f_y/f_x = 1,2,3,4$ 分别算出。

表 7-1　y 轴输入正弦波频率 50 Hz

波　　数	1 个完整波	2 个完整波	3 个完整波	4 个完整波
波　　形				
计算锯齿波频率 f_x/Hz				

2) 已知扫描频率求正弦波的频率

调节"t/div"及其微调使锯齿波的频率 f_x 为 50 Hz 固定不变(想一想,如何调节?)。然后调节信号发生器的频率使屏上分别出现 1 个、2 个、3 个和 4 个完整波形。由公式 $f_y/f_x = 1,2,3,4$ 分别算出正弦波的频率 f_y,并将观察的波形和计算的数据记入表 7-2 中。

表 7-2　x 轴锯齿波频率 50 Hz

波　　数	1 个完整波	2 个完整波	3 个完整波	4 个完整波
波　　形				
计算 y 轴输入正弦波的频率 f_y/Hz				
信号发生器的频率读数 f'_y/Hz				

3. 观察李萨如图形

(1) 将所用信号发生器后面板的正弦波输出端(或另一台信号发生器)输出的 50 Hz 正弦波输入到示波器 x 输入端，"＋－EXT.x"拨至"EXT.x"，"INT TV EXT"拨向"EXT"(此时机内锯齿波扫描电压不再加入 x 偏转板，故"t/div"及微调不起作用)。

(2) 将输入示波器 y 轴的正弦波频率 f_y 调至 50 Hz(此时屏上可能出现复杂图形)，调节输入信号的幅度并微调其频率(f_y)，使屏上出现一稳定的椭圆(注：由于不借助频率自动跟踪装置很难将 f_y、f_x 调成严格的整数比，从而不易得到完全稳定的图形，实验中只要做到图形变化相对地最缓慢即可)。

(3) 改变输入 y 轴信号的频率，使屏上出现 $f_x:f_y$ 为 $\frac{2}{1}$、$\frac{3}{1}$、$\frac{3}{2}$、…的李萨如图形。

(4) 把对应频率比的图形仿描或拍照下来，记下相应的切点数(或交点数)，据此计算 f_x，将图形与数据记入表 7-3 中。

表 7-3 用李萨如图形测量频率

$f_y:f_x$	1∶1	1∶2	1∶3	2∶3	3∶2	3∶4	2∶1
李萨如图形							
水平切(交)点数 N_x							
垂直切(交)点数 N_y							
由李萨如图形算出的频率 f_x/Hz							

4. 观察并记录整流、滤波波形

整流、滤波电路如图 7-12 和图 7-13 所示。观察其输出波形时，用信号发生器的功率输出作整流电源，其输出端接至示波器的 y 输入通道，并将示波器的"＋－EXT.x"拨回到"＋"，"INT TV EXT"拨回到"INT"。

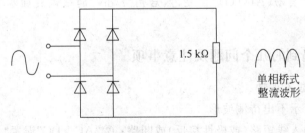

图 7-12 桥式整流电路

(1) 观察桥式整流波形

桥式整流电路如图 7-12 所示。观察其输出端波形时，将示波器的"V/div"、"t/div"及其微调拨至适当的挡级，使屏上波形大小适中，调节"LEVEL"可使波形稳定。将示波器的"AC⊥DC"挡拨至"DC"挡，则波形显示在基准电位("⊥"时的基准线)上方。画出波形图于表 7-4 中并标出幅值。

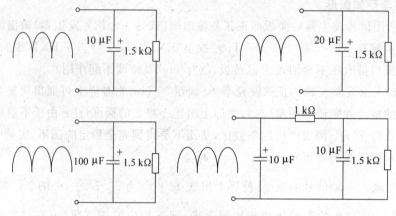

图 7-13　滤波电路

表 7-4　整流、滤波波形图

电源频率＝

桥式整流	10 μF 电容滤波	20 μF 电容滤波	100 μF 电容滤波	π 型滤波

（2）观察桥式整流后的滤波波形

观察桥式整流信号通过图 7-13 电路后的波形,画出波形图于表 7-4 中并标出幅值。

注意：为确定基准直流电位(零电位),示波器的"AC⊥DC"仍应置于"DC"。此外,由于经滤波后信号的交流(变化)成分大大减小,调节"LEVEL"旋钮可能不易使显示的波形稳定,此时可将其旋至"自动(AUTO)"位置,然后用"t/div"的微调旋钮尽量使屏上的波形移动缓慢即可。

五、实验中可能遇到的几个问题及注意事项

1. 波形调不出或不正常

（1）有光点但显示不出待测波形

可能原因：①输入线短路(或极性接反)或断路；②"AC⊥DC"误置"⊥"(接地)挡。

（2）只有一条竖线,看不到波形

可能原因：①触发极性误置"EXT. x"挡；②触发电平不够,以致不能扫描(可将"LEVEL"顺时针旋至听到"咔嗒"声为止观察)。

（3）看不到稳定的波形(波形左右移动)

可能原因：触发极性误置"EXT"挡。

（4）只见方波信号,见不到待测信号

原因："V/div"误置"⊓"挡。

(5) 看不到李萨如图

可能原因：①输入 x 轴的信号发生器(须幅度可调)未打开或信号线短路或断路；②未将触发极性置"EXT.x"挡。

2. 实验注意事项

(1) 示波器上所有开关及旋钮都有一定的调节幅度，不可用力过猛，以免损坏。

(2) "电平"(LEVEL)旋钮的作用是调节触发电平。一般在观察波形时可先将其置于"自动"(AUTO)(顺时针转听到"咔嗒"声为止)，观察是否有不同步(波形向左或向右移动)的波形显示，然后逆时针转动直至波形稳定。若示波器无扫描线，多为未调好此旋钮。

六、预习思考题

1. 示波器主要由哪些部分组成？各部分的主要作用是什么？

2. 示波器显示被测信号波形的原理是什么？条件是什么？

3. 用示波器来观察被测信号波形时，被测信号应从哪个接线端输入？x 轴偏转板上应加什么电压？怎样加上去？

4. 用示波器观察两个同频率、互相垂直运动的电信号合成时，被观察的信号应从哪几个接线端输入示波器？此时水平偏转板上所加的电压是锯齿波扫描电压吗？

5. 本实验有哪些内容？如何进行？

七、思考题

1. 用示波器观察电信号波形时，在荧光屏上出现下列一些不正常的图形，如图 7-14 所示，分析不正常的原因，应如何调节？(已知电路的连接是正确的，示波器也是正常的。)

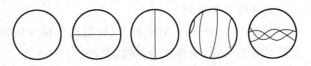

图 7-14　屏上显示的不正常图形

2. 如何用示波器测量交流信号的平均值？若被测信号同时包含交流成分和直流成分，能否用示波器来测量？如果能测，应如何进行？

实验拓展：组装整流器

电子电路或设备所需的直流电源，除由化学电池、蓄电池供给外，大多是利用电网提供的交流电经整流与滤波电路转换而得到。整流器一般指整流与滤波电路，其功能就是将交流电转换成直流电。

所谓整流电路，就是把交流电能变换成单极性的直流电能的电路，但整流输出电压包含有较大的脉动(交流)成分。通常采用滤波电路来减小其脉动(交流)成分。滤波电路就是使整流电路输出的直流成分顺利通过，交流成分被抑制，保证整流器输出脉动值合乎规定的平滑直流电的电路。

整流器输出电压中包含的交流分量称为纹波电压，可用其大小来衡量滤波的效果，通常用纹波系数或脉动系数来表示。

纹波系数：定义为 v，表示为

$$v = \frac{U_{L\sim}}{U_=} \times 100\%$$

式中，$U_{L\sim}$ 为负载上交流分量有效值；$U_=$ 为输出电压的直流分量（即平均值）。

脉动系数：定义为负载上电压（或电流）幅度变化部分与直流分量的比值，用符号 S_v 表示，

$$S_v = \frac{\Delta U}{U_=} \times 100\%$$

式中，ΔU 为负载上电压幅度的变化量，即交流部分的峰-峰值；$U_=$ 为负载上的直流电压值（平均值）。S_v 的意义可以用图 7-15 说明。

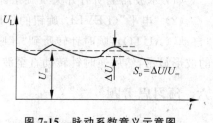

图 7-15 脉动系数意义示意图

用有效值电表容易测 v；用示波器容易测 S_v。

一、实验目的

1. 熟练掌握阴极射线示波器、万用表的使用和有关元件的判别。
2. 了解整流电路和滤波电路的作用。

二、实验仪器

暗匣子、万用表、信号发生器、阴极射线示波器。

三、实验内容

（实验前先检查需用的导线是否完好）

1. 判断暗匣子内 8 只元件（二极管、电解电容器、电阻器。用万用表判别，并画在纸上，请老师检查后接线，电解电容器有正、负极之分，请注意区别）。
2. 用导线连接成桥式整流电路，用示波器观察负载上的波形（用信号发生器的功率输出作整流器电源）。将波形图画在实验报告纸上并标出幅度值。
3. 整流电路中先后接入一个及两个电容，分别观测负载上的波形，画在报告纸上。测出 ΔU（幅度变化量）及 $U_=$（直流电压值亦即平均值），并算出脉动系数 S_v。
4. 把滤波电路接成 π 型滤波器，测出这时的 ΔU 及 $U_=$，并算出 S_v，画出波形图。
5. 将以上测算所得数据列表，讨论电容滤波电路和 π 型滤波电路的利弊（如脉动大小、输出电压大小等）。

四、预习思考题

如何用示波器测出含有交流成分的直流电压信号的平均值？

实验 8　分光计的调节和使用

分光计是光学实验中常用的基本仪器，它是通过精确地测量入射光与出射光的角度来计算有关光学量，所以分光计也称光学中的测角仪，如可用来测量棱镜折射角、最小偏向角、

透明材料的折射率、光栅常数、光波波长、三棱镜的色散率以及反射、折射、衍射和干涉中所需的有关角度。

分光计是比较精密的仪器,构造精细、调节水平要求较高,必须按照规则进行使用。

一、实验目的

1. 了解分光计的构造,掌握分光计的调节要求及调节方法。
2. 掌握测量三棱镜顶角的方法。
3. 用最小偏向角法测定棱镜玻璃的折射率。

二、实验仪器

本实验所用仪器有分光计、钠光灯、平面反射镜、照明装置等。

分光计的构造见图 8-1。

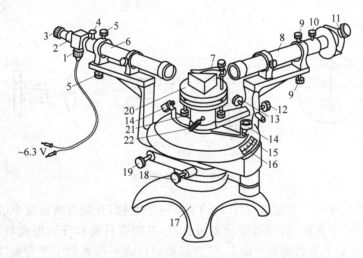

图 8-1　分光计构造

1—小灯；2—分划板套筒；3—目镜；4—目镜筒制动螺钉；5—望远镜倾斜度调节螺钉；6—望远镜镜筒；
7—夹持待测件弹簧片；8—平行光管；9—平行光管倾斜度调节螺钉；10—狭缝套筒制动螺钉；
11—狭缝宽度调节手轮；12—游标圆盘制动螺钉；13—游标圆盘微调螺钉；14—放大镜；
15—游标圆盘；16—刻度圆盘；17—底座；18—刻度圆盘制动螺钉；19—刻度圆盘微调螺钉；
20—载物小平台；21—载物台水平调节螺钉；22—载物台紧固螺钉

分光计主要由五部分组成,即底座、平行光管、自准直望远镜、载物小平台及读数装置。以下分别介绍。

(1) 底座：三脚底座是分光计的基础,中心轴线上装有中心轴,望远镜、载物平台和读数盘都可围绕中心轴转动或制动。底座上装有一立柱,是平行光管的支架。

(2) 平行光管：见图 8-2。

平行光管一端装有会聚透镜,一端插入一套筒,其末端为一可调宽度的狭缝装置。

(3) 自准直望远镜(阿贝式)：自准直望远镜由目镜、分划板(上刻有"丰"字准线)、全反射直角棱镜及物镜组成。阿贝式自准直望远镜的特点就是在分划板上粘有直角棱镜,从目镜观察,视场中"丰"线的一小部分被直角棱镜挡住,呈现它的阴影,见图 8-3(a)。

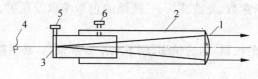

图 8-2 平行光管

1—会聚透镜；2—平行光管；3—狭缝；4—光源；5—狭缝调节手轮；6—制动螺钉

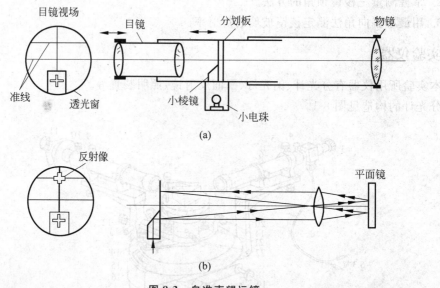

图 8-3 自准直望远镜

直角棱镜上开有"十"字窗口，若在物镜前放一平面镜，开亮直角棱镜下的小电珠，使直角棱镜上呈现"十"字光斑，前后调节分划板套筒，可改变目镜和分划板相对于物镜间的距离，使"十"字光斑调节至物镜焦平面上，经物镜折射后成平行光射于平面镜，再经平面镜反射通过物镜成像在分划板上。若平面镜与望远镜光轴垂直，此像将落在"十"准线上部的交叉点上，见图 8-3(b)目镜视场中的反射像。

(4) 载物小平台：见图 8-4。

载物小平台用以放置待测物体。台上有一弹簧压片，用以压紧物体，台下面有三个小螺钉 a_1、a_2、a_3，可用来调节平台水平。平台可沿中心轴上下移动。

(5) 读数装置：读数装置主要为一圆游标尺（角度游标尺），见图 8-5(a)，外圆为主刻度盘，相当于游标卡尺的主尺，其上均匀刻有 720 条刻度线，代表 0°～360°，分度值为 0.5°即 30′。内圆由相隔 180°对称分布的两个游标 T、T′组成，每个游标上刻有 30 条刻度线，代表 0′～30′，分度值为 1′。主刻度盘由制动螺钉与望远镜相联系，所以望远镜的位置可由圆游标尺上取的数值决定，具体读取方法以图 8-5(b)为例：大于半度的读数从主尺上读取，以游标零线所指主尺刻度盘上的整数部分为标准，图 8-5(b)读数为 87°30′；半度以下的读数从游标上读取，以主尺与游标尺上所对齐的分度线为标准，图中读作 15′，则图 8-5(b)中读数为

$$87°30' + 15' = 87°45'$$

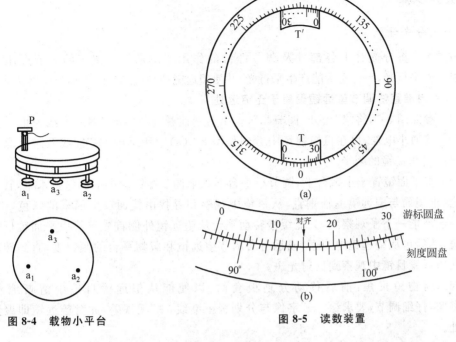

图 8-4　载物小平台　　　　　图 8-5　读数装置

两个游标对称放置的目的是为了消除刻度盘中心与分光计中心轴线之间的偏心差,测量时要同时记下两游标所示的读数。

三、实验原理

三棱镜的截面 AB 和 AC 为透光的光学表面,称为折射面,BC 为毛玻璃面,称为底面,角 A 称为三棱镜的顶角。一束单色光沿 LD 入射到 AB 面上,经两次折射后沿 AC 面的 ER 方向出射,如图 8-6 所示。入射线 LD 和出射线 ER 之间的夹角 δ 称为偏向角。当入射角 i_1 与出射角 i_4 相等时,此时的偏向角 δ

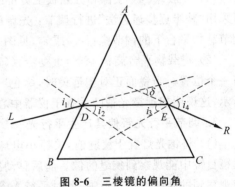

图 8-6　三棱镜的偏向角

为最小,用 δ_{min} 表示。可以证明(见附录)棱镜玻璃的折射率 n 与棱镜顶角 A 和最小偏向角 δ_{min} 有如下关系:

$$n = \frac{\sin \frac{A + \delta_{min}}{2}}{\sin \frac{A}{2}} \tag{8-1}$$

利用分光计分别测出 A 和 δ_{min} 代入式(8-1),即可算出三棱镜的玻璃折射率 n。

由于透明材料的折射率是光波波长的函数,同一棱镜对不同的光波波长具有不同的折射率。当复色光照射时,不同波长的光会产生不同的偏向角而被分开,这种现象称为色散。通常所指玻璃的折射率主要是对钠光(波长 589.3 nm)而言的。

四、实验步骤

（一）分光计调节

按图 8-1 将分光计上各部件及调节螺钉的作用了解清楚。调节的主要要求是使望远镜能观察平行光，平行光管能产生平行光，并使望远镜和平行光管的光轴与仪器转轴垂直。

1. 用自准直法调节望远镜聚焦于无穷远处

（1）参照图 8-1，将"4"松开，调节"3"，直至清楚地看到分划板上"丰"准线为止。

（2）接通小电珠，可在目镜视场中看到如图 8-3(a)中所示的"丰"准线及带有绿色"+"字光斑的直角棱镜的阴影。

（3）将平面镜置于小平台上，调节小平台下三个调节螺钉使小平台保持水平，转动载物平台，要求镜面与望远镜主轴垂直，从目镜中观察和寻找由镜面反射回来的绿色"+"字光斑。一般不能一下子观察到，只能缓慢转动平台从望远镜外侧首先寻找由平面镜反射回来的光斑，然后再从望远镜中观察，或是适当调节望远镜和载物平台的倾斜度，直到转动平台时能从望远镜目镜中观察到反射光斑。

（4）调物镜聚焦：前后移动分划板套筒，以使能从望远镜目镜中清晰地看到绿"+"字像，仔细调节，要求绿"+"字像与分划板上准线"丰"无视差，此时望远镜即聚焦于无穷远处。

2. 调节望远镜光轴与仪器中心轴正交

（1）一般绿"+"字像和分划板上方准线不一定重合，两者的水平线相差一定距离，这时可采用"减半逐步逼近法"进行调节：先调望远镜倾斜度调节螺钉"5"，使差距减小一半；再调节载物平台下的调节螺钉 a_1 或 a_2，见图 8-7，使两者水平线重合，如图 8-3(b)所示。

（2）将载物平台旋转 180°，重复步骤（1）反复进行调节，直至平面镜竖立在平台上的任何一个位置。当镜面正对望远镜时，绿色"+"字像都能位于分划板准线上方，如图 8-3(b)所示，这说明望远镜光轴已垂直于仪器中心轴。

3. 调节平行光管使其产生平行光

（1）将钠光灯置于狭缝前，关掉小电珠，将望远镜移至平行光管同一水平直线上，从望远镜目镜中能观察到狭缝的像。前后移动狭缝套筒改变狭缝与平行光管物镜之间的距离，使观察到的狭缝像最为清晰，此时平行光管发出的即为平行光。

（2）转动狭缝套筒，使狭缝呈水平，调节平行光管倾斜度调节螺钉"9"，使狭缝像与"丰"准线中间的水平线重合，见图 8-8(a)，此时平行光管与望远镜共轴并与中心轴垂直。为了测量，还须转回狭缝套筒，使狭缝仍竖直放置，见图 8-8(b)，复查狭缝像是否清晰。

图 8-7 平面镜放置图

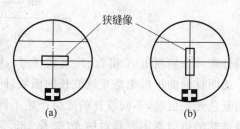

图 8-8 平行光管调节

完成上述三个步骤,则分光计调节已达到要求。

(二) 三棱镜顶角的测定

用反射法测三棱镜顶角:将平行光管垂直放置的狭缝正对钠光灯发光最强的区域,将三棱镜置于分光计的平台上,如图 8-9 所示,使顶角的顶点尽量靠近平台的中心。这样,平行光被分成强度大致相等的两束,分别照在 AB 和 AC 的反射面上。测量时,首先在望远镜中找到两束反射光所成的狭缝像,然后将望远镜移到一侧,从外侧慢慢移动望远镜,使狭缝落在分划板上的垂直标线外侧附近,再顺着方向微调望远镜使像与垂直标线重合。记录两个游标的读数 $\varphi_{1左}$ 和 $\varphi_{1右}$(注意:必须使狭缝的像与分划板垂直标线沿一个方向一次调到重合,不可来回调节!如果调过了头,则必须重来一次,否则会引起齿间隙误差),继续转动望远镜至另一侧狭缝的像,从内侧一次调到像与标线重合。记录两个游标的读数 $\varphi_{2左}$ 和 $\varphi_{2右}$。

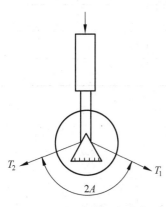

图 8-9 三棱镜顶角测定

将望远镜从左移到右,再从右移到左重复测量 5 次。数据记录于表 8-1。

表 8-1 测定三棱镜顶角的数据记录

测 量 内 容		1	2	3	4	5	平均值 $\bar{\varphi}$	标准偏差 s_φ
T_1 位置角 $\varphi_1/(°)$	$\varphi_{1左}$							
	$\varphi_{1右}$							
T_2 位置角 $\varphi_2/(°)$	$\varphi_{2左}$							
	$\varphi_{2右}$							

(三) 三棱镜最小偏向角的测定

1. 用钠光灯照亮狭缝,使平行光束照射到放在平台上的已知顶角为 A 的待测三棱镜上,相对位置如图 8-10 所示。

2. 转动望远镜至 T_1 位置,以便清楚地看到钠光经棱镜折射后形成的狭缝像。转动平台,则狭缝像也跟着转,望远镜跟踪狭缝像观察。当平台转到某一位置,狭缝像不再转动。若平台继续沿原转向转动,这时可看到狭缝像反而往反方向移动。也即偏向角反而变大,这个转折点的位置与原入射光的夹角即为最小偏向角 δ_{min}。

反复观察,找出反向移动的确切位置。固定平台,然后用望远镜的微调装置,使竖直叉丝对准狭缝中心。记录两边游标的读数 $\theta_{1左}$ 和 $\theta_{1右}$。

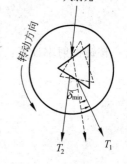

图 8-10 最小偏向角测定

3. 移去三棱镜,转动望远镜至 T_2,使望远镜中竖直叉丝对准平行光管的狭缝像。记录两边游标的读数 $\theta_{2左}$ 和 $\theta_{2右}$。

4. 重复测量 5 次,数据记录于表 8-2。

表 8-2　测定三棱镜最小偏向角的数据记录

测量内容		1	2	3	4	5	平均值 $\bar{\theta}$	标准偏差 s_θ
T_1 位置角 $\theta_1/(°)$	$\theta_{1左}$							
	$\theta_{1右}$							
T_2 位置角 $\theta_2/(°)$	$\theta_{2左}$							
	$\theta_{2右}$							

五、数据处理

（一）三棱镜顶角 A 测量数据处理

三棱镜顶角计算：

$$s_\varphi = \sqrt{\frac{\sum(\varphi_i - \bar{\varphi})^2}{n(n-1)}}$$

$$2\bar{A} = \frac{|\bar{\varphi}_{2左} - \bar{\varphi}_{1左}| + |\bar{\varphi}_{2右} - \bar{\varphi}_{1右}|}{2}$$

$$s_A = \frac{1}{4}\sqrt{s_{\varphi_{2左}}^2 + s_{\varphi_{1左}}^2 + s_{\varphi_{2右}}^2 + s_{\varphi_{1右}}^2}$$

$$A = \bar{A} \pm s_A$$

（二）三棱镜最小偏向角测量数据处理

最小偏向角计算：

$$s_\theta = \sqrt{\frac{\sum(\theta_i - \bar{\theta})^2}{n(n-1)}}$$

$$\bar{\delta}_{\min} = \frac{|\bar{\theta}_{1左} - \bar{\theta}_{2左}| + |\bar{\theta}_{1右} - \bar{\theta}_{2右}|}{2}$$

$$s_{\delta_{\min}} = \sqrt{\frac{1}{4}(s_{\theta_{2左}}^2 + s_{\theta_{1左}}^2 + s_{\theta_{2右}}^2 + s_{\theta_{1右}}^2)}$$

$$\delta_{\min} = \bar{\delta}_{\min} \pm s_{\delta_{\min}}$$

棱镜折射率计算：

$$\bar{n} = \frac{\sin\frac{\bar{A} + \bar{\delta}_{\min}}{2}}{\sin\frac{\bar{A}}{2}}$$

$$s_{\bar{n}} = \sqrt{\left[\frac{\partial \bar{n}}{\partial \bar{A}}\right]^2 s_A^2 + \left[\frac{\partial \bar{n}}{\partial \bar{\delta}_{\min}}\right]^2 s_{\delta_{\min}}^2}$$

其中

$$\frac{\partial \bar{n}}{\partial \bar{A}} = -\frac{1}{2} \frac{\sin\frac{\bar{\delta}_{min}}{2}}{\sin^2\frac{\bar{A}}{2}}, \quad \frac{\partial \bar{n}}{\partial \bar{\delta}_{min}} = \frac{1}{2} \frac{\cos\frac{\bar{\delta}_{min}+\bar{A}}{2}}{\sin\frac{\bar{A}}{2}}$$

则
$$n = \bar{n} \pm s_{\bar{n}}(\text{相对于纳光波长 589.3 nm 的折射率})$$

六、思考题

1. 分光计由哪几部分组成，如何进行调节？
2. 分光计的圆游标尺如何进行读数？
3. 反射法测棱镜顶角时，棱镜应放在什么位置才能保证迅速找到两个面上的反射狭缝？
4. 何谓最小偏向角？实验中如何确定最小偏向角的位置？

附录　三棱镜折射率及顶角与最小偏向角的关系

证明：
$$n = \frac{\sin\frac{A+\delta_{min}}{2}}{\sin\frac{A}{2}}$$

由图 8-6 可以看出，顶角
$$A = i_2 + i_3 \tag{8-2}$$

偏向角
$$\delta = (i_1 - i_2) + (i_4 - i_3) = (i_1 + i_4) - A \tag{8-3}$$

对给定棱镜来说，顶角 A 是定值，而偏向角 δ 是随 i_1 及 i_4 的变化而变化的。而 i_4 是 i_1 的函数，所以偏向角 δ 仅随 i_1 的变化而变化。在实验中看到，当 i_1 变化时，δ 有一极小值，称为最小偏向角。可以讨论当入射角 i_1 满足什么条件时，δ 才处于极值，这可按求极值的办法来推导。

令 $\frac{d\delta}{di_1} = 0$，则由式 (8-3) 得

$$\frac{di_4}{di_1} = -1 \tag{8-4}$$

利用两个折射面上的折射率条件：
$$\sin i_1 = n\sin i_2 \tag{8-5}$$
$$\sin i_4 = n\sin i_3 \tag{8-6}$$

可得
$$\frac{di_4}{di_1} = \frac{di_4}{di_3} \cdot \frac{di_3}{di_2} \cdot \frac{di_2}{di_1} = \frac{n\cos i_3}{\cos i_4}(-1)\frac{\cos i_1}{n\cos i_2}$$

$$= -\frac{\cos i_3}{\cos i_2}\frac{\sqrt{1-n^2\sin^2 i_2}}{\sqrt{1-n^2\sin^2 i_3}} = \frac{\sqrt{1+(1-n^2)\tan^2 i_2}}{\sqrt{1+(1-n^2)\tan^2 i_3}}(-1) \tag{8-7}$$

比较式(8-4)和式(8-7)，可得 $\tan i_2 = \tan i_3$，在三棱镜折射的情况下，i_2 和 i_3 均小于 $\frac{\pi}{2}$，故有 $i_2 = i_3$。由式(8-5)和式(8-6)可得 $i_1 = i_4$。于是 δ 具有极值的条件是

$$i_2 = i_3 \quad \text{或} \quad i_1 = i_4 \tag{8-8}$$

以 $\delta_{\min}$ 表示 δ 的极小值，由式(8-8)和式(8-3)可得

$$\delta_{\min} = 2i_1 - A \quad \text{或} \quad i_1 = \frac{1}{2}(\delta_{\min} + A) \tag{8-9}$$

由式(8-2)和式(8-8)可得

$$i_2 = \frac{A}{2} \tag{8-10}$$

将式(8-9)和式(8-10)代入式(8-5)，可以得到棱镜对该单色光的折射率：

$$n = \frac{\sin i_1}{\sin i_2} = \frac{\sin \dfrac{A + \delta_{\min}}{2}}{\sin \dfrac{A}{2}}$$

证毕。

实验 9　汞光谱波长的测量

本实验利用光栅把汞原子发出的光线分解成原子衍射光谱。衍射光栅是摄谱仪、单色仪的重要元件之一。光栅衍射原理也是晶体 X 射线结构分析、近代频谱分析和光学信息处理理论的基础。

一、实验目的

1. 观察光栅的衍射光谱，理解光栅衍射基本规律。
2. 进一步熟悉分光计的调节和使用。
3. 测定光栅常量和汞原子光谱部分特征波长。

二、实验仪器

分光计、光栅、汞灯。

三、实验原理

（一）衍射光栅、光栅常量

光栅是由大量相互平行、等宽、等距的狭缝（或刻痕）构成，其示意图如图 9-1 所示。原制光栅是用金刚石刻刀在精制的平行平面的光学玻璃上刻画而成，刻痕处，光射到它上面向四处散射而透不过去，两刻痕之间相当于透光狭缝。原制光栅价格昂贵，常用的是复制光栅和全息光栅。本实验中使用的是全息光栅，由激光全息照相法拍摄于感光玻璃板上制成。

光栅上若刻痕宽度为 a，刻痕间距为 b，则 $d = a + b$ 称为光栅常量，它是光栅的基本参数之一。

（二）光栅方程、光栅光谱

根据夫琅禾费光栅衍射理论，当一束平行单色光垂直入射到光栅平面上时，光波将发生衍射，衍射角 φ 满足光栅方程

$$d \sin\varphi = k\lambda, \quad k = 0, \pm 1, \pm 2, \cdots \tag{9-1}$$

时，光会加强。式中，λ 为单色光波长；k 是明条纹级数。衍射后的光波经透镜会聚后，在焦平面上将形成分隔得较远的一系列对称分布的明条纹，如图 9-2 所示。

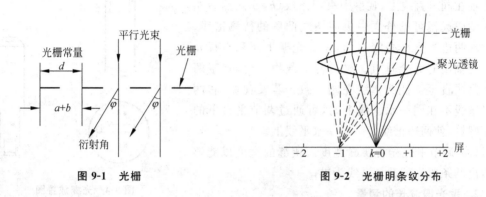

图 9-1　光栅　　　　　　　　图 9-2　光栅明条纹分布

如果入射光波中包含有几种不同波长的复色光，则经光栅衍射后，不同波长光的同一级 (k) 明条纹将按一定次序排列，形成彩色谱线，称为该入射光源的衍射光谱。图 9-3 是其中待测量的普通低压汞灯的第一级衍射光谱。它每一级光谱中有四条特征谱线：紫色 $\lambda_{紫}=435.83$ nm，绿色 $\lambda_{绿}=546.07$ nm，黄色两条 $\lambda_{黄1}=576.96$ nm 和 $\lambda_{黄2}=579.07$ nm。

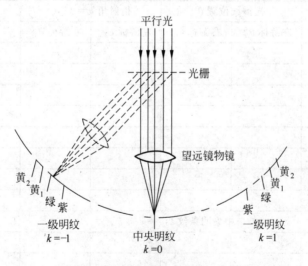

图 9-3　低压汞灯的 0 级和 ±1 级光谱

（三）光栅常量与汞灯特征谱线波长的测量

由式(9-1)可知，若光垂直入射到光栅上，而第一级光谱中波长 λ 已知，则测出它相应的衍射角为 φ，就可算出光栅常量 d；反之，若光栅常量已知，则可由式(9-1)得出光源发射的各特征谱线的波长 λ。φ 角的测量可由分光计进行。

四、实验内容与步骤

1. 分光计调整与汞灯衍射光谱观察

（1）按实验 8 中所述要求认真调整好分光计。

（2）将光栅按图 9-4 所示位置放置于载物平台上。转动载物平台，使光栅平面与平行光管的光轴垂直。转动望远镜，使望远镜与平行光管的光轴在同一直线上，观察中央明条纹（$k=0$），然后左右转动望远镜可见分立中央明条纹两侧的待测谱线。若发现两边光谱线亮暗不均，说明光栅平面和平行光管的光轴没有完全垂直。缓慢转动载物平台，观察两侧光谱线直至两侧光谱线亮暗一致。若发现左、右两边光谱线不在同一水平线上时，可通过调节平台下的调平螺钉，使两边谱线处于同一水平线上。

（3）调节平行光管狭缝宽度。狭缝的宽度以能够分辨出两条紧靠的黄色谱线为准。

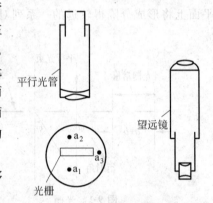

图 9-4 光栅放置图

2. 汞光谱波长的测量

（1）将望远镜向右（或左）一直移动到第二级衍射谱线的第二根黄光开始测量（注意消除齿间隙误差），依次向左（或右）一直移动直至所有谱线测完为止。将所测数据记录于表 9-1。

表 9-1 光谱波长测量数据

衍射级数 k	光色	光谱线位置 θ		衍射角 $\varphi=\theta-\theta_0$		$\bar{\varphi}=\dfrac{\varphi_左+\varphi_右}{2}$	λ/nm
		左游标 $\theta_左$	右游标 $\theta_右$	左游标 $\varphi_左$	右游标 $\varphi_右$		
+2	x_1	黄$_2$					
+2	x_2	黄$_1$					
+2	x_3	绿					
+2	x_4	紫					
+1	x_5	黄$_2$					
+1	x_6	黄$_1$					
+1	x_7	绿					
+1	x_8	紫					
中央明条纹 $\theta_{0左}=$			$\theta_{0右}=$				
−1	x_9	紫					
−1	x_{10}	绿					
−1	x_{11}	黄$_1$					
−1	x_{12}	黄$_2$					
−2	x_{13}	紫					
−2	x_{14}	绿					
−2	x_{15}	黄$_1$					
−2	x_{16}	黄$_2$					

(2) 根据光栅方程 $d\sin\varphi = k\lambda$ 计算出各谱线对应的波长,并求出测量值与公认值之间的百分误差 $\left(d = \dfrac{1}{3\,000}\text{ cm}, \varphi = \dfrac{1}{2}(\varphi_{左} + \varphi_{右}) = \dfrac{1}{2}[(\theta_{左} - \theta_{0左}) + (\theta_{右} - \theta_{0右})]\right)$。

计算测得波长的平均值及其百分误差。

五、注意事项

1. 分光计必须按操作规程正确使用。
2. 光栅是易碎、易损元件,必须轻拿轻放,不能用手或异物触及光栅面,可拿支架取放。

六、预习思考题

1. 什么是光栅常量和光栅光谱?
2. 分光计调整的要求有哪些?并回忆一下如何调整。
3. 用光栅方程(9-1)进行测量的条件是什么?实验中如何来实现这一条件?

七、分析讨论题

1. 试结合测量的百分误差分析其产生的原因。
2. 如果光栅平面和分光计转轴平行,但光栅上刻线和转轴不平行,那么整个光谱会有何变化?对测量结果有无影响?

八、提高要求

1. 不等精度测量

在多次测量的情况下,若测量数列的每一个数据的精度(标准差 σ)是相同的,称为等精度测量。通常我们用同一台仪器,在相同的测量条件下对同一测量对象所测得的数列,可以认为是等精度的。如果数据的精度(σ)不等,则称为不等精度测量,为此定义测量数据的权 $P \propto 1/\sigma^2$,即权与 σ^2 成反比,则不等精度(亦即不等权)测量列 $X_1, X_2, \cdots, X_n$ 的算术平均值

$$\bar{X} = \dfrac{\sum\limits_{i=1}^{n} \dfrac{1}{\sigma_i^2} X_i}{\sum\limits_{i=1}^{n} \dfrac{1}{\sigma_i^2}}$$

标准差

$$\sigma = \sqrt{\dfrac{1}{\sum\limits_{i=1}^{n} \dfrac{1}{\sigma_i^2}}}$$

在上述对波长的测量中,由于不同衍射级的光栅方程不同,导致不同的衍射级对同一波长测量的精度不同。试用方差传递公式计算不同衍射级测得波长值的标准差,再由以上两式计算平均波长及其标准差。

2. 角色散率

光栅的角色散率 D 定义为同一级的两条谱线的衍射角之差 $\Delta\varphi$ 与相应波长差 $\Delta\lambda$ 之比,即

$$D = \frac{\Delta\varphi}{\Delta\lambda}$$

将光栅方程求微分可得

$$d\cos\varphi\, d\varphi = k\,d\lambda$$

$$D = \frac{k}{d\cos\varphi}$$

可见，光栅常量越小，角色散率越大；不同的光谱级 k，角色散率也不相同；两种波长的光谱线，高级次的谱线被分开较大。

试分别用以上两式计算 1、2 级光谱的两条黄色谱线的角色散率，并作比较。

3. (色)分辨本领

(色)分辨本领 R 定义为两条可分开的谱线的平均波长 $\bar{\lambda}$ 除以它们的波长差 $\delta\lambda$，即

$$R = \frac{\bar{\lambda}}{\delta\lambda}$$

按照瑞利判据，两条刚可被分开的谱线定义为：其中一条谱线的极大值正好落在另一条谱线的第一极小处，由此条件可推得光栅的(色)分辨本领的极限

$$R_{\max} = kN$$

式中，k 为光谱线的级数；N 为光栅有效面积内的总缝数。因为光栅光谱的级数一般不会很高，所以光栅的(色)分辨本领主要取决于总刻痕缝数 N。增大光栅的使用面积(增大入射光的孔径，尽可能多地照亮光栅的缝数)或减小光栅常量 d 都可以提高 $R_{\max}$。

试计算所用光栅 1、2 级光谱的(色)分辨本领 $R_{\max}$ (已知平行光管的出射光的通光孔径 $\phi = 22.00$ mm)。用本实验装置，能否分辨钠双线(波长分别为 589.0 nm 和 589.6 nm)？

4. 色散范围

光栅的色散范围 G，又称为自由光谱区的最大宽度，定义为刚好使波长为 $(\lambda + \Delta\lambda)$ 的长波长成分的第 k 级主亮纹与波长为 λ 的短波长成分的第 $(k+1)$ 级主亮纹重叠的波长范围 $\Delta\lambda_{\max}$。利用条件 $k(\lambda + \Delta\lambda_{\max}) = (k+1)\lambda$，可得

$$G = \Delta\lambda_{\max} = \lambda/k$$

所以如果第 k 级的波长范围 $\Delta\lambda \leq G = \Delta\lambda_{\max}$，则不会与第 $(k+1)$ 级的光谱区重叠。

试判断在可见光的波长范围(400~700 nm)内，第 1、2 级以及第 2、3 级光谱会不会重叠。

附录 FGY-01 型分光仪角度读数方法

FGY-01 型分光仪采用了带照明装置的游标度盘，应按下述方法读数。

角度的读法以游标盘的零线为准，读出 (A) 度值和分值(每格 20′)，再找游标上与度盘上刚好重合的刻线(亮条纹)得 (B) 分值和秒值(每格 30″)，二次数值相加 (A+B) 即为读数值。

由于度盘和游标格值不等，是一个"渐变"的关系，所以其重合数(即亮条纹数)一般为一条或两条同时出现。若一条出现，以亮的一条为准读数(图 9-5(a))；若两条同时出现，则取其中间读数(图 9-5(b))。

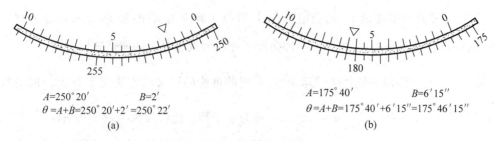

图 9-5 分光仪读数方法

参考文献

[1] 章志鸣,沈元华,陈惠芬. 光学[M]. 2 版. 北京：高等教育出版社,2000.

实验 10 氢原子光谱的测量及里德伯常量的实验证明

本实验利用光栅把氢原子发出的光线分解成原子衍射光谱。氢原子是最简单的原子，了解氢原子光谱与氢原子的电子轨道结构的关系，就能为了解各种物质的光谱与其电子轨道或电子云结构的关系打下基础。

一、实验目的

1. 巩固对分光计调节方法的掌握。
2. 巩固对光栅方程的运用。
3. 测定氢原子光谱。
4. 里德伯(Rydberg)常量的实验验证。

二、实验仪器

分光计、透射光栅、氢灯、变压器、霓虹灯变压器及灯具座等。

三、实验原理

1. 里德伯常量的设定：1885 年巴耳末(Balmer)将氢原子的波长用经验公式 $\lambda = B \cdot \dfrac{n^2}{n^2-4}$ 表示，B 是常量。后将上式改写为 $\nu = Rc\left(\dfrac{1}{2^2} - \dfrac{1}{n^2}\right)$，$R = \dfrac{4}{B}$ 称为里德伯常量，这里 c 为真空中的光速。

2. 玻尔氢原子理论的三个基本假设

假设一：原子系统只能具有一系列的不连续的能量状态。在这一系列状态中，电子虽作加速运动但不能辐射电磁能量，这些状态称为原子系统的稳定状态，简称定态。相应的能量分别为 $E_1, E_2, E_3, \cdots (E_1 < E_2 < E_3 < \cdots)$。

假设二：只有当原子从一个具有较大能量 E_n 的稳定状态跃迁到另一个较低能量 E_k 的稳定状态时，原子才发射单色光。单色光频率 ν_{kn} 可由式 $\nu_{kn} = \dfrac{E_n - E_k}{h}$ 确定，h 为普朗克常量。反之，原子在较低能量 E_k 的稳定状态时，吸收了频率为 ν_{kn} 的光子，就可跃迁到较大能量 E_n 的稳定状态。故式 $\nu_{kn}=\dfrac{E_n-E_k}{h}$ 即为原子光辐射或吸收时的能量守恒定律。

假设三：电子绕原子核作圆周运动时，不同的可能的稳定状态决定于等于 $\dfrac{h}{2\pi}$ 的整数倍的电子动量矩 P，即 $P=n\dfrac{h}{2\pi}$，$n=1,2,3,\cdots$ 称为量子数。此假设称为量子化条件。

3. 根据玻尔氢原子理论的三个假设可得出：原子系统中电子在能级跃迁时吸收或发射单色光的频率为 $\nu_{kn}=\dfrac{E_n-E_k}{h}=\dfrac{me^4}{8\varepsilon_0^2 h^3}\left(\dfrac{1}{k^2}-\dfrac{1}{n^2}\right)$。

令 $R=\dfrac{me^4}{8\varepsilon_0^2 h^3 c}$，则 $\nu_{kn}=Rc\left(\dfrac{1}{k^2}-\dfrac{1}{n^2}\right)$，$R$ 即为里德伯常量，代入已知数值，则有

$$R=\dfrac{me^4}{8e_0^2 h^3 c}=1.097\,373\times 10^7\,\mathrm{m}^{-1} \tag{10-1}$$

$R=1.097\,373\times 10^7\,\mathrm{m}^{-1}$ 即根据玻尔氢原子理论得到的理论值。$\nu_{kn}=Rc\left(\dfrac{1}{k^2}-\dfrac{1}{n^2}\right)$ 为巴耳末公式。当量子数 $n=1$ 时，电子在第一轨道运动，原子最为稳定，称为基态。量子数 $n>1$ 的各个状态，即电子在量子数较大的轨道上运动，称为受激状态。处于受激状态的原子能自发地跃迁到能量较低的受激状态或基态，这时将发射一定频率的光子，频率为

$$\nu_{kn}=Rc\left(\dfrac{1}{k^2}-\dfrac{1}{n^2}\right)$$

4. 氢原子状态跃迁原理图如图 10-1 及图 10-2 所示。

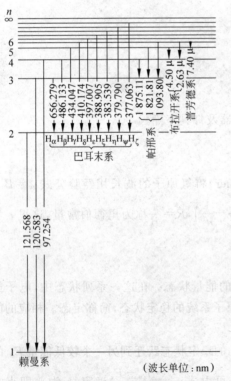

图 10-1 氢原子能级图

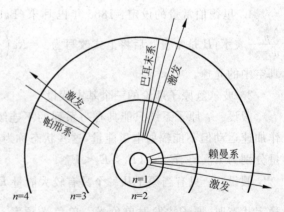

图 10-2 氢原子状态跃迁图

5. 根据光栅衍射理论：一束氢光发出的射线通过分光计的平行光管，照射在透射光栅上，成为夫琅禾费衍射形成光栅光谱，各谱线的波长可由光栅方程进行计算：

$$d\sin\psi = k\lambda, \quad k = 0, \pm 1, \pm 2, \cdots \tag{10-2}$$

式中，d 为光栅常量，本实验 $d = \dfrac{1}{3\,000}$ cm；ψ 为各相应谱线的衍射角；k 为光谱级数；λ 即为所计算的谱线波长。

6. 巴耳末系谱线中可见光波长的理论值：

$$\lambda = \frac{c}{\nu_{kn}} = \frac{1}{R}\left(\frac{k^2 n^2}{n^2 - k^2}\right)$$

将里德伯常量用理论值代入：$R = 1.097\,373 \times 10^7 \, \text{m}^{-1}$，$k = 2$，则

$$\lambda = \frac{c}{\nu} = \frac{1}{R}\left(\frac{4n^2}{n^2 - 4}\right), \quad n > 2$$

当 $n = 3$ 时，为红光波长，$\lambda_{红} = 656.299$ nm；$n = 4$ 时，为绿光波长，$\lambda_{绿} = 486.133$ nm；$n = 5$ 时，为紫光波长，$\lambda_{紫} = 434.047$ nm。

7. 用透射光栅的衍射测得氢原子巴耳末系的谱线波长，与理论值相比较可求得相对误差 E_λ。用实验方法求得里德伯常量：

$$R = \frac{1}{\lambda}\left(\frac{4n^2}{n^2 - 4}\right) \tag{10-3}$$

其中，λ 分别为实验测得的红光（$n = 3$）、绿光（$n = 4$）、紫光（$n = 5$）的波长，代入式（10-3），分别求得 R，取平均值，然后与理论值 $R = 1.097\,373 \times 10^7 \, \text{m}^{-1}$ 相比较求得相对误差 E_R。

四、实验内容与步骤

1. 分光计的调节（见实验 8）。

2. 测量相应波长的衍射角（见图 10-3。测量时注意消除视差、调焦及消除齿间隙误差）：氢气放电管作光源。氢原子光谱线在可见光区共有四条，分别是 $\lambda_{红}$、$\lambda_{绿}$、$\lambda_{紫}$、$\lambda_{青}$。分别测出氢原子三条谱线 $\lambda_{红}$、$\lambda_{绿}$、$\lambda_{紫}$ 所对应的衍射角 $\psi_{红}$、$\psi_{绿}$、$\psi_{紫}$（由于人眼对 $\lambda_{青}$ 反应不敏感，故对 $\lambda_{青}$ 不作测量），将实验数据记录于表 10-1。

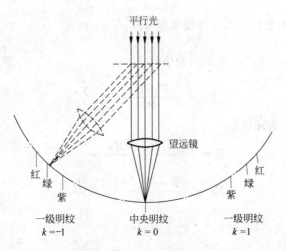

图 10-3　氢灯的 0 级和 ±1 级光谱

表 10-1 实验数据

级数 k	光色	光谱线位置 θ		衍射角 $\varphi=\theta-\theta_0$		$\bar{\varphi}=\dfrac{\varphi_左+\varphi_右}{2}$	λ/nm	$\bar{\lambda}$/nm	R_i
		$\theta_左$	$\theta_右$	$\varphi_左$	$\varphi_右$				
+2	红							红	$R_红$
+2	绿								
+2	紫								
+1	红								
+1	绿								
+1	紫							绿	$R_绿$
中央明条纹 $\theta_{0左}=$			$\theta_{0右}=$						
−1	紫								
−1	绿								
−1	红								
−2	紫							紫	$R_紫$
−2	绿								
−2	红								

3. 利用公式 $d\sin\varphi=k\lambda$ 计算波长的实验值。

4. 利用公式 $R=\dfrac{1}{\lambda}\left(\dfrac{4n^2}{n^2-4}\right)$ 计算里德伯常量。

5. 按照相对误差公式 $E_R=\dfrac{|R-R_0|}{R_0}\times 100\%$ 求里德伯常量实验值与理论值的相对误差。

五、主要公式及数据处理

$$d\sin\varphi=k\lambda, k=0,\pm 1,\pm 2,\cdots\text{光栅常量 } d=\dfrac{1}{3\,000}\text{ cm}$$

$$R=\dfrac{1}{\lambda}\left(\dfrac{4n^2}{n^2-4}\right), n=3,4,5, \lambda\text{ 用实验值代入}$$

$$E_R=\dfrac{|R-R_0|}{R_0}\times 100\%$$

式中,R 为实验值;R_0 为理论值。

$$\bar{R}=\dfrac{R_红+R_绿+R_紫}{3}=$$

$$E_R=\dfrac{|\bar{R}-R_0|}{R_0}\times 100\%=$$

六、思考题

1. 分光计在使用前对望远镜调节要达到什么要求?

2. 对光谱谱线进行测量时,望远镜转动应有何规范操作要求?为什么?

3. 为什么测量光谱线位置时要同时记下左、右游标的测量数据?

4. 玻尔理论如何为里德伯常量提供了理论数据?你的实验结论说明了什么?

5. 当考虑不同衍射级对波长的测量精度的影响时,如何计算平均波长及 R 的最佳值?

七、注意事项

1. 本实验中氢灯采用霓虹灯高压变压器供电,用时必须注意安全,严格遵照规定点燃氢灯。

2. 使用衍射光栅时,必须注意使光栅的刻线方向垂直置于分光计圆转台中心上,并应使其平面调整至与分光计的平行光管的光轴垂直。为此应按实验 8 中有关分光计调整的要求进行仪器的调整工作。

3. 氢灯的衍射光谱比较弱,故实验时应认真仔细地辨认和对准。注意同组同学间的配合,以及与周围其他各组同学间的关系,相互照顾。读取分光计上的衍射角,应用小照明灯来看清圆游标上的刻度,注意不能读错。

4. 光栅常量为光栅刻线间距的宽度,本实验中采用 $d = \dfrac{1}{3\,000}$ cm(即 1 cm 宽度中刻了 3 000 条刻痕)的薄膜光栅。使用时考虑到薄膜收缩,d 值略有变化,其准确值由实验室给出。

附录 1 氢光谱线系能级图

当 $k=1$ 时,$N = R\left(\dfrac{1}{1^2} - \dfrac{1}{n^2}\right)$,$n = 2, 3, 4, \cdots$ 相当于氢原子光谱的赖曼系(远紫外部分);

当 $k=2$ 时,$N = R\left(\dfrac{1}{2^2} - \dfrac{1}{n^2}\right)$,$n = 3, 4, 5, \cdots$ 相当于氢原子光谱的巴耳末系(可见光部分);

当 $k=3$ 时,$N = R\left(\dfrac{1}{3^2} - \dfrac{1}{n^2}\right)$,$n = 4, 5, 6, \cdots$ 相当于氢原子光谱的帕邢系(近红外部分);

当 $k=4$ 时,$N = R\left(\dfrac{1}{4^2} - \dfrac{1}{n^2}\right)$,$n = 5, 6, 7, \cdots$ 相当于氢原子光谱的布拉开系(红外部分);

当 $k=5$ 时,$N = R\left(\dfrac{1}{5^2} - \dfrac{1}{n^2}\right)$,$n = 6, 7, 8, \cdots$ 相当于氢原子光谱的普芳德系(远红外部分)。

玻尔理论对氢原子光谱的解释可表示在氢原子的能级图中,如图 10-1 所示。

附录 2 常用光源的谱线波长表

nm

（一）H(氢)	656.28 红，486.13 绿蓝，434.05 蓝紫，410.17 蓝紫，397.01 蓝紫
（二）He(氦)	706.52 红，667.82 红，587.56(D_3)黄，501.57 绿，492.19 绿蓝，471.31 蓝，447.15 蓝，402.62 蓝紫，388.87 蓝紫
（三）Ne(氖)	650.65 红，640.23 橙，638.30 橙，626.65 橙，621.73 橙，614.31 橙，588.19 黄，585.25 黄
（四）Na(钠)	589.592(D_1)黄，588.995(D_2)黄
（五）Hg(汞)	623.44 橙，579.07 黄，576.96 黄，546.07 绿，491.60 绿蓝，435.83 蓝紫，407.78 蓝紫，404.68 蓝紫
（六）He-Ne 激光	632.8 橙

实验 11 灵敏电流计特性的研究

灵敏电流计能测定 10^{-10} A 大小的微小电流及 $10^{-3}\sim10^{-6}$ V 的微小电压，它常用于测定光电流、生物电流、温差电动势等，也可用作精密电桥、精密电位差计的平衡指示仪。通过本实验可学习灵敏电流计的基本原理及操作技术。

一、实验目的

1. 了解灵敏电流计的原理和构造，掌握调节和使用方法。
2. 了解灵敏电流计线圈的运动特性。
3. 测定灵敏电流计的外临界电阻、内阻和电流计常量、灵敏度。

二、实验仪器

AC15/2 型复射式灵敏电流计、稳压电源、滑线变阻器、数字电压表、电阻箱、高阻值固定电阻、换向开关和导线若干。

三、实验原理

（一）灵敏电流计的构造原理

电流计的内部构造示意图如图 11-1(a)所示，N、S 为永久磁铁的两极，极隙中有一能自由转动的矩形线圈，由密排的、线径只有百分之几毫米的绝缘细导线绕成，质量很轻，线圈长为 b，宽为 a。设磁场中磁感应强度为 B，磁场分布呈均匀辐射状，如图 11-1(b)所示，当线圈中通过电流 I_g 时，线圈受到电磁力矩 M 为

$$M = BI_g nab \tag{11-1}$$

式中，n 为线圈的匝数；I_g 为动态电流。

为了提高电流计的灵敏度，线圈由一很细而弹性很好的金属丝悬挂起来。当线圈受电磁力矩作用发生偏转时，悬丝受扭力形变而产生恢复力矩。恢复力矩的大小与线圈的偏转

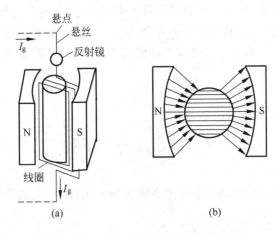

图 11-1 灵敏电流计结构原理图

角度成正比,恢复力矩 M' 为

$$M' = D\theta \tag{11-2}$$

式中,D 为悬丝的扭转弹性系数。

此外,线圈运动时还受到电磁阻尼力矩 M'' 作用。这是由于线圈在磁场中转动时切割磁力线产生感应电动势。当线圈与外电路连成闭合回路时,又形成感应电流。感应电流反过来受磁场作用,对线圈构成力矩。可以判明,不管线圈的转动方向如何,这一力矩总是阻尼线圈转动的,故称为电磁阻尼力矩。利用电磁感应定律可得电动势的大小为

$$E_i = \oint_L (\boldsymbol{V} \times \boldsymbol{B}) \cdot \mathrm{d}\boldsymbol{l} = nabB\,\frac{\mathrm{d}\theta}{\mathrm{d}t}$$

如果以 R_g 表示电流计内阻、R_L 表示外电路总电阻,则可得感应电流

$$I_i = \frac{E_i}{R_g + R_L} = \frac{nabB}{R_g + R_L} \cdot \frac{\mathrm{d}\theta}{\mathrm{d}t}$$

于是电磁阻尼力矩

$$M'' = nI_i abB = \frac{(nabB)^2}{R_g + R_L} \cdot \frac{\mathrm{d}\theta}{\mathrm{d}t} \tag{11-3}$$

即电磁阻尼力矩与线圈的角速度 $\dfrac{\mathrm{d}\theta}{\mathrm{d}t}$ 成正比,与电路的总电阻 $(R_g + R_L)$ 成反比。

根据上述受力分析,并利用牛顿第二定律可得线圈的运动方程

$$J\,\frac{\mathrm{d}^2\theta}{\mathrm{d}t^2} = nI_g abB - D\theta - \frac{(nabB)^2}{R_g + R_L} \cdot \frac{\mathrm{d}\theta}{\mathrm{d}t} \tag{11-4}$$

式中,J 为线圈的转动惯量。

当线圈偏转到某一角度 θ,其所受的电磁力矩和恢复力矩相等时,线圈不再继续向前转动,即平衡于某一角度,角速度、加速度均为零,由式(11-4)得

$$I_g = \frac{D\theta}{Bnab} \tag{11-5}$$

为了提高灵敏电流计的灵敏度,不用指针来反映线圈偏转角度,而采用如下的措施:利用一光源系统发出一束平行光,投射到标度盘。为了反映线圈偏转的大小,在悬丝上挂一面质量很轻的镜子 M。当线圈不受电磁力矩,即没有偏转时,从镜面 M 反射回来的光线应投射

到半透明标度盘的零点上。如果镜面偏转角为 θ，则镜子上反射光线偏转 2θ，见图 11-2。反射回来的光标中央有一条黑线，偏离零点的距离为 d。实验中以偏移距离 d 而不用偏转角 θ 反映线圈偏转的大小。仪器中经常把标度盘做成弧形，为的是使 d 能更好地近似与 θ 成正比。由图 11-2 可见

$$2\theta = d/L$$

式中，L 为标度盘到镜面的垂直距离，则

$$I_g = \frac{D}{2BnabL} \cdot d = Kd \tag{11-6}$$

式中，K 为电流计常量。

下面介绍实验中所使用的 AC15/2 型直流复射式电流计，它的原理和构造与上面的介绍相似，具体构造见图 11-3。

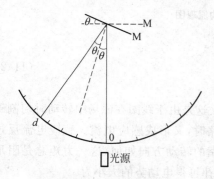

图 11-2 镜尺读数系统

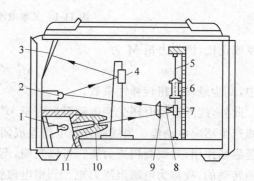

图 11-3 AC15/2 型直流复射式电流计

1—照明灯；2—球面镜；3—标度盘；4—反射镜；
5—悬丝；6—可动线圈；7—可动反射镜；8—固定反射镜；
9—成像透镜；10—光阑；11—聚光透镜

在图 11-3 中可动线圈用一弹性悬丝悬挂在永久磁铁的磁场中，可动线圈下端的弹性悬丝附一可随线圈一起转动的反射镜。在电流计工作时从照明灯中发出的光线经聚光透镜的作用投射到可动反射镜上。被可动反射镜反射出来的光线经过成像透镜、球面镜和反射镜等一系列光学元件的放大作用投射到标度盘上，在标度盘上形成一矩形光标，中央有一清晰的黑线。

当电流计中没有电流通过时，光标中黑线应该静止在标度盘的零位置上（如果这时黑线不静止在零位置上，则需要对电流计进行机械调零，在老师指导下进行调节）。下面介绍几个有关电流计特性的常量。

(1) 电流计常量 K

由式(11-6)得到电流计常量的表达式为

$$K = \frac{D}{2BnabL} = I_g/d \tag{11-7}$$

单位是 A/mm，它的数值等于光指标在标度盘中偏转 1 mm 时，电流计线圈中流过电流为多少安。AC 15/2 型电流计的 K 值为 $10^{-9} \sim 10^{-10}$ A/mm 数量级。

(2) 电流计灵敏度 S

电流计常量 K 的倒数即为电流计灵敏度 S，即

$$S = 1/K \tag{11-8}$$

单位为 mm/A,在数值上等于当通过电流计的电流为 1 A 时,光指标所偏转的毫米数。

由式(11-7)可知,在实验中测量出流过电流计的电流 I_g 和相应的偏转数 d,即可算出电流计常量 K。

(二) 灵敏电流计的运动特性

在一般指针式电表中,由于机械摩擦较大,加之采用了机械平衡结构(游丝),能使指针很快地停在新的平衡位置上。但灵敏电流计的线圈是用金属丝悬挂起来的,线圈在运动过程中阻尼较小,其平衡是用控制电磁阻尼来解决的。

根据微分方程的知识可知方程

$$J\frac{d^2\theta}{dt^2} = nI_g abB - D\theta - \frac{(nabB)^2}{R_g + R_L}\frac{d\theta}{dt} \tag{11-9}$$

的通解有三种形式,分别与线圈三种不同的运动状态相对应。

(1) 当 $\frac{(nabB)^2}{R_g + R_L} = \sqrt{4JD}$,即 R_L 适当时,线圈作非周期性运动,电流变化后能平稳地进入(稳定)平衡位置,如图 11-4 曲线 Ⅰ 及 Ⅰ′所示,称为临界阻尼状态。

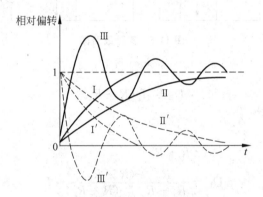

图 11-4 线圈偏转的三种状态
Ⅰ—Ⅰ′:$R_L = R_c$; Ⅱ—Ⅱ′:$R_L < R_c$; Ⅲ—Ⅲ′:$R_L > R_c$

(2) 当 $\frac{(nabB)^2}{R_g + R_L} > \sqrt{4JD}$,即 R_L 较小时,线圈仍作非周期性运动,也能平稳地进入平衡位置,但速度较慢,如图 11-4 曲线 Ⅱ 及 Ⅱ′所示,称为过阻尼状态。

(3) 当 $\frac{(nabB)^2}{R_g + R_L} < \sqrt{4JD}$,即 R_L 较大时,线圈作周期性阻尼振动,在新的平衡位置左右来回摆动,直到摆幅衰减至零时才会稳定在新的平衡位置,如图 11-4 曲线 Ⅲ—Ⅲ′所示,称为欠阻尼状态。

控制 R_L 就可控制 M 的大小,从而控制线圈的运动状态。

显然,电流计处于过阻尼状态或欠阻尼状态时,都不能迅速取得读数,不利于实际测量。这不仅是时间长短的问题,还因为在许多情况下不能够维持被测电路状态长时间的稳定。所以通常要求电流计工作处于临界阻尼状态。定义 $R_c = \frac{(nabB)^2}{\sqrt{4JD}} - R_g$ 为外临界电阻。

当电流计与外电路切断时($R_L \to \infty$),线圈处于欠阻尼状态,以零点为新的平衡点,长时间地作振幅衰减缓慢的周期性摆动。为使指示尽快地静止于零点(回零),可在线圈经过零点时按下阻尼电键,使电流计短接($R_L=0$)。即使电流计处于过阻尼状态,在强的电磁阻尼力矩作用下线圈会迅速制动。

在电流计闲置不用时,为使线圈不易摆动,应将电流计拨至"短路"位置,就是这个道理。

（三）电流计主要参数的测定

电流计常量 K、内阻 R_g、外临界电阻 R_c,一般均在电流计的铭牌上标出,但电流计使用了一段时间或进行维修以后上述参数一般都会有所改变,故有必要重新测定。

通常直流低压电源的电动势远超过电流计所能承受的电压,故一般采用二级分压来测量各参数。

测量电流计常量 K 的线路如图 11-5 所示(图中 R 即 R_L)。

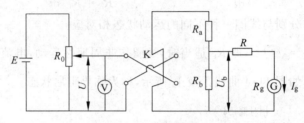

图 11-5　实验线路图

由图 11-5 可知:

$$U_b = I_g(R + R_g)$$

则

$$I_g = \frac{U_b}{R + R_g}$$

$$U_b = \frac{R_b \mathbin{/\mkern-6mu/} (R + R_g)}{R_a + R_b \mathbin{/\mkern-6mu/} (R + R_g)} \cdot U$$

在实际测量中 R_b 值取得很小

$$R_b \ll (R + R_g), \quad R_b \ll R_a$$

所以将 $U_b \approx U \dfrac{R_b}{R_a}$ 代入 I_g 的表达式可得

$$I_g = \frac{UR_b}{R_a(R + R_g)}$$

则电流计常量

$$K = \frac{I_g}{d} = \frac{UR_b}{R_a(R + R_g)d} \tag{11-10}$$

当 R_a、R_b、R_g 为已知时,若测出 U 和 d 后即可求出 K。

四、实验内容和实验步骤

1. 调整电路的工作状态

(1) 按图 11-5 接好线路,R_b 放在 10 Ω 处,但不要接通电源。R_a 为固定高阻值电阻,R 的数值由教师指定(约等于 R_c,可根据面板上铭牌的指示来定),R_g 的数值也可由教师给定或由同学测出。线路接妥后需经教师检查后才能通电。

（2）接通电流计的电源，观察电流计的标度盘上是否有光指标，是否在零点的位置。如果不在零点位置，就需要进行机械调零（调面板右下角旋钮，注意不可转过头）。

（3）数字电压表上的读数暂定为零伏左右。

2. 测量电流计外临界电阻 R_c

先固定 R（略大于 R_c），$R_b=10\ \Omega$，开关合上后，调节 R_0，并使光标偏转约 40 mm，断开开关 K，观察光标回零过程，判断线圈的运动状态。依次改变 R，重复以上过程，观察线圈的三种运动特性。当光标回零迅速且不超越零点（无振荡过程）时的 R 值即为外临界电阻 R_c。

3. 半偏法测电流计内阻 R_g

（1）取 $R=0$ 及分压输出 $U=0$。接通 K，缓慢调节 R 以增加分压输出 U，直至电流计光点偏移 d_0 为 2/3 满刻度。

（2）调节 R，当光点偏移减小一半，即 $d=\dfrac{d_0}{2}$ 时，记录 $R_g=R$ 的数值。

4. 测电流计常量 K

（1）取 $R=R_c$，逐步增加 U（开始时 $U=0$）使光标偏转到 $d=50.0$ mm 左右。记下偏转格数 d，数字电压表读数 U 和 R。

（2）将开关 K 换向，记下光标在另一侧的偏转读数 d'，并求出 d 和 d' 的平均值 $\bar{d}$。由式（11-10）计算 K。

五、提高要求

利用直线拟合求 R_g 和 K。

将式（11-10）改写为

$$R=\frac{R_b}{R_a K d}U-R_g$$

可见当偏转格数 d 一定时，R 与 U 呈线性关系，可令

$$R=\alpha U-R_g$$

式中，$\alpha=\dfrac{R_b}{R_a K d}$，于是可用直线拟合法求出 α 和 R_g。由于直线拟合要求因变量 R 是等精度变量，所以在测量 R 和 U 时，α 应保持不变，因而必须用等偏测量法（即测量时保持偏转格数 d 不变）。"等偏法"的做法是：先调节 R_0 使 $U=U_1$，调节 $R=R_1$，让电流计偏转 d_0 格（须大于 2/3 满刻度），再调节 R_0 使 $U=U_2$；调节 $R=R_2$，并让电流计偏转格数 d_0 保持不变，测出 n 组数据

$$(U_1,R_1),(U_2,R_2),\cdots,(U_n,R_n)$$

用直线数据拟合求出 α（以及 K）和 R_g 的最佳值并计算出它们的标准偏差。

六、思考题

1. 什么叫电流计常量？什么叫电流计灵敏度？它们之间有什么关系？
2. 如果保持电流计结构不变，增大电流计线圈所在空间处的磁感应强度，问电流计灵

敏度将会变大还是变小？

3. 根据式(11-3)简要回答：为什么在图 11-5 所示电路中 R 取很小的数值时光标偏转的速度是很慢的？

4. 进行直线数据拟合时测量数据应满足什么条件？为何用直线拟合法时要用等偏测量法？

实验拓展：电磁动量之研究

一、提示与指导

电磁场是物质的一种形态，具有能量和动量。从能量转化的角度分析灵敏电流计线圈的运动，如果没有电磁阻尼力矩 M''，线圈将在平衡位置两侧来回摆动。这时线圈的转动动能转化为弹性势能，弹性势能又转化为转动动能，这和弹簧振子或单摆一样，物体的机械能是守恒的。M'' 是由感应电流引起的，产生感应电流 I_i 所需的能量来自物体切割磁感应线时具有的动能，如果没有电源补充能量，这部分电能最终将以焦耳热的形式"耗散"在电路中（按照坡印廷定理，还要辐射一部分能量）。所以有了 M''，线圈的机械能（转动动能和弹性势能）就会不断地在运动过程中减少，按照阻尼系数 $\dfrac{(nabB)^2}{R_g+R_L}$ 的大小，分别对应于过阻尼、临界阻尼、欠阻尼状态。

我们也可以从动量转化的角度分析灵敏电流计线圈的运动：在力学课上已经知道，一个体系不受外力作用时其机械动量 G_{mech} 守恒，但在有电磁场的情况下，如果没有外力，不是机械动量守恒，而是机械动量 G_{mech} 与电磁动量 G_{em} 之和（即总动量）守恒。若还存在外力，将引起体系总动量 $(G_{\text{mech}}+G_{\text{em}})$ 的改变。根据电动力学，电磁场的电磁动量 G_{em} 由下式定义：

$$G_{\text{em}} = \int_V (\varepsilon_0 \boldsymbol{E} \times \boldsymbol{B}) \mathrm{d}v$$

灵敏电流计线圈在磁场中运动，则线圈和磁场构成一个体系。当线圈通有电流，如果不计这个电流所产生的磁场对原来磁场的影响，则 $\boldsymbol{B}$ 不变，而 $\boldsymbol{E}$ 则取决于感应电场亦即感应电动势，这是因为感应电动势正比于感应电场，即电磁动量的变化来自线圈切割磁力线而产生的感应电场的变化。把线圈受到的安培力作为外力，此外线圈悬丝的扭力也是外力，则由安培力产生的电磁力矩使机械动量增加，而由感应电场产生的感应电流产生的电磁阻尼力矩则使线圈的机械动量减小，但与此同时电磁动量也随外力的大小变化。因此，线圈的角加速度 $\dfrac{\mathrm{d}^2\theta}{\mathrm{d}t^2}$ 正比于线圈机械动量的变化 $\dfrac{\partial G_{\text{mech}}}{\partial t}$，亦即线圈的角速度 $\dfrac{\mathrm{d}\theta}{\mathrm{d}t}$ 正比于机械动量 G_{mech}。电磁动量 G_{em} 的变化正比于感应电动势，因感应电动势与线圈的角速度 $\dfrac{\mathrm{d}\theta}{\mathrm{d}t}$ 成正比，所以电磁动量的变化 $\dfrac{\partial G_{\text{em}}}{\partial t}$ 正比于线圈的角速度，也就是线圈的角位移 θ 正比于电磁动量 G_{em}。

当满足 $\dfrac{(nabB)^2}{R} = 2\sqrt{JD}$ 时，称线圈处于临界阻尼运动状态。此时方程(11-9)的通解为

$$\theta = (C_1 + C_2 t)e^{-\alpha_1 t} + \dfrac{nabBI_g}{D}$$

式中 $\alpha_1 = \dfrac{(nabB)^2}{2JR} = \sqrt{\dfrac{D}{J}}$，$C_1$ 和 C_2 为两个积分常数，由初始条件决定。设 $t=0$ 时，$\theta=0$，$\dfrac{d\theta}{dt}=0$，则 $C_1 = -\dfrac{nabBI_g}{D}$，$C_2 = -\alpha_1 \dfrac{nabBI_g}{D}$。所以

$$\theta = \dfrac{nabBI_g}{D}[1-(1+\alpha_1 t)e^{-\alpha_1 t}]$$

$$\dfrac{d\theta}{dt} = \dfrac{nabBI_g}{J} t e^{-\alpha_1 t}$$

把上式改写成

$$\dfrac{(nabB)^2}{DR}\dfrac{d\theta}{dt} = \dfrac{2\sqrt{JD}}{D}\dfrac{d\theta}{dt} = \dfrac{nabBI_g}{D} 2\sqrt{\dfrac{D}{J}} t e^{-\alpha_1 t} = \dfrac{nabBI_g}{D} 2\alpha_1 t e^{-\alpha_1 t}$$

而

$$\dfrac{d^2\theta}{dt^2} = \dfrac{nabBI_g}{J}(1-\alpha_1 t)e^{-\alpha_1 t}$$

亦可改写成

$$\dfrac{J}{D}\dfrac{d^2\theta}{dt^2} = \dfrac{nabBI_g}{D}(1-\alpha_1 t)e^{-\alpha_1 t}$$

二、实验任务

1. 根据先前的实验结果估测一下临界阻尼状态下的时间常数 α_1。

2. 通过以下两式

$$\dfrac{(nabB)^2}{DR}\dfrac{d\theta}{dt} = \dfrac{2\sqrt{JD}}{D}\dfrac{d\theta}{dt} = \dfrac{nabBI_g}{D} 2\sqrt{\dfrac{D}{J}} t e^{-\alpha_1 t} = \dfrac{nabBI_g}{D} 2\alpha_1 t e^{-\alpha_1 t}$$

$$\dfrac{J}{D}\dfrac{d^2\theta}{dt^2} = \dfrac{nabBI_g}{D}(1-\alpha_1 t)e^{-\alpha_1 t}$$

作 $\dfrac{d\theta}{dt}$、$\dfrac{d^2\theta}{dt^2}$ 随时间的变化曲线图来说明电磁动量和机械动量的变化率如何随时间变化（只需研究曲线的变化趋势，可不考虑共同因子 $\dfrac{nabBI_g}{D}$）。

3. 通过以下两式

$$\theta = \dfrac{nabBI_g}{D}[1-(1+\alpha_1 t)e^{-\alpha_1 t}]$$

$$\dfrac{(nabB)^2}{DR}\dfrac{d\theta}{dt} = \dfrac{2\sqrt{JD}}{D}\dfrac{d\theta}{dt} = \dfrac{nabBI_g}{D} 2\sqrt{\dfrac{D}{J}} t e^{-\alpha_1 t} = \dfrac{nabBI_g}{D} 2\alpha_1 t e^{-\alpha_1 t}$$

作 θ、$\dfrac{d\theta}{dt}$ 随时间的变化曲线图来说明电磁动量和机械动量如何随时间变化（只需研究曲线的变化趋势，可不考虑共同因子 $\dfrac{nabBI_g}{D}$）。

4. [给线圈瞬间通以电流（稳态值为 I_g）后]欠阻尼和过阻尼时电磁动量和机械动量如何转化？

5. 通有电流 I_g 的线圈突然断电后电磁动量和机械动量如何转化（分临界阻尼、过阻尼、欠阻尼三种情况研究）？

实验 12 用电位差计校正电压表

一、实验目的

1. 理解和掌握电位差计的原理和使用方法。
2. 学习用电位差计校正电压表。

二、实验仪器

电位差计、光点检流计、标准电池、稳压电源、待校电压表、滑线变阻器等。

三、实验原理

1. 补偿原理

由于存在内阻,普通的伏特表不能直接测量出电池的电动势。

设想:如有两个电池,其电动势为 E_0 和 E_x,将两个电池相向连接如图 12-1 所示。当两个电池的电动势相等时,电路中没有电流通过,则 $E_x = E_0$。如果 E_0 是一系列具有不同电动势的标准电池,则利用这种互相抵消(补偿)电势差的方法,就能确定被测电池的电动势。在实际使用时,不可能有一系列电动势大小不同的标准电池可供选用。因此,利用这种设想直接测量是行不通的。但是可以用一个电势差大小明确可知且数值可变的回路来代替标准电池。

图 12-2 所示为 UJ-31 型电位差计的原理图。其中 E_s 为标准电池,所在的回路称为标准化回路。当 K_2 合向 E_s 时,通过调节工作回路(即电源 E_0 所在回路)中的 R_{p1}、R_{p2}、R_{p3},可改变工作回路的工作电流,所以 E_s 所在的回路就相当于一个可调的标准电源:当检流计中的电流为零时,工作电流 $= E_s/R_s$(这一步称为工作电流标准化调节)。此时若将 K_2 合向 E_x,改变 R_x 两端的电压 U_x 就可使 $U_x = E_x$,从而测出被测电动势 E_x,所以 E_x 所在的回路称为补偿回路。由于 $U_x = E_x$ 时补偿回路中没有电流通过,$U_x = R_x E_s/R_s$,此时电位差计(补偿回路)相当于一个内阻为无限大的伏特表。

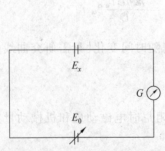

图 12-1 电位差计的补偿原理

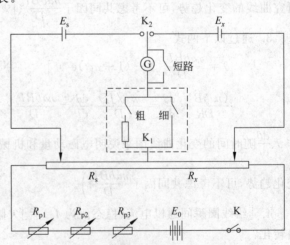

图 12-2 UJ-31 型电位差计原理图

图 12-3 是 UJ-31 型电位差计的面板图，使用前需把标准电池、工作电源、光点检流计、待测辅助电路（待测电动势或电压）逐一接入。图中"Ⅰ""Ⅱ""Ⅲ"三个旋钮相当于原理图中的 R_x。

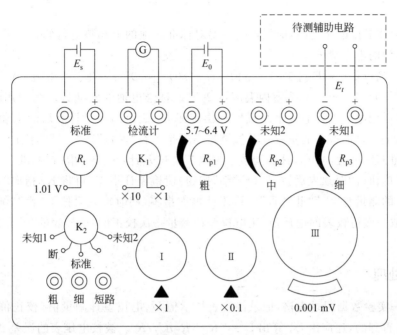

图 12-3　UJ-31 型电位差计面板图

2. 用电位差计校正电压表原理

电位差计除了测电动势外，还可以测量电压、电流、电阻等。用 UJ-31 型电位差计校正电压表的电路如图 12-4 所示。图中 V 为待校电压表，改变电路中滑线变阻器滑动头位置，可改变待校表的指示值（若电位差计的量程小于被校电压，可使用具有一定准确度级别的分压箱）。

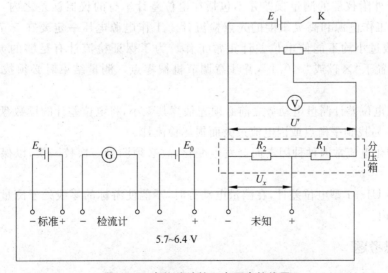

图 12-4　电位差计校正电压表接线图

四、实验步骤

1. 按图12-4连接电路(请检查E_s、E_0极性是否接对,工作电压E_0要在$5.7\sim 6.4$ V以内)。

2. 在调节工作电流之前,应先根据室温对标准电池的电动势进行修正:用下列公式计算出标准电池的电动势$E_s(t℃)$:

$$E_s(t℃) = E_s(20℃) - [40.6(t-20) + 0.95(t-20)^2] \times 10^{-6} \text{ V}$$

式中,$E_s(20℃) = 1.018\ 6$ V为室内温度在20℃时标准电池的电动势;t为使用时的实际温度(℃)。然后把电位差计面板上的温度补偿旋钮R_T旋至与经过计算后的电动势$E_s(t℃)$相同的位置上。将面板上的量程开关按测量需要指示在"×10"或"×1"的位置。

3. 按照UJ-31型电位差计的调节步骤调节电位差计:把K_2指向"标准",调节面板上的"粗""细"旋钮(同时须先后按下"粗""细"按钮)使检流计指零;再将K_2指向"未知",依次调节面板上的测量盘"Ⅰ""Ⅱ""Ⅲ"使检流计再次指零(同时须先后按下"粗""细"按钮),读取U_x。每取一次待校表的电压值,用电位差计测量一次校正值(待校表的"0"和"满偏"不能遗漏)。

五、数据处理

1. 拟一实验数据记录表格,记录待校表指示值U、电位差计测量值(校正值)U_x,若U_x是经分压后得到的,还应由U_x算出$U' = (R_1 + R_2)U_x/R_2$。被校电压表的误差$\Delta = U - U'$。

2. 以待校表示值为横轴,Δ为纵轴(有正、负),作一校正曲线(折线)。

3. 确定被校电表的准确度级别。

六、注意事项

1. 使用UJ-31型电位差计需将外附仪器(标准电池、检流计、工作电源等)及附加电路接入,其中有正负极性的不能接错。

2. 由于外附仪器的测量误差并不包括在电位差计本身的仪器误差之内,为此须选用高稳定度的工作电源和高灵敏度的光点检流计。工作电源电压一定要在$5.7\sim 6.4$ V范围内,过大或过小均不能使电位差计正常工作。为了保证检流计有足够的灵敏度,测量时必须将其置于"×1"或"×0.1",并注意调节机械零点。测量结束时必须拨回到"短路"以保护仪器。

3. 利用电位差计测量电动势之前必须先估算其大小,将电位差计的读数盘预置到该数值,否则会不易找到平衡点或因电流过大而损坏检流计。

4. 标准化电流常因种种因素而会发生变化,故必须测量一次校一次,以保证测量的准确性。

5. 对于UJ-31型电位差计,在测量电动势时,不能使游标的零线处于测量盘Ⅲ中没有标度的范围内。

七、预习思考题

1. 什么叫补偿原理?电位差计是怎样利用补偿原理工作的?

2. 标准电池在电位差计中起什么作用？为什么要对标准电池进行温度修正？怎样修正？

3. 电位差计使用时有哪些调节步骤？调节时要注意什么问题？"粗""细""短路"按钮各起什么作用？

4. 为了使光点检流计不致因偏转过大而损坏，在调节时应注意些什么？

5. 怎样用电位差计对电压表进行校准？如何作校正曲线？校正曲线有什么作用？

八、思考题

1. 电桥和电位差计同样是用指零比较法，你能说出它们的不同点吗？

2. 试描述校正曲线和定标曲线的应用范围。

3. 用电位差计测量电动势（或电位差）时，受到哪些条件的限制？

4. 试用下列仪器设计一个用补偿法测量未知电源电动势的电路：检流计、电压表、滑线变阻器、未知电源 E_x、工作电源 E_0，$E_0 > E_x$。

九、提高要求：用电位差计检定电压表的不确定度分析

以 UJ-31 型电位差计检定量程为 3 V 的 0.5 级电压表为例。由

$$U' = \frac{R_1 + R_2}{R_2} U_x \tag{12-1}$$

可知，U' 的误差来自电位差计的误差及分压电阻。已知 UJ-31 型电位差计的基本误差限为

$$E_{\lim} = a\%(U_x + U_n/10) \tag{12-2}$$

式中，$E_{\lim}$ 为基本误差允许极限；U_x 为测量盘示值；a 为准确度级别（=0.05）；U_n 为基准值（"×1"挡为 10 mV，"×10"挡为 100 mV）。其相对误差为

$$\gamma_{\lim} = \frac{E_{\lim}}{U_x} = a\%\left(1 + \frac{U_n}{10U_x}\right) \tag{12-3}$$

由于 UJ-31 型电位差计属实验室型测量仪器，其标准电池 E_s、检流计 G 和工作电流电源 E 都是外附的，它们所造成的误差并不包括在电位差计本身的误差 $E_{\lim}$ 之内，故在计算 U_x 的误差时还应把上述仪表的误差包含进去。各项误差因素的计算如下：

1. 标准电池产生的误差

由于 $U_x \propto E_s$，标准电池的误差 Δ_{E_s}/E_s 将使 U_x 产生误差。因标准电池的电势随温度而变化，UJ-31 将电阻 R_T 的一部分作为温度补偿盘，用来补偿这一影响。补偿电阻的步进值为 0.01 Ω，电位差计的工作电流为 10 mA，故补偿盘的电压步进值为 0.01×10=0.1(mV)，则产生温度补偿电压的最大误差为

$$\Delta_{E_s} = 50 \ \mu V \tag{12-4}$$

标准电池电动势在 20℃的参考值为 1.018 6 V，故最大相对误差为

$$\gamma_s = \frac{\Delta_{E_s}}{E_s} = \frac{50 \times 10^{-6}}{1.018\ 6} \times 100\% = 0.005\% \tag{12-5}$$

2. 检流计平衡不准而产生的误差

由于受检流计灵敏度阈的限制，以及调整时未能准确地调到平衡，使检流计中电流真正为零而产生误差，这包括校准工作电流时未调到平衡而产生的误差，也包括测量被测电压时

未调到平衡而产生的误差。已知 UJ-31 型电位差计的工作电源电压 $E=6$ V,工作电流 $I=10$ mA$=0.010$ A,故电位差计工作回路的总电阻为

$$R = E/I = 6/0.010\ \Omega = 600\ \Omega \tag{12-6}$$

则电位差计测量盘的电阻为

$$R_U = U_x/I \tag{12-7}$$

由于当 $U_x=150$ mV(接近满量程)时 R_U 仅为 $150/10=15(\Omega)$,故电位差计测量端(未知端)的总输出电阻为 $R_U /\!/ (R-R_U) \approx R_U$。设检流计的电流常量为 C_g^I,这是偏转 1 分格时通过的电流,则它所引起的 U_x 的变化约为 $\beta C_g^I R_U$,这里 β 为人眼能分辨的最小刻度,于是相对误差为

$$\gamma_g = \beta C_g^I R_U/U_x = \beta C_g^I/I \tag{12-8}$$

3. 工作电源输出端电压变化的影响

从电位差计的工作原理可知,测量过程中保持工作电流恒定是仪器正确工作的基本条件。工作电流值决定于工作电源输出的端电压值 E 和工作电流回路的总电阻 R,但回路总电阻对工作电流的影响应包含在电位差计的基本误差 $E_{\lim}$ 中,而工作电源不稳引起的电流变化则应另计。设工作电源的电压稳定度亦即相对误差为

$$\gamma_E = \Delta_E/E \tag{12-9}$$

由于 $E=IR$ 及 $U_x=IR_U$,所以它引起的工作电流及测量电压的相对变化皆为 γ_E。

以上的 $\gamma_{\lim}$、γ_s、γ_g 和 γ_E 皆是极限(相对)误差,因不确定度的评定是以正态分布为基础的,所以为了简化总不确定度的估计,可按正态分布计算以上各误差分量的近似标准差,以此作为 U_x 的不确定度分量,合成不确定度为各分量的方和根,则 U_x 的总相对不确定度为

$$\gamma_x = (\gamma_{\lim}^2 + \gamma_s^2 + 2\gamma_g^2 + \gamma_E^2)^{1/2} \tag{12-10}$$

由于测量过程中要调两次平衡,因此其中 γ_g^2 要乘以 2。

由式(12-3)可知,对于 $\gamma_{\lim}$,当基准值 U_n 一定时,U_x 越小,$\gamma_{\lim}$ 越大。3 V 电压表的最小分度为 0.02 V$=20$ mV,分压器的分压比为 $1/20$,故 U_x 的最小值为 1 mV,则由式(12-3)可得 $\gamma_{\lim}=0.1\%$。已知 AC 15/4 型检流计的电流常量 $C_g^I=5\times10^{-9}$ A/mm,取 $\beta=1$ mm,则由式(12-8)可得 $\gamma_g=5\times10^{-7}=5\times10^{-5}\%$,已知工作电源的电压稳定度 $\gamma_E=5\times10^{-5}=0.005\%$,及标准电池的相对误差 $\gamma_s=0.005\%$,代入式(12-10)可求得

$$\gamma_x = [(0.1\%)^2 + (0.005\%)^2 + 2\times(5\times10^{-5}\%)^2 + (0.005\%)^2]^{1/2}$$
$$= 0.1\% \tag{12-11}$$

事实上,对于量程为 3 V 的电压表,最小检定电压取到 0.2 V$=200$ mV 已足够(或在电压表示值小于 150 mV 时不用分压电阻),这时 $U_x=10$ mV,则 $\gamma_{\lim}=0.055\%$,于是有

$$\gamma_x = 0.056\% \tag{12-12}$$

由计算可见,U_x 的误差主要还是来自电位差计本身的误差 $E_{\lim}$,但若不选光电检流计而用指针式检流计(如 AC 5/2 型),则 γ_g 将提高约 3 个数量级,就与 $\gamma_{\lim}$ 差不多了。此外,由于 UJ-31 型的"未知"端输出电阻较小,它与检流计的内阻和待测电压 U_x 回路的内阻(约几十欧至几百欧)串联构成的检流计回路的总电阻也不大,为了使检流计工作在微欠阻尼或临界阻尼状态,选择 AC 15/4 型或 AC 15/5 型光电式检流计是合理的,它们的内阻和外临界电阻分别为 50 Ω 和 500 Ω 以及 30 Ω 和 40 Ω。

由 U_x 的不确定度 γ_x 可进一步算出 U' 的不确定度 γ_1:

$$\gamma_1 = \frac{\Delta_{U'}}{U'} = \left[\left(\frac{\Delta_{R_1}}{R_1+R_2}\right)^2 + \left(\frac{R_1}{R_1+R_2}\cdot\frac{\Delta_{R_2}}{R_2}\right)^2 + \gamma_x^2\right]^{1/2} \tag{12-13}$$

这里 Δ_{R_1} 和 Δ_{R_2} 分别为两个分压电阻的极限误差。为了减少连线电阻的影响,阻值应选大些为好。当分压比为 1/20 时,若有电阻箱,可选 R_1 和 R_2 分别为 9 500 Ω 和 500 Ω。设电阻箱为 0.1 级,可按下式

$$\Delta_R/R = 0.1\% + 0.005/R \tag{12-14}$$

算出其基本误差:

$$\frac{\Delta_{R_1}}{R_1} = 0.1\% + \frac{0.005}{9\ 500} \approx 0.1\% \tag{12-15}$$

$$\frac{\Delta_{R_2}}{R_2} = 0.1\% + \frac{0.005}{500} \approx 0.1\% \tag{12-16}$$

当将式(12-11)代入式(12-13)时,可算出

$$\gamma_1 = 0.18\% \tag{12-17}$$

当将式(12-12)代入式(12-13)时,可算出

$$\gamma_1 = 0.15\% \tag{12-18}$$

两者均小于 0.5%,对单个电表的检定是允许的,但对成套设备的检定,误差要求对 0.5 级电表 γ_1 应不超过 0.1%,就应选择精度更高的分压箱或标准电阻。

实验 13 碰撞打靶实验

物体间的碰撞是自然界中普遍存在的现象,从宏观物体的两物体碰撞到微观物体的粒子碰撞都是物理学中极其重要的研究课题。

一、实验目的

观察两个钢球的碰撞,应用已学到的力学定律去解决打靶的实际问题,测量打靶过程中的能量损失。

二、实验仪器

碰撞打靶实验仪如图 13-1 所示,它由导轨、单摆、升降架(其上有可控断通的小型电磁铁)、被撞小球及载球支柱、靶盒等组成。载球支柱上端为锥形平头状,减小钢球与支柱接触面积,在小钢球受击运动时,减少摩擦力做功。支柱具有弱磁性,以保证小钢球质心沿着支柱中心位置。

升降架上装有可上下升降的磁场方向与杆平行的电磁铁,杆上标有刻度尺及读数指示移动标志。仪器上电磁铁磁场中心位置、单摆小球(钢球)质心与被碰撞小球质心在碰撞前后处于同一平面内。由于实验测量前二球质心被调节成离导轨同一高度,所以,一旦切断电磁铁电源,被吸单摆小球将自由下摆,并能正中地与被击球碰撞。被击球将作平抛运动。最终落到贴有目标靶的金属盒内。

小球质量可用电子天平称衡(电子天平公用)。

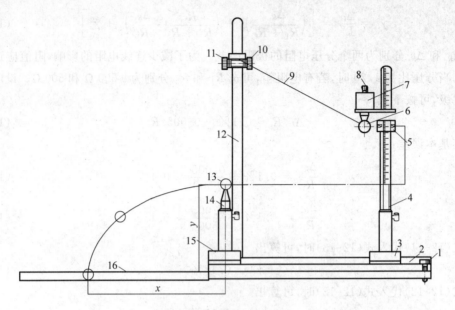

图 13-1 碰撞打靶实验仪
1—调节螺钉；2—导轨；3—滑块；4、12—立柱；5—刻线板；6—摆球；
7—电磁铁；8—衔铁螺钉；9—摆线；10—锁紧螺钉；11—调节旋钮；
13—被撞球；14—载球支柱；15—滑块；16—靶盒

三、实验原理

1. 碰撞：指两运动物体相互接触时，运动状态发生迅速变化的现象。（"正碰"是指两碰撞物体的速度都沿着它们质心连线方向的碰撞；其他碰撞则为"斜碰"。）

2. 碰撞时的动量守恒：两物体碰撞前后的总动量不变。

3. 平抛运动：将物体用一定的初速度 v_0 沿水平方向抛出，在不计空气阻力的情况下，物体所作的运动称平抛运动，运动学方程为 $x=v_0t, y=\frac{1}{2}gt^2$（式中，$t$ 是从抛出开始计算的时间；x 是物体在时间 t 内水平方向的移动距离；y 是物体在该时间内竖直下落的距离；g 是重力加速度）。

4. 在重力场中，质量为 m 的物体在被提高距离 h 后，其势能增加了 $E_p=mgh$。

5. 质量为 m 的物体以速度 v 运动时，其动能为 $E_k=\frac{1}{2}mv^2$。

6. 机械能的转化和守恒定律：任何物体系统在势能和动能相互转化过程中，若合外力对该物体系统所做的功为零，内力都是保守力（无耗散力），则物体系统的总机械能（势能和动能的总和）保持恒定不变。

7. 弹性碰撞：在碰撞过程中没有机械能损失的碰撞。

8. 非弹性碰撞：碰撞过程中的机械能不守恒，其中一部分转化为非机械能（如热能）。

四、实验内容

观察电磁铁电源切断时，单摆小球只受重力及空气阻力时的运动情况，观察两球碰撞前后的运动状态。测量两球碰撞的能量损失。

1. 调整导轨水平(为何要调整？如何用单摆铅直来检验？)，如果不水平可调节导轨上的两只调节螺钉。

2. 用电子天平测量被撞球(直径和材料均与撞击球相同)的质量 m，并以此作为撞击球的质量。

3. 根据被撞球的高度 y(如何测量？)以及靶心位置 x(如何确定？)算出撞击球与被撞击球的高度差 h(预习时应自行推导出由 y 和 x 计算 h 的公式)。注意小球并非质点，y、x、h 三个量的关系见示意图 13-2。

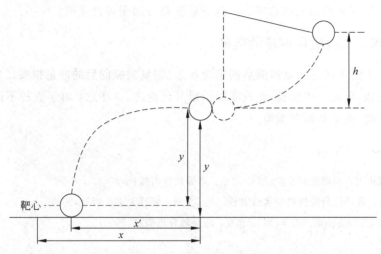

图 13-2　被撞球与撞击球的高度与靶心位置示意图

4. 通过调节撞击球的高低和左右位置，使之能在摆动的最低点和被撞球进行正碰(注意落点不能偏离靶纸中线过大)。

5. 把撞击球吸在磁铁下，调节升降架使它与被撞击球的高度差为 h，细绳拉直。

6. 让撞击球撞击被撞球，记下被撞球击中靶纸的位置 x'(可撞击多次求平均)，据此计算碰撞前后总的能量损失为多少。应对撞击球的高度作怎样的调整，才可使之击中靶心？(预习时应自行推导出由 x'、x 和 y 计算 $\Delta h = |h' - h|$ 的公式)。

7. 对撞击球的高度作调整后，再重复若干次试验，以确定能击中靶心的 $h'(= h + \Delta h)$ 值。

8. 观察两小球在碰撞前后的运动状态，分析碰撞前后各种能量损失的原因。

五、思考题

1. 如果质量不同的两球有相同的动量，它们是否也具有相同的动能？如果不等，哪个动能大？

2. 找出本实验中产生 Δh 的各种原因(除计算错误和操作不当原因外)。

3. 在质量相同的两球碰撞后，撞击球的运动状态与理论分析是否一致？这种现象说明了什么？

4. 如果不放被撞球，撞击球在摆动回来时能否达到原来的高度？这说明了什么？

5. 此实验中,绳的张力对小球是否做功?为什么?

6. 定量导出本实验中碰撞时传递的能量 e 和总能量 E 的比 $\varepsilon = e/E$ 与两球质量比 $\mu = \dfrac{m_1}{m_2}$ 的关系。

7. 本实验中,球体不用金属,用石蜡或软木可以吗?为什么?

8. 举例说明现实生活中哪些是弹性碰撞,哪些是非弹性碰撞。它们对人类的益处和害处如何?

9. 据科学家推测,6 500 万年前白垩纪与第三纪之间的恐龙灭绝事件,可能是由一颗直径约 10 km 的小天体撞击地球造成的。这种碰撞是否属于弹性碰撞?

六、提高要求:不同质量钢球的碰撞

观察两个不同质量钢球碰撞前后的运动状态,测量碰撞前后的能量损失。用直径、质量都不同的被撞球,重复上述实验,比较实验结果并讨论之。(注意:由于直径不同,应重新调节升降台的高度,或重新调节细绳。)

参考文献

[1] 沈元华,陆申龙. 基础物理实验[M]. 北京:高等教育出版社,2003.
[2] 沈元华,等. 设计性研究性物理实验教程[M]. 上海:复旦大学出版社,2004.
[3] 郑永令,贾起民,方小敏. 力学[M]. 北京:高等教育出版社,2002.

实验 14　灯丝电阻与其端电压关系的研究

一、实验目的

测量非线性电阻的伏安曲线。

二、实验仪器

6.3 V、2.5 W 灯泡;0～30 Ω、载流(额定电流)为 2 A 的滑线变阻器;0～15 V 电压表;0～2 A 安培表;开关;16 V 直流电源(如果是交流电,则应选用交流伏特计和交流安培计)。

三、实验原理

只有当载流体的温度恒定时,欧姆定律才是正确的。电流通过灯丝时,灯丝温度会升高,灯丝的端电压与流经它的电流不再是线性关系。本实验证明当电阻的温度变化时,电流和电压偏离线性关系的情况。

灯丝电阻会随着温度升高而增大。在一定的电流范围内,通过灯丝的电流和其端电压的关系为

$$V = KI^n$$

式中,K 和 n 为与灯泡有关的常数。

四、实验内容

搭建如图 14-1 所示电路,其中 L 是灯泡,V 是电压表,A 是安培表,R 是滑线变阻器,K 是开关。

将 R 置于最大值,接通电源,记录 A 和 V 的读数;逐次适当地减少 R 以测得灯泡的一系列电流值和对应的端电压。灯泡允许短时间过载,以便研究比正常情况更高温度的情况。要记住,在灯丝灼热之前,它的温度就已经发生了显著的变化,因此应该在该范围内取几个不同数据。

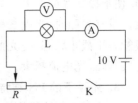

图 14-1　测量电路图

五、数据记录与处理

把观测数据填入下表。

电流/A	电压/V	电阻/Ω	功率/W

在同一坐标系内作 I-V 图像和 R_L(灯丝电阻)-V 图像,并讨论其结果。

以 V 为横坐标作出 P(功率)-V 图像,并讨论其结果。

计算 K 和 n。

求室温下的灯丝电阻。

实验拓展:研究光电二极管的光电特性

一、实验目的

观察和测量光电二极管的光电特性。

二、实验仪器

光电二极管,直流电源,小灯泡(6.3 V,0.5 A),数字万用电表两只(其中一只表有直流电流 200 μA 量程),电阻箱(电位器),电学实验板等。

三、实验原理

1. 光伏效应

当光照射在 PN 结上时,由光子所产生的电子和空穴将分别向 N 区和 P 区集结,使 PN 结两端产生电动势。这一现象称为光伏效应,如图 14-2 所示。利用半导体 PN 结的光伏效应可制成光伏探测器。常用的光伏探测器有光电池、光电二极管、光电三极管等。

2. 光电二极管

光电二极管的结构与一般二极管相似,管子封装在透明玻璃外壳中,它的 PN 结装在管顶,便于接受光的照射。光电二极管的光照特性主要有伏安特性、入射光强-电流(电压)特性。没有光照时,光电二极管的反向电阻很大,反向电流很小(一般为纳安数量级),光电二极管处于截止状态;受光照射时光电二极管处于导通状态,光电流的方向与反向电流一致,光线越强,光电流越大。

3. 光照下的 PN 结特性

光照下 PN 结的伏安特性曲线如图 14-3 所示。无光照时,伏安特性曲线和普通二极管的一样。有光照时,PN 结吸收光能,产生反向电流。光照越强,光电流越大。

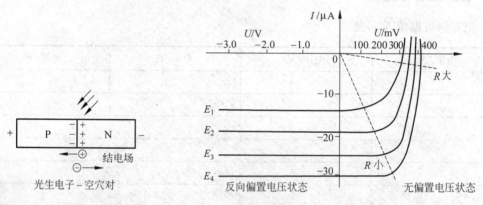

图 14-2 PN 结光伏效应原理图　　　图 14-3 光伏探测器的伏安特性曲线

光伏器件用作探测器时,需要加反偏压或是不加偏压。不加偏压时,光伏器件工作在图 14-3 的第四象限,称为光伏工作模式。加反偏压时,光伏器件工作在图 14-3 的第三象限:无光照时电阻很大,电流很小;有光照时,电阻变小,电流变大,而且电流随光照变化,光照特性类似于光敏电阻,称做光电导工作模式。但是,光伏器件和光敏电阻的工作原理不同,特性也有很大差别。

光电二极管按照光伏模式工作在图 14-3 的第四象限,有光照时光电二极管的电流为

$$I = I_L - I_s(e^{qU/kT} - 1) \tag{14-1}$$

式中,q 为电子电荷量;k 为玻耳兹曼常量;T 为结温,单位为 K;I 为总电流;U 为光电二极管的输出电压;I_s 为反向饱和电流;I_L 为光生电流。光生电流 I_L 与光照有关,随光照的增大而增大,呈线性关系。

4. 光电二极管的开路电压和短路电流

在 PN 结开路时,总电流为零,光电二极管的输出电压称为开路电压 U_{oc},将 $I=0$ 代入式(14-1),就可以得到开路电压与光照的对数成正比。如果将 PN 结短路,输出电压为零,将 $U=0$ 代入式(14-1),即可得到短路电流 I_{sc} 与入射光照度成正比。从图 14-3 的伏安曲线上也可以得到 U_{oc} 和 I_{sc},伏安曲线与电压轴的交点为开路电压 U_{oc},与电流轴的交点为短路电流 I_{sc}。

光电二极管可以按照光伏型模式工作(不加外偏压),也可以按光电导型模式工作。硅光电二极管通常用作检测元件,工作在负偏压下,其光电线性好,而且响应快。其基本的应

用电路如图 14-4 所示。

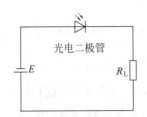

图 14-4　光电二极管基本应用电路

四、实验内容

1. 观察光电二极管的光电特性

（1）用数字万用电表二极管测试挡确定光电二极管的正负极。

（2）使用数字万用电表直流电压量程测量开路电压 U_{oc}。改变光照条件，观察 U_{oc} 的变化。用数字万用电表直流电流 200 μA 量程（200 μA 挡内阻约为 1 000 Ω）粗测光电流 I。改变光照条件，观察光电流 I 的变化。

2. 测量光电二极管处于光伏型模式的光电特性

令光电二极管工作在零偏压下，用电阻箱作为负载电阻，光源用小灯泡（6.3 V，0.5 A）。固定小灯泡的工作电流，使灯泡的发光强度不变。改变小灯泡和光探测器的距离，利用照度与距离平方成反比的关系，测量光电二极管的光电特性（相对）。

（1）测量光电二极管的短路电流与入射光照度的关系。

（2）测量光电二极管的开路电压与入射光照度的关系。

3. 测量光电二极管处于光电导模式的光电特性

光电导型工作模式的电路原理如图 14-4 所示。设计实验方案（测量电路），测量光电二极管的光电特性。

五、思考题

什么是光伏器件的开路电压？它和通常说的二极管的正向导通电压有何不同？什么是短路电流？

实验 15　薄透镜焦距的测量

由各种光学元件组成的光学仪器中，透镜是最基本的成像元件，所以了解透镜的重要参量——焦距，并熟悉透镜成像规律，是分析光学成像系统的基础。

一、实验目的

1. 学习简单光路的"等高共轴"调节。
2. 用自准直法、共轭法测量凸透镜焦距；用自准直法、物距像距法测量凹透镜焦距。
3. 加深对凸、凹透镜成像规律的感性认识。

二、实验仪器

贴有刻度尺的光具座,光具凳,光源,凸透镜,凹透镜,平面镜,物屏和像屏。

三、实验原理

一般可用成像公式和自准直法来测量薄透镜的焦距。

由几何光学理论推导薄透镜的近轴光线成像公式为

$$\frac{1}{U} + \frac{1}{V} = \frac{1}{f}$$

所以

$$f = \frac{UV}{U+V} \tag{15-1}$$

式中,U 为物距;V 为像距;f 为透镜的焦距。如图 15-1 所示,只要测出 U 及 V 即可由式(15-1)计算焦距 f。

（一）测凸透镜焦距

1. 用共轭法（也称二次成像法）测量凸透镜焦距

实验是在光具座上进行的。光具座包括一根长直导轨（上附标尺）、几个可在导轨上滑动的底座,底座上可装插各种光学元件,如照明光源、物屏、透镜、像屏、平面反射镜等,底座下端刻有读数标线,以读出底座在导轨上的位置。

如果光心位置不准确,光心与底座标线不共面（如图 15-2 所示）,测得 U、V 读数就会有误差。消除这种系统误差的方法之一就是利用共轭法,或称二次成像法。

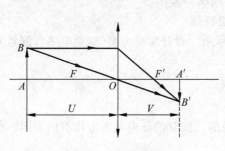

图 15-1 凸透镜成像

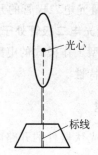

图 15-2 透镜光心与底座标线不重合

由凸透镜的成像规律可知,如果物屏与像屏的相对位置 D 保持不变,而且 $D>4f$,则在物屏与像屏间移动透镜,可得二次成像。当透镜移到 X_1 位置时,屏上得到一个倒立放大实像 A_1B_1,透镜移至 X_2 位置时,屏上得到一个倒立缩小实像 A_2B_2,光路如图 15-3 所示。

由图 15-3 可知,透镜在 X_1 位置时,有

$$U_1 = D - d - V_2$$
$$V_1 = d + V_2$$

则

$$f = \frac{(D - d - V_2)(d + V_2)}{D} \tag{15-2}$$

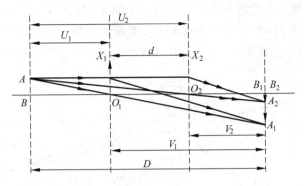

图 15-3 用共轭法测量凸透镜焦距

透镜在 X_2 位置时,有
$$U_2 = D - V_2$$
则
$$f = \frac{(D-V_2)V_2}{D} \tag{15-3}$$

由式(15-2)、式(15-3)可解出
$$V_2 = \frac{D-d}{2} \tag{15-4}$$

因此有
$$f = \frac{D^2 - d^2}{4D} \tag{15-5}$$

由此可知,只要找出透镜二次成像的位置和物与像之间的距离,就可算得凸透镜焦距 f,但必须满足 $D > 4f$ 的条件,否则像屏上不可能有二次成像(为什么?)。这种方法不需要确切知道透镜光心在什么位置,只需要保证在二次成像过程中,确定透镜位置的标线和透镜光心之间的偏离保持恒定。

2. 用自准直法测量凸透镜焦距

如图 15-4 所示,狭缝光源 S_0 置于透镜 L 焦点处,发出的光经透镜后成为平行光,在镜后面放一块与透镜主光轴垂直的平面反射镜 M,将这束平行光反射回去。根据光路的可逆性原理,S_0 必成像于透镜的焦平面上,透镜光心 O 与光源 S_0 之间的距离即为此凸透镜之焦距 f,且其像必然呈倒像(为什么?)。

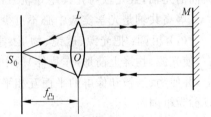

图 15-4 用自准直法测量凸透镜焦距

利用这种物、像在同一平面上且呈倒像的测量透镜焦距的方法称为自准直法。由于它可以用来鉴别物屏是否已位于透镜焦平面上,所以在光学调整中称为自准法调焦,在光学仪器中有广泛的应用(参阅分光计调节和使用)。

(二)测凹透镜焦距

1. 用物距像距法测量凹透镜焦距

如图 15-5 所示,在物 AB 右侧两倍焦距以外处放一会聚透镜 L_1 使物 AB 在 P 点处成缩

小倒立的实像 $A'B'$，然后将待测凹透镜 L_2 置于凸透镜 L_1 与像 $A'B'$ 之间，如 $O'A'<|f_凹|$，通过 L_1 的光束经 L_2 折射后，在 P' 点处仍能成一实像 $A''B''$。但应注意，对凹透镜 L_2 来讲，$A'B'$ 为虚物，物距 $U_2=-O'A'$，像距 $V_2=O'A''$，代入成像公式(15-1)即能计算出凹透镜焦距 $f_凹$。

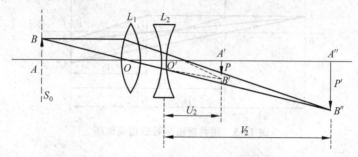

图 15-5　用物距像距法测量凹透镜焦距

2. 用自准直法测量凹透镜焦距

因为凹透镜是发散透镜，所以要由它获得一束平行光，必须借助于凸透镜才能实现，如图 15-6 所示。先由凸透镜 L_1 将置于 S_0 处的光点成像于 S_0' 处，然后将待测凹透镜 L_2 和平面镜 M 置于 L_1 与 S_0' 之间，如果 $O'S_0'>|f_凹|$，则当移动 L_2 使 L_2 的光心 O' 到 S_0' 间距离为 $O'S_0'=|f_凹|$ 时，由 S_0 处光点发出的光束经过 L_1、L_2 后变成平行光，通过平面镜 M 的反射，又在 S_0 处成一清晰的实像，确定了像点 S_0' 和凹透镜光心的位置就能测出 $f_凹$。

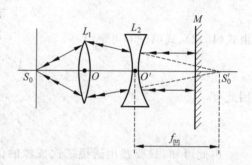

图 15-6　用自准直法测量凹透镜焦距

四、实验内容与步骤

（一）光具座上各元件"等高共轴"调节

由于应用薄透镜成像公式时，需要满足近轴光线条件，因此必须使各光学元件调节到有共同的光轴，且光轴与光具座导轨平行，这些步骤统称为等高共轴调节。

等高共轴是光学实验中必不可少的一个步骤，具体调节方法如下：

(1) 粗调：把光源、透镜、物屏、像屏等用光具夹夹好后，先将它们靠拢，调节高低、左右，使光源、物屏上箭形（作物体）的中心、透镜中心、像屏中心大致在一条和导轨平行的直线上，并使物、透镜和像屏的平面互相平行且垂直于导轨。这是靠目视观察判断，比较粗糙，所以称为粗调阶段。

(2) 细调：借助于其他仪器或应用成像规律来调整。本实验中可以应用透镜成像的共轭原理（二次成像法）进行调整，使物屏与像屏之间距离大于 $4f$。如果物的中心偏高于透镜的光心，那么，在透镜向像屏移动的过程中，像的中心位置将会改变，即大像的中心在小像中心的下方，此时应将透镜调高；若透镜在移动过程中大小像中心重合，表示等高共轴要求已达到。判断物的中心究竟是偏左还是偏右，是以大像中心与小像中心的相对位置来决定的。因此，调节要领可简单总结为"大像追小像，中心相重合"。

(二) 测凸透镜焦距

1. 用自准直法测凸透镜焦距

(1) 按图 15-4 所示,在光具座上放上物屏、透镜及平面镜,仔细移动和调节透镜离开物屏的距离和高低,直到物屏上看到与物大小相等的清晰的倒像为止。分别记下物屏和透镜在光具座上的位置 S_0 和 L,则 $|S_0-L|=f_{凸}$。

(2) 重复 6 次,列表记录所有数据。

注意:当移动透镜后,若物屏旁出现一倒立实像时,这时应再改变(稍微转动)一下平面镜的角度,看这个倒立像的位置有无移动。若没有移动,则说明此像并非经平面镜反射所成(是凸透镜表面反射的像),必须找到由平面镜反射光成的像才行。

2. 用共轭法测量凸透镜焦距

(1) 按图 15-3 所示放上物屏和像屏,并使两者间距离 D 固定在大于 $4f$ 的某一数值上,f 由自准直法测得。放上凸透镜,调成等高共轴。

(2) 分别测出成大像和小像时透镜在光具座上的位置 X_1 和 X_2,算出 $d=|X_2-X_1|$。

(3) 重复 6 次,列表记录所有数据。

(三) 测凹透镜焦距

1. 用自准直法测凹透镜焦距

(1) 如图 15-6 所示,使物屏 S_0 与凸透镜 L_1 之间的距离约为凸透镜 L_1 焦距的两倍。调成等高共轴后,放上像屏,移动像屏,同时仔细调节凸透镜 L_1 的位置,使在像屏上得到一个稍许缩小或稍许放大的实像(在实验中究竟是"稍许缩小",还是"稍许放大",视所用凸透镜和凹透镜而定。可用实验方法来确定或由指导实验老师告知)。

(2) 在凸透镜 L_1 与像屏 S_0' 之间放上凹透镜 L_2 和平面镜 M,并使它们一起在导轨上移动,直至在物屏上出现清晰的像(注意:像较暗),记下此时凹透镜 L_2 在光具座上的位置读数 L_2,则 $|S_0'-L_2|=f_{凹}$。

(3) 重复 6 次,列表记录所有数据。

2. 用物距像距法测凹透镜焦距

(1) 如图 15-5 所示,固定物屏 S_0 和凸透镜 L_1,使 $|S_0-L_1|>2f_{凸}$,再放上像屏,移动像屏使在像屏上呈现清晰缩小的实像,记下像屏位置 P。

(2) 在凸透镜 L_1 和像屏之间放上凹透镜 L_2,移动像屏至成清晰的像。并记下此时的凹透镜和像屏的位置即 L_2 和 P',由此得 $U=-|P-L_2|$,$V=|P'-L_2|$,代入式(15-1),可计算出 $f_{凹}$ 值。

(3) 保持 S_0、L_1、L_2 不变,重复 6 次,列表记录所有数据。

(四) 观察凸透镜成像规律

知道凸透镜的焦距 f 之后,就可以分几种情况定性地观察凸透镜成像规律。分别在 $U>2f$,$f<U<2f$,$U<f$ 三种典型条件下观察像的虚实、大小、正倒情况。

五、数据记录及处理

(一) 用自准直法测凸透镜焦距

$$S_0 = \underline{\quad\quad} \text{cm}, \quad s_{S_0仪} = 0.05/\sqrt{3} \text{ cm}$$

cm

测量次数	1	2	3	4	5	6
L						
$\bar{L}$						
s_L						

$$\bar{f} = |\bar{L} - S_0|, \quad s_f = \sqrt{s_L^2 + s_{S_0仪}^2}$$

$$E = \frac{s_f}{\bar{f}}, \quad f = \bar{f} \pm s_f$$

(二)用共轭法测凸透镜焦距

$$S_0 = \underline{\quad} \text{ cm}, \quad s_{S_0仪} = 0.05/\sqrt{3} \text{ cm}$$

$$P = \underline{\quad} \text{ cm}, \quad s_{P仪} = 0.05/\sqrt{3} \text{ cm}$$

$$D = |P - S_0| \text{ cm}, \quad s_D = \sqrt{s_{S_0仪}^2 + s_{P仪}^2} = \underline{\quad} \text{ cm}$$

cm

测量次数	1	2	3	4	5	6
X_1						
X_2						
$\bar{X}_1$						
$\bar{X}_2$						
$\bar{d} = |\bar{X}_2 - \bar{X}_1|$						
s_{X_1}						
s_{X_2}						
$s_d = \sqrt{s_{X_1}^2 + s_{X_2}^2}$						

$$\bar{f} = \frac{\bar{D}^2 - \bar{d}^2}{4\bar{D}} = \underline{\quad} \text{ cm}$$

$$s_f = \sqrt{\left[\frac{\bar{D}^2 + \bar{d}^2}{4\bar{D}^2}\right]^2 s_D^2 + \left[\frac{\bar{d}}{2\bar{D}}\right]^2 s_d^2} = \underline{\quad} \text{ cm}$$

$$f = \bar{f} \pm s_f = \underline{\quad} \text{ cm}, \quad E = \frac{s_f}{f}$$

(三)用自准直法测凹透镜焦距

$$S_0 = \underline{\quad} \text{ cm}, \quad L_1 = \underline{\quad} \text{ cm}$$

cm

测量次数	1	2	3	4	5	6
S'_0						
L_2						
$\overline{S'_0}$						
$\overline{L_2}$						
$s_{S'_0}$						
s_{L_2}						

$$\overline{f} = -|\overline{S'_0} - \overline{L_2}|, \quad s_f = \sqrt{s_{S'_0仪}^2 + s_{L_2}^2}$$

$$f = \overline{f} \pm s_f, \quad E = \frac{s_f}{\overline{f}}$$

（四）用物距像距法测凹透镜焦距

$$S_0 = \underline{\quad} \text{cm}, \quad L_1 = \underline{\quad} \text{cm}$$

$$L_2 = \underline{\quad} \text{cm}$$

$$s_{L_2仪} = 0.05/\sqrt{3} \text{ cm}$$

cm

测量次数	1	2	3	4	5	6
P						
P'						
$\overline{P}$						
$\overline{P'}$						
$\overline{U} = |\overline{P} - L_2|$						
$\overline{V} = |\overline{P'} - L_2|$						
s_P						
$s_{P'}$						
$s_U = \sqrt{s_P^2 + s_{L_2}^2}$						
$s_V = \sqrt{s_{P'}^2 + s_{L_2}^2}$						

$$\overline{f} = \frac{\overline{U}\,\overline{V}}{\overline{U} - \overline{V}}$$

$$s_f = \sqrt{\left[\frac{\overline{U}^2}{(\overline{U} - \overline{V})^2}\right]^2 s_V^2 + \left[\frac{\overline{V}^2}{(\overline{U} - \overline{V})^2}\right]^2 s_U^2}$$

$$f = \overline{f} \pm s_f, \quad E = \frac{s_f}{\overline{f}}$$

六、注意事项

1. 取放光学元件时不要污损元件。
2. 要注意区分透镜的凹凸，实验时不要搞错。
3. 光具座上标尺读数有顺有倒，记录读数时只记对应数值，不考虑倒顺关系，计算时取绝对值。

七、思考题

1. 如何用简单的光学方法判断透镜的凹凸？如何估测凸透镜的焦距？
2. 共轭法中能获得二次成像的条件是什么？共轭法有何优点？
3. 如何用自准直法来测量凸透镜焦距？
4. 凹透镜只能发散光线，不能成实像，本实验是如何用自准直法来测定其焦距的？

实验 16　利用驻波测定弦线中的波速

波动的研究几乎出现在物理学的每一领域中。如果在空间某处发生扰动，以一定的速度由近及远向四处传播，则称这种传播着的扰动为波。机械扰动在介质内的传播形成机械波，电磁扰动在真空或介质内的传播形成电磁波。不同性质的扰动的传播机制虽然不相同，但由此形成的波却具有相似的规律性。

驻波是一种极重要的振动过程，是波的一种叠加现象。它广泛存在于各种自然现象中，管、弦、膜的振动，都可以形成驻波，驻波在声学、无线电和光学中都有重要的应用，可以用来测定波长，也可以用来确定振动系统的固有频率。

一、实验目的

1. 观察弦的振动及弦线上形成的驻波。
2. 掌握利用驻波现象测定弦线上波速的两种方法。
3. 比较两种方法测得的结果，验证弦线张力 T、线密度 ρ 与波速 v 之间的关系式。

二、实验仪器

电振音叉、滑轮、绳线、砝码、米尺、天平、XD7 型低频信号发生器。

图 16-1 是 XD7 型低频信号发生器的面板图。有"电压输出"和"功率输出"两个输出端。为了安全，实验时应尽量使面板上电压表头的指示小于 40 V，可按面板上标注的文字符号操作各旋钮。

三、实验原理

两个振幅相同、频率相同、振动方向相同、相位差恒定的波（即相干波）在同一直线上沿着相反方向彼此相向行进时，因相互叠加而成的一种看起来停驻不前的波动现象，称为驻波。

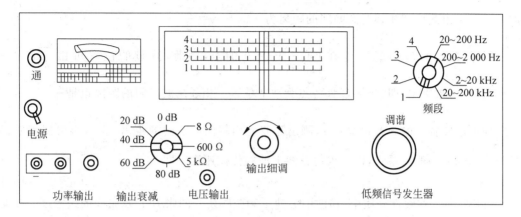

图 16-1　XD7 型低频信号发生器面板图

当在电振音叉的端部系一弦线,跨过一定滑轮,线的另一端与砝码盘相连,通电激发电振音叉,使它在固有频率振动后,在砝码盘中放上合适的砝码时,弦线的一端随叉振动,以波的形式向滑轮方向前进,再从滑轮端反射回来,两波相叠加而在弦线上形成一个稳定的波形,即为驻波,如图 16-2 所示。

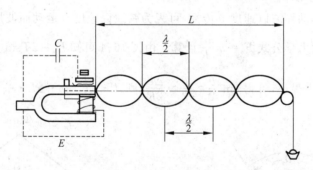

图 16-2　实验装置图示

如果把从音叉端点到滑轮方向定为 x 轴的正方向,则前进波(原波)可写为

$$y_1 = A\cos 2\pi\left(ft - \frac{x}{\lambda}\right)$$

反射波可写为

$$y_2 = -A\cos 2\pi\left(ft + \frac{x}{\lambda}\right)$$

其合成波为

$$y = y_1 + y_2 = \left(2A\sin\frac{2\pi}{\lambda}x\right)\sin 2\pi ft$$

由上述可见,合成以后弦线上的各点都在作同周期的简谐振动,合成各点的振幅为 $\left|2A\sin\frac{2\pi}{\lambda}x\right|$,即驻波的振幅与位置有关而与时间无关。振幅的最大值发生在 $\left|\sin\frac{2\pi}{\lambda}x\right|=1$ 的点,因此波幅的位置可由 $\frac{2\pi}{\lambda}x=(2k+1)\frac{\pi}{2}$,$k=0,1,2,\cdots$ 来决定,即 $x=(2k+1)\frac{\lambda}{4}$ 处都是

波幅位置。由此可知相邻两波幅间的距离为 $x_{k+1}-x_k=\dfrac{\lambda}{2}$。

同样,振幅的最小值发生在 $\left|\sin\dfrac{2\pi}{\lambda}x\right|=0$ 的点,因此,波节的位置可由 $\dfrac{2\pi}{\lambda}x=k\pi$,$k=0,1,2,\cdots$ 来决定,即 $x=k\dfrac{\lambda}{2}$ 处各点为波节位置。相邻两波节间的距离也是 $\dfrac{\lambda}{2}$。

如果已知音叉的固有频率为 f,测出驻波上相邻两波节间的距离 $\left(\dfrac{\lambda}{2}\right)$,再根据频率、波长与波速间的一般关系式,即可求得弦线上波的传播速度。即

$$v = f\lambda \tag{16-1}$$

可以证明:在线性介质中,横波的波速 v 和弦线所受的张力 T 及弦线的线密度 ρ 有关,它们的关系为

$$v = \sqrt{\dfrac{T}{\rho}} \tag{16-2}$$

式(16-2)证明如下:

设在驻波波形中取一段 ΔL,其曲率半径为 R,两端张力为 T,其质量 $m=\rho\cdot\Delta L$(ρ 为线密度),如图 16-3 所示。

在这里弦线不动而波以速度 v 传播,可视为弦线以速度 v 运动而波形不动,所以可运用匀速圆周运动的动力学公式 $F_n=m\dfrac{v^2}{R}$ 计算。由图 16-4 可知 $F_n=2T\sin\dfrac{\theta}{2}$,由于 ΔL 是一微小量,因此 $\dfrac{\theta}{2}$ 必须也很小,可得 $\sin\dfrac{\theta}{2}\approx\dfrac{\theta}{2}=\dfrac{\Delta L}{2R}$,则 $T\cdot\dfrac{\Delta L}{R}=\rho\cdot\Delta L\cdot\dfrac{v^2}{R}$,$v=\sqrt{\dfrac{T}{\rho}}$,证毕。

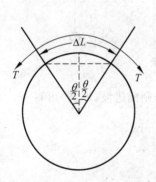

图 16-3 一段长 ΔL 的弦上的张力

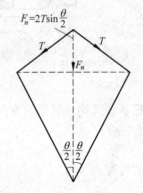

图 16-4 张力与波速关系图示

四、实验内容及步骤

1. 在电振音叉的端部系一弦线,跨过定滑轮,线的另一端与砝码盘相连。
2. 低频信号发生器接功率输出端,调节输出频率使音叉振幅达到最大。

注意:音叉在激振线圈所产生的磁场作用下而被吸引,形成强迫的振动。当线圈中电流最大时磁场最强,吸引力最大;电流为零时磁场消失,吸引力为零,音叉被释放。无论线圈中电流的方向如何,正弦电流变化一个周期就有两个强磁场出现,音叉也就被吸引两次,形

成两次振动,即正弦电流的频率是音叉频率的一半。

3. 在砝码盘上加上适当的砝码,使弦线上出现两个波段,且振幅最大为止。

第一次应加的砝码(包括盘的质量)可以推算如下:

由 $v = f\lambda$ 及 $v = \sqrt{\dfrac{T}{\rho}}$ 得

$$f\lambda = \sqrt{\dfrac{T}{\rho}} = \sqrt{\dfrac{mg}{\rho}}$$

则 $m = \dfrac{f^2\lambda^2\rho}{g}$,又因 $\lambda = \dfrac{2L}{n}$,则

$$m = \dfrac{4f^2L^2\rho}{g} \cdot \dfrac{1}{n^2} = K \cdot \dfrac{1}{n^2}, \quad 式中 K = \dfrac{4f^2L^2\rho}{g} 为一常量$$

可见应加的砝码数与波段数 n^2 成反比。

例如,现在讨论两个波段,则 $n = 2$;若已知音叉的频率 $f = 118.0$ Hz,弦长 $L = 1.340$ m,弦线密度 $\rho = 1.100 \times 10^{-4}$ kg/m,$g = 9.794$ m/s^2,代入上式得 $m_2 = 0.2800$ kg,减去砝码盘本身质量 1.00×10^{-2} kg,算出在两个波段应加 0.2700 kg 的砝码。然后再在具体实验时确定对应振幅最大时的最佳值。

一旦 m_2 确定后,再根据 $m_3 : m_2 = n_2^2 : n_3^2$,$m_3 = m_2 \left(\dfrac{n_2}{n_3}\right)^2$,则三个波段应加的质量为 $m_3 = \dfrac{4}{9}m_2$,同理四个波段时应加 $m_4 = \dfrac{1}{4}m_2$,$m_5 = \dfrac{4}{25}m_2$,$m_6 = \dfrac{1}{9}m_2$,…以此类推,初步估算应加砝码质量后,再通过实验最后确定准确值,这样可以避免心中无数地盲目乱加。

注意:

(1) 估算 m_2 时,应包括砝码盘本身质量 m_0,推算出来以后还应减去 m_0。

(2) 不能让砝码盘摆动,以免张力忽大忽小,造成波幅大小不能稳定。想一想,为什么张力会忽大忽小?

(3) 当测到第六个波段时需加的砝码较小,而实验室所给的砝码最小单位是 1 g,有时会出现这样的情况:在估算值基础上加 1 g 或减 1 g 都不能达到振幅极大,这时可以加 1 g 再使滑轮和音叉之间的距离拉大一点,使振幅达到极大为止。

4. 记下砝码盘的质量 m_0,盘中所加的砝码质量 m 及弦长 L(估计到毫米)、信号源频率 f。

5. 按照上述方法,分别测出二至六个波段对应的各个值。

注意观察张力 T 变化(通过调节砝码达到)时弦线波段数的振幅的变化。调节砝码就是要求达到波段数为整数倍、振幅达到最大。

6. 将弦线从音叉上取下,量度弦线的总长,用天平称出弦线的质量。

五、记录和数据处理

弦线质量 $M =$ ____ kg　　　　　砝码盘质量 $m_0 =$ ____ kg

弦线总长 $L_\text{总} =$ ____ m　　　　音叉频率 $f =$ ____ Hz

弦线线密度 $\rho = \dfrac{M}{L_\text{总}} =$ ____ kg/m

波段数 n	弦线长 L/m	波长 $\lambda=\dfrac{2L}{n}$/m	所加砝码 m/kg	张力 T $T=(m+m_0)g$/N	$v_1=f\lambda$ (m/s)	$v_2=\sqrt{\dfrac{T}{\rho}}$ (m/s)	相对误差 $E=\dfrac{\lvert v_2-v_1\rvert}{v_1}\times 100\%$
2							
3							
4							
5							
6							

六、思考题

1. 测波长时，取哪一段长度较好？是取一个半波长，还是取几个，还是取弦线总长 L 计算？为什么？

2. 在实验中，为了最好地确定对应于一定弦线长度下的最明显、稳定的驻波，如何考虑需改变的 Δm 值？

实验拓展：验证波长与弦线张力、波源振动频率的关系

一、实验目的

1. 用实验确定弦线振动时驻波波长与张力的关系。
2. 在弦线张力不变时，用实验确定弦线振动时驻波波长与振动频率的关系。
3. 学习对数作图或最小二乘法进行数据处理。

二、实验仪器

FD-SWE-Ⅱ型弦线上驻波实验仪、米尺、分析天平等。

实验装置如图 16-5 所示，金属弦线的一端系在能作水平方向振动的可调频率数显机械振动源的振簧片上。频率变化范围从 0～200 Hz 连续可调，频率最小变化量为 0.01 Hz。弦线一端通过定滑轮悬挂一砝码盘；在振动装置（振动簧片）的附近有可动刀口，在实验装置上还有一个可沿弦线方向左右移动并撑住弦线的可动滑轮。这两个滑轮固定在实验平台上，其产生的摩擦力很小，可以忽略不计。设弦线下端所悬挂的砝码（包含砝码盘）的质量为 m，张力 $T=mg$。当波源振动时，即在弦线上形成向右传播的横波；当波传播到可动滑轮与弦线相切点时，由于弦线在该点受到滑轮两壁阻挡而不能振动，波在切点被反射形成了向左传播的反射波。这种传播方向相反的两列波叠加即形成驻波。当振动簧片附近的弦线固定点至可动滑轮与弦线切点的长度 L 等于半波长的整数倍时，即可得到振幅较大而稳定的驻波，振动簧片附近的弦线固定点为近似波节，弦线与可动滑轮相切点为波节。它们的间距为 L，则由 $L=n\dfrac{\lambda}{2}$ 即可测量弦上横波波长。由于簧片与弦线固定点在振动不易测准，实验也可将最靠近振动端的波节作为 L 的起始点，并用可动刀口指示读数，求出该点离弦线与可动滑轮相切点距离的 L。

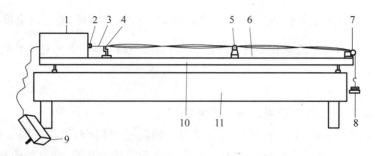

图 16-5　仪器结构图
1—可调频率数显机械振动源；2—振动簧片；3—弦线；4—可动刀口支架；5—可动滑轮支架；
6—标尺；7—固定滑轮；8—砝码与砝码盘；9—变压器；10—实验平台；11—实验桌

实验时，将变压器（黑色壳）输入插头与 220 V 交流电源接通，输出端（五芯航空线）与主机上的航空座相连接。打开数显振动源面板上的电源开关（振动源面板如图 16-6 所示）。面板上数码管显示振动源振动频率×××.×× Hz。根据需要按频率调节▲（增加频率）或▼（减小频率）键，改变振动源的振动频率，调节面板上幅度调节旋钮，使振动源有振动输出；当不需要振动源振动时，可按面板上复位键复位，数码管显示全部清零。

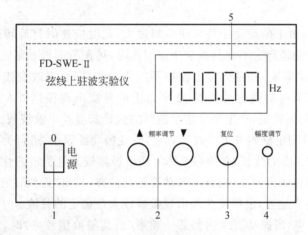

图 16-6　振动源面板图
1—电源开关；2—频率调节；3—复位键；4—幅度调节；5—频率指示

三、实验原理

若波源的振动频率为 f，横波波长为 λ，由于 $v = f\lambda$，故波长与张力及线密度之间的关系为

$$\lambda = \frac{1}{f}\sqrt{\frac{T}{\rho}} \tag{16-3}$$

为了用实验证明公式(16-3)成立，将该式两边取对数，得

$$\lg \lambda = \frac{1}{2}\lg T - \frac{1}{2}\lg \rho - \lg f$$

若固定频率 f 及线密度 ρ，而改变张力 T，并测出各相应波长 λ，作 $\lg \lambda$-$\lg T$ 图，若得一

直线,计算其斜率值$\left(如为\frac{1}{2}\right)$,则证明了$\lambda \propto T^{1/2}$的关系成立。同理,固定线密度$\rho$及张力$T$,改变振动频率$f$,测出各相应波长$\lambda$,作$\lg \lambda$-$\lg f$图,如得一斜率为$-1$的直线就验证了$\lambda \propto f^{-1}$。

四、实验内容

1. 验证横波的波长与弦线中的张力的关系

固定一个波源振动的频率,在砝码盘上添加不同质量的砝码,以改变同一弦上的张力。每改变一次张力(即增加一次砝码),均要左右移动可动滑轮的位置,使弦线出现振幅较大而稳定的驻波。用实验平台上的标尺测量L值,即可根据式$L=n\dfrac{\lambda}{2}$算出波长λ。作$\lg \lambda$-$\lg T$图,求其斜率。

注意张力要考虑砝码与砝码盘的重量,砝码盘的质量用天平称量。

2. 验证横波的波长与波源振动频率的关系

在砝码盘上放上一定质量的砝码,以固定弦线上所受的张力,改变波源振动的频率,用驻波法测量各相应的波长,作$\lg \lambda$-$\lg f$图,求其斜率。最后得出弦线上的波的传播规律。

五、注意事项

1. 在某些频率,由于振动簧片共振使振幅过大,此时应逆时针旋转面板上的幅度旋钮以减小振幅,便于实验进行。不在共振频率点工作时,可调节面板上幅度旋钮到输出最大。

2. 固定振动源的频率,在砝码盘上添加不同质量的砝码,以改变弦线上的张力。每改变一次张力,均要调节可动滑轮的位置,使平台上的弦线出现振幅较大且稳定的驻波。此时,记录振动频率、砝码质量、产生整数倍半波长的弦线长度及半波波数。

3. 同样方法,可固定砝码盘上的砝码质量,改变振动源频率,进行类似的实验。

4. 要准确求得驻波的波长,必须在弦线上调出振幅较大且稳定的驻波。在固定频率和张力的条件下,可沿弦线方向左、右移动可动滑轮的位置,找出"近似驻波状态",然后细细移动可动滑轮位置,逐步逼近,最终使弦线出现振幅较大且稳定的驻波。

5. 调节振动频率,当振动簧片达到某一频率(或其整数倍频率)时,会引起整个振动源(包括弦线)的机械共振,从而引起振动不稳定。此时,可逆时针旋转面板上的输出信号幅度旋钮,减小振幅,或避开共振频率进行实验。

六、思考题

1. 为了使$\lg \lambda$-$\lg T$直线图上的数据点分布比较均匀,砝码盘中的砝码质量应如何改变?

2. 如果要确定λ与ρ的关系,实验应如何安排?

实验17 铁磁材料动态磁滞回线和基本磁化曲线的测量

磁性材料在科研和工业中有着广泛的应用,种类也相当繁多,因此各种材料的磁特性测量,是电磁学实验中一个重要内容。磁特性测量分为直流磁特性测量和交流磁特性测量。本实验用交流正弦电流对磁性材料进行磁化,测得的磁感应强度与磁场强度关系曲线称为动态磁滞回线,或者称为交流磁滞回线,它与直流磁滞回线是有区别的。可以证明:磁滞回线所包围的面积等于使单位体积磁性材料反复磁化一周时所需的功,并且因功转化为热而表现为损耗。测量动态磁滞回线时,材料中不仅有磁滞损耗,还有涡流损耗,因此,同一材料的动态磁滞回线的面积要比静态磁滞回线的面积稍大些。本实验重点学习用示波器显示和测量磁性材料动态磁滞回线和基本磁化曲线的方法,了解软磁材料和硬磁材料交流磁滞回线的区别。

一、实验目的

1. 了解磁性材料的磁滞回线和磁化曲线的概念,比较两种类型的铁磁物质的动态磁特性。

2. 用示波器测量样品 1 和样品 2 的磁滞回线和基本磁化曲线,并用测试仪测定这两种材料的饱和磁感应强度 B_m、剩磁 B_r、矫顽力 H_c 和磁滞损耗(HB)等参数。

3. 测绘样品的基本磁化曲线(B-H 关系)及磁导率与磁感应强度关系曲线(μ-H 曲线)。

4. 测绘样品的磁滞回线,估算其磁滞损耗。

二、实验仪器

示波器,TH-MHC 型磁滞回线实验仪,TH-MHC 型智能磁滞回线测试仪。

三、实验原理

1. 铁磁物质的磁滞现象

铁磁性物质是一种性能特异、用途广泛的材料。铁、钴、镍及其众多合金以及含铁的氧化物(铁氧体)均属铁磁性物质。其特征是在外磁场作用下能被强烈磁化,故磁导率 μ 很高;另一特征是磁滞,即磁化停止后,铁磁物质仍保留磁化状态。图 17-1 所示为铁磁物质的磁感应强度 B 与磁场强度 H 之间的关系曲线。

如图 17-1 所示,当铁磁物质中不存在磁化场时,H 和 B 均为零,在 B-H 图中则相当于坐标原点 O。随着磁化场 H 的增加,B 也随之增加,但两者之间不是线性关系。当 H 增加到一定值时,B 不再增加或增加得十分缓慢,这说明该物质的磁化已达到饱和状态。H_m 和 B_m 分别为饱和时的磁场强度和磁感应强度(对应于图中 A 点)。OA 称为起始磁化曲线。如果再使 H 逐步退到零,则与此同时 B 也逐渐减小。然而,其轨迹并不沿原曲线 AO,而是

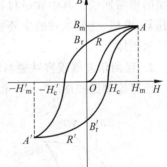

图 17-1 铁磁材料的起始磁化曲线和磁滞回线

沿另一曲线 AR 下降到 B_r,这说明 B 的变化滞后于 H 的变化,这一现象称为磁滞。其明显特征是当 H 下降为零时,B 不为零,铁磁物质中仍保留一定的磁性,即剩余磁感应强度 B_r。将磁化场反向,再逐渐增加其强度,当 H 变至 $H=-H_c'$ 时,磁感应强度 B 消失,说明要消除剩磁必须施加反向磁场。H_c 和 H_c' 称为矫顽力,$(0,B_r)$ 至 $(-H_c',0)$ 这一段曲线称为退磁曲线。当 H 反向增加到 $H=-H_m'$,这时曲线到达 A' 点(即反向饱和点),然后,先使磁化场退回

到 $H=0$，再使正向磁化场逐渐增大，直到饱和值 H_m 为止。如此就得到一条与 ARA' 对称的曲线 $A'R'A$，而自 A 点出发又回到 A 点的轨迹为一闭合曲线，称为铁磁物质的磁滞回线，此属于饱和磁滞回线。所以，当铁磁材料处于交变磁场中时（如变压器中的铁芯），将沿磁滞回线反复被磁化—去磁—反向磁化—反向去磁。在此过程中要消耗额外的能量，并以热的形式从铁磁材料中释放，这种损耗称为磁滞损耗。可以证明，磁滞损耗与磁滞回线所围的面积成正比。

应该说明，当初始态为 $H=B=0$ 的铁磁材料，在交变磁场强度下由弱到强依次进行磁化，可以得到面积由小到大向外扩张的一簇磁滞回线，如图 17-2 所示。这些磁滞回线顶点的连线称为铁磁材料的基本磁化曲线，由此可近似确定其磁导率 $\mu=\dfrac{B}{H}$，因 B 与 H 的非线性，故铁磁材料的 μ 不是常量而是随 H 变化（如图 17-3 所示）。铁磁材料的相对磁导率可高达数千乃至数万，这一特点是它得到广泛应用的主要原因之一。

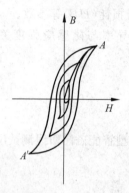

图 17-2 同一铁磁材料的一簇磁滞回线和基本磁化曲线　　图 17-3 铁磁材料 μ 与 B 关系曲线

可以说磁化曲线和磁滞回线是铁磁材料分类和选用的主要依据，图 17-4 为常见的两种典型的磁滞回线。其中软磁材料的磁滞回线狭长、矫顽力、剩磁和磁滞损耗均较小，是制造变压器、电机、交流磁铁的主要材料；而硬磁材料的磁滞回线较宽，矫顽力大，剩磁强，可用来制造永磁体。

2. 利用示波器观察铁磁材料动态磁滞回线

电路原理图如图 17-5 所示。

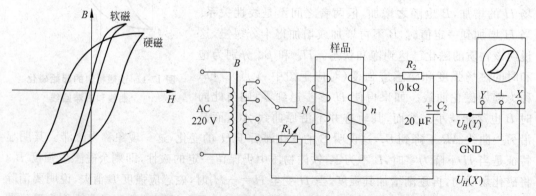

图 17-4 不同铁磁材料的磁滞回线　　图 17-5 用示波器测动态磁滞回线的电路图

待测样品为 EI 型矽钢片,其上绕以励磁绕组(磁化线圈)及磁感应强度 B 的测量绕组(副线圈)。交流电压 U 加在励磁绕组上,线路中串联了一取样电阻 R_1,将 R_1 两端的电压 U_1 加到示波器的 X 轴输入端上。副线圈 n 与电阻 R_2 和电容 C_2 串联成一回路,将电容 C_2 两端的电压 U_2 加到示波器的 Y 轴输入端。这样的电路,在示波器上可以显示和测量铁磁材料的磁滞回线。

设样品的平均磁路长度为 L,磁化线圈的匝数为 N,磁化电流为交流正弦波电流 i_1,由安培环路定律知 $HL=Ni_1$,而 $U_1=R_1 i_1$,所以可得

$$H = \frac{N}{LR_1}U_1 \tag{17-1}$$

式中,U_1 为励磁电流取样电阻 R_1 上的电压。由式(17-1)可知,在 R_1、L、N 为常数的情况下,由 U_1 可确定磁场强度 H。

交变的 H 在样品中产生交变的磁感应强度 B。设样品的截面积为 S,则穿过该截面的磁通量 $\Phi=BS$,根据电磁感应定律,它将在匝数为 n 的副线圈中感生电动势 E_2:

$$E_2 = -n\frac{d\Phi}{dt} = -nS\frac{dB}{dt} \tag{17-2}$$

式(17-2)中,$\frac{dB}{dt}$ 为磁感应强度 B 对时间 t 的导数。若副线圈所接回路中的电流为 i_2,且电容 C_2 上的电量为 Q,则有

$$E_2 = R_2 i_2 + \frac{Q}{C_2} \tag{17-3}$$

在式(17-3)中,考虑到副线圈匝数不太多,因此自感电动势可忽略不计。在选定线路参数时,将 R_2 和 C_2 都取较大值,使电容 C_2 上电压降 $U_2=\frac{Q}{C_2}\ll R_2 i_2$,可忽略不计,于是式(17-3)可写为

$$E_2 = R_2 i_2 \tag{17-4}$$

将电流 $i_2=\frac{dQ}{dt}=C_2\frac{dU_2}{dt}$ 代入式(17-4)得

$$E_2 = R_2 C_2 \frac{dU_2}{dt} \tag{17-5}$$

将式(17-5)代入式(17-2)得

$$-nS\frac{dB}{dt} = R_2 C_2 \frac{dU_2}{dt}$$

在将此式两边对时间积分时,由于 B 和 U_2 都是交变的,积分常数项为零。于是,在不考虑负号(在这里仅仅指相位差 $\pm\pi$)的情况下,磁感应强度

$$B = \frac{R_2 C_2}{nS}U_2 \tag{17-6}$$

式中,n、S、R_2 和 C_2 皆为常数,所以由 U_2 可确定材料的磁感应强度 B。

当磁化电流变化一个周期,示波器的光点将描绘出一条完整的磁滞回线,以后每个周期都重复此过程,形成一个稳定的磁滞回线。如将 U_1 和 U_2 加到测试仪的信号输入端可测定样品的饱和磁感应强度 B_m、剩磁 B_r、矫顽力 H_c、磁滞损耗 (BH) 以及磁导率 μ 等参数。

四、实验内容

(一) 用示波器观察和测量样品的动态磁滞回线

1. 电路连接：选择样品 1，按实验仪上所给的电路图（图 17-6）连接好线路。并置 $R_1 = 2.5\ \Omega$，"U 选择"置于 0 位。U_H 和 U_B（即 U_1 和 U_2）分别接示波器的"X"输入和"Y"输入，连接实验仪上的公共端插孔。

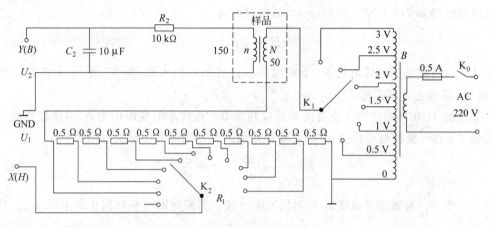

图 17-6 实验线路

2. 样品退磁：开启实验仪电源，对样品进行退磁，即顺时针方向转动"U 选择"旋钮，令 U 从 0 增至 3 V，然后逆时针方向转动旋钮，将 U 从最大值降为 0。其目的是消除剩磁，确保样品处于磁中性状态，即 $H=0$ 时 $B=0$。退磁过程如图 17-7 所示。

3. 观察磁滞回线：开启示波器电源，把屏幕上的光点调至荧光屏中心，令 $U=2.2$ V，分别调节示波器的 X 轴和 Y 轴灵敏度至适当位置，使荧光屏上出现大小合适且不失真的磁滞回线图形。（若图形顶部出现编织状的小环，如图 17-8 所示。其原因是 B 的相位略微落后于 U_2 的相位，当 H 未到达 H_m 时，U_2 已先于 B 到达最大值，而当 H 到达 H_m 时，尽管此时 $B=B_m$，但 U_2 已小于最大值。可降低励磁电压 U 予以消除。）

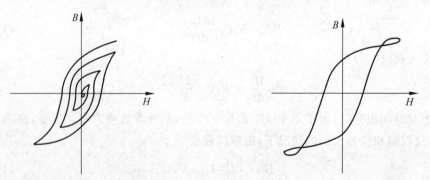

图 17-7 样品退磁过程　　　图 17-8 U_2 和 B 的相位差等因素引起的畸变

4. 确定饱和磁感应强度 B_m、剩磁 B_r 和矫顽力 H_c 等参数：已知 $N=50$ 匝，$n=150$ 匝，$L=60$ mm，$R_1=2.5\ \Omega$，$R_2=10$ kΩ，$C_2=20\ \mu$F，$S=80$ mm^2，分别记录对应磁滞回线顶点的 B_m 和 H_m 以及 B_r 和 H_c 处的 U_1 和 U_2，由式(17-1)和式(17-6)计算样品的饱和磁感应强度

B_m 和相应的磁场强度 H_m、剩磁 B_r 和矫顽力 H_c，在作图纸上画出样品的近似磁滞回线。

(二) 用测试仪测绘样品的基本磁化曲线及 μ-H 曲线

图 17-9 和图 17-10 所示为测试仪原理框图和面板图。测试仪与实验仪配合使用，能定量、快速测定铁磁材料在反复磁化过程中的 H 和 B 之值，并能给出剩磁、矫顽力、磁滞损耗等参数。

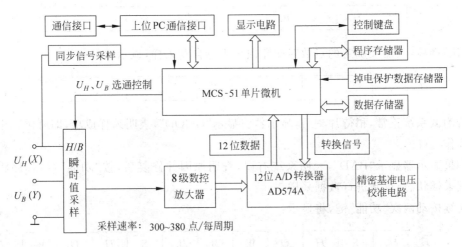

图 17-9 测试仪原理框图

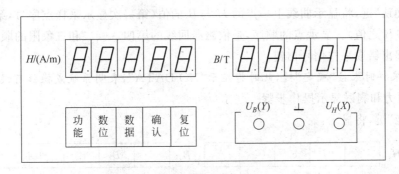

图 17-10 测试仪面板图

1. 测量准备

先在示波器上将磁滞回线显示出来，然后开启测试仪电源，再接通与实验仪之间的信号连线。

1) 按键功能

(1) "功能"键：用于选取不同的功能，每按一次键，将在数码显示器上显示出相应的功能（测试过程中如显示器显示"COU"字符，表示应继续按动"功能"键）。

(2) "确认"键：当选定某一功能后，按一下此键，即可进入此功能的执行程序（即确认该项功能）。

(3) "数位"键：在选定某一数码管为数据输入位后，连续按动此键，可使小数点右移至所选定的数据输入位处，此时小数点呈闪动状（此键可用来改写样品的某项参数）。

(4) "数据"键：连续按动此键，可在有小数点闪动的数码管输入相应的数字（此键可用来改写样品的某项参数）。

(5)"复位"键：开机后，显示器将依次巡回显示 $P \cdots 8 \cdots P \cdots 8 \cdots$ 的信号，表明测试系统已准备就绪。在测试过程中由于外来的干扰出现死机现象时，应按此键，使仪器进入或恢复正常工作。

2）数据采样及显示操作步骤

按"功能"键显示：

| H | H. | B. | | B | t | e | s | t |

按"确认"键后，仪器按确定的点数对磁滞回线进行自动采样，显示器显示为

| H | . | . | . | . | | B | . | . | . | . |

若测试系统正常，稍待片刻后，显示器将显示"GOOD"，表明采样成功，即可进入下一步程序操作。

如果显示器显示"BAD"，表明系统有误，查明原因并修复后，按"功能"键，程序将返回到数据采样状态，重新进行数据采样。

连续按动两次"功能"键，将显示：

| H | H. | S | H | O | W | | B | B. | S | H | O | W |

每按两次"确认"键，将显示曲线上一点的 H 与 B 的值（第一次显示采样点序号，第二次显示出该点 H 和 B 之值）。显示点的顺序，是依磁滞回线的第四、一、二和三象限的顺序进行；否则，说明数据出错或采样信号出错。

注：若采样时未按"确定"键，此时将显示"NO DATA"，表明系统或操作有误。

3）矫顽力和剩磁显示操作步骤

按"功能"键，将显示：

| H | | H. | c. | | | B | | B | r. | |

按"确认"键，将显示出 H_c 和 B_r 之值。

4）磁滞损耗显示操作步骤

按"功能"键，将显示：

| H | | A. | = | | | B | | H. | B. | |

按"确认"键，将显示样品磁滞回线所围之面积（计算公式：$w = \oint H dB$，单位为 10^3 J/m^3）。

5）H_m 与 B_m 的显示操作步骤

按"功能"键，将显示：

| H | H_m | | | | | B | B_m | | | |

按"确认"键，将显示出 H_m 和 B_m 之值。

2. 测量样品的基本磁化曲线与 μ-H 曲线

接通实验仪和测试仪之间的连线,开启电源,对样品进行退磁,然后从 $U=0$ 开始,依次测定 $U=0.5$ V,1.0 V,$\cdots$,3.0 V 时的 10 组 H_m 和 B_m 值记入表 17-1,其中 $\mu=\dfrac{B}{H}$。(如果借助长余辉示波器,当逐挡提高励磁电压时,将在显示屏上观察到面积由小到大一个套一个的一簇磁滞回线的轨迹,这些磁滞回线顶点的连线就是样品的基本磁化曲线。)用作图纸作出样品的基本磁化曲线(B-H 关系)及磁导率与磁感应强度关系曲线(μ-H 曲线)。

表 17-1　基本磁化曲线与 μ-H 曲线

U/V	$H/(10^3$ A/m$)$	$B/10$ T	$\mu=\dfrac{B}{H}/($H/m$)$
0.5			
1.0			
1.2			
1.5			
1.8			
2.0			
2.2			
2.5			
2.8			
3.0			

注:按仪器设定:H 和 B 的显示值应分别乘上 10^3 和 10,其单位才是 A/m 和 T。

3. 磁滞回线数据记录

令 $U=3.0$ V,$R_1=2.5$ Ω,测定样品 1 的 H_c、B_r、H_m、B_m 和磁滞损耗(HB)等参数。记录采样点的 H 及其相应的 B 值(表 17-2),用坐标纸绘制磁滞回线。(如何取值?取多少组数据?可自行考虑。)

表 17-2

$H_c=$　　　$B_r=$　　　$H_m=$　　　$B_m=$　　　磁滞损耗(HB)$=$

No.	$H/(10^3$ A/m$)$	$B/10$ T	No.	$H/(10^3$ A/m$)$	$B/10$ T	No.	$H/(10^3$ A/m$)$	$B/10$ T

4. 将样品 1 换成样品 2，观察和比较样品 1 和样品 2 的磁化性能，给出分析

五、思考题

1. 在式(17-3)中，$U_2 \ll R_2 i_2$ 时可将 U_2 忽略，$E_2 = R_2 i_2$。考虑一下，由这项忽略引起的不确定度有多大？
2. 硬磁材料的交流磁滞回线与软磁材料的交流磁滞回线有何区别？

实验 18　光的干涉和应用

将一束光分成两束，各经不同路程后再汇合在一起，此时可使光在介质中某些位置的振动加强或减弱，这种现象称光的干涉，相干的两束光称相干光。

光的干涉现象证明了光的波动性质，干涉现象在科学研究及计量技术中有着广泛的应用，如测光波波长、薄膜厚度、微小变形等，还可检验加工表面的光洁度和平整度。

本实验研究的牛顿环、劈尖干涉条纹属于用分振幅法产生的干涉现象，也是典型的等厚干涉。

一、实验目的

1. 观察和研究等厚干涉现象及其特点。
2. 学习用干涉法测量平凸透镜的曲率半径和涤纶片的厚度。
3. 熟练使用读数显微镜。

二、实验仪器

读数显微镜、钠光灯、牛顿环装置、劈尖装置、涤纶片。

三、实验原理

（一）牛顿环

将一块曲率半径较大的平凸透镜置于一光学玻璃板上，在透镜凸面和平玻璃间就形成一层空气薄膜，其厚度从中心接触点 O 到边缘逐渐增加，当以平行单色光垂直入射时，入射光将在此空气膜上下表面反射，产生具有一定光程差的两束相干光，在透镜表面相遇时就会发生干涉现象。空气膜厚度相同的地方形成相同的干涉条纹，这种干涉称等厚干涉。该干涉条纹是以接触点为中心的一系列明暗相间的同心圆环，称牛顿环。若以白光照射，则产生彩色圆环，其光路示意图见图 18-1。

设入射光的波长为 λ，距接触点 O 为 r_K 处的空气层厚度为 e，由光路分析知，该处空气层上下面所反射的光的光程差为：$\delta_K = 2e + \lambda/2$（空气的折射率近似为 1），其中 $\lambda/2$ 一项是由于光从空气层下表面（即空气—玻璃分界面）上反射时产生的附加光程差，即半波损失。

当光程差 δ_K 为半波长的偶数倍时，发生加强的干涉

$$\delta_K = 2e + \lambda/2 = 2K \cdot \frac{\lambda}{2}, \quad K = 1,2,3,\cdots （明环） \tag{18-1}$$

当光程差 δ_K 为半波长的奇数倍时，发生相消的干涉

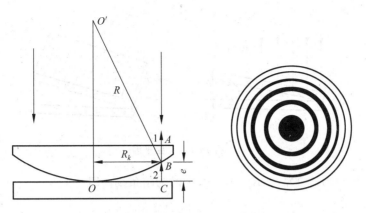

图 18-1 牛顿环及其形成光路的示意图

$$\delta_K = 2e + \lambda/2 = (2K+1)\lambda/2, \quad K = 0,1,2,\cdots(暗环) \tag{18-2}$$

由图 18-1 中几何关系可得

$$r_K^2 = R^2 - (R-e)^2 = 2Re - e^2$$

因 $R \gg e$,则 $2Re \gg e^2$,略去 e^2 可得

$$r_K^2 = 2Re$$

上式表明 e 与 r_K^2 成正比,说明离中心越远光程差增加越快,干涉条纹越密。

将 e 代入式(18-2)得

$$\frac{r_K^2}{R} + \lambda/2 = (2K+1)\lambda/2$$

于是 K 级暗环的半径为

$$r_K = \sqrt{KR\lambda}, \quad K = 0,1,2,\cdots \tag{18-3}$$

可见只要测出牛顿环中 K 级暗环的半径,且单色光的波长 λ 已知时,就可算出平凸透镜的曲率半径 R。但由于玻璃弹性形变以及玻璃面上可能有微小的灰尘存在,平凸透镜与平玻璃接触处不可能是一个理想点,因此,牛顿环中心不是一个点,而是一个很不规则的圆斑,故很难准确测出 r_K。

比较简便的方法是测量牛顿环的直径,且用一定级差的两个环的直径平方差来计算 R。设 m 级与 n 级暗环直径分别为 d_m 和 d_n,由 $r_m^2 = mR\lambda$ 与 $r_n^2 = nR\lambda$,得

$$d_m^2 = 4mR\lambda, \quad d_n^2 = 4nR\lambda$$

则

$$R = \frac{d_m^2 - d_n^2}{4(m-n)\lambda} \tag{18-4}$$

由上式知,即使干涉环的中心无法确定,也可较准确地测出 R。

(二) 劈尖

将两块光学玻璃叠在一起,在某一端垫入一薄片(或细丝),两块玻璃板之间就形成一空气劈尖,如图 18-2(a)所示。在单色光垂直照射下,和牛顿环一样,在劈尖上下表面反射的两束光发生干涉,其干涉条纹是间隔相等且平行于两块玻璃板交线的明暗交替的条纹,如图 18-2(b)所示。设干涉处劈尖厚度为 e,则两束相干光的光程差为

$$\delta = 2e + \lambda/2$$

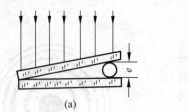
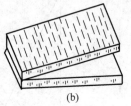

图 18-2 劈尖干涉

当 $2e+\lambda/2=(2K+1)\lambda/2$，$K=0,1,2,\cdots$ 时为暗条纹。即

$$e = \frac{K}{2}\lambda \tag{18-5}$$

由式(18-5)知当 $K=0$ 时(零级)，$e=0$，即两块玻璃板交线呈零级暗条纹，设在薄片(或细丝)处的暗条纹级数 $K=N$，根据上式有

$$e_N = N \cdot \frac{\lambda}{2} \tag{18-6}$$

式中，e_N 为薄片(或细丝)的厚度；N 为玻璃板交线处至薄片间暗条纹总数。一般 N 值较大，为了避免计数时出现差错，可先测出单位长度的暗条纹数 n，再测出玻璃板交线到薄片之间的距离 L，暗条纹总数 $N \approx Ln$，代入式(18-6)得

$$e_N = \frac{nL}{2}\lambda \tag{18-7}$$

当入射光的波长已知时，若测出单位长度的暗条纹数 n 以及 L，由上式即可求得薄片的厚度 e_N。

四、实验内容与步骤

（一）仪器调整

1. 检查牛顿环装置：三个螺钉松紧要一致，在自然光下用肉眼观察，使干涉环中心在牛顿环装置的几何中心。不要用手触摸牛顿环装置的玻璃部分。

2. 对准：把牛顿环装置放在读数显微镜载物台上，其几何中心尽量接近显微镜镜筒轴线。

3. 显微镜 45°镜片正对光源并与光源在同一高度，先从外面观察，看钠光是否已垂直射到牛顿环装置上；然后再从显微镜中观察视场中是否都有均匀钠光照明，如视场半明半暗或视场不够明亮，应调整显微镜的方位直至视场中都有均匀钠光照明为止，再拧紧螺钉 11。

4. 调焦

（1）调节目镜使十字准丝清晰。

（2）调物镜：首先看镜筒外边，旋转物镜调节手轮，将镜筒慢慢下降，以 45°镜片不碰牛顿环装置为限；再将眼睛移到目镜上方，从目镜中观察，并旋转物镜调节手轮将镜筒慢慢上升，边升边观察，直到看到清晰的干涉条纹(牛顿环)为止。

（3）清除视差：微调物镜调节手轮，使干涉环与十字准丝成像在同一平面上，如两者不在同一平面上，人眼移动，干涉环与十字准丝像即有相对移动，产生视差。

(二) 测量

1. 调整牛顿环装置使干涉环中心与十字准丝中心基本重合。

2. 调节十字准丝方向,使十字准丝中一根丝与镜筒移动方向平行。调节方法:拧松目镜与镜筒间的锁紧螺钉(图 18-3),目镜相对镜筒转动使十字准丝中一根丝与镜筒移动方向平行,即镜筒移动过程中,十字准丝的另一根丝(垂直丝)一直与干涉环相切。

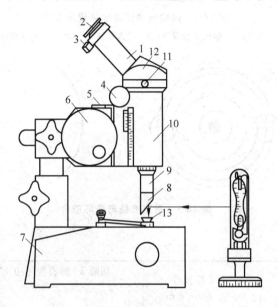

图 18-3 读数显微镜构造

1—目镜镜筒;2—目镜;3—锁紧螺钉;4—调焦手轮;5—标尺;6—测微鼓轮;7—底座;
8—半反镜组;9—物镜组;10—镜筒;11—锁紧螺钉;12—棱镜室;13—牛顿环装置

3. 转动读数显微镜鼓轮,观察垂直准丝从牛顿环中心($K=0$)缓缓向右(或向左)移动,依次对准 $K=1$(第 1 级暗环),$K=2$(第 2 级暗环),$K=3$,…直到 $K=55$(第 55 级暗环)。然后自 55 级暗环起鼓轮反向转动,垂直准丝向左(或向右)移动,当垂直准丝分别与 $K=50$(第 50 级暗环),$K=45$,$K=40$,…,$K=5$ 各暗环重合时,从读数显微镜水平刻度尺与鼓轮上记下相应暗环位置读数。以后继续向左(或向右)移动通过牛顿环中心($K=0$)到另一侧,当垂直准丝分别与 $K=5$,$K=10$,…,$K=50$ 各暗环重合时记下相应暗环位置读数。

4. 在测量过程中鼓轮要单向转动,不能倒转,以免由于螺距的回程差影响读数的准确性。

5. 读数显微镜读数方法:用于定量测量,毫米部分在水平刻度尺上读得,小于毫米部分的数值由鼓轮读出。鼓轮上有 100 个分度,每一分度为 0.01 mm,读数时要估读分度的 1/10。例如当垂直准线与第 10 级($K=10$)暗环右边重合时,读数装置如图 18-4 所示,则图中示值为

$$X_{10} = 29.000 \text{ mm} + 0.725 \text{ mm} = 29.725 \text{ mm}$$

6. 测量时准丝与暗环的位置如图 18-5 所示,垂直准丝与暗环中间重合(既不内切,也不外切)。

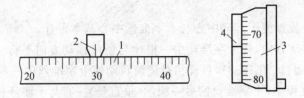

图 18-4 读数显微镜读数装置示意图
1—标尺；2—标尺读数准线；3—测微鼓轮；4—测微鼓轮读数准线

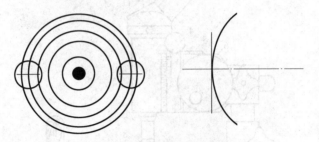

图 18-5 垂直准线与暗环重合

7. 数据表格

圈数	标尺读数/mm		第 K 圈直径 (左−右)d/mm	相隔 25 圈直径平方差 $d_{K+m}^2 - d_K^2$ /mm²	标准偏差/mm²
	左方	右方			
5					
10					
15					
20				$d_{30}^2 - d_5^2 =$	
25				$d_{35}^2 - d_{10}^2 =$	
30				$d_{40}^2 - d_{15}^2 =$	$s_{d_{K+m}^2 - d_K^2} =$
35				$d_{45}^2 - d_{20}^2 =$	
40				$d_{50}^2 - d_{25}^2 =$	
45				$\overline{d_{K+m}^2 - d_K^2} =$	
50					

8. 用劈尖干涉法测涤纶片的厚度

(1) 将被测涤纶片夹在两块光学玻璃组成的劈尖之间，然后置于读数显微镜载物台上。

(2) 调节物镜调焦手轮，使视场中清晰地出现劈尖所形成的干涉条纹，若条纹过密或过疏，可适当改变涤纶片的位置。

(3) 转动劈尖的方位，使干涉条纹和垂直准丝平行。

(4) 从任一干涉暗条纹开始，向一个方向转动测微鼓轮，每移过 10 条干涉暗条纹记录一次位置读数，相邻两次读数差即为 10 条干涉暗条纹间的距离 L_0，单位长度的条纹数 $n =$

$L_0/10$。连续测量 6 次。

(5) 测量劈尖棱边至涤纶片处的长度 L,重复测 5 次。

五、数据处理

1. 计算法求 R

实验中 $m=25$,钠光波长 $\lambda=589.3$ nm,平凸透镜曲率半径的平均值

$$\bar{R} = \frac{\overline{d_{K+m}^2 - d_K^2}}{4m\lambda}$$

平凸透镜曲率半径的标准差

$$s_R = \frac{s_{d_{K+m}^2 - d_K^2}}{4m\lambda}$$

测量结果

$$R = \bar{R} \pm s_R$$

相对误差

$$E_R = \frac{s_R}{\bar{R}} \times 100\%$$

2. 作图法求 R

以 K 为横轴,d_K^2 为纵轴,作 d_K^2-K 图线(直线),求出图线的斜率即 $4R\lambda$,由此算出 R 值及其标准偏差。

3. 劈尖数据表格由同学自行设计,用式(18-7)计算涤纶片厚度,并估算其误差。

六、注意事项

1. 读数显微镜只能在镜筒外侧在目视情况下下降筒身对准被测物,然后通过目镜边观察边上升筒身边进行调节,以免 45°镜片与被测物相碰。
2. 在测量牛顿环直径的过程中为了避免螺距的回程误差,只能单方向推进。

七、思考题

1. 实验中为什么测牛顿环直径而不测其半径?
2. 试比较牛顿环与劈尖干涉条纹的异同点。
3. 实验中仔细观察牛顿环环数的疏密分布情况,并进行解释。

实验 19 显微镜与望远镜放大率的测量

显微镜与望远镜是最常用的光学仪器,它们都是利用透镜的放大作用,来帮助人们观察近处的微小物体或远处的物体。所谓光学仪器的放大率,则定义为物体通过光学仪器放大的像在观察者眼睛的视网膜上所成的像长与用眼直接观察该物体时该物体在视网膜上所成的像长之比;或者定义为物体通过光学仪器放大的像对眼睛的张角与用眼直接观察该物体时物体对眼睛的张角之比。

本实验用两片薄透镜组成简单的望远镜和显微镜,并直接测定其放大率,从而达到加深

对它们的光学原理和性能的理解,并且掌握光学系统的设计和调节方法。

一、实验目的

1. 通过搭建简单的显微镜,了解显微镜的工作原理,掌握直接测量其放大率的方法。
2. 通过搭建简单的望远镜,了解望远镜的工作原理,掌握直接测量其放大率的方法。
3. 掌握光具座上光学元件同轴的调整。
4. 利用望远镜成像原理,设计用望远镜测距的实验。

二、实验仪器

光具座、凸透镜、光源、物屏、像屏、标尺等。

三、实验原理

一块凸透镜便可看作是最简单的光学仪器,即放大镜。若将物体置于其焦点处,则像(虚像)在无限远处,通常定义放大镜的放大率 M 为无限远处的像对眼睛或透镜的张角与假想物体距离眼睛或透镜为 d 时对眼睛的张角之比,因而有

$$M = \frac{d}{f} \tag{19-1}$$

式中,f 为该凸透镜的焦距。一般规定 d 为明视距离(约 25 cm),则

$$M = \frac{25}{f} \tag{19-2}$$

这就是人们通常所说的放大镜的放大倍数。

但当像在有限远时,放大率则应为

$$M = \frac{d}{d_1} \tag{19-3}$$

式中,d_1 为透镜至成像物体的物距,其值应小于 f。设像距为 d_0,则由透镜成像公式 $\frac{1}{d_1} + \frac{1}{d_0} = \frac{1}{f}$ 可得

$$M = d\left(\frac{1}{f} - \frac{1}{d_0}\right) \tag{19-4}$$

对放大率作直接测量时,需要将像和物直接比较(测量时可放一标尺),使得 $d = -d_0$(因是虚像,d_0 为负值),所以

$$M = \frac{d}{f} + 1 = \frac{-d_0}{f} + 1 \tag{19-5}$$

通常取 $d = 25$ cm,则

$$M = \frac{25}{f} + 1 \tag{19-6}$$

这就是显微镜的目镜(为一个放大镜)的视放大率。通常将 M 记作 M_e。

(一)显微镜及其放大率

仅用两块凸透镜便可组成最简单的显微镜,其中靠近物体的称为物镜,靠近眼睛的称为目镜(实际的显微镜的物镜和目镜都是透镜组,但可等效地看成两块单一透镜)。物镜的焦

距很短,目镜的焦距相对较长。被观察的物体置于物镜焦点 F_o 外少许,则它经物镜成一个放大的倒立实像,此实像又位于目镜前焦点 F_e 内侧附近,经目镜再次成放大的虚像,如图 19-1 所示。

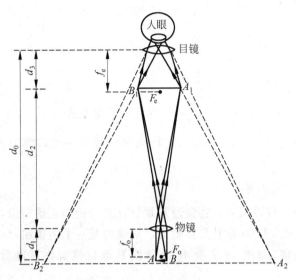

图 19-1 显微镜成像原理

按照光学仪器放大率的定义,显微镜的放大率为像 A_2B_2 对眼睛(或目镜)的张角与假想物体距眼睛 d 处时的张角之比,即

$$M = \frac{\dfrac{A_2B_2}{-d_0}}{\dfrac{AB}{d}} \tag{19-7}$$

式中,d_0 前的负号是由于 A_2B_2 为虚像,像距 d_0 为负值,而定义放大率为正值。由图 19-1 中的几何关系可得 $\dfrac{A_1B_1}{AB}=\dfrac{d_2}{d_1}$,$\dfrac{A_2B_2}{A_1B_1}=\dfrac{-d_0}{d_3}$,代入式(19-7)可得

$$M = \frac{d_2}{d_1} \cdot \frac{d}{d_3} \tag{19-8}$$

直接测量放大率时,应使 $d=-d_0$(测量时可在 d 处放一标尺,使像与标尺重合,从而直接比较像与标尺测出放大率),则由透镜成像公式

$$\frac{1}{d_3} + \frac{1}{d_0} = \frac{1}{f_e}$$

(此处 f_e 为目镜的焦距)有

$$M = \frac{d_2}{d_1}\left(\frac{d}{f_e}+1\right) = \frac{d_2}{d_1}\left(\frac{-d_0}{f_e}+1\right) = \frac{d_2}{d_1} \cdot \frac{1}{1-\dfrac{d_3}{f_e}} \tag{19-9}$$

由于 $\dfrac{d_2}{d_1}$ 为物镜的横向放大率,通常记为 M_o,而由式(19-5)可知 $\left(\dfrac{-d_0}{f_e}+1\right)$ 为目镜的视放大率 M_e,所以显微镜的总视放大率为物镜的横向放大率 M_o 与目镜的视放大率 M_e 的乘积,即

$$M = M_o M_e \tag{19-10}$$

实际的显微镜物镜的焦距 f_o 和目镜的焦距 f_e 都很短,故有 $d_1 = f_o$,$d_3 = f_e$。令 $\Delta = d_2 - f_o$,则 Δ 近似为物镜的后焦点 F'_o 至目镜的前焦点 F_e 之间的距离,称为光学筒长,且 $\Delta \approx d_2$,其值一般取 16 cm。利用以上近似关系则有

$$M_o = \frac{\Delta}{f_o} \tag{19-11}$$

$$M_e = \frac{d}{f_e} \tag{19-12}$$

$$M = \frac{d\Delta}{f_o f_e} \quad (\text{本实验不用此式}) \tag{19-13}$$

这里 $d = -d_0$ 一般取明视距离 25 cm。在物镜和目镜上一般都刻有放大率数值(如 $\times 10$ 或 $\times 3$ 等放大倍数)。

(二)望远镜及其放大率

望远镜也由物镜和目镜组成。物镜通常是复合的消色差正透镜组,焦距较长,它把远处的物体成像(缩小、倒立、实像)在其焦点附近。目镜也是一个透镜组,焦距较短,它把物镜所成的像再次放大成虚像,如图 19-2 所示,当眼睛贴近目镜观察就能看到远处物体移近了的像。

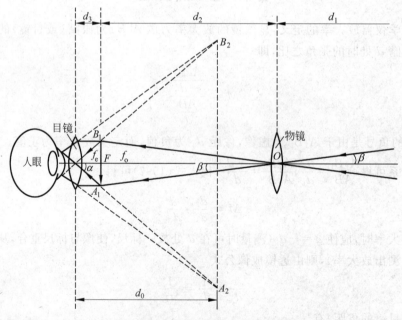

图 19-2 望远镜成像原理

望远镜的放大率为像 $A_2 B_2$ 对眼睛的张角 $\dfrac{A_2 B_2}{-d_0}$(因 $A_2 B_2$ 为虚像,故像距 d_0 为负值)与远处物体 AB 直接对眼睛的张角 $\dfrac{AB}{d}$(d 为物体至眼睛的距离)之比,即

$$M = \frac{\dfrac{A_2B_2}{-d_0}}{\dfrac{AB}{d}} \tag{19-14}$$

与显微镜的情形一样，由图 19-2 的几何关系可得 $\dfrac{A_2B_2}{AB}=\dfrac{d_2}{d_1}\cdot\dfrac{-d_0}{d_3}$，则

$$M = \frac{d_2}{d_1} \cdot \frac{d}{d_3} \tag{19-15}$$

式中，$d=d_1+d_2+d_3$。由于实际上物体离望远镜的距离远大于望远镜的长度，故有 $d \approx d_1$，且 $d_2 \approx f_o$，$d_3 \approx f_e$。这里 f_o、f_e 分别为物镜和目镜的焦距。于是

$$M \approx \frac{f_o}{f_e} \tag{19-16}$$

即放大率仅决定于物镜和目镜的焦距之比，f_o 值愈大，f_e 值愈小，则其放大倍数愈大。

直接测量望远镜放大率的最简单的方法是物像共面法，即通过消视差的方法使得像 A_2B_2 与物 AB 共面，然后直接比较两者求得放大率。这时 $d=d_1+d_2+d_3=-d_0$，代入式(19-14)有

$$M = \frac{d_2}{d_3} \cdot \frac{-d_0}{d_1} \tag{19-17}$$

而由透镜公式可得

$$\frac{d_2}{d_3} = \frac{\dfrac{1}{f_e}-\dfrac{1}{d_0}}{\dfrac{1}{f_o}-\dfrac{1}{d_1}}$$

引入镜筒长度 $l=d_2+d_3$，代入式(19-17)便有

$$M = \frac{d_1+l+f_e}{d_1-f_o} \cdot \frac{f_o}{f_e} \tag{19-18}$$

当物距远大于望远镜的长度时，式(19-18)便回到式(19-16)。一般在物距不小于 20 倍物镜焦距时，式(19-18)与式(19-16)的差别便可忽略。

四、实验内容

（一）光具座上各元件共轴的调节

透镜两球面的中心连线称为透镜的光轴，物距、像距、透镜移动的距离等都是沿光轴计算其长度。透镜光轴应平行于光具座导轨。如果用多个透镜组成光学系统，则必须将各个透镜调节到有共同的光轴。共轴调节的方法如下。

（1）粗调：把透镜、物、屏等光学元件互相靠拢，观察其中心高度及左右位置，进行初步调节，使它们处于与导轨中心轴平行的一直线上，并使物、透镜、屏的平面互相平行且垂直于导轨。

（2）细调：借助于其他仪器或成像规律来作进一步调节。例如，物与透镜不共轴，则移动透镜时，像的中心位置会作横向移动，此时可根据像的偏移方向判断物（或透镜）中心究竟偏向哪一边（偏高、偏低、偏左、偏右），加以调整，直至移动透镜时像中心几乎不变。

(二) 薄透镜焦距的测定

本实验用薄透镜组成简单的望远镜和显微镜。为此,首先测定所提供的薄透镜的焦距。测透镜焦距有多种方法,为了简便起见,利用平面镜测凸透镜的焦距。如图 19-3 所示,狭缝光源 S_0 置于透镜 L 焦点处,S_0 发出的光经透镜后成为平行光。若用一平面镜 M 将此平行光反射回来,再经过原透镜,则必然成像在原焦点处。

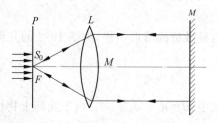

图 19-3 凸透镜焦距的自准直测定法

实验时,在光具座上把待测透镜置于被照明的物屏 P 与平面镜 M 之间,前后移动透镜直至物屏上获得与物(狭缝光源)大小相等的清晰倒像,分别记下物屏与透镜在光具座上的位置 S_0、L,则 $\overline{S_0 L} = f$。

每块透镜皆重复测量 5 次,取其平均值。

(三) 显微镜放大率的测定

(1) 选一短焦距(约 5 cm)凸透镜作为物镜,用另一焦距稍长(约 10 cm)的凸透镜作为目镜,相距约 50 cm 置于光具座上。

(2) 在物镜前放一照明标尺作为物体,使物距略大于物镜焦距 f_o,并测出物距 d_1。

(3) 在两透镜间放一像屏,移动像屏直至屏上成一清晰的倒立实像,并测出像距 d_2。

(4) 移动目镜使其离像屏的距离 d_3 略小于目镜的焦距 f_e,即像屏位置在目镜焦距里面一点,测出 d_3,然后取下像屏。

(5) 将一竖直标尺置于光具座旁离目镜约 25 cm 处。

(6) 通过显微镜看作为物的照明标尺的像。略微调节目镜位置,然后一只眼睛看像,另一只眼睛直接看光具座旁的标尺,前后适当移动标尺,稍加训练,即可使标尺和像位于同一平面并重合(此时若物镜和目镜已被动过,应重测 d_1、d_2 及 d_3)。

(7) 测出像中标尺上一分格与光具座旁的竖直标尺上几个分格重合,如为 N 格,则放大率 $M = N$。

(8) 用式(19-9)计算放大率并以上观测值比较,算出百分误差。

(四) 望远镜放大率的测定

测定望远镜放大率的最简单的方法是将物长与像长直接比较,如图 19-4 所示。步骤如下。

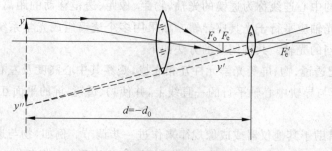

图 19-4 物像共面测望远镜放大率

(1) 选一短焦距(约 5 cm)凸透镜作目镜,再用一约 25 cm 焦距的凸透镜作物镜,置于光具座上组成望远镜。

(2) 将一标尺作为物 y,放置在离望远镜尽可能远的位置上。

(3) 望远镜对准标尺,改变望远镜的镜筒长度,使像 y'' 最清晰。

(4) 用一只眼睛从望远镜中看标尺的像,同时用另一只眼睛不通过望远镜直接看标尺,利用消视差的办法使标尺像 y'' 与标尺 y 共面并重叠在一起,若标尺像 y'' 的一格长度与标尺 y 的 N 格重合,则放大率即为 N 倍。

(5) 将以上放大率的观测值与用式(19-16)计算得到的值比较,算出百分误差。

五、数据表格

凸透镜焦距的测定

物屏位置 $S_0 =$ ____ cm,取标准差 $s_{S_0} = 0.05/\sqrt{3}$ cm

次 数	透镜位置 L_1/cm	透镜位置 L_2/cm	透镜位置 L_3/cm
1			
2			
3			
4			
5			
平均值 $\bar{L}$			
标准差 s_L			
$\bar{f} = \|\bar{L} - S_0\|$			
$s_f = \sqrt{s_L^2 + s_{S_0}^2}$			
结 果			

放大率的计算值与观察值的百分误差表格请同学自行设计。

六、思考题

1. 共轴调节应达到哪些要求?不满足这些要求对测量会产生什么影响?

2. 如果用眼睛观察正前方两个不重合在一起的物体,当眼睛上下或左右微微移动时,两物体产生相对移动,试判断哪个近哪个远,并说明理由。

七、提高要求:望远镜测距实验

1. 放大率测定

另一种直接测量望远镜放大率的方法是在望远镜的两块透镜之间置一刻有已知宽度的透明网格微尺(此法仅适用于用凸透镜组成的望远镜),通过消视差的方法使在望远镜中所看到的网络微尺的像与物体的像重合。一般使像距离目镜为明视距离(即 $d_0 = -25$ cm)。

当物距足够大时,有

$$M \approx \frac{f_o}{f_e} + \frac{f_o}{-d_0} \tag{19-19}$$

对于高倍望远镜,$f_e \ll -d_0$,故同样也有 $M \approx f_o/f_e$。设网格线的宽度为 h,所观察的物体为一标尺,若消除视差后所看到的微尺上 h 宽度内的标尺宽度为 y,则放大率

$$M = y/h$$

2. 测距实验

上述原理的一个实际应用便是利用望远镜测距。试根据上述原理设计光路,画出光路图,并推导出用此光路进行测距的计算公式。

附录 消 视 差

视差是指观察两个静止物体,当观察者的观察位置发生变化时,一个物体相对于另一个物体的位置有明显的移动。这在以往的实验中已有所见,如用木制的米尺测两点间的距离时,由于米尺的刻线与被测的两点不在同一平面内,则在读数时若改变视线角度,读数值就会发生改变;在指针式电表读数时也会产生同样的视差问题。对这类视差的消除,在做前面实验时已经有体会,那么在做光学实验时,视差的产生和消除又是怎样的呢?

光学实验中经常要用目镜中的十字叉丝或标尺来测量像的位置和大小,当像与十字叉丝(或标尺)不在同一平面上时,就会产生视差,而且能判断像的位置。若像在十字叉丝与眼睛之间时,当观察者的眼睛移到右边时,像却移到十字叉丝的左边;若像在十字叉丝之前,即像距眼睛要比十字叉丝距眼睛远时,当观察者的眼睛同样移到右边时,像也移到十字叉丝的右边。这样就使我们知道,欲使像与十字叉丝平面相重合,进一步聚焦时,像应向哪个方向移动,通过调焦使像平面与十字叉丝所在平面相重合,否则测量时就会引入误差。

实验 20 半导体的霍耳系数与电导率

1879 年,霍耳(E. H. Hall)在研究磁场中通有电流的导体受力情况时,发现在垂直于磁场和电流的方向上产生了电动势,这个电磁效应称为"霍耳效应"。在半导体材料中,霍耳效应的表现程度比在金属中大几个数量级,这引起了人们对它的深入研究。霍耳效应的研究在半导体理论的发展中起了重要的推动作用。直到现在,霍耳效应的测量仍是研究半导体性质的重要实验方法。利用霍耳系数和电导率的联合测量,可以用来研究半导体的导电机理(本征导电和杂质导电)、散射机理(晶格散射和杂质散射),并可以确定半导体的一些基本参数,如半导体材料的导电类型、载流子浓度、迁移率大小、禁带宽度、杂质电离能等。利用霍耳效应制成的元件称为霍耳元件,也已经被广泛地用于测试仪器和自动控制系统中。

一、实验目的

1. 了解半导体中霍耳效应的产生原理,霍耳系数表达式的推导及其副效应的产生和消除。
2. 掌握霍耳系数和电导率的测量方法。

3. 通过测量数据处理判别样品的导电类型，计算载流子浓度、电导率、霍耳迁移率。

二、实验仪器

TH-H 型霍耳效应实验仪（铁芯线圈、样品及样品位置调节架、换向开关及切换开关）和测试仪（稳流电源、数字电压表、数字电流表）。

三、实验原理

1. 霍耳效应和霍耳系数

如图 20-1 所示，设一块半导体材料的 x 方向上有均匀的电流 I_x 流过，在 z 方向上加有磁场 $\boldsymbol{B}$，则在这块半导体中垂直于磁场 $\boldsymbol{B}$ 和电流 I_x 的 y 方向上出现一横向电势差 U_H，这种现象称为霍耳效应。U_H 称为霍耳电压，所对应的横向电场 E_H 称为霍耳电场。

实验指出，霍耳电场强度 E_H 的大小与流经样品的电流密度 J_x 和磁感应强度 B 的乘积成正比：

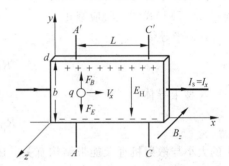

图 20-1 霍耳效应示意图
（正电荷，空穴型）

$$E_H = R_H J_x B_z = R_H \cdot \frac{I_x}{bd} \cdot B_z \quad (20\text{-}1)$$

式中，比例系数 R_H 称为霍耳系数。

下面以 P 型半导体样品为例，讨论霍耳效应的产生原理并推导、分析霍耳系数的表达式。简单地讲，所谓 P 型半导体，从微观上看主要导电机理是束缚电子向相邻原子中的空穴转移，不是自由电子的运动；在宏观上则表现为正电荷（空穴）往相反方向的自由流动，或称导电的载流子为带正电的空穴。N 型半导体中起导电作用的是在导带中可以自由运动的电子，或称其中导电的载流子为带负电的电子。

设半导体样品的长、宽、厚分别为 L、d、b，半导体载流子（空穴）的浓度为 p，它们在电场 E_x 作用下，以平均漂移速度 V_x 沿 x 方向运动，形成电流 I_x，如图 20-1 所示。在垂直于电场 E_x 方向上加一磁场 $\boldsymbol{B}_z$，则运动着的载流子要受到洛伦兹力的作用：

$$\boldsymbol{F}_B = q\boldsymbol{V}_x \times \boldsymbol{B}_z \quad (20\text{-}2)$$

式中，q 为空穴电荷电量。该洛伦兹力指向 $+y$ 方向，因此载流子向 $+y$ 方向偏转，这样在样品的上侧面就积累了空穴，在其下侧面积累了电子。这样在垂直于电流 I_x 的方向上产生了一个指向 $-y$ 方向的电场，即霍耳电场 E_H。当该电场对空穴的作用力 qE_H 与洛伦兹力 F_B 相等时，空穴在 y 方向上所受的合力为零，达到平衡状态。这时电流仍沿 x 方向不变，但合成电场 $\boldsymbol{E} = \boldsymbol{E}_H + \boldsymbol{E}_x$ 不再沿 x 方向运动。$\boldsymbol{E}$ 与 x 轴的夹角称霍耳角。在平衡状态时，有

$$qE_H = qV_x B_z \quad (20\text{-}3)$$

若 E_H 是均匀的，则在样品上、下两侧面间的电位差为（即点 A 与 A' 之间的电压）

$$U_H = bE_H = bV_x B_z \quad (20\text{-}4)$$

而 x 方向的电流为

$$I_x = qpV_x db \quad (20\text{-}5)$$

将式 (20-5) 的 V_x 代入式 (20-4) 得霍耳电压

$$U_H = \frac{1}{qp} \cdot \frac{I_x B_z}{d} \tag{20-6}$$

由式(20-1)、式(20-3)、式(20-5)得霍耳系数

$$R_H = \frac{1}{qp} \tag{20-7}$$

对于 N 型样品,载流子为带负电的电子,若其浓度为 n,则相应的霍耳系数为

$$R_H = -\frac{1}{qn} \tag{20-8}$$

上述关于载流子的模型过于简单。根据半导体输运理论,考虑到载流子速度的统计分布以及载流子在运动中受到散射等因素,在霍耳系数的表达式中还应引入一个霍耳因子 A,则式(20-7)和式(20-8)应修正如下:

P 型半导体

$$R_H = A \cdot \frac{1}{qp} \tag{20-9}$$

N 型半导体

$$R_H = -A \cdot \frac{1}{qn} \tag{20-10}$$

A 的大小与散射机理及能带结构有关。由理论算得,在弱磁场条件下,对球形等能面的非简并半导体,在较高温度(此时,晶格散射起主要作用)情况下(可参阅黄昆,谢希德著《半导体物理学》下),

$$A = \frac{3\pi}{8} = 1.18$$

在较低温度(此时,电离杂质散射起主要作用)情况下,

$$A = \frac{315\pi}{512} = 1.93$$

对于高载流子浓度的简并半导体以及强磁场条件下,$A = 1$。对于晶格和电离杂质混合散射情况下,一般取文献报道的实验值。

上面讨论的是只有电子或只有空穴导电时的情况。对于电子、空穴混合导电的情况,在计算 R_H 时应同时考虑两种载流子在磁场下偏转的效果。对于球形等能面的半导体材料,可以证明

$$R_H = A \cdot \frac{p\mu_p^2 - n\mu_n^2}{q(p\mu_p + n\mu_n)^2} = A \cdot \frac{p - n\alpha^2}{q(p + n\alpha)^2} \tag{20-11}$$

式中,$\alpha = \mu_n / \mu_p$,μ_n、μ_p 为电子和空穴的迁移率。

从霍耳系数的表达式可以看出:由 R_H 的符号可以判断载流子的类型,正为 P 型,负为 N 型(注意,此时要求 I、B 的正方向分别为 x 轴、z 轴的正方向,且 x、y、z 坐标轴为右旋系)。R_H 的大小可确定载流子的浓度;还可以结合测得的电导率 σ 算出如下定义的霍耳迁移率 μ_H:

$$\mu_H = |R_H| \cdot \sigma \tag{20-12}$$

μ_H 的量纲与载流子的迁移率相同,通常为 $cm^2/(V \cdot s)$(厘米^2/(伏·秒)),它的大小与载流子的电导迁移率有密切的关系。

霍耳系数 R_H 可以在实验中测量出来,若采用国际单位制,由式(20-6)、式(20-7)

可得

$$R_H = \frac{U_H d}{I_x B_z}(\text{m}^3/\text{C}) \tag{20-13}$$

但在半导体学科中习惯采用实用单位制(其中,d:厘米,B_z:高斯,Gs)。则

$$R_H = \frac{U_H d}{I_x B_z} \times 10^2 (\text{cm}^3/\text{C})$$

2. 半导体的电导率

在半导体中若有两种载流子同时存在,则其电导率 σ 为

$$\sigma = qn\mu_n + qp\mu_p \tag{20-14}$$

实验中电导率 σ 可由式(20-15)计算得出(可以通过图 20-1 所示的 A、C 或 A'、C' 电极进行测量):

$$\sigma = \frac{1}{\rho} = \frac{I_x L}{U_\sigma d b} \tag{20-15}$$

式中,ρ 为电阻率;I_x 为流过样品的电流;U_σ、L 分别为两测量点间的电压降和长度。

对于不规则形状样品的电阻率,常用范德堡(Vander Pauw)法测量。

3. 霍耳效应中的副效应

在霍耳系数的测量中,会伴随一些热磁副效应、电极不对称等因素引起的附加电压叠加在霍耳电压 U_H 上。

下面对这些效应作些简要说明。

(1) 爱廷豪森(Etinghausen)效应。在样品 x 方向通电流 I_x,由于载流子速度分布的统计性,大于和小于平均速度的载流子在洛伦兹力和霍耳电场力的作用下,沿 y 轴的相反两侧偏转,其动能将转化为热能,使两侧产生温差。由于电极和样品不是同一种材料,电极和样品形成热电偶,这一温差将产生温差电动势 U_E,而且有 $U_E \propto I_x B_z$。这就是爱廷豪森效应。U_E 的方向与电流 I 及磁场 B 的方向有关。

(2) 能斯脱(Nernst)效应。如果在 x 方向存在热流 Q_x(往往由于 x 方向通以电流,两端电极与样品的接触电阻不同而产生不同的焦耳热,致使 x 方向两端温度不同),沿温度梯度方向扩散的载流子将受到作用而偏转,在 y 方向上建立电势差 U_N,有 $U_N \propto Q_x B_z$。这就是能斯脱效应。U_N 的方向只与 B 的方向有关。

(3) 里纪-勒杜克(Righi-Leduc)效应。当有热流 Q_x 沿 x 方向流过样品,载流子将倾向于由热端扩散到冷端,与爱廷豪森效应相仿,在 y 方向产生温差。此温差将产生温差电势 U_{RL},这一效应称里纪-勒杜克效应。$U_{RL} \propto Q_x B_z$。U_{RL} 的方向只与 B 的方向有关。

(4) 电极位置不对称产生的电压降 U_0。在制备霍耳样品时,y 方向的测量电极很难做到处于理想的等位面上,见图 20-2。即使在未加磁场时,在 A、A' 两电极间也存在一个由于不等位电势引起的欧姆压降 U_0。$U_0 = I_x R_0$,其中 R_0 为 A、A' 两电极所在的两等位面之间的电阻,U_0 的方向只与 I_x 的方向有关。

(5) 样品所在空间如果沿 y 方向有温度梯度,则在此方向上产生的温差电势 U_T 也将叠加在 U_H 上,U_T 与 I_x、B 的方向无关。

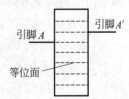

图 20-2 霍耳电压的测量引脚不在同一等位面上

四、实验内容

按图 20-3 连接测试仪和实验仪之间相应的 I_s,U_H 和 I_M(励磁电流)等各组连线,I_s 及 I_M 的换向开关掷向上方,表明 I_x 及 I_M 均为正值(I_s 沿 x 方向,B 沿 z 方向),反之为负值。U_H、$U_σ$ 切换开关掷向上方测 U_H,掷向下方测 $U_σ$。(样品各电极及线包引线与对应的双刀开关之间连线已由制造厂家连接好。)

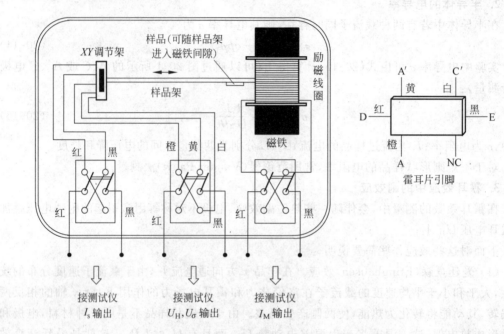

图 20-3 霍耳效应实验仪连线图

注意:严禁将测试仪的励磁电源"I_M 输出"误接到实验仪的"I_s 输出"或"U_H、$U_σ$ 输出"处,否则一旦通电,霍耳器件即遭损坏!

为了准确测量,应先对测试仪进行调零,即将测试仪的"I_s 调节"和"I_M 调节"旋钮均置零位,待开机数分钟后,若 U_H 显示不为零,则可通过面板左下方小孔的"调零"电位器实现调零。

由于在产生霍耳效应的同时,伴随着多种副效应,以致实验测得的 A、A' 两电极之间的电压并不等于真实的 U_H 值,而是包含着各种副效应引起的附加电压,因此必须设法消除。根据副效应产生的机理可知,采用电流和磁场换向的对称测量法,基本上能够把副效应的影响从测量的结果中消除,具体的做法是 I_s 和 $B(I_M)$ 的大小不变,并在设定电流和磁场的正、反方向后,依次测量由下列四组不同方向的 I_s 和 B 组合的 A、A' 两点之间的电压 U_1、U_2、U_3 和 U_4,即

$+I_x$,$+B$ 对应的 U_1:$U_1 = U_H + U_T + U_0 + U_N + U_{RL} + U_E$

$-I_x$,$+B$ 对应的 U_2:$U_2 = -U_H + U_T - U_0 + U_N + U_{RL} - U_E$

$-I_x$,$-B$ 对应的 U_3:$U_3 = U_H + U_T - U_0 - U_N - U_{RL} + U_E$

$+I_x$,$-B$ 对应的 U_4:$U_4 = -U_H + U_T + U_0 - U_N - U_{RL} - U_E$

由以上四式可得

$$U_H + U_E = \frac{U_1 - U_2 + U_3 - U_4}{4}$$

由于 U_E 和 U_H 的符号与 I_s 和 B 两者方向的关系是相同的,所以无法消除,但在非大电流和非强磁场条件下,$U_E \ll U_H$。因此 U_E 可忽略不计。这样通过以上换向测量的方法就可以消除一般条件下副效应产生的影响。

1. 测绘 U_H-I_s 曲线

将实验仪的"U_H、U_σ"切换开关掷向 U_H。测试仪的"功能切换"置于 U_H。保持 I_M 值不变(例如取 $I_M=0.6$ A),测量和绘制 U_H-I_s 曲线(I_s 取值 1.00~4.00 mA),并将数据记录于表 20-1。

表 20-1 $I_M = 0.6$ A

I_s/mA	U_1/mV $+I_s,+B$	U_2/mV $-I_s,+B$	U_3/mV $-I_s,-B$	U_4/mV $+I_s,-B$	$U_H = \dfrac{U_1-U_2+U_3-U_4}{4}$/mV
1.00					
1.50					
2.00					
2.50					
3.00					
4.00					

注意:磁感应强度的大小与励磁电流的关系由厂家给定标明在磁铁线包上(见实验仪上图示)。

2. 测绘 U_H-I_M 曲线

实验仪及测试仪各开关位置同上。保持 I_s 值不变(例如取 $I_s = 3.00$ mA),测绘 U_H-I_M 曲线(I_M 取值 0.300~0.800 A),实验数据记录于表 20-2。

表 20-2 $I_s = 3.00$ mA

I_M/A	U_1/mV $+I_s,+B$	U_2/mV $-I_s,+B$	U_3/mV $-I_s,-B$	U_4/mV $+I_s,-B$	$U_H = \dfrac{U_1-U_2+U_3-U_4}{4}$/mV
0.300					
0.400					
0.500					
0.600					
0.700					
0.800					

3. 测量 U_σ 值

将"U_H、U_σ"切换开关投向 U_σ 侧,"功能切换"置于 U_σ。在零磁场下,取 $I_s = 2.00$ mA,测量 U_σ。

注意:I_s 取值不要过大,以免 U_σ 太大,毫伏表超量程(此时首位数码显示为 1,后三位数码熄灭)。

4. 确定样品的导电类型

将实验仪三组双刀开关均投向上方,即 I_s 沿 x 方向,B 沿 z 方向,毫伏表测量电压为

U_H。取 $I_s=2\text{ mA}$,$I_M=0.6\text{ A}$,测量 U_H 大小及极性,判断样品导电类型。

5. 求样品的 R_H、n、σ 和 μ 值

已知样品的几何尺寸为:$d=0.5\text{ mm}$,$b=4.0\text{ mm}$,A、C 电极间距 $L=3.0\text{ mm}$。

6.（选做实验） 利用以上参数测量铁芯间隙中磁场在 xy 平面内的横向分布（参考表 20-3 和表 20-4 自行选择测量点数目）。作 B（或 U_H）$\sim x$、B（或 U_H）$\sim y$ 图形。

表 20-3　$I_M=0.6\text{ A}$,$I_s=2.00\text{ mA}$

x/mm	U_1/mV $+I_s,+B$	U_2/mV $-I_s,+B$	U_3/mV $+I_s,-B$	U_4/mV $-I_s,-B$	$U_H=\dfrac{U_1-U_2+U_3-U_4}{4}$ /mV	$B=\dfrac{U_H d}{R_H I_s}$ /T
⋮						

表 20-4　$I_M=0.6\text{ A}$,$I_s=2.00\text{ mA}$

y/mm	U_1/mV $+I_s,+B$	U_2/mV $-I_s,+B$	U_3/mV $+I_s,-B$	U_4/mV $-I_s,-B$	$U_H=\dfrac{U_1-U_2+U_3-U_4}{4}$ /mV	$B=\dfrac{U_H d}{R_H I_s}$ /T
⋮						

五、预习思考题

1. 列出计算霍耳系数 R_H、载流子浓度 n、电导率 σ 及迁移率 μ 的计算公式,并注明单位。
2. 如已知霍耳样品的工作电流 I_s 及磁感应强度 B 的方向,如何判断样品的导电类型?

六、思考题

1. 如何根据表 20-1 或表 20-2 的数据计算霍耳系数?

实验 21　金属电子逸出功的测定

本实验综合应用了直线测量法、外延测量法和补偿测量法等多种基本实验方法。在数据处理方面有比较好的技巧性训练。工科学生如在阅读理论部分遇到困难时,可以在先接受公式的前提下进行实验。

一、实验目的

1. 用理查森直线法测定金属（钨）电子的逸出功。
2. 学习直线测量法、外延测量法和补偿测量法等多种基本实验方法。
3. 进一步学习数据处理的方法。

二、实验仪器

全套仪器包括理想（标准）二极管、二极管灯丝温度测量系统、专用电源，以及测量阳极电压、电流等的电表。

1. 理想（标准）二极管

为了测定钨的逸出功，将钨作为理想二极管的阴极（灯丝）材料。所谓"理想"，是指把电极设计成能够严格地进行分析的几何形状。根据本实验原理要求，设计成同轴圆柱形系统。"理想"的另一含义是把待测的阴极发射面限制在温度均匀的一定长度内和可以近似地把电极看成是无限长的，即无边缘效应的理想状态。为了避免阴极的冷端效应（两端温度较低）和电场不均匀等的边缘效应，在阳极两端各装一个保护（补偿）电极，它们在管内相连后再引出管外，但阳极和它们绝缘。因此保护电极虽和阳极加相同的电压，但其电流并不包括在被测热电子发射电流中。这是一种用补偿测量的仪器设计。在阳极上还开有一个小孔（辐射孔），通过它可以看到阴极，以便用光测高温计测量阴极温度。理想二极管的结构如图 21-1 所示。

2. 阴极（灯丝）温度 T 的测定

阴极温度 T 的测定有两种方法。一种是用光测高温计通过理想二极管阳极上的小孔直接测定。但用这种方法测温时，需要判定二极管阴极和光测高温计灯丝的亮度是否一致。该项判定具有主观性，尤其对初次使用光测高温计的学生，测量误差更大。另一种方法是根据已经标定的理想二极管的灯丝（阴极）电流 I_f，查表 21-1 得到阴极温度 T。相对而言，此种方法的实验结果比较稳定。但灯丝供电电源的电压 U_f 必须稳定。测定灯丝电流的安培表，应选用级别较高的，例如 0.5 级表。本实验采用第二种方法确定灯丝温度。

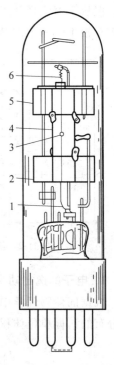

图 21-1　理想二极管

1—阴极（灯丝）；2—保护电极；
3—辐射孔；4—阳极；
5—保护电极；6—弹簧

表 21-1

灯丝电流 I_f/A	0.50	0.55	0.60	0.65	0.70	0.75	0.80
灯丝温度 $T/10^3$ K	1.72	1.80	1.88	1.96	2.04	2.12	2.20

3. 实验电路

实验电路如图 21-2 所示。

三、实验原理

若真空二极管的阴极（用被测金属钨丝做成）通以电流加热，并在阳极上加以正电压时，在连接这两个电极的外电路中将有电流通过，如图 21-3 所示。这种电子从热金属丝发射的现象，称热电子发射。从工程学上说，研究热电子发射的目的是用以选择合适的阴极材料，这可以在相同加热温度下测量不同阴极材料的二极管的饱和电流，然后相互比较，加以选择。但从学习物理学来说,通过对阴极材料物理性质的研究来掌握其热电子发射的性能,这是带有根本性的工作,因而更为重要。

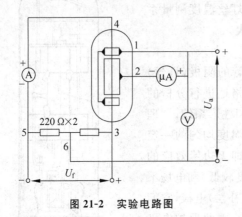

图 21-2 实验电路图

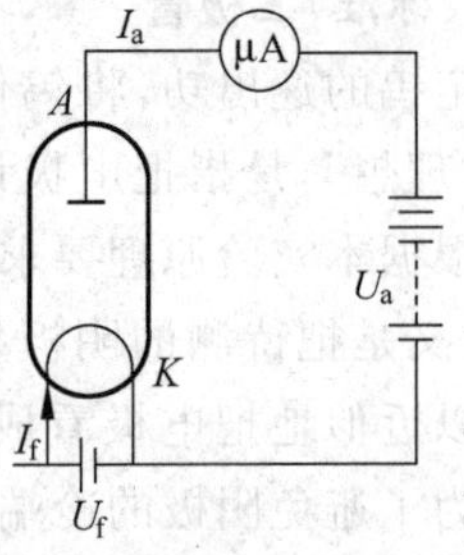

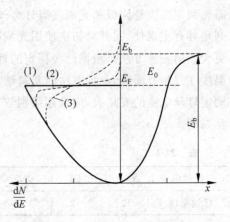

图 21-3 阴极热电子发射产生阳极电流

1. 电子的逸出功

根据固体物理学中金属电子理论,金属中的传导电子能量的分布是按费米-狄拉克能量分布的。即单位体积内能量在 E 到 $E+dE$ 之间的电子数

$$f(E) = \frac{dN}{dE} = \frac{4\pi}{h^3}(2m)^{\frac{3}{2}} E^{\frac{1}{2}} \left[\exp\left(\frac{E-E_F}{kT}\right)+1\right]^{-1} \tag{21-1}$$

式中,E_F 称费米能级。

在热力学温度 0K 时电子的能量分布如图 21-4 中曲线(1)所示。这时电子所具有的最大能量为 E_F。当温度 $T>0$ 时,电子的能量分布如图 21-4 中曲线(2)、(3)所示。其中能量较大的少数电子具有比 E_F 更高的能量,其数量随能量的增加而指数减少。

在通常温度下由于金属表面与外界(真空)之间存在一个势垒 E_b(见图 21-4 第一象限中的实线,x 为垂直于金属与周围媒质分界面的轴线)。所以电子要从金属中逸出,至少要具有能量 E_b。从图 21-4 可见,在热力学温度 0K 时电子逸出金属至少需要从外界得到的能量为

$$E_0 = E_b - E_F = e\varphi$$

图 21-4 传导电子的能量分布

E_0(或 $e\varphi$)称为金属电子的逸出功(或功函数),其常用单位为电子伏特(eV),它表征要使处于热力学温度 0K 下的金属中具有最大能量的电子逸出金属表面所需要给予的能量。φ 称为逸出电位,其数值等于以电子伏特为单位的电子逸出功。

可见,热电子发射是用提高阴极温度的办法以改变电子的能量分布,使其中一部分电子的能量大于势垒 E_b。这样,能量大于势垒 E_b 的电子就可以从金属中发射出来。因此,逸出功 $e\varphi$ 的大小,对热电子发射的强弱,具有决定性作用。

2. 热电子发射公式

根据费米-狄拉克能量分布公式(21-1)可以导出热电子发射的里查森-热西曼公式

$$I = AST^2 \exp\left(-\frac{e\varphi}{kT}\right) \tag{21-2}$$

式中，I 为热电子发射的电流强度，A；A 为和阴极表面化学纯度有关的系数，$A/(m^2 \cdot K^2)$；S 为阴极的有效发射面积，m^2；T 为发射热电子的阴极的热力学温度，K；k 为玻耳兹曼常量，$k=1.38\times 10^{-23}$ J/K。

原则上只要测定 I、A、S 和 T 等各量，就可以根据式(21-2)计算出阴极材料的逸出功 $e\varphi$。但困难在于 A 和 S 这两个量难以直接测定，所以在实际测量中常用下述的里查森直线法，以设法避开 A 和 S 的测量。

3. 里查森直线法

将式(21-2)两边除以 T^2，再取对数得

$$\lg \frac{I}{T^2} = \lg AS - \frac{e\varphi}{2.30kT} = \lg AS - 5.04\times 10^3 \varphi \frac{1}{T} \tag{21-3}$$

从式(21-3)可见，$\lg \frac{I}{T^2}$ 与 $\frac{1}{T}$ 呈线性关系。如以 $\lg \frac{I}{T^2}$ 为纵坐标，以 $\frac{1}{T}$ 为横坐标作图，从所得直线的斜率，即可求出电子的逸出电位 φ，从而求出电子的逸出功 $e\varphi$。该方法叫里查森直线法。其特点是可以不必求出 A 和 S 的具体数值，直接从 I 和 T 就可以得出 φ 的值，A 和 S 的影响只是使 $\lg \frac{I}{T^2}$-$\frac{1}{T}$ 直线产生平移。类似的这种处理方法在实验和科研中很有用处。

4. 从加速电场外延求零场电流

图 21-4 实线所示的势垒 E_b 表示没有外场存在的情况，此时电子必须脱离金属表面至无限远处才是真正地逸出了；当有外场时，电子只要到达所受合力为零的某一有限距离处即可。所以为了维持阴极发射的热电子能连续不断地飞向阳极，必须在阴极和阳极间加一个加速电场 E_a。E_a 的存在会使阴极表面的势垒 E_b 降低，因而对电子必须做的功变小了，发射电流增大，这一现象称为肖特基(Schottky)效应。根据肖特基的研究，在阴极表面加速电场 E_a 的作用下，阴极发射电流 I_a 与 E_a 有如下关系：

$$I_a = I\exp\left(\frac{0.439\sqrt{E_a}}{T}\right) \tag{21-4}$$

这就是考虑了肖特基效应的热电子发射公式。式中 I_a 和 I 分别是加速电场为 E_a 和零时的发射电流。对式(21-4)取对数得

$$\lg I_a = \lg I + \frac{0.439}{2.30T}\sqrt{E_a} \tag{21-5}$$

如果把阴极和阳极做成共轴圆柱形，并忽略接触电位差和其他影响，则加速电场可表示为

$$E_a = \frac{U_a}{r_1 \ln \frac{r_2}{r_1}} \tag{21-6}$$

式中，r_1 和 r_2 分别为阴极和阳极的半径，U_a 为阳极电压，将式(21-6)代入式(21-5)得

$$\lg I_a = \lg I + \frac{0.439}{2.30 T} \frac{1}{\sqrt{r_1 \ln \frac{r_2}{r_1}}} \sqrt{U_a} \tag{21-7}$$

由式(21-7)可见,对于一定几何尺寸的管子,当阴极的温度 T 一定时,$\lg I_a$ 和 $\sqrt{U_a}$ 呈线性关系。如果以 $\lg I_a$ 为纵坐标,以 $\sqrt{U_a}$ 为横坐标作图,如图 21-5 所示,这些直线的延长线与纵坐标的交点为 $\lg I$。由此即可求出在一定温度下加速电场为零时的发射电流 I。

综上所述,要测定金属材料的逸出功,首先应该把被测材料做成二极管的阴极。当测定了阴极温度 T、阳极电压 U_a 和发射电流 I_a 后,通过上述的数据处理,得到零场电流 I。再根据式(21-3),即可求出逸出功 $e\varphi$(或逸出电位 φ)。

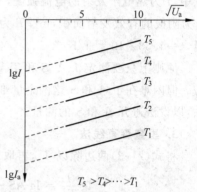

图 21-5 不同温度的发射电流

四、实验操作

1. 熟悉仪器装置,按图 21-2 连接好实验电路,接通电源,预热 10 min。连接电路时,切勿将阳极电压 U_a 和灯丝电压 U_f 接错,以免烧坏管子。

2. 取理想二极管灯丝电流 I_f 从 0.55~0.75 A,每间隔 0.05 A 进行一次测量。如果阳极电流 I_a 偏小或偏大,也可适当增加或降低灯丝电流 I_f。对应每一灯丝电流,在阳极上加 25 V、36 V、49 V、64 V、…、144 V 电压,(为什么这样选取阳极电压?)各测出一组阳极电流 I_a。记录数据于表 21-2,并换算至表 21-3。

3. 根据表 21-3 数据,作出 $\lg I_a$-$\sqrt{U_a}$ 图线。求出截距 $\lg I$,即可得到在不同阴极温度时的零场热电子发射电流 I,并换算成表 21-4。

4. 根据表 21-4 数据,作出 $\lg \frac{I}{T^2}$-$\frac{1}{T}$ 图线。从直线斜率求出钨的逸出功 $e\varphi$(或逸出电位 φ)。

五、数据表格

表 21-2

$I_a/10^{-6}$ A U_a/V I_f/A	25	36	49	64	81	100	121	144
0.55								
0.60								
0.65								
0.70								
0.75								

表 21-3

$\lg I_a \diagdown \sqrt{U_a}$ $T/10^3$ K	5.0	6.0	7.0	8.0	9.0	10.0	11.0	12.0

表 21-4

$T/10^3$ K						
$\lg I$						
$\lg \dfrac{I}{T^2}$						
$\dfrac{1}{T} \big/ (10^{-4}/\mathrm{K})$						

直线斜率 $m=$ _____, 逸出功 $e\varphi=$ _____ eV

逸出功公认值 $e\varphi=4.54$ eV, 相对误差 $E=$ _____ %

注：如果用最小二乘法拟合直线来计算本实验中的截距和斜率，公式为

$$\lg I = \frac{\begin{vmatrix} \sum \lg I_a & \sum \sqrt{U_a} \\ \sum (\lg I_a)\sqrt{U_a} & \sum U_a \end{vmatrix}}{\begin{vmatrix} 8 & \sum \sqrt{U_a} \\ \sum \sqrt{U_a} & \sum U_a \end{vmatrix}}$$

$$m = \frac{\begin{vmatrix} 5 & \sum \lg \dfrac{I}{T^2} \\ \sum \dfrac{1}{T} & \sum \left(\lg \dfrac{I}{T^2}\right)\left(\dfrac{1}{T}\right) \end{vmatrix}}{\begin{vmatrix} 5 & \sum \dfrac{1}{T} \\ \sum \dfrac{1}{T} & \sum \left(\dfrac{1}{T}\right)^2 \end{vmatrix}}$$

六、思考题

1. 如何估算逸出功测量结果的不确定度？

七、提高要求

本实验中，阳极电流与阳极电压、发射电流与灯丝温度的关系都是非线性的，所以要先通过对数变换将它们线性化，但在进行数据拟合时还须考虑到取了对数之后的数据已经不再是等精度的了，应该用不等精度测量数据的最小二乘法处理。同时，还要考虑到运用最小

二乘法的前提条件是因变量的测量误差必须大于自变量的测量误差,所以要把误差大的变量作为因变量。

请依据原始测量数据判断 $\lg I_a$(或 $\ln I_a$)和 $\sqrt{U_a}$ 哪一个测量误差大,进而选择合适的拟合方法。注意这里的 $\lg I_a$(或 $\ln I_a$)和 $\sqrt{U_a}$ 都不是等精度的,无论用哪一个作为因变量,都要确定各个测量值所对应的权。

附录 WF 型系列金属电子逸出功测定仪介绍

WF 型系列金属电子逸出功测定仪由潘人培教授于 1980 年开始设计,1984 年完成,1986 年通过鉴定。在经过了十余年的生产实践和教学使用,不断吸收用户反馈意见后,于 1998 年作了一次重大改进。撤销了旧的型号系列,重新安排了新的型号系列,分三种型号。

1. 型号简介

(1) WF-1 型:含 WF-1 型金属电子逸出功测定仪(主机)、理想二极管及座架。使用时需自备 0.5 级,0.75/1.5 A 的安培表(用于测量灯丝电流 I_f)和 0.5 级,100/200/500/1 000 μA 的微安表(用于测量阳极电流 I_a)。

(2) WF-2 型:含 WF-2 型金属电子逸出功测定仪(主机)、理想二极管及座架。

(3) WF-3 型(MULTY-1 型):含 WF-3 型金属电子逸出功测定仪(主机),WF-3 型组合数字电表,理想二极管及座架、励磁螺线管等。

2. 技术指标

对不同型号的金属电子逸出功测定仪,包含以下不同项的技术指标项目,但同一技术指标项目,对不同型号的仪器是相同的。

综合相对误差　　　≤3%

(1) 理想二极管

灯丝材料	纯钨	阳极材料	镍
灯丝直径	7.5×10^{-5} m	灯丝电流	0.5～0.8 A
阳极内径	8.4×10^{-3} m	阳极长度	0.015 m

(2) 二极管灯丝电源及测灯丝电流(I_f)的电流表

灯丝电源电压	2.7～6.7 V 可调		
电流表满度值	1.999 A	标称相对误差	0.2%

(3) 二极管阳极电源及测阳极电压(U_a)的电压表

阳极电源电压	>150 V		
电压表满度值	199.9 V	标称相对误差	0.2%

WF-1 型仪器测阳极电压的电压表为 2.5 级,指针式面板表。

(4) 阳极电流(I_a)表

满度值	1 999 μA	标称相对误差	0.2%

(5) 励磁螺线管线圈

线圈内半径	0.021 m	线圈外半径	0.028 m
线圈长度	0.040 m		

线圈总匝数　　　　　　标于线圈上,分 14 层密绕

(6) 螺线管电源及测螺线管电流(I_s)的电流表

螺线管电源电压　　1.2～14 V　　　螺线管电流　　　　0.1～0.9 A
电流表满度值　　　1.999 A　　　　标称相对误差　　　0.2%

以上各种电表均为 LED 数字直接显示。

3. 仪器结构(请对照仪器阅读)

三种不同型号的金属电子逸出功测定仪,虽然它们的外形、组成和可以完成的实验内容各不相同,但它们基本单元的功能是相同的。

(1) 理想二极管及座架。实验时将理想二极管插在座架的八脚插座内,插入时注意对准定位键。在理想二极管座架面上,标有与实验讲义图 21-2 相一致的接线图。连接电路时请勿接错电源。

(2) "灯丝电流"调节电位器用于调节二极管的灯丝电流,电流值由"灯丝电流"数显电表(1 型仪器为外接安培表)显示。

(3) "阳极电压"调节电位器用于调节二极管的阳极电压。3 型仪器阳极电压的调节分"粗调"与"细调"两挡。电压值由"阳极电压"数显电表(1 型仪器为指针式面板表)显示。

(4) 二极管的阳极电流由"阳极电流"数显电表(1 型仪器为外接微安表)显示。

(5) 励磁螺线管使用时套在理想二极管外,使二极管内的电子受洛伦兹力的控制运动。

(6) "励磁电流"调节电位器用于调节励磁螺线管内的励磁电流,以改变磁场的大小。电流值由"励磁电流"数显电表显示。

实验拓展:验证二分之三次方定律及求电子的荷质比

在二极管的伏安特性曲线上,当阳极电压 U_a 不太高时,即在阳极电流导通但未饱和时的初始阶段,极间的空间电荷效应起作用。I_a 与 U_a 的二分之三次方成正比,称二分之三次方定律。对于同心圆柱体的电极

$$I_a = \frac{8\pi}{9}\varepsilon_0 \sqrt{\frac{2e}{m}} \cdot \frac{L}{r_2} \cdot \frac{1}{\beta^2} U_a^{\frac{3}{2}} \qquad (21\text{-}8)$$

式中,$\varepsilon_0 = 8.854 \times 10^{-12}$ F/m 为真空电容率;L 为阳极圆柱体的长度;r_2 为阳极圆柱体的半径;$1/\beta^2$ 为修正因子,它是阳极半径与阴极半径之比 r_2/r_1 的函数。当 $r_2/r_1 \geqslant 10$ 时,$\beta^2 = 1$。

令

$$K = \frac{8\pi}{9}\varepsilon_0 \sqrt{\frac{2e}{m}} \cdot \frac{L}{r_2} \cdot \frac{1}{\beta^2}$$

得

$$I_a = KU_a^{\frac{3}{2}}$$

考虑到实验测量中的误差,应将上式改写成

$$I_a = KU_a^{\frac{3}{2}} + I_0 \qquad (21\text{-}9)$$

对于 WF 型系列逸出功测定仪所用的理想二极管,$L = 15$ mm,阳极内径($2r_2$)=

8.4 mm,阴极直径$(2r_1)=0.075$ mm,故 $\beta^2=1$。可求得(理论值)

$$K = 5.23\times 10^{-5} (\text{A/V}^{3/2})$$

在阳极电压 $U_a=0.5\sim 2.5$ V 的范围内至少取 5 点电压值,测出对应的阳极电流 I_a。(参考表 21-5,考虑到温度低时空间电荷影响也小,阳极电流易饱和,测量时一般应取灯丝电流 $I_f\geqslant 0.75$ A。)

表 21-5

U_a/V	0.50	1.00	1.50	2.00	2.50
$U_a^{\frac{3}{2}}/\text{V}^{\frac{3}{2}}$					
$I_a/10^{-6}$ A					

作 I_a-$U_a^{\frac{3}{2}}$ 图线或用最小二乘法拟合求出直线的斜率 K,与理论值比较算出百分误差。

从二分之三次方定律式(21-8)和式(21-9)得

$$\frac{8\pi}{9}\varepsilon_0\sqrt{\frac{2e}{m}}\cdot\frac{L}{r_2}\cdot\frac{1}{\beta^2}U_a^{\frac{3}{2}} = KU_a^{\frac{3}{2}}$$

则有

$$\frac{e}{m} = \frac{1}{2}\left(K\beta^2\frac{r_2}{L}\cdot\frac{1}{\varepsilon_0}\cdot\frac{9}{8\pi}\right)^2$$

根据所测得的 K,取 $\beta^2=1$ 代入上式计算 $\frac{e}{m}$,与公认值 $\frac{e}{m}=1.76\times 10^{11}$ C/kg 比较算出百分误差。

参考文献

[1] 潘人培,董宝昌.物理实验(教学参考书)[M].北京:高等教育出版社,1990.
[2] 潘人培.物理实验[M].南京:东南大学出版社,1990.

实验 22 电表改装

这是一个带有一定综合性质的小型设计实验,包括从电表内阻测定—由改装任务(电压及电流扩程)设计计算有关电路的参数—经市场调查,最后定型成实际线路—工艺布局及焊接—定算校正—检验系统误差—讨论改进方案这样一个全过程。

一、实验目的

1. 通过本实验让同学们了解一个小型设计实验的全过程。
2. 学习元件布局与焊接技术。
3. 学习电表定算、校正到讨论系统误差,并作出改进措施。

二、实验仪器

电源、标准电压表、电流表、滑线变阻器、导线、电烙铁、焊锡、焊油、电阻(5.1 kΩ,

4.7 kΩ,220 Ω,110 Ω)、电阻丝(制作 2.22 Ω 电阻用)、惠斯通电桥、带表头(100 μA)的机架(包括电阻接线架、接线柱等)。

三、实验原理

由一只 100 μA、内阻为 2 000 Ω 的电表设计成①1 mA,②100 mA,③5 V,④10 V 四挡的电表。

(一) 电路计算

1. 电流扩程

由图 22-1 的两挡电流扩程电路中可以看出,电流既流过 R_1 又流过 R_2,不能用一元方程求解,可从二元一次联立方程着手。

从 AB 两端看有
$$I_g R_g = (I_1 - I_g)(R_1 + R_2) = (n_1 - 1)(R_1 + R_2)I_g$$

从 AC 两端看有
$$I_g(R_g + R_2) = (I_2 - I_g)R_1 = (n_2 - 1)R_1 I_g$$

解此联立方程得
$$R_1 = \frac{n_1}{n_2(n_1 - 1)} \cdot R_g$$

$$R_2 = \frac{n_2 - n_1}{n_2(n_1 - 1)} \cdot R_g$$

其中
$$n_1 = I_1/I_g, \quad n_2 = I_2/I_g$$

2. 电压扩程

从图 22-2(把已完成的电流扩程连在其中,串接 R_3、R_4)得如下关系式:

$$U_1 = U_g + I_1 R_3, \quad R_3 = \frac{U_1 - U_g}{I_1}$$

$$U_2 = U_1 + I_1 R_4, \quad R_4 = \frac{U_2 - U_1}{I_1} = \frac{U_2 - U_g}{I_1} - R_3$$

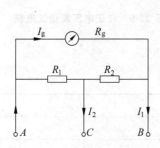

图 22-1　电流扩程电路

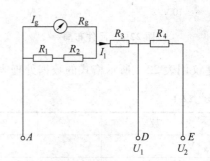

图 22-2　电压扩程电路

(二) 元件选择

由电路计算得
$$R_1 = 2.22 \ \Omega, \quad R_2 = 220 \ \Omega, \quad R_3 = 4.8 \ \text{k}\Omega, \quad R_4 = 5.0 \ \text{k}\Omega$$

市场调查情况：电子工业部 E24 系列规格有 220 Ω、4.7 kΩ、5.1 kΩ 和 100 Ω 等标称值电阻。

措施：①2.22 Ω 用电阻丝自制（经惠斯通电桥精密测定）；②改变线路如图 22-3 所示。

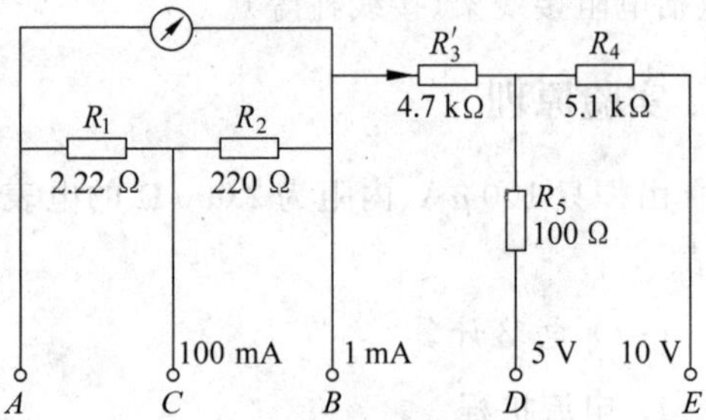

说明：由 BD 间组成的电阻为

$R_3' + R_5 = 4.7\ \text{kΩ} + 100\ \text{Ω} = 4.8\ \text{kΩ} \Rightarrow R_3$

由 BE 间组成的电阻为

$R_3' + R_4 = 4.7\ \text{kΩ} + 5.1\ \text{kΩ} = 9.8\ \text{kΩ}$

$\Rightarrow R_3 + R_4$

符合电压扩程要求。

图 22-3 电压电流扩程电路

（三）元件布局

建议采用图 22-4 所示的框架中连线（根据图 22-3 的原理线路图要求），其中 ABCDE 为接线柱——使用旋钮，虚线框架内为电阻板。

（四）仪表校正曲线制作

图 22-5 为电压校正曲线测试所用的连接线路图

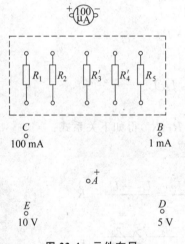

图 22-4 元件布局

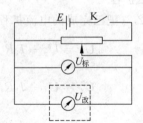

图 22-5 校正电压表测试电路

建议用表 22-1 所示格式的数据处理表格。

表 22-1

次　数	1	2	3	4	5	6
$U_\text{改}/\text{V}$						
$U_\text{标}$（上升）/V						
$U_\text{标}$（下降）/V						
$\overline{U}_\text{标}/\text{V}$						
$\Delta U = U_\text{改} - \overline{U}_\text{标}/\text{V}$						

用 $U_标$（上升）与 $U_标$（下降）两项求平均，以消除机械误差。

如作 10 V 电压校正曲线时，可使次数 1 为零点校正，2、3、4、5、6 相应为 2 V、4 V、6 V、8 V、10 V 挡校正。

电流校正线路如图 22-6 所示。

（五）系统误差分析

为深入、集中分析线路误差，建议作 5 V、10 V 两条校正曲线。

如出现图 22-7 所示的校正曲线，同学们可从 $R_3' + R_4$ 与 R_3' 这两组电阻阻值的大小去分析（提示：实验室提供的是 E24 系列电阻，允许误差为 $\pm 5\%$）。

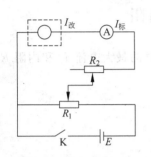

图 22-6　校正电流表测试电路

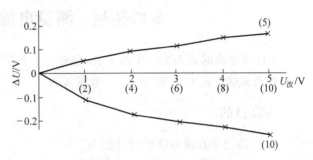

图 22-7　电压校正曲线

四、预习要求

1. 复习学过的电压、电流扩程原理。

2. 实验操作前要求同学将图 22-4 的布线图画好——按图 22-3 的原理连接。

五、操作要点

由于电烙铁不慎放在塑料皮电线上会引起电路短路等危险，鉴于本实验以前发生过的事故，应注意下列三个操作要点。

1. 本实验应严格遵守下列操作步骤：先按实验要求把改装表焊接好，经仔细核对确定无误后，拔去电烙铁，再将导线按仪表校正线路接线测试。绝不允许焊接元件和接线测试同时进行。

2. 电烙铁除焊接外，一般必须放在烙铁架上（每把电烙铁须备有一个烙铁架）。

3. 由于少数同学从未用过电烙铁，在焊接时，用电烙铁像锤子一样敲打着"点焊"，是错误的操作。这是因为：其一是按通常的热传导原理，热量只有在紧密接触下才能传递得快，像这样似拍电报样的"点焊"，热量不能很好传递；其二是电烙铁的电热丝在通电加热时经热膨胀呈疏松状态，敲打震动容易短路。

六、注解

1. 鉴于此实验全套做起来时间很长（并要有学生与教师的多次讨论），现因控制在 3 节课时间内完成，因此在分流、分压计算，实际采用线路，数据表格处理等在书上有所说明，并对校正曲线的系统误差分析也有所提示。

2. 电表内阻测定略,现为了大面积实验方便,设定在 2 000 Ω。
3. $R_1 = 2.22\ \Omega$ 系用电阻丝绕在 4.7 kΩ 电阻(作骨架)上做成。
4. 电流校正接线如图 22-6 所示,因时间关系,课堂上暂不做。

七、思考题

1. 改装校正曲线有何用处?
2. 如果改装的电压表读数总比标准表读数偏大(或偏小)是什么原因?如何修正?
3. 校正曲线的数据为何要作上升与下降各一次?

实验拓展:测量电流表的内阻

指针式电表的表头是一个微安表,它有两个参量:允许通过的最大电流 I_g 和内阻 R_g。I_g 可在表头的表盘上获知,而 R_g 一般需实测。

一、实验目的

1. 提高简单直流电路的设计能力。
2. 综合应用已经做过的电学实验的知识。
3. 设计一个测量 100 μA 的微安表头内阻 R_g 的线路图,设计方案的内容为:①原理;②线路图;③仪表、元件和器材;④实验步骤;⑤数据记录表格;⑥测量结果表达式和相对误差;⑦讨论和分析(各种设计方案的比较)。

二、实验设计要求

1. 找出测量一般电阻与测量表头内阻的方法有什么不同。
   (1) 极性:一般电阻无极性;直流表头有"+""−"极性,流经表头的电流不能反相,因此线路图中凡有电表处,都要标明极性。
   (2) 量程:一般小功率的电阻允许通过的电流是毫安级,而本实验的表头量程为 100 μA,即 0.1 mA,数量很小,通过表头的电流只能限制在它的量程之内,否则会损坏表头。因此,线路中测量所需要的电流表、电压表也相应地根据此点推算。所用的电压表、电流表量程过大过小都不合适的。所以设计线路中,凡有电表处必须注明量程。
2. 本实验特点,流过表头的电流可由自身读取。
3. 本实验电源电压应选最低值 1.5 V,防止表头损坏。
4. 电路中的电压、电流数值大小的调节方法如何选择?用制流法,还是用分压法,设计线路时应根据具体情况决定。本实验采用替代法(表 22-2)和半偏法(表 22-3)测量表头内阻,选用分压法调节电压比较合适。
5. 要求制订三种以上设计方案,并说明每种方案的科学性、可行性和先进性。
   (提示:设计的方案有:①替代法;②电流半偏法;③电压半偏法;④伏安法;⑤电桥法等。如果有量程较小的电压表,伏安法方案所用的仪表最少,测量精度也较高。)
6. 要求对设计方案中所使用的仪表、器件说明规格,如量程(允许通过的电流)、精度,电源用几伏等。

7. 设计实验方案时,还要求画出仪器的合理布局图,做实验时仪器放在合适的位置,再进行导线连接,这是做电学实验必须具备的良好习惯。

三、数据记录表格和测量结果表达式

表 22-2 替代法

测 量 次 数	1	2	3	4	5	6
测量电表读数/μA						
电阻箱读数/Ω						
表达式			$R_g = \overline{R}_g \pm s_{R_g}$ Ω			

说明:每次测量都要改变测量电表(也是 100 μA 的微安表)的数值,此数值要在三分之二量程以上。

$E = \dfrac{s_{R_g}}{R_g} = \underline{\qquad}$ %

表 22-3 半偏法

测 量 次 数	1	2	3	4	5	6
测量表读数/μA						
待测表读数/μA						
电阻箱读数/Ω						
表达式			$R_g = \overline{R}_g \pm s_{R_g}$ Ω			

说明:调节电阻箱旋钮和分压器滑动头,必须使待测表的读数为测量表读数的一半;因为有相互牵连,所以要反复调节几次。

$E = \dfrac{s_{R_g}}{R_g} = \underline{\qquad}$ %

附录 设计方案参考

(1) 替代法

线路见图 22-8。

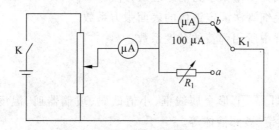

图 22-8 "替代法"电路图

当 $K_1 \to b$,电流为 I_1;当 $K_1 \to a$,电流为 I_2。调节 R_1,使 $I_1 = I_2$,则 $R_1 = R_g$。

(2) 半偏法:上述线路不变,只要巧妙地安排一下即可。就是把待测表原先接在单刀双掷开关旁边接线柱上的导线,改接到中间接线柱上即可。量程和极性请同学们补上。

(3) 伏安法(误差分析见实验 5 拓展"伏安法测电阻的研究")

线路见图 22-9。则

$$R_g = \frac{U}{I} - R_0$$

(4) 电桥法：当 K_2 合上时，调节 R_0，G 中 I 不变。

线路见图 22-10。则

$$R_g = \frac{R_0 R_2}{R_1}$$

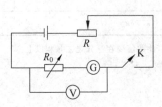

图 22-9 "伏安法"电路图

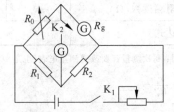

图 22-10 "电桥法"电路图

参考文献

[1] 张兆奎,等.大学物理实验[M].上海：华东化工学院出版社,1990.
[2] 王国华.大学物理实验[M].贵州：贵州人民出版社,1987.

实验 23 液体表面张力系数的测定

表面张力是液体表面重要的物理性质，研究它可以用来解释很多物理现象，如泡沫的形成、润湿及毛细管现象等。纺织工艺中浆料的配制，染整工艺中泡沫丝光、泡沫染色、练、漂、染各个工序都要对液体表面张力提出一定的要求。近几年来，在开发纺织新材料及产品方面，对表面张力有着特殊的要求，研究它更具有重要的意义。

一、实验目的

1. 学习用焦利氏秤测量微小力的原理及方法。
2. 用拉脱法和毛细管法测定液体的表面张力系数。
3. 测出焦利氏秤中所用弹簧的劲度系数。

二、实验仪器

焦利氏弹簧秤、"⌐⌐"形金属线框、小值砝码、玻璃器皿、温度计、清洁液、玻璃毛细管、测高仪、读数显微镜、被测液体等。

（一）焦利氏弹簧秤简介

焦利氏秤装置如图 23-1 所示。在三脚底座上立着一根空心金属管 G，G 上附有游标 E。管 G 内部安装着一根可以上下移动的带有毫米刻度的金属杆 B，杆 B 与 E 构成了游标尺。杆 B 顶端的横梁上悬挂着一只精细的锥形弹簧 T。T 下端挂一指标镜 Z，镜面刻有水平红线。指标镜穿过半面内壁涂黑的玻璃管(指标管)P,可在 P 中自由上下移动。指标镜下悬挂一铝质砝码盘 m_0。盘下又挂一用来测量表面张力系数的金属线框 S。转动立杆升降旋钮 H 可使金属杆 B 上下移动,移动的距离可由游标尺直接读出。盛待测液体的玻璃皿放在平台 C 上,调节螺旋 L 可使平台上下移动。

焦利氏秤实际上是一只精细的弹簧秤,常用于测量微小的力。它与普通弹簧秤的不同之处,在于后者是上端固定,加负载后向下计伸长量,而焦利氏秤则是使下端固定,加负载后,向上计伸长量。因此在使用时需始终保持指标管的横线及其在指标镜中的像皆与指标镜中的红色横线三者对齐(以下简称"三对齐")。测量时弹簧受力形变的伸长量可由 B 与 E 组成的游标尺上读取,B 相当于游标卡尺的主尺,E 相当于游标卡尺的游标,调节时所看到的是主尺在上下移动,而游标却不动。

(二) 测高仪构造及调节简介

测高仪是用作测量长度的光学仪器,如图 23-2 所示,主要由基座、立柱及托架三部分组成。基座上装有圆水准仪,由基座上的三个调节螺钉进行调整。立柱直立在基座上,它是托架的导轨,托架由传动钢带通过托架微调螺钉调节其沿立柱上下移动。托架上装有望远镜、读数显微镜、长水准仪以及观察长水准仪水平的放大镜。测量时主要是利用望远镜对准目标物,分别测被测长度的两个端面,由两者的差值得出被测物的长度,调节步骤结合图 23-2。

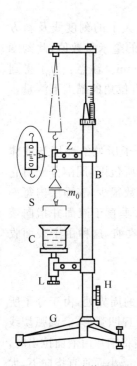

图 23-1 实验装置图

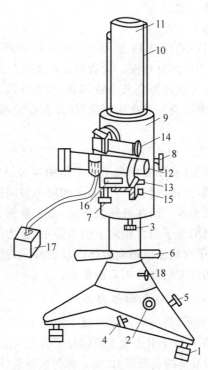

图 23-2 测高仪构造

1—底脚螺钉;2—圆水准仪;3—托架微调螺钉;4,5—转角微动螺钉;6—转角手柄;
7—望远镜微调螺钉;8—托架制动螺钉;9—托架;10—托架传动钢带;11—中心立柱;
12—望远镜;13—长水准仪放大镜目镜;14—读数显微镜;15—长水准仪调节螺钉;
16—长水准仪;17—照明灯电源;18—转角制动螺钉

1. 松开螺钉转动手柄 6,使望远镜初步对准被测物。
2. 调节三个底脚螺钉 1 使圆水准仪 2 水平。
3. 从放大镜目镜观察长水准仪中两个半圆弧形,必须衔接成一个长半圆形,如图 23-3 所示,这可通过调节长水准仪调节螺钉 15 来达到。
4. 重复步骤 2、3,使望远镜在绕立柱的各个方位角上都能达到水平。
5. 调节托架微动螺钉 3 及转动手柄 6 使被测目标物与图 23-4 中的左边水平线重合(此水平线为右边两倾斜线的角平分线)。从读数显微镜中读取所测目标物的位置读数。

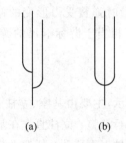

(a)　　　(b)

图 23-3　测量调节步骤图示

图 23-4　叉丝对准被测目标物

6. 继续移动托架,用步骤 5 同样的方法测量目标物另一端面的位置读数,两者读数之差即为被测物的长度。

读数方法如下。

在读数显微镜的目镜 14 视场中,如图 23-5 所示,可观察到一放大了的刻度线及斜方格,其中斜方格称比例分划板。读数时:刻度线左边的数字即为读数的毫米整数值,此刻度线与斜方格所交之值即为毫米小数部分,如图中所示读数为 55.275 mm。注意:为了得到精确的结果,被测物应安置在铅直位置,高度差的两个端面须在同一方位角的瞄准下测量。

三、实验原理

在液体表面层(其厚度相当于分子作用半径,约 10^{-8} cm)内的分子所处的环境与液体内部的分子不同,液体内部每一个分子四周都被同种液体的其他分子所包围,周围分子对它作用力的矢量和为零。而在液体表面层,由于液面上方气相层的分子数很少,表面层内每一个分子受到向上的分子引力较向下引力要小,合力不为零。这个合力垂直于液面并指向液体内部,使得分子有从液面挤向液体内部的倾向,造成液体表面自然收缩,这种由于表面收缩而产生液面切线方向的力叫表面张力。

(一) 拉脱法测液体表面张力系数

如图 23-6 所示,将一块薄钢片浸入液体中,在钢片与液面相接触的周界处,由于分子所受引力不相同(钢片分子引力大于液体分子引力),使液体在接触面处呈现凹弧形,沿圆弧切线方向的力 f 即为液体的表面张力,角 φ 称为接触角(浸润角)。如果缓缓将钢片由液面拉出时,可以看到接触角逐渐减小而趋向于零,这时表面张力 f 方向将随 φ 角的减小而垂直指向下,大小与接触面的周界长度成正比,即 $f \propto 2(l+d)$,写成等式为 $f = 2\delta(l+d)$。比例系数 δ 称为表面张力系数,数值上等于作用在周界单位长度上的力。表面张力系数与液体的种类、纯度、温度和液体周界相接触的分子性质有关。液体温度越高,δ 值越小;所含杂质越多,δ 值也越小。只要上述条件保持一定,δ 就是一个常数。由钢片受力情况分析可以测得表面张力系数 δ。

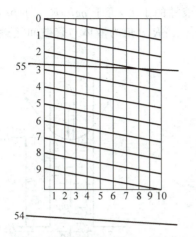

图 23-5 读数显微镜视场中的读数

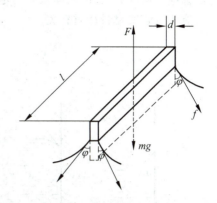

图 23-6 拉脱法测量原理图

当钢片脱离液体前瞬间，其受力平衡条件为

$$F = mg + f \tag{23-1}$$

将表面张力 f 代入式(23-1)，则表面张力系数

$$\delta = \frac{F - mg}{2(l + d)} \tag{23-2}$$

式中，F 为薄钢片所受外力；mg 为薄钢片所受重力；l 为薄钢片的长度；d 为薄钢片的厚度。

本实验用金属线框"⊓"代替薄钢片。由于金属线本身线度较小，与长度相比可忽略，故式(23-2)中厚度 d 可以略去，即

$$\delta = \frac{F - mg}{2l} \tag{23-3}$$

由图 23-1 焦利氏秤上弹簧受力分析，显然 $F - mg$ 为弹簧所受合外力，根据胡克定律：在弹性限度内，外力与弹簧的形变量成正比，即 $F - mg = K\Delta x$，K 为弹簧的劲度系数，Δx 为弹簧受力后的形变量。由此 $F - mg$ 可通过测定 K 和 Δx 来求得。

(二) 毛细管法测液体表面张力系数

任何液体表面都受到表面张力的作用。如果液面是水平的，则表面张力也是水平的；如果液面是曲面，则表面张力沿着与液面相切的方向。结果为弯曲的液面表面张力对液体内部施加附加的压强，在凸面的情况下，这个附加压强为正；在凹面的情况下，这个附加压强为负。这两种现象明显地在毛细管现象中显示出来。

把一根洁净的毛细管插入液体中，若管壁与液体分子之间的作用力大于液体分子间的作用力时，液体就会沿管壁伸展，这种现象称为浸润；反之，若液体不沿管壁扩展，称为不浸润。液体表面的切线和管壁所成的角度 θ 称为接触角，当 $\theta < 90°$ 时称浸润，$\theta = 0$ 时称完全浸润，$\theta > 90°$ 时称不浸润，如图 23-7 所示。

现将毛细管插入水中，由于浸润缘故，水面沿管壁上升。又由于表面张力存在使液面收缩，结果管内液体到达一个新的平衡位置(图 23-8)，液面呈凹弯月面(若 $\theta = 0$，呈凹半球面)。管中液柱受力平衡的条件为

$$p_1 + mg - p_2 - f\cos\theta = 0 \tag{23-4}$$

式中，p_1 为液柱上端大气压力；p_2 为液柱下端液体向上的托力。因为液柱下端与管外水面

等高，其压力即为大气压力，故 $p_1=p_2$。mg 为液柱的重力，等于 $\rho g h \pi R^2$。$f\cos\theta$ 是表面张力沿管壁方向的分力，由表面张力的定义，得 $f=\delta 2\pi R$，θ 角为液体与管壁间接触角，它的大小与液体及管壁材料性质有关。

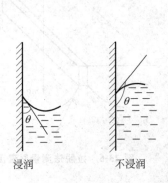

图 23-7　接触角

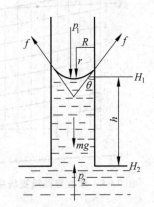

图 23-8　毛细管插入水中的情形

纯净水和清洁玻璃间的 $\theta=0$，故 $\cos\theta=1$，综合上面结果，式(23-4)成为

$$\rho g h \cdot \pi R^2 = \delta \cdot 2\pi R$$

$$\delta = \frac{1}{2}\rho g h R \tag{23-5}$$

式(23-5)中的 h 是从管内液柱上端凹面的最低点到管外液面之间的高度，而在此高度以上凹面周围还有少量液体。当 $\theta=0$ 时，凹面为半球状，凹面周围液体的体积等于半径为 R、高为 R 的圆柱体体积与半径为 R 的半球体积之差 $(\pi R^2)\cdot R-(1/2)\cdot(4/3\pi R^3)=R/3\cdot \pi R^2$，这就相当于管中 $R/3$ 高的液柱体积，因此式(23-5)中的 h 值应增加 $R/3$ 的修正值，于是表面张力系数 δ 为

$$\delta = \frac{1}{2}\rho g R\left(h+\frac{R}{3}\right) = \frac{1}{4}\rho g d\left(h+\frac{d}{6}\right) \tag{23-6}$$

由此，只要精确测出毛细管的内径 d 和液柱高度 h，并查出室温下液体的密度 ρ，即可求出表面张力系数 δ。

四、实验步骤

（一）测弹簧的劲度系数 K

1. 按图 23-1 挂好弹簧 T 和砝码盘 m_0。

2. 调节三底脚座上的螺钉，使指标镜处于垂直位置。转动升降旋钮 H，使指标镜上的水平刻线、玻璃管 P 上的刻度线及其在镜内的像（线）三者对齐。记下游标尺上的读数 X_0 于表 23-1 中。

3. 在砝码盘中加上 0.500 g 砝码，转动升降旋钮 H，使重新达到"三对齐"，记下游标上的读数 X_1 于表 23-1 中。

4. 按步骤3，每次递加 0.500 g，在达到"三对齐"的情况下，分别记下相应的读数 X_i，直到加至 5.000 g 为止。（但游标读数只记到与 4.500 g 对应值，请思考为什么？）

5. 将砝码盘中的砝码每次逐减 0.500 g，记下对应的游标读数。

6. 用逐差法或作图法求出弹簧的劲度系数 K。

(二) 用焦利氏秤(拉脱法)测定水或酒精的表面张力系数 δ

1. 将金属线框、玻璃杯和镊子严格清洗干净(可用洗涤液清洗或用 NaOH 棉球擦洗)。

2. 将盛有水或酒精的玻璃杯放在水平台 C 上,用镊子将金属线框挂在砝码盘下,转动升降螺旋 H,使三线对齐,记下游标尺读数 X_0 于表 23-2 中。

3. 调节平台升降螺钉 L 和旋钮 H,使金属框浸入液体内,并使达到"三对齐",然后缓慢旋转 H,使金属框向上提起,与此同时慢慢旋转 L 使玻璃杯下降(注意在此过程中始终保持"三对齐"),直至金属框脱离液面、液膜破裂为止,记下此时游标读数 $X_{裂}$。

4. 重复步骤 2、3 共 5 次。

5. 用游标卡尺测出线框长度 l,重复 5 次,记于表 23-2 中。

(三) 用毛细管法测定液体表面张力系数 δ

1. 调节好测高仪,按图 23-1 各旋钮要求仔细调节直至可用于测量为止。

2. 将毛细管从洗涤液中取出,用自来水或蒸馏水冲洗干净。用小吸管将毛细管中气泡排出,(为什么?)然后将毛细管放在离测高仪 1 m 远处的支架上使管垂直于玻璃皿水平面,调节测高仪使望远镜视野中看到玻璃管中因毛细管现象而升高的液面(水或酒精都为凹弯月面)与刻度线相切,记下此时的读数 H_1 于表 23-3 中。

3. 再将测高仪调节至玻璃皿的液面,记下液面的位置 H_0,则毛细管升高液面的高度 $h = (H_1 - H_0)$。

4. 重复测 5 次,将所测相应数据记于表 23-3 中。

5. 利用读数显微镜测出毛细管内径数据记于表 23-3 中。

五、数据处理

(一) 测弹簧劲度系数 K 的数据记录及处理

表 23-1 弹簧劲度系数的测量

测量次数		0	1	2	3	4	5	6	7	8	9
砝码质量 $m/10^{-3}$ kg		0.000	0.500	1.000	1.500	2.000	2.500	3.000	3.500	4.000	4.500
弹簧受力 $f=mg$/N											
游标尺及读数 X_i/mm	加砝码										
	减砝码										
	平均值										
每加减 5 次砝码弹簧的伸长量 $X_j = X_{i+5} - X_i$		$X_5 - X_0$		$X_6 - X_1$		$X_7 - X_2$		$X_8 - X_3$		$X_9 - X_4$	
$\bar{x} = \dfrac{1}{5n} \sum\limits_{j=1}^{5} X_j =$											
$\Delta x_j = X_j - \bar{x}$											

续表

测量次数	0	1	2	3	4	5	6	7	8	9
砝码质量 $m/10^{-3}$ kg	0.000	0.500	1.000	1.500	2.000	2.500	3.000	3.500	4.000	4.500
$s_x = \sqrt{\dfrac{\sum(\Delta X_j)^2}{n-1}} =$						$s_f = \dfrac{\Delta f_{仪}}{\sqrt{3}} =$				
$x = \bar{x} \pm s_x$										
$\bar{K} = \dfrac{5\bar{f}}{\bar{x}} =$										
$s_K = 5\sqrt{\left(\dfrac{s_x}{\bar{x}}\right)^2 + \left(\dfrac{s_f}{\bar{f}}\right)^2} =$										
$K = \bar{K} \pm s_K$										

K 值可按表 23-1 中的公式计算而得,也可用毫米方格纸根据弹簧与形变量的关系作 mg-$(X_i - X_0)$ 线,求出其斜率即为 K 值。

(二) 用拉脱法测表面张力的数据记录及处理

表 23-2 拉脱法测水(或酒精)的表面张力

次数 n	$(X_{裂}/10^{-3})$/m	$(X_0/10^{-3})$/m	Δx_i $X_{裂} - X_0$	线框长 l_i/m	$(l_i - \bar{l})$/m
1					
2					
3					
4					
5					

计算(式中所用 K 值即为本实验所测):

$$\overline{\Delta x} = \frac{1}{n}\sum_{i=1}^{5}\Delta x_i =$$

$$s_{\Delta x} = \sqrt{\frac{\sum(\Delta x_i - \overline{\Delta x})^2}{n-1}} =$$

$$\bar{l} = \frac{1}{n}\sum_{i=1}^{5}l_i =$$

$$s_l = \sqrt{\frac{\sum(l_i - \bar{l})^2}{n-1}} =$$

表面张力 $\bar{\delta} = \dfrac{\bar{K}\,\overline{\Delta x}}{2\bar{l}} =$

$$s_{\bar{\delta}} = \bar{\delta}\sqrt{\left(\frac{s_k}{\bar{K}}\right)^2 + \left(\frac{s_{\Delta x}}{\overline{\Delta x}}\right) + \left(\frac{s_l}{\bar{l}}\right)^2} =$$

则 $\delta = \bar{\delta} \pm s_{\delta} =$

（三）用毛细管法测表面张力的数据记录及处理

表 23-3　毛细管法测水（或酒精）的表面张力

次数 n	水（或酒精）、温度 $t=$　℃				$\rho_{查表}=$	
	H_i	H_0	$h_i=H_i-H_0$	$h_i-\bar{h}$	d_i	$d_i-\bar{d}$
1						
2						
3						
4						
5						

计算：

$$\bar{h}=\frac{1}{n}\sum_{i=1}^{5}h_i=$$

$$s_h=\sqrt{\frac{\sum(h_i-\bar{h})^2}{n-1}}=$$

$$\bar{d}=\frac{1}{n}\sum_{i=1}^{5}d_i=$$

$$s_d=\sqrt{\frac{\sum(d_i-\bar{d})^2}{n-1}}=$$

$$\bar{\delta}=\frac{1}{4}\bar{d}\rho g\left(\bar{h}+\frac{\bar{d}}{6}\right)=$$

$$s_\delta=\bar{\delta}\cdot\sqrt{\left(\frac{s_h}{\bar{h}+\frac{\bar{d}}{6}}\right)^2+\left(\frac{s_d}{\bar{d}}+\frac{s_d}{6\bar{h}+\bar{d}}\right)^2}=$$

$$\delta=\bar{\delta}\pm s_\delta=$$

六、思考题

1. 本实验用哪两种方法测量液体表面张力系数？各用什么仪器？需要测哪些物理量？
2. 如何测弹簧的劲度系数？
3. "三对齐"是指哪三条线？为什么要达到"三对齐"？

七、注意事项

1. 焦利氏秤所用的弹簧要轻取轻放，不能随便拉伸玩弄。
2. 焦利氏秤调节"三对齐"时，一定要两手同时操作图 23-1 中的螺钉 L 及旋钮 H，且动作要缓慢。可先练习几次然后再正式进行测量。
3. 本实验附有水的表面张力与温度的关系，见表 23-4，实验结果可与之相比较，分析造成误差的原因。
4. 读数显微镜的使用规则见实验 18"光的干涉和应用"介绍。

表 23-4 水的表面张力与温度的关系

温度/°C	表面张力/(10^{-3} N/m)	温度/°C	表面张力/(10^{-3} N/m)	温度/°C	表面张力/(10^{-3} N/m)	温度/°C	表面张力/(10^{-3} N/m)
−8	77.00	10	74.22	25	71.97	60	66.18
−5	76.40	15	73.49	30	71.18	70	64.40
0	75.60	18	73.05	40	69.56	80	62.60
5	74.90	20	72.25	50	67.91	100	58.90

5. 水在某温度下的密度可查实验 2 "物体密度的测量"中的附录 1。

实验 24 纺织品介电常数的测定

对纺织品静电特性的研究具有十分重要的意义,它无论与国防工业、生产工艺还是平时人们的穿着都有着十分密切的关系,而介电常数又是反映纺织品静电特性的一个十分重要的参数。

一、实验目的

1. 了解织物介电常数的测定方法。
2. 学会正确使用万能电桥测电容。
3. 了解温度、湿度等对织物介电常数的影响。

二、实验仪器

万能电桥、织物测厚仪(或读数显微镜)、圆形铜电极两块(其中一块直径为 6 cm,另一块为 10 cm)、待测织物样品若干块(其尺寸大小与大的圆形电极一样)。

三、实验原理

取形状和大小都相同的两组平行板电容器 A 和 B。A 的两电极板之间为真空,B 的两电极板之间用织物填满,它们的电容之比即为织物的相对介电常数 $\varepsilon_r = \dfrac{C}{C_0}$。可见电容器之间填满了介质后,它的电容量便增大 ε_r 倍,测量织物的相对介电常数 ε_r 的简单方法就是根据此原理进行的,称为电容法测量介电常数。

将织物剪成与大的一块电极一样直径为 10 cm 的圆片,然后压放在平行板电容器两电极板之间,见图 24-1。

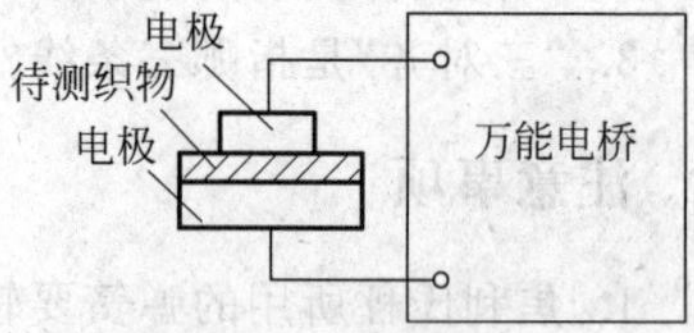

此时的电容为

$$C = \frac{\varepsilon_0 \varepsilon_r S}{H} = \frac{\pi \varepsilon_0 \varepsilon_r D^2}{4H} \qquad (24\text{-}1)$$

图 24-1 电板接线图

其中,D 为一块小的圆形电极的直径;H 为织物的厚度;ε_0 为真空介电常数(真空电容率),其值为 8.8542×10^{-12} F/m;ε_r 为待测织物的相对介电常数,

$$\varepsilon_r = \frac{4CH}{\pi \varepsilon_0 D^2} \qquad (24\text{-}2)$$

当 C 用 pF 作单位，D 和 H 用 cm 作单位，则

$$\varepsilon_r = 14.38 \frac{CH}{D^2}$$

四、仪器装置介绍

交流电桥是可以测量电阻、电容、电感等各种交流阻抗的常用仪器。本实验用交流电桥来测量电容 C，它的用途比直流惠斯通电桥广泛，因此又称它为万能电桥。交流电桥的电路结构与直流电桥相似，只是它的四臂不一定是电阻，而是阻抗元件或者是它们的组合。为了正确地使用万能电桥，必须了解它的基本原理及性能，下面介绍有关这方面的内容。

（一）交流电桥的原理

在交流电桥中，用交流电源和交流示零器分别代替惠斯通电桥中的直流电源和检流计。一般来说，交流电桥的四个臂中不仅有电阻，而且有电容、电感等元件，它的线路如图 24-2 所示，Z_1、Z_2、Z_3、Z_4 分别为四个桥臂的复数阻抗。

运用交流欧姆定律，考虑到平衡时，没有电流流过示零器，亦即 A、B 两点在任一瞬时电位都相等，从中可以列出方程如下：

$$I_1 Z_1 = I_3 Z_3$$
$$I_2 Z_2 = I_4 Z_4 \tag{24-3}$$

又

$$I_1 = I_2, \quad I_3 = I_4 \tag{24-4}$$

解方程可得

$$\frac{Z_1}{Z_2} = \frac{Z_3}{Z_4} \quad \text{或} \quad Z_1 Z_4 = Z_2 Z_3 \tag{24-5}$$

这就是交流电桥平衡时四臂阻抗必须满足的平衡条件，它和直流电桥的平衡条件形式上完全相同。

（二）测量实际电容的桥路

由于实际电容器的介质并不是理想的介质，在电路中要消耗一定的能量，所以实际电容器可以看作是由一个理想电容 C_x 和一个损耗电阻 R_x 所组成，在本实验中可以看作是两者串联，如图 24-3 所示。

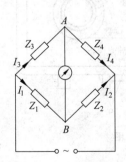

图 24-2 交流电桥线路图

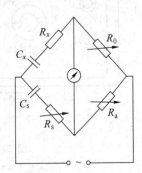

图 24-3 等效电路

由图 24-2 和图 24-3 可得

$$\begin{cases} Z_1 = R_s - j\dfrac{1}{\omega C_s}, & Z_2 = R_a \\ Z_3 = R_x - j\dfrac{1}{\omega C_x}, & Z_4 = R_0 \end{cases} \quad (24\text{-}6)$$

代入式(24-5),得

$$\frac{R_s - j\dfrac{1}{\omega C_s}}{R_a} = \frac{R_x - j\dfrac{1}{\omega C_x}}{R_0} \quad (24\text{-}7)$$

令等式两边的实数部分与虚数部分分别相等,得

$$\frac{R_s}{R_a} = \frac{R_x}{R_0}, \quad R_x = \frac{R_0}{R_a} R_s \quad (24\text{-}8)$$

$$\frac{1}{\omega C_s R_a} = \frac{1}{\omega C_x R_0}, \quad C_x = \frac{R_a}{R_0} C_s \quad (24\text{-}9)$$

本实验只求电容 C_x,而不求介质损耗,所以只要知道 $\dfrac{R_a}{R_0}$ 的比值及 C_s,就可以求得 C_x 之值。

(三) QS18A 型万能电桥使用说明(结合参考面板图)

1) 面板说明

在使用本仪器前首先要熟悉面板上各元件和控制旋钮的作用(如图 24-4 所示),以便更好地掌握和合理地使用这台仪器。

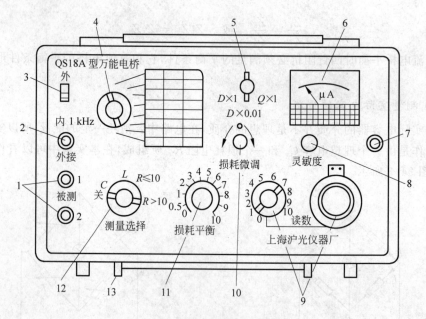

图 24-4 QS18A 型万能电桥面板图

图 24-4 注释如下。

1—被测端钮。此端钮用来连接所需测量的元件,在连接被测元件到端钮时,最好直接接到此端钮上,如无法实现,可通过测量导线连接(在测量较小量值的元件时,须扣除导线的

残余量)。被测端钮"1"表示高电位,"2"表示低电位,在实际使用中若需要考虑高低电位时,可按此标记来连接(一般情况下不必考虑)。

2—外接插孔。此插孔的用途有：①在测量有极性的电容和铁芯电感时,如需要外部叠加直流偏置时,可通过此插孔连接于桥体；②当使用外部的音频振荡器信号时,可通过"外接"用导线连接到此插孔,施加到桥体(此时应把"3"拨向"外"的位置)。

3—拨动开关。此开关的作用有：①凡使用机内 1 kHz 振荡电源时,应置"内 1 kHz"；②当"外接"插孔施加外音频信号时,应把此开关拨向"外"的位置(此时内部 1 kHz 振荡器即停止工作,RC 双 T 网络断开,放大器处于 60 Hz～10 kHz 的宽带状态)。

4—量程开关。此开关是选择测量范围用,上面各挡的指示值是指电桥读数在满刻度时的最大值。

5—损耗倍率开关。此开关是用来扩展损耗平衡的读数范围用,在一般情况下测量空心电感线圈时,此开关放在"$Q\times1$"位置；测量一般电容器(小损耗)时放在"$D\times0.01$"位置；测量损耗值较大的电容时放在"$D\times1$"位置。

6—指示电表。它是用来作为平衡指示用。当电桥在平衡过程中,操作有关的旋钮,并观察此指示电表指针的动向,应往"0"的方向偏转,当指针最接近于零刻度时,即达到电桥平衡位置。

7—接壳端钮。此端钮与本电桥的机壳相连。

8—灵敏度调节。用来控制电桥放大器的放大倍数,在初始调节电桥平衡时,要降低灵敏度使电表指示小于满刻度,在使用时应逐步增大灵敏度,进行电桥平衡调节。

9—读数旋钮。在调节电桥平衡时,应调节这两只读数盘。第一位读数盘的步级是0.1,也就是量程旋钮指示值的 1/10；第二位读数是由连续可变电位器指示。

10—损耗微调。此旋钮用来提高损耗平衡旋钮的调节细度,一般情况下,此旋钮放在"0"位置。

11—损耗平衡。被测元件的损耗读数(指电容、电感)由此旋钮指示,此读数盘上的指示值再乘以损耗倍率开关的示值,即为正确的损耗示值。

12—测量选择。本电桥对电容、电感、电阻元件均能测量,由此开关转换电桥线路,若测量电容时应放在"C"处；测量电感时应放在"L"处；测量 10 Ω 以内的电阻时应放在 $R\leqslant10$ 处；测量 10 Ω 以上的电阻时应放在 $R>10$ 处。测量完毕后切记把此旋钮放在"关"处以免缩短机内干电池寿命。

13—支架。此支架向下转动可以支撑仪器的前部,有利于观察面板上所有的示值,使操作仪器时比较方便。

2) 电容的测量步骤

(1) 估计一下被测电容的大小,然后旋动量程开关放在合适的量程上,例如被测电容为 500 pF 左右的电容器,则量程开关放在 1 000 pF 位置上。

(2) 旋动测量选择开关放在"C"的位置,损耗倍率开关放在"$D\times0.01$"(一般电容器)或"$D\times1$"(大电解电容器)的位置,损耗平衡盘放在读数为"1"左右的位置,损耗微调逆时针方向旋到底。

(3) 将灵敏度调节逐步增大,使电表指针偏转略小于满刻度即可。

(4) 首先调节电桥的读数旋钮,然后调节损耗平衡盘,并观察电表的动向,使电表趋零,然后再将灵敏度增大到使指针略小于满刻度，反复调节电桥的读数盘和损耗平衡盘及灵敏度旋钮，直至灵敏度开到足够满足分辨出测量精度的要求，电表仍指零或接近于零，此时电桥便达到最后平衡。若电桥的读数旋钮第一位指在 0.5，第二位刻度盘值为 0.038，而量程开关放在 1 000 pF 位置上，则被测电容为 1 000×0.538＝538 pF。即

被测量 C_x ＝ 量程开关指示值 × 电桥读数旋钮的示值

若损耗平衡盘指在 1.2，而损耗倍率开关放在"$D×0.01$"位置，则此电容的损耗值为 $0.01×1.2=0.012$。即

被测量 D_x ＝ 量程开关指示值 × 损耗平衡盘的示值

若损耗倍率开关放在"$Q×1$"位置，电桥平衡时则按 $D=\dfrac{1}{Q}$ 计算。

(5) 如果电容器的电容量不知其值是多少，可按如下方法进行测量。

① 把测量选择开关放在 C 位置，损耗倍率开关放在"$D×0.01$"（指一般电容器）或"$D×1$"（大电解电容器）的位置上，损耗平衡旋钮指在"1"左右的位置，损耗微调按逆时针旋到底。

② 把量程开关指在 100 pF 位置。

③ 把读数旋钮的第一位步进开关指在"0"的位置，把第二位滑线盘旋到 0.05 左右的位置。

④ 转动灵敏度旋钮，使电表指针指在 30 μA 左右的位置。

⑤ 旋动量程开关由 100 pF、1 000 pF、…、1 000 μF，进行逐挡切换，同时观察指示电表的动向，看变到哪一挡量程时电表的指示最小，此时就把量程开关停留不动，再旋动第一位读数开关使电表的指示更小。

⑥ 将灵敏度增大使指针小于满刻度（小于 100 μA），再分别调节损耗平衡盘和第二位读数滑线盘使指针仍指零或近于零，被测量就能粗略地在读数盘上读出。然后可重复上述步骤，进行精细的测量。

QS18A 型万能电桥测量电容的范围如表 24-1 所示。

表 24-1 QS18A 型万能电桥测量电容的范围

基本参数	测量量程	准确度等级(C)	基本误差极限(δ)	参考参数	使用电源
电容(C)	100 pF	2	±2.2%	介质损耗(D)范围 0～0.1 0～10	内部 1 kHz 振荡器
	1 000 pF 0.01 μF 0.1 μF 1 μF 10 μF 100 μF	1	±1.1%		
	1 000 μF		供参考		

五、测量记录和数据处理

1. 用万能电桥测两圆形电极间充满织物时的电容值 C 共 6 次，求出标准差 s_C，写出测量结果：$C=\bar{C}±s_C$，数据表格如表 24-2 所示。

表 24-2　电容测量

测量次数	1	2	3	4	5	6
电容测量值 C/pF						
表达式			$C=\bar{C}\pm s_C=$	pF		

表 24-2 中 $\bar{C}$ 和 s_C 可用计算器的"统计功能"求出。（不考虑电容测量的 B 类不确定度。）

2. 用读数显微镜（或测高仪）测量电容器"上电极"的下表面和"下电极"的上表面间的距离 H。测量时应先调节显微镜的目镜，使"十"字叉丝清晰，把"十"字叉丝对准放置在电容器两电极间的织物，调节物镜，使能清晰地看到电容器上、下两电极表面边缘的"像"。

转动显微镜的千分尺手轮，使"十"字叉丝的横准线越过"上电极"的下表面，停滞于"上电极"，然后再回到"上电极"的下表面（为什么？），并让"十"字叉丝的横准线与"上电极"的下表面重合，记下位置读数 H_1；再顺势转动千分尺手轮，使"十"字叉丝的横准线与"下电极"的上表面重合，记下位置读数 H_2。计算 $H=|H_1-H_2|$，即电容器两极板间的距离，测 H 共 6 次，求出标准差 s_H，写出测量结果：$H=\bar{H}\pm s_H$，数据表格如表 24-3 所示。

表 24-3　织物厚度的测量

测量次数	1	2	3	4	5	6	平均值
"上电极"下表面位置 H_1/mm							
"下电极"上表面位置 H_2/mm							
厚度 $H=|H_1-H_2|$/mm							
表达式			$H=\bar{H}\pm s_H=$				

3. 用游标卡尺测量电容器上面一块较小电极的直径 D，共 6 次，求出不确定度 u_D，写出测量结果：$D=\bar{D}\pm u_D$，数据表格如表 24-4 所示。

表 24-4　电极直径的测量

测量次数	1	2	3	4	5	6
直径 D/cm						
表达式			$D=\bar{D}\pm u_D=$	cm		

4. 根据测量和计算得来的结果：$C=\bar{C}\pm s_C$，$H=\bar{H}\pm s_H$ 和 $D=\bar{D}\pm u_D$，求出待测织物的相对介电常数 $\bar{\varepsilon}_r$ 和 ε_r 的相对不确定度 E 及不确定度 u_{ε_r}，并写出测量结果：$\varepsilon_r=\bar{\varepsilon}_r\pm u_{\varepsilon_r}$。具体的计算式如下：

$$\bar{\varepsilon}_r=14.38\,\overline{CH}/\overline{D}^2;\quad E=\sqrt{\left(\frac{s_C}{\bar{C}}\right)^2+\left(\frac{s_H}{\bar{H}}\right)^2+\left(\frac{2u_D}{\bar{D}}\right)^2};\quad u_{\varepsilon_r}=\bar{\varepsilon}_r E$$

5. 织物的相对介电常数随相对湿度的增加而升高。同学做实验时必须记录当天的温度和相对湿度，以便与不同班级比较（须查阅本实验附录所附表格）。

6. 对织物呵气或喷雾使其含水量增加后，重测其电容值：$C=\bar{C}\pm s_C$，再测电容器两极

板间的距离 $H=\bar{H}\pm s_H$。

7. 根据呵气后测得的 $C=\bar{C}\pm s_C$, $H=\bar{H}\pm s_H$ 以及呵气前测得的 $D=\bar{D}\pm u_D$（呵气对这个量的影响可忽略不计），求出呵气后待测织物的相对介电常数 ε_r 和它的不确定度，并写出总的测量结果。如果时间不够此处 6、7 两项内容可以不做。

六、预习思考题

1. 交流电桥与直流电桥有何异同？
2. 何谓相对介电常数？
3. 交流电桥的平衡条件是什么？

七、思考题

当两电极间的介质层厚度增加，不能满足 $H\ll D$ 时，由 $\varepsilon_r=14.38\bar{C}\bar{H}/\bar{D}^2$ 得出的相对介电常数就会有较大的误差，为什么？这时实验装置该如何改进？

附录 有关本实验的一些说明

由于织物是由纤维或纱线编织加工而成，它是由具有一定占空系数的纤维或纱线所组成，空气的湿度、表面清洁状态及吸附作用对织物的介电常数都有很大影响，因此本实验与一般的绝缘介质介电常数的测量有所不同，要求对织物进行严格的清洁处理，并在一定的温、湿度条件下进行测量。例如，应将织物剪成 ϕ100 mm 的圆形样品，用肥皂洗涤数次，再用酒精洗一次，然后烘干，放在操作箱中 24 h 以上，箱内用干燥剂（如硅胶）吸湿，使操作箱内维持湿度 35% 左右（湿度可直接从毛发湿度计上读出）。测量要在操作箱中进行，这样才能得到标准数据。然而，事实上由于设备条件的限制，作为组数较多的普通物理实验，只能在一般的自然状态下进行测定，以了解其测定方法和测定原理。为了了解温度、湿度等对织物介电常数的影响，可以在自然状态下测定后，再对这一织物两面呵气或喷雾加湿后进行测量，发现数据有了明显的变化就足以说明问题了。

相对湿度可用毛发湿度计和干湿球温度计测量，本实验使用干湿球温度计。空气的相对湿度与干、湿温度的差数及干温度计的读数有关，可查阅表 24-5，表中所列为相对湿度(%)。

表 24-5 空气相对湿度与干湿球温度计差的关系

干湿温度计 干球读数/℃	干湿温度计读数差/℃										
	0	1	2	3	4	5	6	7	8	9	10
0	100	81	63	45	28	11					
2	100	84	68	51	35	20					
4	100	85	70	56	42	28	14				
6	100	86	73	60	47	35	23	10			
8	100	37	75	63	51	40	28	18	7		

续表

干湿温度计干球读数/℃	干湿温度计读数差/℃										
	0	1	2	3	4	5	6	7	8	9	10
10	100	88	76	65	54	44	34	24	14	4	
12	100	89	78	68	57	48	38	29	20	11	
14	100	90	79	70	60	51	42	33	25	17	9
16	100	90	81	71	62	54	45	37	30	22	15
18	100	91	82	73	64	56	48	41	34	26	20
20	100	91	83	74	66	59	51	44	37	30	24
22	100	92	83	76	68	61	54	47	40	34	28
24	100	92	84	77	69	62	56	49	43	37	31
26	100	92	85	78	71	64	58	50	45	40	34
28	100	93	85	78	72	65	59	53	48	42	37
30	100	93	86	79	73	67	61	55	50	44	39

另外还应注意,织物的介电常数测量还与交流电桥所使用的频率有关,如 QS18A 型万能电桥使用 1 kHz 内部振荡器。

实验拓展　边缘效应修正

一、提示与指导

本实验电容器的边缘效应的影响不可避免,因所组成的平行板电容器的有效面积与面积较小的铜块的圆面积相同,如果下极板的面积足够大,那么由极板间电场分布的对称性可知,当两块极板的中心重合时,对直径不同的上极板而言,其边缘效应是相同的。这可以从在沿电极半径方向的截面上的二维场的分布图上看出。根据场的图形描绘原理[1,2],即画出这个二维场的等电位线的增量相等、等通量线的增量亦相等时的等电位线和等通量线,则当上、下两块极板的中心重合时,两块极板之间的电场分布图便如图 24-5 所示。

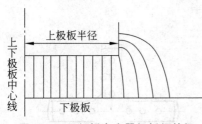

图 24-5　平行板电容器极板间的场

设边缘效应的影响使平行板电容器所附加的电容值为 ΔC,分别选用不同直径 D_1 和 D_2(假定 $D_1 > D_2$)的上极板做成电容器,分别测量出它们的电容值 $C_{1测}$ 和 $C_{2测}$,用下述修正公式便可算出附加的电容值 ΔC 以及材料的相对介电常数 ε_r。

$$\varepsilon_r = \frac{4H}{\pi\varepsilon_0 D_1^2}\left(C_{1测} - \frac{D_1}{D_2}\Delta C\right)$$

$$\varepsilon_r = \frac{4H}{\pi\varepsilon_0 D_2^2}(C_{2测} - \Delta C)$$

二、实验任务

1. 依据场的图形描绘原理推导上述修正公式(电容器下极板的直径可看作无穷大);
2. 测出用不同直径上极板做成的电容器的电容值 $C_{1测}$ 和 $C_{2测}$,按照修正公式重新计算 ε_r,并估算其不确定度。

参考文献

[1] RAMO S,WHINNERY,J R. 近代无线电中的场与波[M]. 张世璘,肖笃犀,等译. 北京:人民邮电出版社,1958:123-128.
[2] 王先冲. 电磁场理论及应用[M]. 北京:科学出版社,1986:129-132.

实验25 转动惯量的动力学测量法

本实验介绍直接采用转动定律测量转动惯量的动力学方法。

一、实验目的

1. 学习用转动定律测量转动惯量的实验方法。
2. 了解自动测时毫秒计的原理及方法。

二、实验仪器

转动惯量实验仪、电脑式毫秒计、游标卡尺。

三、实验原理

转动惯量实验仪如图25-1所示,转动体系由十字形承物台(图25-2)、绕线塔轮、遮光细棒、小滑轮等组成。遮光棒随体系转动,依次通过光电门,每半圈(π弧度)遮一个光电门一次的光来计数、计时。塔轮上有5个不同半径(r)的绕线轮,砝码钩上可以放置不同数量的砝码以改变所施的外力矩。

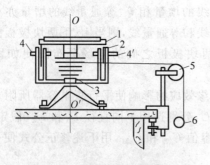

图25-1 刚体转动惯量实验仪
1—承物台;2—遮光细棒;3—绕线塔轮;
4、4'—光电门;5—滑轮;6—砝码

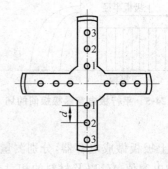

图25-2 承物台俯视图

空承物台转动时,其转动惯量用 J_1 表示,加上被测试的物件后用 J_2 表示。由转动惯量的叠加原理可知,试件的转动惯量 J_3 为

$$J_3 = J_2 - J_1 \tag{25-1}$$

由刚体转动定律可知

$$Tr - L = J\alpha \tag{25-2}$$

式中,L 为动量矩;T 为张力;r 为绕线轮半径。T 表示为

$$T = m(g - r\alpha) \tag{25-3}$$

式中,m 为砝码质量;g 为重力加速度;α 为角加速度。

在未加试件、未加外力($m=T=0$)的情况下,令其转动后,在 L 的作用下,体系将作匀减速转动(角加速度为 α_1),有

$$-L_1 = J_1\alpha_1 \tag{25-4}$$

加外力后有(角加速度为 α_2)

$$m(g - r\alpha_2)r - L_1 = J_1\alpha_2 \tag{25-5}$$

由式(25-4)和式(25-5)可得

$$J_1 = \frac{mgr}{\alpha_2 - \alpha_1} - \frac{\alpha_2}{\alpha_2 - \alpha_1}mr^2 \tag{25-6}$$

测出 α_1 以及加外力矩 mgr 时的 α_2,由式(25-6)即可得 J_1,将 J_1 代入式(25-4)后可得出 L_1。

同理,加试件后,有

$$-L_2 = J_2\alpha_3 \tag{25-7}$$

$$m(g - r\alpha_4)r - L_2 = J_2\alpha_4 \tag{25-8}$$

则

$$J_2 = \frac{mgr}{\alpha_4 - \alpha_3} - \frac{\alpha_4}{\alpha_4 - \alpha_3}mr^2 \tag{25-9}$$

注意:α_1、α_3 值实为负,因此式(25-6)和式(25-9)中的分母实为相加。式(25-6)和式(25-9)中的 m、r 可以相同,也可以都不相同。测 α 的实验顺序可以是 α_1、α_2、α_3、α_4,也可以是 α_1、α_3、α_2、α_4,更可以是先 (α_2, α_1),再 (α_4, α_3),其办法见下文。

下面介绍测 α 的原理。

设转动体系的初角速度为 ω_0,从 $t=0$ 时开始计其角位移 θ(即 $t=0$ 时,$\theta=0$),则

$$\theta = \omega_0 t + \frac{1}{2}\alpha t^2 \tag{25-10}$$

若测得与 θ_1、θ_2 相应的时间 t_1、t_2,由于

$$\theta_1 = \omega_0 t_1 + \frac{1}{2}\alpha t_1^2 \tag{25-11}$$

$$\theta_2 = \omega_0 t_2 + \frac{1}{2}\alpha t_2^2 \tag{25-12}$$

则

$$\alpha = \frac{2(\theta_2 t_1 - \theta_1 t_2)}{t_2^2 t_1 - t_1^2 t_2} \tag{25-13}$$

由于从 $t=0$ 计时开始时,计时次数 $K=1$($\theta=\pi$ 时,$K=2$;$\theta=2\pi$ 时,$K=3$;…),则

$$\alpha = \frac{2\pi[(K_2-1)t_1 - (K_1-1)t_2]}{t_2^2 t_1 - t_1^2 t_2} \tag{25-14}$$

K 值不局限 K_2、K_1 固定的两个,而是可以多个($K=1,2,3,\cdots$)。

四、实验方法与步骤

测量与 K 相应的 t 值,用 HMS-2 型通用电脑式毫秒计,其使用方法见附录。

测转动体系的转动惯量实验中的(α_2,α_1)的方法非常简单:将选定 m 的砝码钩挂线的一端打结,沿塔轮上开的细缝塞入,并绕于所选的 r 轮上,放手使其自由转动,在砝码重力作用下带动体系加速转动。于是毫秒计就自动记下与 K 值相应 t 值,由式(25-14)即得 α_2。待砝码钩挂线自动脱离后,即可接着测 α_1。所以,实验一次即可完成对转动体系的转动惯量 J 的测量。

注意两点:①从测 α_2 到测 α_1 的计时分界处要记清,处理数据时不能混杂;②测 α_1 的开始时间虽然可以选为离开分界较远处,但以后的每个时间的数据都必须减去开始的时间数值。(α_4,α_3)的测量同前。

用上述方法分别测量圆环、圆盘的转动惯量。

用动力学实验测出转动惯量 $J_3=J_2-J_1$ 值以后,与"理论"值 J 相比较。

1. J 的"理论"公式

设圆形试件质量分布均匀,总质量为 M,其对中心垂直轴的转动惯量值为 J,外直径为 D_1,内直径为 D_2,则

$$J = \frac{1}{8}M(D_1^2 + D_2^2) \tag{25-15}$$

若为盘状试件,则 $D_2=0$。

2. 进一步实验

(1) 平行轴定理。设转动体系的转动惯量为 J_0,当有值为 M_1 的部分质量远离转轴平行移动距离 d 后,体系的转动惯量改变为

$$J = J_0 + M_1 d^2 \tag{25-16}$$

由此可求得 $M_1 d^2$,并与理论值比较。

(2) 若 $\omega_0=0$ 时开始实验,由于 $\alpha=\dfrac{2\theta}{t^2}$,则当 $r\alpha \ll g$ 时,由式(25-2)和式(25-3)可知

$$mgr - L = 2J\theta/t^2$$

则

$$m = \frac{2J\theta}{gr} \cdot \frac{1}{t^2} + \frac{L}{gr} = K \cdot \frac{1}{t^2} + \frac{L}{gr} \tag{25-17}$$

可见 $m(r)$ 与 $1/t^2$ 呈线性关系,从中可用斜率求出 J,用截距求得 L。

五、思考题

本实验方法为什么不考虑塔轮的转向、滑轮的质量及其转动惯量的影响?

六、提高要求:实验数据的非线性最小二乘法处理

用毫秒计时器对转动惯量作动态测量,具有快捷、准确、方便的优点,一次可测出几十个计时周期的数据。原则上,只要有两个周期的计时值,即可算出转动的角加速度并进而求出转动惯量,但这样做没有充分利用测量数据,误差也难以估算。由式(25-13)可见,α 的误差

取决于 θ 和 t 的测量误差。但由于实验时不是对 θ 作直接测量,所以难以估算其误差,加之 θ 并不是等精度的,其权也难以确定,而毫秒计的计时误差可以认为是固定的,所以我们将式(25-10)改为

$$t = \frac{-\omega_0 + \sqrt{\omega_0^2 + 2\alpha\theta}}{\alpha} \tag{25-18}$$

由 t 的测量误差(0.001 s)来估算 α 的测量误差。但这样一来 t 与 θ 成了非线性关系,在多次测量的情况下,可以用非线性函数的最小二乘法来处理测量数据。步骤如下:

先任选两个 t_1、t_2 值由式(25-11)和式(25-12)初步解出 ω_0 和 α,方程中的 θ_1 和 θ_2 可以是 π、2π、3π、…。考虑到计时的误差,不选择 $\theta = 0 (t = 0)$。设 ω_0、α 与它们的最佳值 $\bar{\omega}_0$、$\bar{\alpha}$ 的差值分别为 $\Delta\omega_0$ 和 $\Delta\alpha$:

$$\bar{\omega}_0 = \omega_0 + \Delta\omega_0 \tag{25-19}$$

$$\bar{\alpha} = \alpha + \Delta\alpha \tag{25-20}$$

即 $\Delta\omega_0$ 和 $\Delta\alpha$ 为 ω_0 和 α 的修正值。若各个计时值以 t_i 标记,对应的角位移以 θ_i 标记,则由式(25-18)可得

$$\begin{aligned}t_i &= \frac{-\bar{\omega}_0 + \sqrt{\bar{\omega}_0^2 + 2\bar{\alpha}\theta_i}}{\bar{\alpha}} + v_i \\ &= \frac{-(\omega_0 + \Delta\omega_0) + \sqrt{(\omega_0 + \Delta\omega_0)^2 + 2(\alpha + \Delta\alpha)\theta_i}}{\alpha + \Delta\alpha} + v_i\end{aligned} \tag{25-21}$$

其中 v_i 为计时误差。因 $\Delta\omega_0$ 和 $\Delta\alpha$ 为小量,所以可以把上式展开成

$$t_i = \frac{-\omega_0 + \sqrt{\omega_0^2 + 2\alpha\theta_i}}{\alpha} + \left(-1 + \frac{4\omega_0}{\sqrt{\omega_0^2 + 2\alpha\theta_i}}\right)\frac{1}{\alpha}\Delta\omega_0 + \left(\omega_0 - \sqrt{\omega_0^2 + 2\alpha\theta_i} + \frac{4\alpha\theta_i}{\sqrt{\omega_0^2 + 2\alpha\theta_i}}\right)\frac{1}{\alpha^2}\Delta\alpha + v_i \tag{25-22}$$

设

$$\Delta t_i = t_i - \frac{-\omega_0 + \sqrt{\omega_0^2 + 2\alpha\theta_i}}{\alpha}$$

$$a_i = \left(-1 + \frac{4\omega_0}{\sqrt{\omega_0^2 + 2\alpha\theta_i}}\right)\frac{1}{\alpha}$$

$$b_i = \left(\omega_0 - \sqrt{\omega_0^2 + 2\alpha\theta_i} + \frac{4\alpha\theta_i}{\sqrt{\omega_0^2 + 2\alpha\theta_i}}\right)\frac{1}{\alpha^2}$$

则式(25-22)可写成

$$\Delta t_i = a_i \Delta\omega_0 + b_i \Delta\alpha + v_i \tag{25-23}$$

按照最小二乘法原理,使 $\sum v_i^2$ 为最小的 $\Delta\alpha$ 为[1]

$$\Delta\alpha = \frac{\begin{vmatrix} \sum_i a_i^2 & \sum_i \Delta t_i a_i \\ \sum_i a_i b_i & \sum_i \Delta t_i b_i \end{vmatrix}}{\begin{vmatrix} \sum_i a_i^2 & \sum_i a_i b_i \\ \sum_i a_i b_i & \sum_i b_i^2 \end{vmatrix}} \tag{25-24}$$

α 或 $\bar{\alpha}$ 的方差为[1]

$$s^2(\bar{\alpha}) = \frac{\sum_i v_i^2}{n-2} \cdot \frac{\sum_i a_i^2}{\begin{vmatrix} \sum_i a_i^2 & \sum_i a_i b_i \\ \sum_i a_i b_i & \sum_i b_i^2 \end{vmatrix}} \qquad (25\text{-}25)$$

式中,n 为计时总次数。

以 J_1 的计算为例,由方差传递公式求出 J_1 的方差估算公式为

$$s^2(J_1) = \left(\frac{mr}{\bar{\alpha}_2 - \bar{\alpha}_1}\right)^2 \Bigg[(g - \bar{\alpha}_2 r)^2 \frac{s^2(m)}{m^2} + (g - 2\bar{\alpha}_2 r)^2 \frac{s^2(r)}{r^2} +$$

$$\left(\frac{g - \bar{\alpha}_1 r}{\bar{\alpha}_2 - \bar{\alpha}_1}\right)^2 s^2(\bar{\alpha}_2) + \left(\frac{g - \bar{\alpha}_2 r}{\bar{\alpha}_2 - \bar{\alpha}_1}\right)^2 s^2(\bar{\alpha}_1) + s^2(g) \Bigg] \qquad (25\text{-}26)$$

因 $\bar{\alpha}_2 r$ 和 $\bar{\alpha}_1 r$ 皆远小于 g,故上式可近似为

$$s^2(J_1) = \left(\frac{mrg}{\bar{\alpha}_2 - \bar{\alpha}_1}\right)^2 \Bigg[\frac{s^2(m)}{m^2} + \frac{s^2(r)}{r^2} + \left(\frac{1}{\bar{\alpha}_2 - \bar{\alpha}_1}\right)^2 s^2(\bar{\alpha}_2) +$$

$$\left(\frac{1}{\bar{\alpha}_2 - \bar{\alpha}_1}\right)^2 s^2(\bar{\alpha}_1) + \frac{s^2(g)}{g^2} \Bigg] \qquad (25\text{-}27)$$

以下是参考表格。

表 25-1

($m = 0, \omega_0 = \omega_{01} = $ ___ rad/s, $\alpha = \alpha_1 = $ ___ rad/s^2)

θ /rad	t /s	$\Delta t = t - \dfrac{-\omega_0 + \sqrt{\omega_0^2 + 2\alpha\theta}}{\alpha}$ /s	$a = \left(-1 + \dfrac{4\omega_0}{\sqrt{\omega_0^2 + 2\alpha\theta}}\right)\dfrac{1}{\alpha}$ /(s^2/rad)	$b = \left(\omega_0 - \sqrt{\omega_0^2 + 2\alpha\theta} + \dfrac{4\alpha\theta}{\sqrt{\omega_0^2 + 2\alpha\theta}}\right)\dfrac{1}{\alpha^2}$ /(s^3/rad)

表 25-2

($m = $ ___ g, $\omega_0 = \omega_{02} = $ ___ rad/s, $\alpha = \alpha_2 = $ ___ rad/s^2)

θ /rad	t /s	$\Delta t = t - \dfrac{-\omega_0 + \sqrt{\omega_0^2 + 2\alpha\theta}}{\alpha}$ /s	$a = \left(-1 + \dfrac{4\omega_0}{\sqrt{\omega_0^2 + 2\alpha\theta}}\right)\dfrac{1}{\alpha}$ /(s^2/rad)	$b = \left(\omega_0 - \sqrt{\omega_0^2 + 2\alpha\theta} + \dfrac{4\alpha\theta}{\sqrt{\omega_0^2 + 2\alpha\theta}}\right)\dfrac{1}{\alpha^2}$ /(s^3/rad)

参考文献

[1] 孟尔熹,曹尔第.实验误差与数据处理[M].上海:上海科学技术出版社,1988.

附录　HMS-2 型通用电脑式毫秒计使用说明

（一）技术性能

本仪器由单片机芯片和固有程序等组成,具有记忆存储功能,最多可记 64 个脉冲输入的（顺序的）时间,并可随意提取数据,还可以调整为脉冲的编组计时。有备用通道,即双通道"或"门输入。此仪器为可编程记忆式双路毫秒计,图 25-3 为其面板图。

1. 输入脉冲宽度不小于 10 μs。
2. 计时范围 0～999.999 s。
3. 计时误差≤0.000 5 s。
4. 计时数组 1～64 组。
5. 适用电源 220 V,50 Hz。

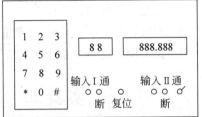

图 25-3　通用电脑式毫秒计面板图

（二）面板

1. 右部为 6 位计时数码块；
2. 中部为 2 位脉冲个数数码块；
3. 左边为按键数码盘；
4. 中下部为复位键；
5. 左下为输入 I 输入插孔及通断开关；
6. 右下为输入 II 输入插孔及通断开关。

（三）使用方法

1. 将电缆连接光电门的发光管和输入脉冲,只接通一路（另一路备用）。
2. 若用输入 I 插孔输入,应将该输入通断开关接通,输入 II 通断开关断开（切记）；反之亦然。若从两输入插孔同时输入信号,应将两通断开关都接通。
3. 接通电源：仪器进入自检状态。面板显示 88-888.888 四次后,显示为 P0164,它表明制式（P）为每输入 1 个（光电）脉冲,记一次时间,最多可记 64 个时间数据。数据个数小于 64 个也可以被储存和提取。
4. 按一次"＊"或"♯"键,面板显示 00 000.000,此时仪器处于待计时状态。输入第 1 个脉冲则开始计时。
5. 64 个脉冲输入后自动停止（小于 64 的实验次数也可）。取出数据的方法如下：

按"09"两数码键,则显示"＊＊＊.＊＊＊"精确到毫秒的第 1 个脉冲到第 9 个脉冲之间的时间,依此类推。按"01"键,则显示 000.000 表示计时开始的时间。按"♯"键一次,则脉冲计时的个数递增 1,因此可方便地依次提取数据（按"＊"键则递减）。

(1) 按"9"键两次,仪器又处于新的待计时状态,并把前次数据消除。

(2) 按复位键则仪器为接通电源后的重新启动。

(四) 调整制式的方法

当启动按"*"或"#"键后显示 P0164;若欲不是每 1 个(01)脉冲输入记录一次时间而是 12 次,不是要记 64 个数据,而是只记 34 个数据,则在 P0164 制式下,如按 1、2、3、4 键,则面板即显示 P 12 34,在这种制式下,每输入 12 个编组的脉冲就记一次从实验开始后的时间数据,自动记完 34 个数据以后就自动停止。提取数据的办法同前,这样,在测转动惯量重力加速度和各种摆的时间数据时,就很方便。

(五) 注意事项

1. 注意光敏管的正负极性。
2. 光敏管电阻小于 3 kΩ 才能正常工作。
3. 如果用一路输入插孔输入信号,另一路通断开关必须断开。

实验 26 动力学法测定弹性模量

弹性模量是工程材料的一个重要物理参数,它标志着材料抵抗弹性形变的能力。过去物理实验中所用的测量方法是"静态拉伸法"。由于拉伸试验载荷大,加载速度慢,存在弛豫过程,因此不能真实地反映材料内部结构的变化;对脆性材料无法用这种方法测量;也不能测量在不同温度时的弹性模量。按国家标准(GB)推荐的方法是"动态法"(或称"动力学法"),其基本方法是:将一根截面均匀的试样(棒)悬挂(或支撑)在两只传感器(一只激振,一只拾振)下(或上)面,在两端自由的条件下,使其作自由振动。实验时测出试样振动时的固有基频,并根据试样的几何尺寸、密度等参数,测得材料的弹性模量。

一、实验目的

1. 用动态法测定金属材料的弹性模量。
2. 培养学生综合应用物理仪器的能力。
3. 设计性提高实验,培养学生研究探索的科学精神。

二、实验原理

根据棒的横振动方程,有

$$\frac{\partial^4 y}{\partial x^4} + \frac{\rho S}{EJ} \cdot \frac{\partial^2 y}{\partial t^2} = 0$$

式中,ρ 为棒的密度;S 为棒的截面积;E 为弹性模量;J 为转动惯量 $\left(J = \int y^2 \mathrm{d}S\right)$。

求解该方程,对圆形棒得(见本实验附录 1)

$$E = 1.606\,7 \frac{l^3 m}{d^4} f^2 \tag{26-1}$$

式中,l 为棒长;d 为棒的直径;m 为棒的质量。如果在实验中测定了试样(棒)在不同温度时

的固有频率 f ①，即可计算出试样在不同温度时的弹性模量 E。

在国际单位制中，弹性模量的单位为 $N/m^2(Pa)$。

三、实验装置

本实验主要是测量试样在不同温度时的共振频率。为了测出该频率，实验时可采用如图 26-1(a) 或 (b) 所示装置。

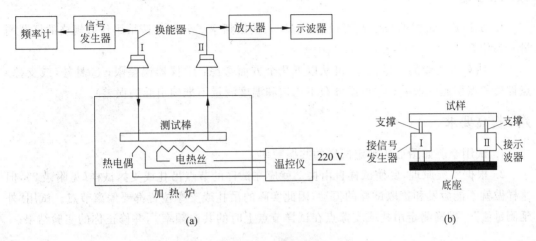

图 26-1 实验装置图

由信号发生器输出的等幅正弦波信号，加在传感器 Ⅰ（激振）上，通过传感器 Ⅰ 把电信号转变成机械振动，再由悬线（或支撑物）把机械振动传给试样，使试样受迫作横振动。试样另一端的悬线（或支撑物）把试样的振动传给传感器 Ⅱ（拾振），这时机械振动又转变成电信号，该信号经放大后送到示波器中显示。

当信号发生器的频率不等于试样的共振频率时，试样不发生共振，示波器上几乎没有信号波形或波形很小。当信号发生器的频率等于试样的共振频率时，试样发生共振，这时示波器上的波形突然增大，读出的频率就是试样在该温度下的共振频率。根据式(26-1)，即可计算出该温度下的弹性模量。不断改变加热炉的温度，可以测出在不同温度时的弹性模量。

四、实验内容

1. 测定试样的长度 l、直径 d 和质量 m。
2. 在室温下不锈钢和铜的弹性模量分别约为 2×10^{11} Pa 和 1.2×10^{11} Pa，先估算出共振频率 f，以便寻找共振点。

因试样共振状态的建立需要有一个过程，且共振峰十分尖锐，因此在共振点附近调节信号频率时，必须十分缓慢地进行。

---

① 物体的固有频率 $f_{固}$ 和共振频率 $f_{共}$ 之间的关系为：$f_{固}=f_{共}\sqrt{1+\dfrac{1}{4Q^2}}$，式中 Q 为试样的机械品质因数。因为用动态法测量弹性模量时，一般 Q 的最小值约为 50，共振频率和固有频率相比只偏低 0.005%。在本实验中测得的是共振频率，由于两者相差极小，故式(26-1)中的固有频率 f 在数值上可用试样的共振频率替代。

3. 不断加热试样，测出不同温度下的共振频率 f，求出不同温度下材料的弹性模量 E（最高温度测到约 600℃）。

如用 YM—1 型或 YM—2 型动态弹性模量实验仪实验时，将热源（如电烙铁、小型暖风机）靠近试样，可以很明显地演示弹性模量值与温度有关。

4. 作出弹性模量 E 和温度 t 的关系图。

五、思考题

1. 试讨论：试样的长度 l、直径 d、质量 m、共振频率 f 分别应该采用什么规格的仪器测量？为什么？

2. 估算本实验的测量误差（可从以下几个方面考虑：①仪器误差限；②悬挂（或支撑）点偏离节点引起的误差；③炉温分布不均匀和温度测量不准确引起的误差）。

六、提高要求

1. 试用李萨如图形法判定试样的共振频率。

2. 根据实验原理，要使试样自由振动就应在试样的节点吊扎或支撑试样（见附录2），但这样做就不能激发和拾取试样的振动，因此实际的吊扎或支撑位置都要偏离节点。试用"外延测量法"[2] 准确测定吊扎或支撑点在试样节点上时的共振频率①，并修正你的实验结果。

附录1 弹性模量 $E=1.6067\dfrac{l^3 m}{d^4}f^2$ 的推导

根据棒的横振动方程

$$\frac{\partial^4 y}{\partial x^4}+\frac{\rho S}{EJ}\cdot\frac{\partial^2 y}{\partial t^2}=0 \tag{26-2}$$

用分离变量法解该方程，令

$$y(x,t)=X(x)T(t)$$

代入方程(26-2)，得

$$\frac{1}{X}\cdot\frac{d^4 X}{dx^4}=-\frac{\rho S}{EJ}\cdot\frac{1}{T}\cdot\frac{d^2 T}{dt^2}$$

等式两边分别是 x 和 t 的函数，这只有都等于一个任意常数时才有可能，设为 K^4，得

$$\frac{d^4 X}{dx^4}-K^4 X=0$$

$$\frac{d^2 T}{dt^2}+\frac{K^4 EJ}{\rho S}T=0$$

这两个线性常微分方程的通解分别为

$$X(x)=B_1 \text{ch}Kx+B_2 \text{sh}Kx+B_3\cos Kx+B_4\sin Kx$$

$$T(t)=A\cos(\omega t+\varphi)$$

于是横振动方程式的通解为

---

① 当悬线或支撑物在节点两侧移动时，共振频率的变化仅数赫兹，因此做此提高性实验时，必须使用频率细调为 ±0.1 Hz 的信号发生器。

$$y(x,t) = (B_1 \mathrm{ch} Kx + B_2 \mathrm{sh} Kx + B_3 \cos Kx + B_4 \sin Kx) A\cos(\omega t + \varphi)$$

式中

$$\omega = \left(\frac{K^4 EJ}{\rho S}\right)^{\frac{1}{2}} \tag{26-3}$$

称为频率公式。对任意形状的截面,不同边界条件的试样都是成立的。只要用特定的边界条件定出常数 K,代入特定截面的惯性矩 J,就可以得到具体条件下的计算公式了。

如果吊扎或支撑在试样的节点附近,则其边界条件为自由端横向作用力

$$F = -\frac{\partial M}{\partial x} = -EJ \frac{\partial^3 y}{\partial x^3} = 0$$

弯矩

$$M = EJ \frac{\partial^2 y}{\partial x^2} = 0$$

即

$$\frac{\mathrm{d}^3 X}{\mathrm{d} x^3}\bigg|_{x=0} = 0, \quad \frac{\mathrm{d}^3 X}{\mathrm{d} x^3}\bigg|_{x=l} = 0$$

$$\frac{\mathrm{d}^2 X}{\mathrm{d} x^2}\bigg|_{x=0} = 0, \quad \frac{\mathrm{d}^2 X}{\mathrm{d} x^2}\bigg|_{x=l} = 0$$

将通解代入边界条件,得到

$$\cos Kl \cdot \mathrm{ch} Kl = 1$$

用数值解法求得本征值 K 和棒长 l 应满足

$$Kl = 0, 4.730, 7.853, 10.996, 14.137, \cdots$$

由于其中 1 个根"0"相应于静态情况,故将第 2 个根作为第 1 个根,记作 $K_1 l$,一般将 $K_1 l$ 所对应的频率称为基频频率。在上述 $K_m l$ 值中,第 1、3、5、… 个数值对应着"对称形振动",第 2、4、6、… 个数值对应着"反对称形振动"。将上述 $K_m l$ 代入式(26-3),可见高次振动频率不是基频频率的整倍数。最低级次的对称形和反对称形振动的波形如图 26-2 所示。

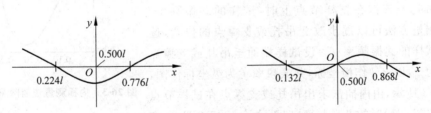

图 26-2 对称和反对称形振动波形图

可见试样在作基频振动时,存在两个节点,它们的位置在距离端面分别为 $0.224l$ 和 $0.776l$ 处。

将第 1 本征值 $K = \dfrac{4.730}{l}$ 代入式(26-3),得到自由振动的固有圆频率(基频)

$$\omega = \left[\frac{(4.730)^4 \cdot EJ}{\rho l^4 S}\right]^{\frac{1}{2}}$$

解出弹性模量

$$E = 1.9978 \times 10^{-3} \frac{\rho l^4 S}{J} \omega^2 = 7.8870 \times 10^{-2} \frac{l^3 m}{J} f^2$$

对于圆棒

$$J = \int y^2 dS = S\left(\frac{d}{4}\right)^2$$

式中 d 为圆棒的直径,得到

$$E = 1.6067 \frac{l^3 m}{d^4} f^2 \tag{26-4}$$

对于矩形棒

$$J = \frac{bh^3}{12}$$

式中 b 为棒宽,h 为棒厚,得到

$$E = 0.9464 \frac{l^3 m}{bh^3} f^2 \tag{26-5}$$

式(26-4)即为本实验的计算公式(26-1)。

附录2 讨 论

1. 关于吊扎或支撑点的位置

在推导以上两个公式时是根据最低级次(基频)对称形振动的波形导出的。图26-2给出试样在作基频振动时存在两个节点,分别在 $0.224l$ 和 $0.776l$ 处。显然节点是不振动的,实验时不能吊扎或支撑在节点上,但在推导中,又要求在试样两端自由的条件下,检测出共振频率。显然这两条要求是矛盾的,悬挂或支撑点偏离节点越远,可以检测到的共振信号越强,但试样受外力的作用也越大,由此产生的系统误差也越大。为了消除该误差,可采用内插测量法测出吊扎或支撑在试样节点上时,试样的共振频率。具体的测量方法可以逐步改变吊扎或支撑点的位置,逐点测出试样的共振频率 f。设试样端面至吊扎或支撑点的距离为 x,以 x/l 作横坐标,共振频率 f 为纵坐标作图,如图26-3所示,由内插法求出吊扎或支撑点在试样节点($x/l=0.224$ 处)时的共振频率 f(图示 $f=897.2$ Hz),实验数据见表26-1。

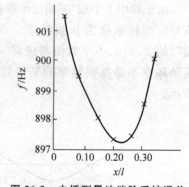

图26-3 内插测量法消除系统误差

表 26-1

x/mm	7.5	15.0	22.5	30.0	37.5	45.0	52.5
x/l	0.05	0.10	0.15	0.20	0.25	0.30	0.35
f/Hz	901.4	899.4	898.0	897.3	897.4	897.5	900.0
U/V	0.2	0.3	0.4	2	3	0.4	0.3

注:U 为激振电压,指获得相同幅值的共振峰时的电压值。

2. 关于真假共振峰的判别

在实际测量中,往往会出现几个共振峰,致使真假难分。尤其在高温测量时,因试样的机械品质因素下降,真假共振峰更难区别。下面提供几种判别方法,供参考。

(1) 共振频率预估法 实验前先用理论公式估算出共振频率的大致范围,然后进行细致的测量,对于分辨真假共振峰十分有效。

(2) 峰宽判别法 真正的共振峰的峰宽十分尖锐,尤其在室温时,只要改变激振信号频率± 0.1 Hz,即可判断出试样是否处于最佳共振状态。虚假共振峰的峰宽宽得多。

(3) 撤耦判别法 如果将试样用手托起,撤去激振信号通过试样耦合给拾振传感器的通道,如果是干扰信号,尤其是当激振信号过强时,直接通过空气或测振台传递给拾振传感器,则示波器上显示的波形不变。如果波形没有了,则有可能就是真的共振峰。

(4) 其他尚有衰减判别法(突然去掉激振信号,共振峰应有一个衰减过程,而干扰信号没有)、倍频检查法、跟踪测量法(变温测量时)等,实验者可运用已有的物理学知识和实验技能,设法进行判别 。例如,试样共振时,可用尖嘴镊沿纵向轻碰试样,这时按图 26-2 的规律(对称形振动)可发现波腹、波节;也可用细硅胶粉撒在试样(支撑式测定仪,矩形、正方形试样)上,硅胶粉会在波节处发生明显聚集;也可用听诊器沿试样纵向移动,能明显按图 26-2 的规律(对称形振动)听出波腹处声大,波节处声小。

附录3 YM—2 型信号发生器和 CY—2 型功率函数信号发生器

YM—2 型信号发生器的前面板如图 26-4 所示。

电压表:指示输出电压幅值,其值由幅度调节钮调节。

输出1、输出2:两路并联输出,可用随机提供的专用导线与传感器、示波器等连接。

频率选择:分三挡,分别为 500~1 000 Hz,1~1.5 kHz,1.5~2 kHz。

频率调节和频率微调:频率调节为频率粗调、频率微调为频率细调,实验时两者必须配合使用。频率值由 5 位数码管显示。

如使用的示波器灵敏度过低(如 J2459 型学生型示波器),本信号发生器附有信号放大器,可通过后面板上的插座(图 26-5),用随机提供的专用导线将拾振传感器输出的信号,经放大后与示波器连接。

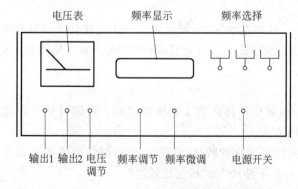

图 26-4 YM—2 型信号发生器前面板图

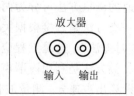

图 26-5 YM—2 型信号发生器后面板插座

从以上频率选择可见,本信号发生器的频率范围较窄,这是因为一般信号发生器的频率范围较宽,但细调不够,略一调节,频率就变了 2 Hz、3 Hz。对共振峰十分尖锐的本实验,调频时容易一滑而过,找不到共振峰。而 YM—2 型信号发生器的频率细调仅为 ±0.1 Hz。尤其在做提高要求 2 的内容时,更有此需要。

CY—2 型信号发生器的参数:石英稳频、5 位数显、频率 5~500 kHz(有 0.1 Hz 二级微调)、三种波形、6 W 输出。

参考文献

[1] 梁昆淼.数学物理方法[M]. 2 版.北京:人民教育出版社,1979.
[2] 潘人培.物理实验[M].南京:东南大学出版社,1993.

实验 27　声速的测定

声波是一种在弹性媒质中传播的机械波。频率在 20 Hz~20 kHz 的声波可被人耳听到,称为可闻声波;频率低于 20 Hz 的称为次声波;频率高于 20 kHz 的称为超声波。后两种声波不能被人耳听到。

声波在媒质中传播时,声速、声衰减等诸多参量都和媒质的特性与状态有关。通过测量这些声学量可以探知媒质的特性及状态变化。例如,通过测量声速可求出固体的弹性模量、气体或液体的密度、成分等参量。超声波在医学诊断、无损检测、测距等方面都有广泛应用。

一、实验目的

1. 了解超声换能器的工作原理和功能。
2. 学习用不同方法测定声速的原理和技术。
3. 熟悉测量仪和示波器的调节使用。
4. 测定声波在空气及水中的传播速度。

二、实验仪器

声速测定实验仪一台,双踪示波器一台。

三、实验原理

在同一媒质中,声速基本与频率无关。例如在空气中,频率从 20 Hz 变化到 80 kHz,声速变化不到万分之二。由于超声波具有波长短、易于定向发射、不会造成听觉污染等优点,我们通过测量超声波的速度来确定声速。

声速的测量方法可分为两类。

第一类方法是直接根据关系式 $v=s/t$,测出传播距离 s 和所需时间 t 后即可算出声速 v,称为"时差法"。这是工程应用中常用的方法。

第二类方法是利用简谐声波的相位呈周期变化的特性,利用 $v=f\lambda$,测量出频率 f 和波长 λ 来计算出声速 v。测量波长又可用"共振干涉法"和"相位比较法"。

1. 压电陶瓷换能器

压电材料受到与极化方向一致的应力 F 时,在极化方向上会产生一定的电场 E,它们

之间有线性关系 $E=gF$。反之,当在压电材料的极化方向上加电场 E 时,材料的伸缩形变 S 与电场 E 也有线性关系 $S=aE$。比例系数 g、a 称为压电常数,它们与材料性质有关。本实验采用压电陶瓷超声换能器将实验仪输出的正弦振荡电信号转换成超声振动。压电陶瓷片是换能器的工作物质,它是用多晶体结构的压电材料(如钛酸钡,锆钛酸铅等)在一定的温度下经极化处理制成的。在压电陶瓷片的前后表面粘贴上两块金属组成的夹心型振子,就构成了换能器。

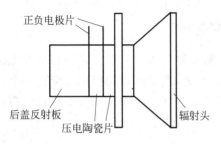

图 27-1　纵向换能器的结构简图

根据其工作方式,压电陶瓷换能器分为纵向(振动)换能器、径向(振动)换能器及弯曲振动换能器。声速教学实验中所用的大多数为纵向换能器。图 27-1 为纵向换能器的结构简图。头部用轻金属做成喇叭形,尾部用重金属做成锥形或柱形,中部为压电陶瓷圆环。这种结构增大了辐射面积,增强了振子与介质的耦合作用,由于振子是以纵向长度的伸缩直接影响头部轻金属作同样的长度伸缩振动(对尾部重金属作用小),这样发射的波方向性强,平面性好。

每一只换能器都有其固有的谐频频率,换能器只有在其谐振频率,才能有效地发射(或接收)。实验时用一个换能器作为发射器,另一个作为接收器,二换能器的表面互相平行,且谐振频率匹配。

2. 共振干涉(驻波)法测声速

到达接收器的声波,一部分被接收并在接收器电极上有电压输出,一部分被向发射器方向反射。由波的干涉理论可知,两列反向传播的同频率波干涉将形成驻波,驻波中振幅最大的点称为波腹,振幅最小的点称为波节,任何两个相邻波腹(或两个相邻波节)之间的距离都等于半个波长。改变两只换能器间的距离,同时用示波器监测接收器上的输出电压幅度变化,可观察到电压幅度随距离周期性的变化(图 27-2)。记录下相邻两次出现最大电压数值时游标尺的读数。两读数之差的绝对值应等于声波波长的二分之一。已知声波频率并测出波长,即可计算声速。实际测量中为提高测量精度,可连续多次测量并用逐差法处理数据。

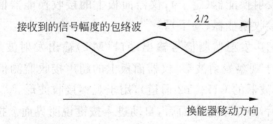

图 27-2　换能器间距与叠加后的声波幅度

3. 相位比较(行波)法测声速

当发射器与接收器之间距离为 L 时,在发射器驱动正弦信号与接收器接收到的正弦信号之间将有相位差 $\phi=2\pi L/\lambda=2\pi n+\Delta\phi$。

若将发射器驱动正弦信号与接收器接收到的正弦信号分别接到示波器的 X 及 Y 输入

端,则相互垂直的同频率正弦波发生干涉,其合成轨迹称为李萨如图,如图 27-3 所示。

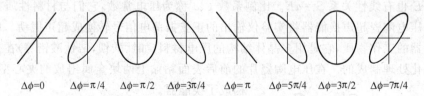

图 27-3　相位差不同时的李萨如图

当接收器和发射器的距离变化等于一个波长时,则发射与接收信号之间的相位差也正好变化一个周期(即 $\Delta\phi=2\pi$),相同的图形就会出现。反之,当准确观测相位差变化一个周期接收器移动的距离时,即可得出其对应声波的波长 λ,再根据声波的频率,即可求出声波的传播速度。

4. 时差法测量声速

若以脉冲调制正弦信号输入到发射器,使其发出脉冲声波,经时间 t 后到达距离 L 处的接收器,接收器接收到脉冲信号后,能量逐渐积累,振幅逐渐加大,脉冲信号过后,接收器作衰减振荡,如图 27-4 所示。t 可由测量仪自动测量,也可从示波器上读出。实验者测出 L 后,即可由公式 $v=L/t$ 计算声速。

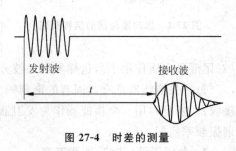

图 27-4　时差的测量

四、实验内容

仪器在使用之前,加电开机预热 15 min。在接通市电后,自动工作在连续波方式,这时脉冲波强度选择按钮不起作用。

1. 驻波法测量声速

1) 测量装置的连接

如图 27-5 所示,信号源面板上的发射驱动端口(TR),用于输出一定频率的功率信号,应接至测试架左边的发射换能器(定子);仪器面板上的接收换能器信号输入端口(RE),应连接到测试架右边的接收换能器(动子)。

信号源面板上的超声发射监测信号输出端口(MT)输出发射波形,应接至双踪示波器的 CH1(Y1 通道),用于观察发射波形;仪器面板上的超声接收监测信号输出端口输出接收的波形,应接至双踪示波器的 CH2(Y2 通道),用于观察接收波形。

在接通市电开机后,显示欢迎界面后,自动进入按键说明界面。按确认键后进入工作模式选择界面,可选择驱动信号为连续正弦波工作模式(共振干涉法与相位比较法)或脉冲波工作模式(时差法);在工作模式选择界面中选择驱动信号为连续正弦波工作模式,在连续正弦波工作模式中使信号源预热 15 min。

2) 调节驱动信号频率到压电陶瓷换能器系统的最佳工作点

只有当发射换能器的发射面与接收换能器的接收面保持平行时才有较好的系统工作效果。为了得到较清晰的接收波形,还须将外加的驱动信号频率调节到发射换能器的谐振频

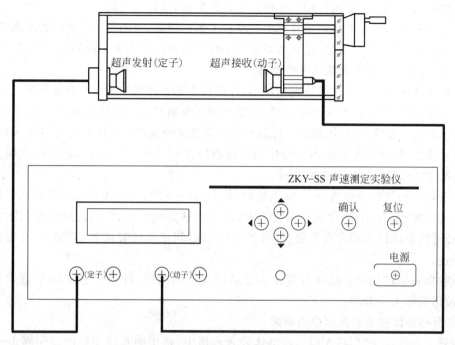

图 27-5 声速测试架与信号源连接图

率点处,才能较好地进行声能与电能的相互转换,以得到较好的实验效果。

按照调节到压电陶瓷换能器谐振点处的信号频率估计一下示波器的扫描时基并进行调节,使在示波器上获得稳定波形。以目前使用的换能器的标称工作频率而言,时基选择在 $5\sim20~\mu s/div$ 会有较好的显示效果。

超声换能器工作状态的调节方法如下:在仪器预热 15 min 并正常工作以后,首先自行约定超声换能器之间的距离变化范围,在变化范围内随意设定超声换能器之间的距离;然后调节声速测定仪信号源输出电压($10\sim15V_{pp}$之间),调整信号频率(在 $30\sim45$ kHz),观察频率调整时接收波形的电压幅度变化,在某一频率点处($34\sim38$ kHz 之间)电压幅度最大,这时稳定信号频率,再改变超声换能器之间的距离,改变距离的同时观察接收波形的电压幅度变化,记录接收波形电压幅度的最大值和频率值;其次改变超声换能器间的距离到适当选择位置,重复上述频率测定工作,共测多次,在多次测试数据中取接收波形电压幅度最大的信号频率作为压电陶瓷换能器系统的最佳工作频率点。在信号源频率窗口读出此频率值。

3) 测量步骤

按要求完成系统连接与调谐后,保持在实验过程中不改变调谐频率。

将示波器设定在扫描工作状态,扫描速度约为 $10~\mu s/$格,信号输入通道输入调节旋钮约为 1 V/格(根据实际情况有所不同),并将发射监测输出信号输入端设为触发信号端。

信号源选择连续波(Sine-Wave)模式,建议设定发射增益为 2 挡、接收增益为 2 挡。

摇动超声实验装置丝杆摇柄,在发射器与接收器距离为 5 cm 附近处,找到共振位置(振幅最大),作为第 1 个测量点。按数字游标尺的归零(ZERO)键,使该点位置为零(对于机械游标尺而言,以此时的标尺示值作始点)。摇动摇柄使接收器远离发射器,每到共振位置均记录位置读数,共记录10组数据。用逐差法处理数据,计算声速值。

接收器移动过程中若接收信号振幅变动较大影响测量,可调节示波器的通道增益旋钮,使波形显示大小合理。(发射、接收增益的大小应在监测信号不失真的原则下设定。)

2. 用相位比较法测量空气中的声速

按第1条的要求完成系统连接与调谐,并保持在实验过程中不改变调谐频率。

信号源选择连续波(Sine-Wave)模式,建议设定发射增益为2挡、接收增益为2挡。

将示波器设定 X-Y 工作状态。将信号源的发射监测输出信号接到示波器的 X 输入端,并设为触发信号,接收监测输出信号接到示波器的 Y 输入端,信号输入通道输入调节旋钮约为 1 V/格(根据实际情况有所不同)。

在发射器与接收器距离为 5 cm 附近处,找到 $\Delta\phi=0$ 的点,作为第 1 个测量点。按数字游标尺的归零(ZERO)键,使该点位置为零(对于机械游标尺而言,以此时的标尺示值作始点)。摇动摇柄使接收器远离发射器,每到 $\Delta\phi=0$ 时均记录位置读数,共记录 10 组数据并计算声速。

接收器移动过程中若接收信号振幅变动较大影响测量,可调节示波器 Y 通道增益旋钮,使波形显示大小合理。

3. 用相位比较法测量水中的声速

测量水中的声速时,将实验装置整体放入水槽中,槽中的水高于换能器顶部 1~2 cm。按第1条的要求完成系统连接与调谐,并保持在实验过程中不改变调谐频率。

信号源选择连续波(Sine-Wave)模式,设定发射增益为 0,接收增益调节为 0 挡。将示波器设定 X-Y 工作状态。将信号源的发射监测输出信号接到示波器的 X 输入端,并设为触发信号,接收监测输出信号接到示波器的 Y 输入端,信号输入通道输入调节旋钮约为 1 V/格(根据实际情况有所不同)。

在发射器与接收器距离为 3 cm 附近处,找到 $\Delta\phi=0$(或 π)的点,作为第 1 个测量点。按数字游标尺的归零(ZERO)键,使该点位置为零(对于机械游标尺而言,以此时的标尺示值作始点)。摇动摇柄使接收器远离发射器,接收器移动过程中若接收信号振幅变动较大影响测量,可调节示波器 Y 衰减旋钮。由于水中声波波长约为空气中的 5 倍,为缩短行程,可在 $\Delta\phi=0,\pi$ 处均进行测量,共记录 8 组数据并计算声速。

使用完毕后,用干燥清洁的抹布将测试架及换能器清洁干净。

4. 用时差法测量空气中的声速

按第1条的要求完成系统连接与调谐,示波器的 Y1、Y2 通道分别用于观察发射和接收波形。为了避免连续波可能带来的干扰,可以将连续波频率调离换能器谐振点。将信号源的测试方法设置到脉冲波方式,选择合适的脉冲发射强度。在以空气为介质测试声速时,将接收器移动到离开发射器一定距离($\geqslant$50 mm)处,作为第 1 个测量点。选择合适的接收增益,使显示的时间差值读数稳定,记录此时的距离值和显示的时间值。然后摇动摇柄使接收器远离发射器,每隔 20 mm 记录位置与时差读数,共记录 10 点并计算声速。

注意:

(1) 在距离 $\leqslant$50 mm 时,在一定的位置上,示波器上看到的波形可能会产生"拖尾",这时显示的时间值很小。这是由于距离较近时,声波的强度较大,反射波引起的共振在下一个测量周期到来时未能完全衰减而产生的。调小接收增益,可去掉"拖尾",在较近的距离范围内也能得到稳定的声速值。

（2）由于空气中的超声波衰减较大，在较长距离内测量时，接收波会有明显的衰减，这可能会使计时器读数有跳字，这时应微调（距离增大时，顺时针调节；距离减小时，逆时针调节）接收增益，使计时器读数在移动接收器时连续准确变化。可以将接收换能器先调到远离发射换能器的一端，并将接收增益调至最大，这时计时器有相应的读数。由远到近调节接收换能器，这时计时器读数将变小；随着距离的变近，接收波的幅度逐渐变大。在某一位置，计时器读数如果有跳字，就逆时针方向微调接收增益旋钮，使计时器的计时读数连续准确变化，就可准确测得计时值。

也可以用示波器观察输出与输入波形的相位关系。将示波器设定在 X-Y 工作状态，将信号源的发射监测输出信号接到示波器的 X 输入端，通道增益调节为 1 V/格，并设为触发信号，扫描速度约为 0.2 ms/格，接收信号输入通道调节为 0.1 V/格（根据实际情况有所不同）。

五、注意事项

1. 关于固体中声速的测量的说明：由于被测固体样品的长度不能连续变化，因此只能采用时差法进行测量。为了增强测量的可靠性，在换能器端面及被测固体的端面上涂上声波耦合剂，建议采用医用超声耦合剂。测量方法可参考第3、第4条。

2. 在水中共振法测量声速的效果较差，接收波形的幅度变化不明显，根据对实验数据分析，我们认为是由于水介质与接收头对声波的特性阻抗相接近，反射信号弱，从而导致了驻波现象的不明显。故无法做水介质中共振干涉法测量声速的实验。

3. 在空气中建议使用共振干涉法和相位比较法测量声速，水中建议使用相位比较法、时差法测量声速，固体中只能使用时差法测量声速。

4. 发射、接收增益的大小应在监测信号不失真的原则下设定。

实验 28　密立根油滴实验——电子电荷的测定

由美国实验物理学家密立根（R. A. Millikan）首先设计并完成的密立根油滴实验，在近代物理学的发展史上是一个十分重要的实验。它证明了任何带电体所带的电荷都是某一最小电荷——元电荷的整数倍；明确了电荷的不连续性；并精确地测定了元电荷的数值，为从实验上测定其他一些基本物理量提供了可能性。

由于密立根油滴实验设计巧妙、原理清楚、设备简单、结果正确，所以它历来是一个著名而有启发性的物理实验。多少年来，在国内外许多院校的物理实验室里，为千千万万大学生重复着。通过学习密立根油滴实验的设计思想和实验技巧，以提高学生的实验能力和素质。

一、实验目的

1. 通过对带电油滴在重力场和静电场中运动的测量，验证电荷的不连续性，并测定电子的电荷值 e。

2. 通过实验时对仪器的调整、油滴的选择、耐心地跟踪和测量以及数据的处理等，培养学生严肃认真和一丝不苟的科学实验方法和态度。

二、实验仪器

密立根油滴仪,包括水平放置的平行极板(油滴盒),调平装置,照明装置,显微镜,电源,计时器(停表或数字毫秒计),改变油滴带电量从 q 变到 q' 的装置,实验油,喷雾器等。

三、实验原理

用油滴法测量电子的电荷,可以采用静态(平衡)测量法或动态(非平衡)测量法。前者测量原理、实验操作和数据处理都较简单,常为非物理专业的物理实验所采用;后者则常为物理专业的物理实验所采用。

(一) 静态(平衡)测量法

用喷雾器将油喷入两块相距为 d 的水平放置的平行极板之间,油在喷射撕裂成油滴时,一般都是带电的。设油滴的质量为 m,所带的电荷为 q,两极板间的电压为 U,则油滴在平行极板间将同时受到重力 mg 和静电力 qE 的作用,如图 28-1 所示。如果调节两极板间的电压 U,可使两力达到平衡,这时

$$mg = qE = q\frac{U}{d} \tag{28-1}$$

从式(28-1)可见,为了测出油滴所带的电量 q,除了需测定 U 和 d 外,还需要测量油滴的质量 m。因 m 很小,需用如下特殊方法测定:平行极板不加电压时,油滴受重力作用而加速下降,由于空气阻力的作用,下降一段距离达到某一速度 v_g 后,阻力 f_r 与重力 mg 平衡,如图 28-2 所示(空气浮力忽略不计),油滴将匀速下降。根据斯托克斯定律,油滴匀速下降时

$$f_r = 6\pi r \eta v_g = mg \tag{28-2}$$

式中,η 是空气的黏滞系数;r 是油滴的半径(由于表面张力的原因,油滴总是呈小球状)。设油的密度为 ρ,油滴的质量 m 可以用下式表示:

$$m = \frac{4}{3}\pi r^3 \rho \tag{28-3}$$

由式(28-2)和式(28-3)得到油滴的半径

$$r = \sqrt{\frac{9\eta v_g}{2\rho g}} \tag{28-4}$$

对于半径小到 10^{-6} m 的小球,空气的黏滞系数 η 应作如下修正:

$$\eta' = \frac{\eta}{1 + \dfrac{b}{pr}}$$

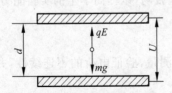

图 28-1 重力与静电力平衡

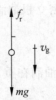

图 28-2 用斯托克斯定律测定油滴质量

这时斯托克斯定律应改为

$$f_r = \frac{6\pi r \eta v_g}{1 + \frac{b}{pr}}$$

式中，b 为修正常数，$b=8.23\times 10^{-3}$ Pa·m；p 为大气压强。得

$$r = \sqrt{\frac{9\eta v_g}{2\rho g} \cdot \frac{1}{1 + \frac{b}{pr}}} \tag{28-5}$$

上式根号中还包含油滴的半径 r，但因它处于修正项中，不需十分精确，因此可用式(28-4)计算。将式(28-5)代入式(28-3)，得

$$m = \frac{4}{3}\pi \left[\frac{9\eta v_g}{2\rho g} \cdot \frac{1}{1 + \frac{b}{pr}}\right]^{\frac{3}{2}} \rho = \frac{18\pi}{\sqrt{2\rho}} \left[\frac{\eta v_g}{g} \cdot \frac{1}{1 + \frac{b}{pr}}\right]^{\frac{3}{2}} \tag{28-6}$$

至于油滴匀速下降的速度 v_g，可用以下方法测出：当两极板间的电压 U 为零时，设油滴匀速下降的距离为 l，时间为 t_g，则

$$v_g = \frac{l}{t_g} \tag{28-7}$$

将式(28-7)代入式(28-6)，式(28-6)代入式(28-1)，得

$$q = \frac{18\pi}{\sqrt{2\rho g}} \left[\frac{\eta l}{t_g \left(1 + \frac{b}{pr}\right)}\right]^{\frac{3}{2}} \frac{d}{U} \tag{28-8}$$

上式是用平衡测量法测定油滴所带电荷的理论公式。

（二）动态(非平衡)测量法

平衡测量法是在静电力 qE 和重力 mg 达到平衡时导出式(28-8)进行实验测量的。非平衡测量法则在平行极板上加以适当的电压 U，但并不调节 U 使静电力和重力达到平衡，而是使油滴受静电力作用加速上升。由于空气阻力的作用，上升一段距离达到某一速度 v_e 后，空气阻力、重力与静电力达到平衡（空气浮力忽略不计），油滴将以匀速上升，如图 28-3 所示。这时，

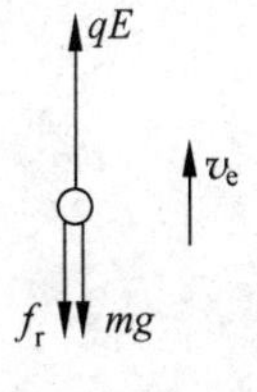

$$6\pi r \eta v_e = q\frac{U}{d} - mg$$

图 28-3 动态测量法原理

当去掉平行极板上所加的电压 U 后，油滴受重力作用而加速下降。当空气阻力和重力平衡时，

$$6\pi r \eta v_g = mg$$

上两式相除

$$\frac{v_e}{v_g} = \frac{q\frac{U}{d} - mg}{mg}$$

得

$$q = mg\frac{d}{U}\left(\frac{v_g + v_e}{v_g}\right) \tag{28-9}$$

如果油滴所带的电量从 q 变到 q'，油滴在电场中匀速上升的速度将由 v_e 变成 v'_e，而匀速下降的速度 v_g 不变，这时

$$q' = mg\frac{d}{U}\left(\frac{v_g + v'_e}{v_g}\right)$$

电量的变化量

$$q_i = q - q' = mg\frac{d}{U}\left(\frac{v_e - v'_e}{v_g}\right) \tag{28-10}$$

实验时取油滴匀速下降和匀速上升的距离相等，设都为 l，测出油滴匀速下降的时间为 t_g，匀速上升的时间为 t_e 和 t'_e，则

$$v_g = \frac{l}{t_g}, \quad v_e = \frac{l}{t_e}, \quad v'_e = \frac{l}{t'_e} \tag{28-11}$$

将式(28-6)油滴的质量 m 和式(28-11)代入式(28-9)和式(28-10)，得

$$q = \frac{18\pi}{\sqrt{2\rho g}}\left[\frac{\eta l}{1 + \frac{b}{pr}}\right]^{\frac{3}{2}} \frac{d}{U}\left(\frac{1}{t_e} + \frac{1}{t_g}\right)\left(\frac{1}{t_g}\right)^{\frac{1}{2}}$$

$$q_i = \frac{18\pi}{\sqrt{2\rho g}}\left[\frac{\eta l}{1 + \frac{b}{pr}}\right]^{\frac{3}{2}} \frac{d}{U}\left(\frac{1}{t_e} - \frac{1}{t'_e}\right)\left(\frac{1}{t_g}\right)^{\frac{1}{2}}$$

令

$$K = \frac{18\pi}{\sqrt{2\rho g}}\left[\frac{\eta l}{1 + \frac{b}{pr}}\right]^{\frac{3}{2}} d$$

则

$$q = K\left(\frac{1}{t_e} + \frac{1}{t_g}\right)\left(\frac{1}{t_g}\right)^{\frac{1}{2}}\frac{1}{U} \tag{28-12}$$

$$q_i = K\left(\frac{1}{t_e} - \frac{1}{t'_e}\right)\left(\frac{1}{t_g}\right)^{\frac{1}{2}}\frac{1}{U} \tag{28-13}$$

从实验所测得的结果，可以分析出 q 与 q_i 只能为某一数值的整数倍，由此可以得出油滴所带电子的总数 n 和电子的改变数 i，从而得到一个电子的电荷为

$$e = \frac{q}{n} = \frac{q_i}{i} \tag{28-14}$$

从以上讨论可见：

(1) 用平衡法测量，原理简单、直观，但需调整平衡电压；用非平衡法测量，在原理和数据处理方面较平衡法要繁一些，但它不需要调整平衡电压。

(2) 比较式(28-8)和式(28-12)，当调节电压 U 使油滴受力达到平衡时，$t_e \to \infty$，式(28-12)和式(28-8)相一致，可见平衡测量法是非平衡测量法的一种特殊情况。

四、实验内容

（一）调整仪器

将仪器放平稳，调节仪器底部左右两只调平螺钉，使水准泡指示水平，这时平行极板处于水平位置。先预热 10 min，利用预热时间，从测量显微镜中观察，如果分划板位置不正，则转动目镜头，将分划板放正，目镜头要插到底。调节目镜，使分划板刻线清晰。

将油从油雾室旁的喷雾口喷入（喷一次即可），微调测量显微镜的调焦手轮，这时视场中出现大量清晰的油滴，如夜空繁星。如果视场太暗，油滴不够明亮，或视场上下亮度不均匀，可略微转动油滴照明灯的方向节，使小灯珠前面的聚光珠正对前方。

注意：调节仪器时，如果打开有机玻璃油雾室，必须先将平衡电压旋钮反时针旋至"0"位置。

（二）练习测量

1. 练习控制油滴

用平衡法实验时，在平行极板上加工作（平衡）电压 250 V 左右，驱走不需要的油滴，直到剩下几颗缓慢运动的为止。注视其中的某一颗，仔细调节平衡电压，使这颗油滴静止不动。然后去掉平衡电压（工作电压选择开关拨至"下落"），让它匀速下降，下降一段距离后再加上平衡电压和"提升"电压（开关拨至"提升"），使油滴上升。如此反复多次地进行练习，以掌握控制油滴的方法。

2. 练习测量油滴运动的时间

任意选择几颗运动速度快慢不同的油滴，用停表测出它们下降一段距离所需要的时间。或者加上一定的电压，测出它们上升一段距离所需要的时间。如此反复多练几次，以掌握测量油滴运动时间的方法。

3. 练习选择油滴

要做好本实验，很重要的一点是选择合适的油滴。选的油滴体积不能太大。太大的油滴虽然比较亮，但一般带的电荷比较多，下降速度也比较快，时间不容易测准确。油滴也不能选得太小，太小则布朗运动明显。通常可以选择平衡电压在 200 V 以上，在 20~30 s 内匀速下降 2 mm 的油滴，其大小和带电量都比较合适。

4. 练习改变油滴的带电量

MOD—5B 型密立根油滴仪可以改变油滴的带电量。按下汞灯按钮，低压汞灯亮，约 5 s 后，油滴的运动速度发生改变，这时油滴的带电量已经改变了。

（三）正式测量

1. 静态（平衡）测量法

从式(28-15)可见，用平衡测量法实验时要测量的有两个量：一个是平衡电压 U；另一个是油滴匀速下降一段距离 l 所需要的时间 t_g。测量平衡电压必须经过仔细的调节，并将油滴置于分划板上某条横线附近，以便准确判断出这颗油滴是否平衡了。

测量油滴匀速下降一段距离 l 所需要的时间 t_g 时，为了在按动停表时有所思想准备，应先让它下降一段距离后再测量时间。选定测量的一段距离 l 应该在平行极板之间的中央部分，即视场中分划板的中央部分。若太靠近上电极板，测量完时间 t_g 后，油滴容易丢失，影响测量。一般取 $l=0.200$ cm 比较合适。

对同一颗油滴应进行 6~10 次测量，而且每次测量都要重新调整平衡电压。如果油滴逐渐变得模糊，要微调测量显微镜跟踪油滴，勿使丢失。

用同样方法分别对 4~5 颗油滴进行测量（对 MOD—5B 型油滴仪，也可用改变油滴带电量的方法，反复对同一颗油滴进行实验），求得电子电荷 e。

2. 动态（非平衡）测量法

具体方法同学们可以根据实验原理自拟。

（四）数据处理

平衡测量法，根据式（28-8）

$$q = \frac{18\pi}{\sqrt{2\rho g}} \left[\frac{\eta l}{t_g \left(1 + \frac{b}{pr}\right)} \right]^{\frac{3}{2}} \frac{d}{U}$$

式中

$$r = \sqrt{\frac{9\eta l}{2\rho g t_g}}$$

油的密度 $\rho = 981$ kg/m^3

重力加速度 $g = 9.794$ m/s^2（上海地区）

空气的黏滞系数 $\eta = 1.83 \times 10^{-5}$ kg/(m·s)

油滴匀速下降的距离取 $l = 2.00 \times 10^{-3}$ m

修正常数 $b = 8.23 \times 10^{-3}$ Pa·m

大气压强 $p = 1.013 \times 10^5$ Pa

平行极板距离 $d = 5.00 \times 10^{-3}$ m

将以上数据代入公式得

$$q = \frac{1.43 \times 10^{-14}}{[t_g(1 + 0.02\sqrt{t_g})]^{\frac{3}{2}}} \frac{1}{U} \tag{28-15}$$

显然，由于油的密度 ρ 和空气的黏滞系数 η 都是温度的函数，重力加速度 g 和大气压强 p 又随实验地点和条件的变化而变化，因此，上式的计算是近似的。在一般条件下，这样的计算引起的误差约 1%，但它带来的好处是使运算方便得多，对于学生的实验，这是可取的。

为了证明电荷的不连续性和所有电荷都是元电荷 e 的整数倍，并得到元电荷 e 值，应对实验测得的各个电量 q 求最大公约数，这个最大公约数就是元电荷 e 值，也就是电子的电荷值。但由于学生实验技术不熟练，测量误差可能要大些，要求出 q 的最大公约数有时比较困难，通常用"倒过来验证"的办法进行数据处理，即用公认的电子电荷值 $e = 1.60 \times 10^{-19}$ C 去除实验测得的电量 q，得到一个接近于某一整数的数值，这个整数就是油滴所带的基本电荷的数目 n，再用这个 n 去除实验测得的电量，即得电子的电荷值 e。用这种方法处理数据，只能作为一种实验验证，而且仅在油滴的带电量比较少（少数几个电子）时，可以采用。带来误差的 0.5 个电子的电荷在分配给 n 个电子时，误差必然很小，其结果 e 值总是十分接近于 1.60×10^{-19} C。这也是实验中不宜选用带电量比较多的油滴的原因。

五、数据表格

数据表格学生自拟。

六、提高要求

为了对测量的结果进行统计,需测量足够数量的油滴。请对静态法的测量结果与元电荷的公认值比较(须至少测量 15 颗油滴,每颗油滴测量三次或以上),以测得的每颗油滴的电荷量与元电荷公认值的整数倍之偏离量作散点图,并对结果进行分析。

实验 29 迈克耳孙干涉仪

迈克耳孙干涉仪是利用分振幅法观测光的干涉现象的仪器,由迈克耳孙在 1887 年为测量地球相对"以太"的绝对运动而设计。如果存在绝对静止的"以太",就可利用地球相对"以太"的绝对运动,即光速在沿着地球和垂直地球运动方向上的差别,观测到迈克耳孙干涉仪上干涉图像的移动。但是实验的"零结果"未能发现地球相对"以太"的任何运动,从而否定了"以太"的存在,证实真空中的光速不变,也为日后爱因斯坦建立的狭义相对论提供了实验证据。迈克耳孙干涉仪后来还在光谱学和标准米原器校正中得到应用,根据迈克耳孙干涉仪原理研制发展的各种精密仪器已广泛应用于生产和科研领域。

一、实验目的

1. 了解迈克耳孙干涉仪的组成、结构、工作原理,掌握其使用方法。
2. 用迈克耳孙干涉仪观察氦氖激光的干涉,并测量其波长。

二、实验仪器

迈克耳孙干涉仪一台,He-Ne 激光器一台。

三、实验原理

(一) 光的干涉和偏振

1. 发光机理

当原子吸收了一定的外界能量(如热能、光能、电能、化学能等),外层电子将跃迁到较高的能级,使原子处于激发态,这一过程称为受激吸收。原子在激发态是不稳定的,停留时间很短,通常在约 10^{-8} s 时间内很快自发地从激发态向低能级跃迁,并产生电磁辐射,辐射光子所带的能量值就是两能级间的能量差,这种现象叫自发辐射。这种过程与外界无关。原子跃迁产生的电磁辐射是在空间传播的变化的电磁场,也就是电磁波,它由两个互相垂直的振动矢量即电场强度 E(常将 E 矢量叫做光矢量)和磁场强度 H 来表征,两振动矢量都在垂直于电磁波的传播方向上振动,因而它是横波。由于各个原子所处的激发态不尽相同,各自的辐射又都是自发的、独立的、在很短时间内进行的,因而普通光源因自发辐射发出的光,由一系列频率不同、振动方向、初位相也都不尽相同的、一段段有限长(热光源只有 1 μm 数量级)的波列组成。所以,自然光是由各种频率的光组成的复色光,故而利用两个独立光源或同一光源不同部分发出的光都得不到干涉现象。

2. 光的干涉方法

实现光的干涉有两种方法。

(1) 将同一光源发出的光波,通过反射、折射等过程分成两束光波,各束光波中都有相同的波列成分,使这两束光波经过不同路径传播并在某处相遇,两束光波中对应波列相叠加就会产生干涉现象。因为两束光波的能量是从同一光波分离出来的,而波的能量与振幅的平方成正比,所以这种产生相干波的方法称为分振幅法。迈克耳孙干涉仪运用此方法,劈尖干涉、薄膜干涉等也都是分振幅法干涉的例子。

(2) 从同一光源发出的光波的波阵面上分割出两个微小部分,这两个微小部分作为两个子波源,发出的两束光波中含有相同的波列成分,相遇时也会产生干涉现象。这种分割波面获得相干波的方法称为分波面法,例如双缝干涉。

如果两束光波的光程差太大,超过了波列的长度,当它们相遇时两束光波中对应的波列成分不能重叠,就不能产生干涉。两分光束产生干涉效应的最大光程差,称为该光源的相干长度。

3. 光的偏振

光矢量 E 在一个固定平面内只沿一个固定方向振动,这种光称为线偏振光或面偏振光,简称偏振光。一个原子在某瞬间的一次辐射发出的波列,是随机地取某一振动方向的偏振光,光源中各个原子或分子此起彼伏发出的大量波列的振动方向,在垂直于传播方向的振动平面内,沿所有可能的方向分布,没有一个方向较其他方向更占优势,因此,光源持续发出的光在所有可能的方向上,光矢量的强度都可以看成是完全相等的。所以,普通光源发射的自然光是非偏振的。对任何取向的光矢量 E,都可分解为相互垂直的两个方向上的分量。在自然光中,光矢量沿各方向的强度都相等,它们在两个相互垂直方向上分解的分矢量的时间平均值必相等。也就是说,自然光可以用强度相等、振动方向垂直的两个独立的(无确定的周相关系)线偏振光表示。有的光各个方向上的光振动都存在,但强度不同,在某一确定方向上最强,垂直于该方向最弱,那么这两个方向上的振幅不等,称这种光为部分偏振光。

可以用某些装置移去自然光中的一部分振动而获得偏振光,称这种装置为起偏器;用以检验光束是否是偏振光的装置称为检偏器。偏振片是最常用的起偏器、检偏器,它能吸收某一方向的光振动或光振动分量,只让与该方向垂直的光振动或光振动分量通过,这个透光方向称为偏振片的偏振化方向。自然光透过偏振片后,透射光就变成偏振光,光强减为自然光的一半。人的肉眼对光强有感觉,对光的偏振方向却无法分辨,因此凭眼睛是无法判断一束光是否是偏振光的。但某些昆虫的眼睛对偏振却很敏感,蜜蜂飞行的主要参考物是太阳,它利用散射阳光的偏振方向推断出太阳的位置,从而按正确的方向飞行。

马吕斯定律指出:如果入射线偏振光的光强为 I_0,透过检偏器后的光强为 I,则

$$I = I_0 \cos^2 \alpha$$

式中,α 是线偏振光偏振方向与检偏器偏振化方向间的夹角。

显然,转动检偏器观察透射光的光强变化,可以判断光的偏振性。

(二) 迈克耳孙干涉仪中的干涉现象

1. 迈克耳孙干涉仪的光路

迈克耳孙干涉仪是由一套精密机械传动机构和四片精密的光学镜片安装在一个很重的底座上构成的。两块厚度和材料均相同的平面玻璃 G_1 和 G_2 平行放置,镜面法线与导轨成 $45°$。G_1 是分光镜,相对固定反射镜 M_2 的面上镀有一层半透金属膜,以使入射光一半反射

一半透射,从而得到近似等振幅的两束光。G_2 为补偿镜,其作用是使两光束传播时通过完全相同的介质区域,从而保证当两光束经过几何长度相同的路径时,具有相同的光程。M_1、M_2 是两面全反射镜,固定反射镜 M_2 平行于导轨固定在底座上,动镜 M_1 镜面垂直于导轨装在拖板上,转动手轮可使它沿导轨移动,移动距离由手轮上的刻度读出。通过调节 M_2 背面的三个调节螺钉以及拉簧螺钉,可以极精细地调节 M_2 的镜面方位,使之与 M_1 严格垂直。

干涉仪的光路如图 29-1 所示。光源 S 发出的一束光折射入 G_1 后,在背面的半透金属膜上被分成近似等振幅的两束光,即透射光②和反射光①。光束①在半透金属膜上反射后返回 G_1 并折射出来,经 M_1 反射回来后再透过 G_1 到达 E;光束②穿过 G_2 经 M_2 反射回来后再次穿过 G_2,并在 G_1 背面反射后到达 E。由于 G_2 的补偿作用使两光束在玻璃中经过相同的路径,这样两光束的光程差仅取决于几何路程差。

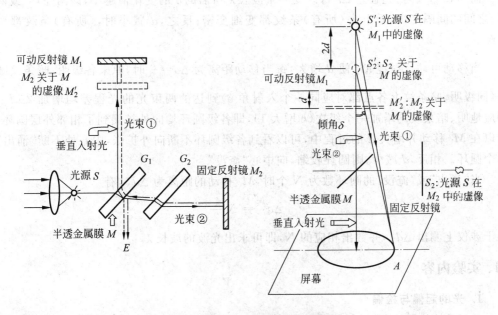

图 29-1 迈克耳孙干涉仪中的光路图

2. 点光源的非定域干涉

激光器发出的平行光经凸透镜会聚后的激光束,等同于一个线度小、强度足够高的点光源发出的单色光,用它照射干涉仪时,由分光镜 G_1 分开、并经两反射镜 M_1 和 M_2 反射到达观察屏的两分光束,它们的光程分别等于从虚光源 S_1' 和 S_2' 发出的两束光的光程,这时的干涉可等效于是两相干点光源 S_1' 和 S_2' 发出的两束相干光的干涉。观察屏放在两光束相遇空间内的任何位置处,都可观察到干涉图像,这种由点光源产生的没有确定区域的干涉现象叫非定域干涉。

点光源发出相同倾角 δ 的光到达屏上形成一个圆(点光源是圆锥的顶点,各条光线是圆锥的母线,该圆则是圆锥的底面圆),δ 越大,圆的半径越大。当 $M_2 \perp M_1$ 时,M_2 关于半透金属膜的虚像 M_2' 平行于 M_1,当 M_1 与 M_2' 重合时,S_1' 与 S_2' 重合,M_1 与 M_2' 的距离为 d 时,S_2' 与 S_1' 的距离为 $2d$。这时,S_1' 与 S_2' 发出的光锥有同一轴线,从两相干点光源 S_1' 和 S_2' 发出的两束相干光在圆上各点产生相同的光程差,它等于两光锥母线的长度差。从 S_1' 和 S_2' 到屏上任一点 A,两束光的光程差由下式给出:

$$\Delta r = S_1'A - S_2'A \approx 2d\cos\delta$$

所以当满足

$$\Delta r \approx 2d\cos\delta = \begin{cases} k\lambda, & \text{明纹} \\ (2k+1)\dfrac{\lambda}{2}, & \text{暗纹} \end{cases} \quad k=0,1,2,\cdots$$

处分别产生圆环状明暗条纹。

显然,对应任意 d 值,δ 越大的地点,距圆心越远,但 Δr 越小,对应的干涉条纹的级次越低(k 越小)。$\delta=0$ 时,Δr 最大,即圆心处干涉条纹的级次最高。

当 d 不变时,δ 越大,$\cos\delta$ 越小,光程差 Δr 越小,所以外圈的条纹比内圈的条纹细和密。而当 d 增大时,光程差 Δr 每改变一个波长 λ 所需的 δ 的变化值越小,即两亮环(或两暗环)之间的间隔变小,看上去(所有)条纹都变细变密;反之,d 减小时,(所有)条纹都变粗变疏。

当移动可动反射镜 M_1 使 d 增大,每当移动距离为 $\Delta d = \dfrac{\lambda}{2}$ 时,原来各级明、暗条纹圆环处(同级明、暗条纹上各点都对应同一个入射角 δ)到达的两束光的光程差均增加 $2\Delta d = \lambda$,相应地明、暗条纹均增加一个级次(k 增大 1),即各级圆环均向外扩展到了相邻外层圆环处。所以在 M_1 移动并增大 d 的过程中,可以看到各级圆环不断向外扩张,中心处不断"涌出"一个个圆环。相反,d 减少,则圆环收缩,向中心"淹没"。

当"涌出"或"淹没"的圆环数为 N 个时,M_1 移动的距离为 Δd_N,有

$$\Delta d_N = N\dfrac{\lambda}{2}$$

从干涉仪上测出 Δd_N,并数出相应的 N,即可求出光波的波长 λ。

四、实验内容

1. 光的起偏与检偏

(1) 手持偏振片,通过偏振片观察日光灯,再在眼前插入另一偏振片,分别转动两块偏振片,观察光强变化的情况并描述起偏和检偏的情况。

(2) 将激光器输出端发出的激光投射在干涉仪的屏上,用偏振片判断实验使用的 He-Ne 激光器发出的激光是否具有偏振性;当两偏振片偏振方向正交时屏上激光斑如何?若再在两偏振片间插入第三片偏振片并转动之,何时光斑最亮?为什么?

2. 迈克耳孙干涉仪

使激光光束射于分光板中央,轻微徐缓地拧动固定反射镜 M_2 背后三个镜面调节螺钉以使两反射镜垂直,这时干涉圆环清晰明亮并且无畸变。缓慢转动粗调手轮,观察并记录干涉圆环的变化。结合干涉条纹公式,分析实验现象,说明干涉条纹间隔(即密度)变化和条纹粗细变化的规律。

沿同一方向转动粗调手轮和微调鼓轮时,此时干涉圆环不断涌出,若突然改变微调鼓轮能使干涉条纹的变化立即被淹没吗?试分析原因,并熟练操作手法。

当圆环稳定变化时,开始进行激光波长测量。记下动镜 M_1 开始位置 d_1 的读数,调节

M_1,当连续涌出(或淹没)100个圆环条纹时,记下 M_1 终止位置 d_2,连续测10次。

列表记录测量数据,用逐差法计算 $\overline{\Delta d}$,由公式 $\Delta d_N = N\frac{\lambda}{2}$ 计算激光波长 λ,并与理论值 $\lambda_{\text{He-Ne}} = 632.8$ nm 比较,求出百分误差。

实验拓展:测定钠D线两波长的波长差

钠灯发射的光波包含两条非常靠近的波长,现分别记为 λ_1、λ_2。若用钠灯作为光源,干涉时,每个波长对应一套干涉条纹,d 变化时,λ_1 和 λ_2 的两套干涉条纹将周期性地错开与重合,即在移动 M_1 镜的过程中会看到条纹由清晰到模糊再到清晰的周期变化,测出条纹相继两次消失之间 M_1 镜移动的距离,即可测出钠D线两波长的波长差。(这种由于光源波长不同使得光波虽经过相同的路程但光程却不同而导致的影响干涉条纹的清晰程度,叫做时间相干性。)

实验原理如下:

干涉条纹的清晰度 V 定义为

$$V = \frac{I_M - I_m}{I_M + I_m}$$

其中,I_M 和 I_m 分别为干涉光强的最大值和最小值。假设光源发出的两个波长的光波的强度均等于 I_0,则它们的干涉条纹强度分别为

$$2I_0\left(1 + \cos\frac{2\pi}{\lambda_1}\Delta\right) \quad \text{和} \quad 2I_0\left(1 + \cos\frac{2\pi}{\lambda_2}\Delta\right)$$

其中 Δ 为双光束干涉的两束光的光程差。总的干涉光强

$$I = 2I_0\left(1 + \cos\frac{2\pi}{\lambda_1}\Delta\right) + 2I_0\left(1 + \cos\frac{2\pi}{\lambda_2}\Delta\right)$$

$$= 4I_0 + 4I_0\cos\pi\left(\frac{1}{\lambda_1} + \frac{1}{\lambda_2}\right)\Delta\cos\pi\left(\frac{1}{\lambda_1} - \frac{1}{\lambda_2}\right)\Delta$$

由于 $\cos\pi\left(\frac{1}{\lambda_1} + \frac{1}{\lambda_2}\right)\Delta$ 的周期 $\frac{2\lambda_1\lambda_2}{\lambda_1 + \lambda_2} \ll \cos\pi\left(\frac{1}{\lambda_1} - \frac{1}{\lambda_2}\right)\Delta$ 的周期 $\frac{2\lambda_1\lambda_2}{\lambda_2 - \lambda_1} = \frac{2\lambda_1\lambda_2}{\Delta\lambda}$,所以当 $\left|\cos\pi\left(\frac{1}{\lambda_1} - \frac{1}{\lambda_2}\right)\Delta\right|$ 一定时,I 的强度实际上取决于 $\cos\pi\left(\frac{1}{\lambda_1} + \frac{1}{\lambda_2}\right)\Delta$ 的正负,即当 $\cos\pi\left(\frac{1}{\lambda_1} + \frac{1}{\lambda_2}\right)\Delta\cos\pi\left(\frac{1}{\lambda_1} - \frac{1}{\lambda_2}\right)\Delta = \left|\cos\pi\left(\frac{1}{\lambda_1} - \frac{1}{\lambda_2}\right)\Delta\right| = \left|\cos\pi\left(\frac{\Delta\lambda}{\lambda_1\lambda_2}\right)\Delta\right|$ 时,$I = I_M$;

当 $\cos\pi\left(\frac{1}{\lambda_1} + \frac{1}{\lambda_2}\right)\Delta\cos\pi\left(\frac{1}{\lambda_1} - \frac{1}{\lambda_2}\right)\Delta = -\left|\cos\pi\left(\frac{1}{\lambda_1} - \frac{1}{\lambda_2}\right)\Delta\right| = -\left|\cos\pi\left(\frac{\Delta\lambda}{\lambda_1\lambda_2}\right)\Delta\right|$ 时,$I = I_m$,

$$V = \frac{I_M - I_m}{I_M + I_m} = \left|\cos\pi\left(\frac{\Delta\lambda}{\lambda_1\lambda_2}\right)\Delta\right|$$

即清晰度 V 随 Δ 以 $\frac{\lambda_1\lambda_2}{\Delta\lambda} \approx \frac{\overline{\lambda}^2}{\Delta\lambda}$ 周期性地改变。若 M_1 镜移动 Δd 距离 Δ 刚巧改变一个周期,则因 $\Delta = 2\Delta d$,故

$$\Delta\lambda = \frac{\overline{\lambda}^2}{2\Delta d}$$

其中,钠灯的平均波长可用 $\bar{\lambda}=589.3$ nm 代入计算。

实验 30　激光全息照相

全息照相是 20 世纪 60 年代发展起来的一门新技术,它在精密测量、无损探伤、振动分析、微粒结构分析、遥感技术、生物医学,特别在光学信息处理和信息储存等方面都得到广泛的应用。

一、实验目的

1. 了解激光全息照相的基本原理和特点。
2. 掌握全息照相的拍摄技术和再现方法以及光路调整。
3. 加深理解光的干涉及衍射理论。

二、实验仪器

拍摄全息照相,要求干涉条纹稳定。拍摄时必须具备下列基本条件:

1. 光源:要求光源的输出功率大、单色性好,一般采用 He-Ne 单模激光器。
2. 稳定的防震台:全部光学元件用磁钢牢固地吸在防震台上,要求在所需的曝光时间内干涉条纹的移动不允许超过条纹间距的 1/4,否则全息图像会模糊不清。ZJ 型蜂窝芯光学实验台完全能满足上述拍摄要求,因其自振频率 $\leqslant 5$ Hz,且平衡时间 >1 min。
3. 记录介质:要求采用高分辨率、高反差的特殊干版——全息干版。

(1) 理论分析指出,全息干涉条纹的间距 d 取决于物光和参考光的夹角 θ,其关系为

$$\bar{d} = \lambda/2\sin(\theta/2)$$

式中 $\bar{d}$ 为平均间距,一般用其倒数 η 表示:

$$\eta = 1/\bar{d} = 2\sin(\theta/2)/\lambda$$

η 为感光材料的分辨率或干涉条纹的空间频率,表示每毫米中的干涉条纹数。一般全息图要求感光材料的分辨率应在 1 000 条/mm 以上,而普通照相用的感光材料的分辨率仅为 100 条/mm 左右。天津感光材料厂的 I 型全息干版,其分辨率 η 可达 3 000 条/mm。

(2) 干版的分辨率提高导致感光速度下降。一般为几秒、几十秒甚至几分钟。具体时间由激光强度、被摄物大小以及反射性能等而定。

三、实验原理

(一) 光波的信息

由波动光学可知,一列单色光波可表示为

$$y = A\cos(\omega t + \varphi - 2\pi x/\lambda)$$

被单色激光照射的物体,照射面上任一点的反射光,在径向上都可用上式表示,其中 x 为反射点到观察点(胶片上一点)的距离,A 为光波在观察点的振幅。

一个实际物体发射或反射的光波比较复杂,但一般可看成是许多不同频率的单色光波的叠加:

$$y = \sum_{i=1}^{n} A_i \cos(\omega_i t + \varphi_i - 2\pi x_i/\lambda)$$

任何光波都包含着振幅 A 和相位($\omega_i t + \varphi_i - 2\pi x_i/\lambda$)两部分信息。

对于被物体漫反射的物光波,显然 A 取决于每物点漫反射的能力和周围介质的特性,φ 取决于物点的空间位置(物体表面的几何形状或各物点的前后、上下、左右位置分布,以及观察角度等)。物光波的强度(振幅)、颜色(频率)和相位是反映物体形象的三个主要信息特征。若用单色光(激光)作为光源,则无须考虑颜色特征。

普通照相,是将光点聚焦投影到胶片上,胶片只记录光点的振幅 A。全息照相,除了记录下振幅 A,还利用干涉现象记录与 x 有关的相位,所以全息照相的成像是立体的。

(二) 全息照相的过程

全息照相分两步:记录和再现。

第一步全息记录。实验装置如图 30-1 所示。将激光器输出的光束通过分束器分为两束:一束投射到记录介质(即感光底片)上,称为参考光束 R;另一束投射到被摄物上,经物体反射或透射后,产生物光束 O,也到达记录介质。参考光束和物光束的相干叠加,在记录介质上形成干涉条纹,这就是一张全息图。双光束干涉的亮纹和暗纹的反差,主要取决于参与干涉的两束光波的强度(振幅的平方);干涉条纹的疏密则取决于两束光波的相位差的大小(或光程差)。

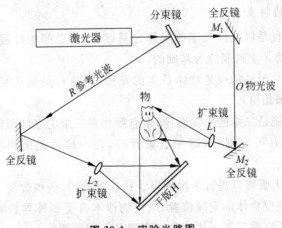

图 30-1 实验光路图

对于被摄物表面上的某一点来说,该点反射出的光波,将在记录干版上形成一组干涉条纹,条纹间距 $d_i = \lambda/2\sin(\theta_i/2)$。该物点漫反射到干版上不同区域的光波的照度不一样,而且与参考光的夹角 θ_i 也不同,因而在干版的不同区域形成的干涉条纹的反差、间距和取向各不相同;对于干版上某一区域来说,被摄物表面上所有物点都会在这里留下干涉条纹。由于不同物点反射到该区域的物光波的光亮度以及与参考光的夹角各不相同,形成的干涉条纹的分布、取向、反差均不相同,因而全息图上每一点都完整地储存了整个物体的全部信息。

第二步全息图再现。全息照相通过干涉条纹,记录被摄物的相位,如图 30-2 所示。用一束与参考光束的波长和传播方向完全相同的光束 R' 照射全息图,由于胶片上的条纹起衍射作用,其中一列 1 级衍射波与物体原来位置发出的光波完全一样,这列衍射光波进入眼睛，则用眼睛就可观察到一幅非常逼真的原物形象，悬空地再现在全息图后面原来的位置上。这样人就感觉到原位置上有物体存在，这就是虚像。全息图如同一个窗口，当人们移动眼睛从不同角度观察时，具有不同的视觉效果，所以全息图再现的是一幅逼真的立体图像。

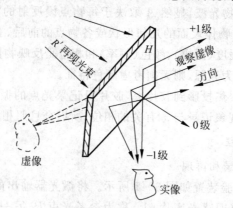

图 30-2　全息图的再现

若用不经扩束的激光束照射全息图，经全息图衍射的 −1 级衍射光，它是会聚波，在与原物对称的位置上形成实像。观察时，用一块白屏放在实像处，即可看到。虚像与实像是共轭的，分居于干版的两侧。

（三）全息照相的特点

(1) 普通照相过程是以几何光学的规律为基础的；全息照相过程分记录、再现两步，它是以干涉、衍射的波动光学的规律为基础的。

(2) 普通照相底片记录的仅是物体各点的光强（振幅）；而全息照相记录的是物体各点的全部光信息（振幅和相位）。

(3) 普通照相只能是二维的平面图像；全息照相是三维的立体图像，具有视差特性。

(4) 全息照相具有可分割性，即一旦被弄碎，任一碎片仍能再现出完整的被摄物的图像。

(5) 同一张全息干版可以进行多次拍摄。每次曝光后，稍稍改变干版的方位，或改变参考光的入射方向，或改变物体的空间位置，或使物体本身受到外界影响产生的形变等，都可在同一干版上重叠记录，并互不干扰地分别再现各不同的图像。

(6) 用不同波长的激光照射全息图，再现的像可放大或缩小。

(7) 全息照片没有正负之分，翻印的全息照片具有相同的再现效果。

四、实验内容和步骤

1. 光路调整

按图 30-1 放置元件。要求：

(1) 物光光路与参考光光路到干版的几何路程近似相等；θ 在 30°～45°为宜。

(2) 调节各光学元件使其高度基本相等，并使两束光交会于屏的中心处（即放置干版处）。

(3) 参考光和物光通过扩束镜，均匀照在屏上。并使它们的光强比为 4∶1～10∶1 为宜(前后移动扩束镜 L_2,可改变屏的被照光强)。

2. 曝光

(1) 关闭照明灯,挡住激光源,在绿色安全灯下取下屏换上全息干版,感光乳胶面(手感较毛糙的一面)朝向激光束。

(2) 静候 1 min 以上,撤去挡光板,若干秒左右(具体时间根据实际情况确定),再用挡光板挡住激光源。曝光结束。

(3) 取下曝光后的干版进行冲洗。

3. 全息干版的冲洗

(1) 放在 D-19 显影液中显影 1~4 min,具体时间根据情况而定,以胶片变黑为准。

(2) 显影后的干版用清水冲洗,再放进 F-5 定影液中,定影 5~8 min。

注意:以上步骤在暗绿色灯下进行。以下可在白光下进行。

(3) 将定影过的干版放在流水中冲洗 5 min 以上。若需要漂白,可将干版放进铁氰化钾漂白液中进行。再用流水冲洗至黄色全部褪掉,取出晾干,即可观察。

4. 观察全息照相的再现物像

(1) 取与原参考光方向尽量一致的再现光照射全息照片(乳胶面向着激光束)。观察再现虚像,体会再现像的立体性(从哪些方面可以说明你观察到的再现像是立体像)。比较再现虚像的大小、位置与原物的状况。由于条件的限制,我们的实验只观察虚像。

(2) 再用其他的再现光波,观察并记录再现物像的变化。

5. 实验记录

曝光时间_____ s; 显影时间_____ min;

定影时间_____ min; 漂白时间_____ min;

水洗时间_____ min; 室内温度_____ ℃。

6. 写出实验后的心得体会

五、注意事项

1. 不要接触激光器高压电源,以免触电。

2. 绝对不允许用眼睛直视未扩束的激光束,以免烧坏眼睛。

3. 漂白液有毒,不要弄到人体上。

六、思考题

1. 全息照相与普通照相有何区别?全息照相有何特点?

2. 如何调好全息照相的光路?拍摄时应注意些什么才能拍好一张全息照片?

七、参考阅读材料:白光再现的全息照相

上面所说的全息照相必须用激光束(单色光)才能再现物像,这给观察带来了限制。能否拍摄一种在普通白光下也能再现的全息照相呢?下面介绍一种可用白光再现的全息照相。

前面讲到物光与参考光在照相底版上形成干涉条纹。干涉条纹中记录了物光的全部信息。当感光乳剂较薄时这种干涉条纹被认为是记录在平面上的。但当乳剂厚度增加到一定

程度时就要考虑沿着厚度方向的干涉。物光与参考光干涉极大处形成高密度的银粒子面，我们称它们为"布拉格面"（见图30-3），干涉在三维立体空间被记录。这时记录下来的全息图称为"体全息图"，以有别于前面所讲的只在平面上形成干涉条纹的"平面全息图"。用体全息图再现物体的像时，再现光是布拉格面的局部反射光（见图30-4）。如入射光波长为λ，入射光与底版法线夹角为φ，布拉格面间距为d，则当满足布拉格条件$\sin\varphi=\lambda/(2d)$时反射光最强。而当用多色光或白光以某固定角度入射时，则只有满足上式的波长的光得到最强反射。这样白光以某个角度照射就差不多与用该波长的单色光照射得到相同的效果。这就使白光再现全息立体像成为可能。

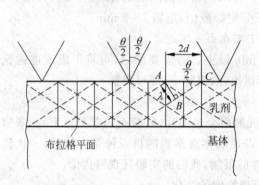

图 30-3　在一厚层照相乳剂中形成的布拉格平面

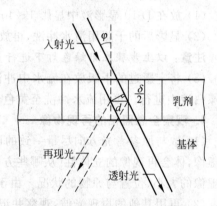

图 30-4　白光全息图再现时由布拉格平面产生的局部反射光

图 30-5 与图 30-6 是体全息图的记录光路与再现光路。拍好体全息图的关键是全息底版的感光乳剂层要有足够的厚度。

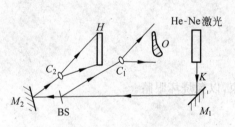

图 30-5　体全息图记录光路

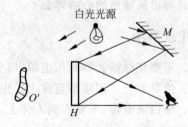

图 30-6　用白光再现体全息图

第3章

选做实验

实验31 扭摆法测量材料的切变模量

材料在弹性限度内应力与应变的比值是度量物体受力时形变大小的重要参量。正应力与线应变的比值,称为杨氏模量;剪应力与剪应变的比值,称为剪切弹性模量,简称切变模量。与杨氏模量相似,切变模量在机械、建筑、交通、医疗、通信等工业领域的工程设计及机械材料选用中有着广泛的应用。从机械转轴、机械与部件的连接直至建筑物抗震等性能都与切变模量有关。

一、实验目的

用扭摆法测量琴钢丝及黄铜丝的切变模量,了解测量材料切变模量的基本方法。

二、实验仪器

(一) 仪器装置简图

实验仪器装置简图如31-1所示。

(二) 仪器使用方法

1. 取下仪器上端夹头,并把它拧松,将钢丝一端插入夹头孔中,然后把夹头拧紧。用同样的方法,把钢丝的下端固定在爪手的夹头上。

2. 转动上端的"扭动旋钮"9使爪手一端的铷铁硼小磁钢5对准固定在立柱上的霍耳开关4。同时调整霍耳开关的位置,使之高度与小磁钢一致。

3. 调节立柱的两个底脚螺钉,使小磁钢靠近霍耳开关,并使它们之间相距为8 mm左右。

4. 转动横梁上的"标志旋钮"8,使它的刻线与"扭动旋钮"9上的刻线相一致。当旋转"扭动旋钮"9一个角度后,即刻又恢复到起始位置。此时爪手将绕钢丝摆动。

5. 爪手有多种功能。圆环可水平放在爪手上面振动,也可以垂直装在爪手下面振动。爪手还可以安置方柱形棒或圆柱形棒作振动,以测得不同的周期值,并求出钢丝材料的切变模量或刚体的转动惯量。

(三) 数字式计数计时仪的使用

1. 开启电源开关,使仪器预热10 min。

2. 按上升键▲,可预置计数值。

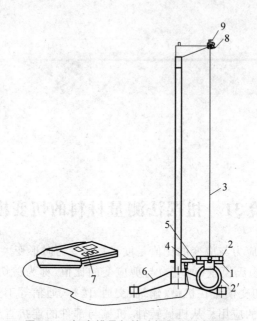

图 31-1　切变模量与转动惯量实验仪简图
1—爪手；2—环状刚体；2′—环状刚体垂直和水平两种状态放置；
3—待测材料；4—霍耳开关；5—锎铁硼小磁钢；
6—底座；7—数字式计数计时仪；8—标志旋钮；9—扭动旋钮

3. 使爪手作扭转振动。当锎铁硼小磁钢靠近霍耳开关约 1.0 cm 距离时，霍耳开关将导通，即产生计时触发脉冲信号。

4. 数字式计数计时仪有延时功能。当扭摆作第一周期振动时，将不计时，计数为 0。当计数显示 1 时，才显示计时半个周期。

5. 计数计时结束，可读出由于爪手振动在霍耳开关上产生计时脉冲的计数值和总时间，其中计数两次为一个周期。要查阅每半个周期时间，只要按一次下降键▼即可。

三、实验原理

设有某一弹性固体的长方形体积元，它的底面固定，如图 31-2 所示。在它顶面 A 上作用着一个与平面平行而且均匀分布的切力 F，在这个力作用下，两个侧面将转过一定角度，通常称这样一种弹性形变为切变。在切变角比较小的情况下，作用在单位面积上的切力 F/A 与切变角 α 成正比：

$$\frac{F}{A} = G\alpha \tag{31-1}$$

式中，A 为受切力的面积；α 为切变角；G 是一个物质常数，称切变模量，单位为 N/m^2。大多数材料的切变模量约是杨氏模量的 $\frac{1}{2} \sim \frac{1}{3}$。由式(31-1)可知，$G$ 值大，表示该材料在受外力作用时，其切变角小。在实验中，待测样品对象是一根上下均匀而细长的钢丝或铜丝，从几何上说，就是一个细长圆柱体，如图 31-3 所示。设圆柱体的半径为 R，高为 L，其上端固定，下端面受到一个外加扭转力矩的作用，即沿着圆面上各点的切向施加外力，于是圆柱体中各

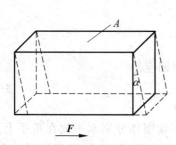

图 31-2 切应力与切变角

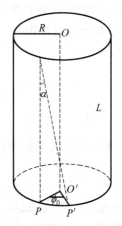

图 31-3 扭转力矩与扭转角

体积元(取半径为 r、厚为 dr 的圆环状柱体为体积元)均发生切应变。总的效果是圆柱体下端面绕中心轴线 OO' 扭转了一个 ϕ_0 角,也即底周上的 P 点转至 P' 位置。因为圆柱体很长,各体积元均能满足 $\alpha \ll 1°$ 的条件,利用关系式 $\alpha = R\phi_0$ 及式(31-1),通过积分可求得如下关系式:

$$M_{外} = \frac{\pi}{2} G \frac{R^4}{L} \phi_0 \qquad (31\text{-}2)$$

其中 $M_{外}$ 为外力矩。设圆柱体内部的反向弹性力矩为 M_0,在平衡时则有 $M_0 = -M_{外}$,可见 $M_0 = -\frac{\pi}{2} G \frac{R^4}{L} \phi_0$;令 $D = \frac{\pi}{2} G \frac{R^4}{L}$,则有

$$M_0 = -D\phi_0 \qquad (31\text{-}3)$$

对于一定的物体(如上述钢丝),D 是常数,称为扭转系数。扭摆的结构如图 31-4 所示,爪手及圆环安放位置如图 31-5 所示。若使爪手绕中心轴转过某一角度 ϕ_0,然后放开,则爪手将在钢丝(或铜丝)弹性扭转力矩作用下作周期性的自由振动,这就构成了一个扭摆。

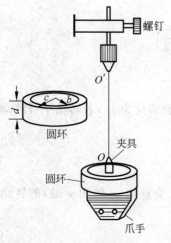

图 31-4 扭摆的结构

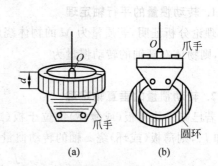

图 31-5 爪手与圆环的安放位置

如钢丝（或铜丝）在扭转振动中的角位移以 ϕ 表示，若爪手整个装置对其中心轴的转动惯量为 J_0，根据转动定律则有

$$-D\phi = J_0 \frac{d^2\phi}{dt^2}$$

即

$$\frac{d^2\phi}{dt^2} + \frac{D}{J_0}\phi = 0$$

此方程是一个常见的简谐振动微分方程，它的振动周期应是

$$T_0 = 2\pi\sqrt{\frac{J_0}{D}} \tag{31-4}$$

如图 31-5 所示，将一个已知内外径、厚度和质量的环状刚体分别水平放在爪手上及垂直放在爪手上，绕同一轴（钢丝）转动测得的振动周期分别为 T_1 和 T_2。而环状刚体在绕轴（钢丝）作水平振动时转动惯量为 J_1，环状刚体处于垂直状态绕同一轴作振动时转动惯量为 J_2，爪手绕轴振动时的转动惯量为 J_0，那么由式(31-4)可知

$$T_1^2 = \frac{4\pi^2}{D}(J_0 + J_1), \quad T_2^2 = \frac{4\pi^2}{D}(J_0 + J_2)$$

将此两式相减可消去 J_0 得

$$T_1^2 - T_2^2 = \frac{4\pi^2}{D}(J_1 - J_2) \tag{31-5}$$

而 $D = \frac{\pi}{2}G\frac{R^4}{L}$，所以式(31-5)可写成切变模量 G 为

$$G = \frac{8\pi L}{R^4} \cdot \frac{J_1 - J_2}{T_1^2 - T_2^2} \tag{31-6}$$

由理论推导可知，环状刚体绕中心轴作水平振动的转动惯量 J_1 为

$$J_1 = M\frac{b^2 + c^2}{2} \tag{31-7}$$

式中，b 为环的内径；c 为环的外径；M 为环的质量。而环状刚体处于垂直方向绕同一轴振动的转动惯量 J_2 为

$$J_2 = M\left(\frac{b^2 + c^2}{4} + \frac{d^2}{12}\right) \tag{31-8}$$

式中，d 为环状刚体的厚度。

1. 转动惯量的平行轴定理

理论分析证明，若质量为 M 的物体绕质心轴的转动惯量为 J_0，若转轴平行移动距离为 x 时，则物体对新轴的转动惯量为

$$J = J_0 + Mx^2 \tag{31-9}$$

2. 转动惯量的垂直轴定理

若已知一块薄板（或薄环）绕位于板（或环）上相互垂直轴（x 轴和 y 轴）的转动惯量为 J_x 和 J_y，则薄板（或环）绕 z 轴的转动惯量为

$$J_z = J_x + J_y \tag{31-10}$$

此即垂直轴定理。由此定理可知：圆盘（或环）通过中心且垂直盘面的转轴的转动惯量为圆盘绕其直径的转动惯量的两倍。

四、实验内容：测量琴钢丝的切变模量

1. 用物理天平或电子天平称圆环的质量；用游标卡尺测圆环内径 b，外径 c 和高度 d；用千分尺测量钢丝直径 $2R$。

2. 在爪盘上端将钢丝夹紧，夹紧支点为 O；钢丝上端通过夹具固定在支架上（支点为 O'），使爪盘悬起。用米尺测量钢丝 OO' 间距 L。

3. 由于钢丝很长，容易满足 $\alpha \ll 1°$ 的条件，实验时扭摆自由振动时的角振幅 ϕ_i 可以取很大，例如 2π 等。将环状刚体水平放置在爪手上，用手转上夹具某一角度，再回到原来位置，使爪手与水平环作周期振动。用霍耳开关计数计时仪和秒表两种方法，测量爪手加水平环时刚体振动周期 T_1。

4. 同样用霍耳开关计数计时仪和秒表计时，测量爪手加垂直环时刚体振动周期 T_2。

5. 计算钢丝的切变模量 G。并将秒表测量结果和霍耳开关计数计时仪测量的结果进行比较。

五、实验注意事项

1. 用秒表计时测量周期数应大于 50 次振动时间，然后求出周期值。这样可以减少手控秒表引入的随机误差。

2. 用霍耳开关计数计时仪测量扭摆振动周期，注意扭摆应只作扭转振动，爪手等不可作左右或前后晃动。

3. 霍耳开关计数计时仪可查阅每次振动半个周期数值，以了解扭摆振动受空气阻力而振幅衰减情况，并确定最佳计时振动次数。

4. 实验前应先调节仪器底座螺钉，此时爪手侧面上的钕铁硼磁钢与柱上的霍耳开关的距离约为 8 mm（霍耳开关截止和导通最佳距离），此时仪器指示灯为灭状态。

5. 霍耳开关计数计时仪应预热 10 min 左右后再开始计时。

6. 切勿用手将爪手托起又突然放下，铁制爪手自由下落时的冲力易将钢丝或铜丝拉断。实验结束应将环放在桌上，以减轻钢丝负重。

六、思考题

1. 如果扭摆的角振幅为 2π，根据钢丝的长度和直径估算一下实验是否满足 $\alpha \ll 1°$ 的条件？（对于圆柱表面层，$PP'/L = \alpha$。）

2. 同一个环状刚体绕不同轴转动其转动惯量为何不同？

3. 由式(31-6)各直接测量的不确定度分析用扭摆测量材料的切变模量主要误差是由哪些量测量引起的？

4. 如何用本扭摆测量其他形状刚体的转动惯量？

参考文献

[1] 贾玉润，王公冶，凌佩玲. 大学物理实验[M]. 上海：复旦大学出版社，1987.
[2] 丁慎训，张连芳. 物理实验教程[M]. 2版. 北京：清华大学出版社，2002.
[3] [德]威廉·卫斯特伐尔. 物理实验[M]. 王福山，译. 上海：上海科学技术出版社，1981.

实验拓展：根据所测琴钢丝的切变模量测定物体的转动惯量

一、实验目的

用扭摆法测量各种形状刚体绕同一轴以及同一刚体绕不同轴的转动惯量，加深对转动惯量的概念及测量方法的理解。

二、实验原理

由测得的琴钢丝的切变模量 G，以及钢丝的半径 R 和长度 L，可算得其扭转系数 $D = \frac{\pi}{2} G \cdot \frac{R^4}{L}$，于是通过测量爪手装置对其中心轴的转动惯量 $J_0 = \frac{D}{4\pi^2} T_0^2$ 和放上待测物体后整个装置对扭转中心轴的转动惯量 $J + J_0 = \frac{D}{4\pi^2} T^2$，即可算出待测物体对扭转中心轴的转动惯量 $J = \frac{D}{4\pi^2}(T^2 - T_0^2)$。

三、实验内容

1. 用扭摆法测量方柱状刚体或圆柱状刚体绕钢丝轴的转动惯量，并与理论值进行比较。
2. 用两个小钢球分别放在爪手上面两端，验证平行轴定理。
3. 分别测量环形刚体水平放置和竖直放置时绕琴钢丝轴的转动惯量，验证垂直轴定理。

实验32　玻尔共振实验

在机械制造和建筑工程等科技领域中受迫振动所导致的共振现象引起了工程技术人员的极大注意，它虽有破坏作用，但也有许多实用价值。众多电声器件就是运用共振原理设计制作的。此外，在微观科学研究中"共振"也是一种重要研究手段，例如利用核磁共振和顺磁共振研究物质结构等。

表征受迫振动性质的是受迫振动的振幅-频率特性和相位-频率特性（简称幅频和相频特性）。

本实验中采用玻尔共振仪定量测定机械受迫振动的幅频特性和相频特性，并利用频闪方法来测定动态的物理量——相位差。数据处理与误差分析方面内容也较丰富。

一、实验目的

1. 研究玻尔共振仪中弹性摆轮受迫振动的幅频特性和相频特性。
2. 研究不同阻尼力矩对受迫振动的影响，观察共振现象。
3. 学习用频闪法测定运动物体的某些量，例如相位差。
4. 学习系统误差的修正。

二、实验仪器

ZKY-BG 型玻尔共振仪由振动仪与电器控制箱两部分组成。振动仪部分如图 32-1 所示,铜质圆形摆轮 A 安装在机架上,弹簧 B 的一端与摆轮 A 的轴相连,另一端可固定在机架支柱上,在弹簧弹性力的作用下,摆轮可绕轴自由往复摆动。在摆轮的外围有一圈槽形缺口,其中一个长形凹槽 C 比其他凹槽长出许多。机架上对准长形缺口处有一个光电门 H,它与电器控制箱相连接,用来测量摆轮的振幅角度值和摆轮的振动周期。在机架下方有一对带有铁芯的线圈 K,摆轮 A 恰巧嵌在铁芯的空隙,当线圈中通过直流电流后,摆轮受到一个电磁阻尼力的作用。改变电流的大小即可使阻尼大小相应变化。为使摆轮 A 作受迫振动,在电动机轴上装有偏心轮,通过连杆机构 E 带动摆轮。在电动机轴上装有带刻线的有机玻璃转盘 F,它随电机一起转动。由它可以从角度读数盘 G 读出相位差 φ。调节控制箱上的十圈电机转速调节旋钮,可以精确改变加于电机上的电压,使电机的转速在实验范围(30~45 r/min)内连续可调。由于电路中采用特殊稳速装置,电动机采用惯性很小的带有测速发电机的特种电机,所以转速极为稳定。电机的有机玻璃转盘 F 上装有两个挡光片。在角度读数盘 G 中央上方 90°处也有光电门 I(强迫力矩信号),并与控制箱相连,以测量强迫力矩的周期。

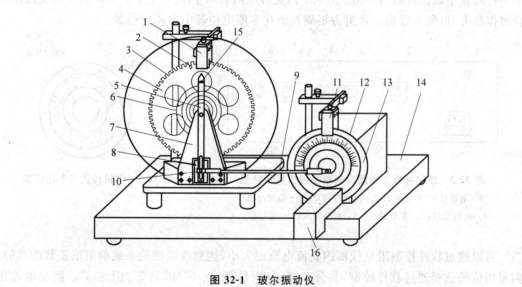

图 32-1 玻尔振动仪

1—光电门 H;2—长形凹槽 C;3—短形凹槽 D;4—铜质摆轮 A;5—摇杆 M;6—蜗卷弹簧 B;
7—支撑架;8—阻尼线圈 K;9—连杆 E;10—摇杆调节螺钉;11—光电门 I;12—角度盘 G;
13—有机玻璃转盘 F;14—底座;15—弹簧夹持螺钉 L;16—闪光灯

受迫振动时摆轮与外力矩的相位差是利用小型闪光灯来测量的。闪光灯受摆轮信号光电门控制,每当摆轮上长形凹槽 C 通过平衡位置时,光电门 H 接收光,引起闪光,这一现象称为频闪现象。在稳定情况时,在闪光灯照射下可以看到有机玻璃指针 F 好像一直"停在"某一刻度处,所以此数值可方便地直接读出,误差不大于 2°。闪光灯放置位置如图 32-2 所示搁置在底座上,切勿拿在手中直接照射刻度盘。

摆轮振幅是利用光电门 H 测出摆轮读数 A 处圈上凹形缺口个数,并在控制箱液晶显示器上直接显示出此值，精度为1°。

玻尔共振仪电器控制箱的前面板和后面板分别如图32-2和图32-3所示。

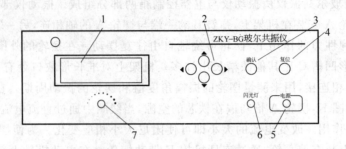

图32-2　玻尔共振仪电器控制箱的前面板示意图
1—液晶显示屏幕；2—方向控制键；3—确认按键；4—复位按键；
5—电源开关；6—闪光灯开关；7—强迫力周期调节电位器

电机转速调节旋钮，系带有刻度的十圈电位器，调节此旋钮时可以精确改变电机转速，即改变强迫力矩的周期。锁定开关处于图32-4所示的位置时，电位器刻度锁定，要调节大小须将其置于该位置的另一边。×0.1挡旋转一圈，×1挡走一个字。一般调节刻度仅供实验时作参考，以便大致确定强迫力矩周期值在多圈电位器上的相应位置。

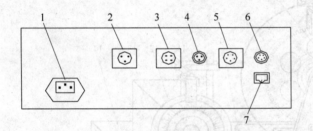
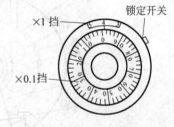

图32-3　玻尔共振仪电器控制箱的后面板示意图
1—电源插座（带保险）；2—闪光灯接口；3—阻尼线圈；
4—电机接口；5—振幅输入；6—周期输入；7—通信接口

图32-4　电机转速调节电位器

可以通过软件控制阻尼线圈内直流电流的大小，达到改变摆轮系统的阻尼系数的目的。阻尼挡位的选择通过软件控制，共分3挡，分别是"阻尼1""阻尼2""阻尼3"。阻尼电流由恒流源提供，实验时根据不同情况进行选择（可先选择在"阻尼2"处，若共振时振幅太小则可改用"阻尼1"），振幅在150°左右。

闪光灯开关用来控制闪光与否，当按住闪光按钮、摆轮长缺口通过平衡位置时便产生闪光，由于频闪现象，可从相位差读盘上看到刻度线似乎静止不动的读数（实际有机玻璃转盘F上的刻度线一直在匀速转动），从而读出相位差数值。为使闪光灯管不易损坏，采用按钮开关，仅在测量相位差时才按下按钮。

电器控制箱与闪光灯和玻尔共振仪之间通过各种专业电缆相连接，不会产生接线错误的弊病。

三、实验原理

物体在周期外力的持续作用下发生的振动称为受迫振动,这种周期性的外力称为强迫力。如果外力是按简谐振动规律变化,那么稳定状态时的受迫振动也是简谐振动,此时,振幅保持恒定,振幅的大小与强迫力的频率和原振动系统无阻尼时的固有振动频率以及阻尼系数有关。在受迫振动状态下,系统除了受到强迫力的作用外,同时还受到回复力和阻尼力的作用。所以在稳定状态时物体的位移、速度变化与强迫力变化不是同相位的,存在一个相位差。当强迫力频率与系统的固有频率相同时产生共振,此时振幅最大,相位差为90°。

实验采用摆轮在弹性力矩作用下自由摆动,在电磁阻尼力矩作用下作受迫振动来研究受迫振动特性,可直观地显示机械振动中的一些物理现象。

当摆轮受到周期性强迫外力矩 $M = M_0 \cos \omega t$ 的作用,并在有空气阻尼和电磁阻尼的媒介中运动时$\left(\text{阻尼力矩为} -b \dfrac{\mathrm{d}\theta}{\mathrm{d}t}\right)$,其运动方程为

$$J \frac{\mathrm{d}^2 \theta}{\mathrm{d}t^2} = -k\theta - b \frac{\mathrm{d}\theta}{\mathrm{d}t} + M_0 \cos \omega t \tag{32-1}$$

式中,J 为摆轮的转动惯量;$-k\theta$ 为弹性力矩;M_0 为强迫力矩的幅值;ω 为强迫力的圆频率。令 $\omega_0^2 = \dfrac{k}{J}$,$2\beta = \dfrac{b}{J}$,$m = \dfrac{M_0}{J}$,则式(32-1)变为

$$\frac{\mathrm{d}^2 \theta}{\mathrm{d}t^2} + 2\beta \frac{\mathrm{d}\theta}{\mathrm{d}t} + \omega_0^2 \theta = m \cos \omega t \tag{32-2}$$

当 $m \cos \omega t = 0$ 时,式(32-2)即为阻尼振动方程。

当 $\beta = 0$,即在无阻尼情况时式(32-2)变为简谐振动方程,系统的固有频率为 ω_0。方程(32-2)的通解为

$$\theta = \theta_1 \mathrm{e}^{-\beta t} \cos\left(\sqrt{\omega_0^2 - \beta^2}\, t + \alpha\right) + \theta_2 \cos(\omega t + \varphi) \tag{32-3}$$

由式(32-3)可见,受迫振动可分成以下两部分。

第一部分,$\theta = \theta_1 \mathrm{e}^{-\beta t} \cos\left(\sqrt{\omega_0^2 - \beta^2}\, t + \alpha\right)$ 和初始条件有关,经过一定时间后衰减消失。

第二部分,说明强迫力矩对摆轮做功,向振动体传送能量,最后达到一个稳定的振动状态。振幅为

$$\theta_2 = \frac{m}{\sqrt{(\omega_0^2 - \omega^2)^2 + 4\beta^2 \omega^2}} \tag{32-4}$$

它与强迫力矩之间的相位差为

$$\varphi = \arctan \frac{2\beta \omega}{\omega_0^2 - \omega^2} = \arctan \frac{\beta T_0^2 T}{\pi(T^2 - T_0^2)} \tag{32-5}$$

由式(32-4)和式(32-5)可以看出,振幅 θ_2 与相位差 φ 的数值取决于强迫力矩 m、频率 ω、系统的固有频率 ω_0 和阻尼系数 β 四个因素,而与振动初始状态无关。

由 $\dfrac{\partial}{\partial \omega}\left[(\omega_0^2 - \omega^2)^2 + 4\beta^2 \omega^2\right] = 0$ 的极值条件可得出,当强迫力的圆频率 $\omega = \sqrt{\omega_0^2 - 2\beta^2}$ 时,产生共振,θ 有极大值。若共振时圆频率和振幅分别用 ω_r、θ_r 表示,则

$$\omega_r = \sqrt{\omega_0^2 - 2\beta^2} \tag{32-6}$$

$$\theta_r = \frac{m}{2\beta \sqrt{\omega_0^2 - 2\beta^2}} \tag{32-7}$$

式(32-6)和式(32-7)表明,阻尼系数 β 越小,共振时圆频率越接近于系统固有频率,振幅 θ_r 也越大。图 32-5 和图 32-6 表示出在不同 β 时受迫振动的幅频特性和相频特性。

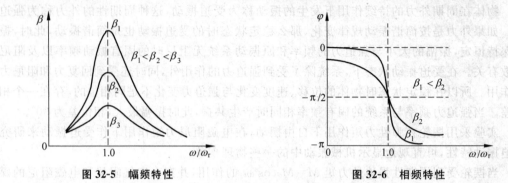

图 32-5　幅频特性　　　　　　　　　图 32-6　相频特性

四、实验内容与步骤

1. 实验准备

按下电源开关后,屏幕上出现欢迎界面,其中 No.0000X 为电器控制箱与电脑主机相连的编号。过几秒钟后屏幕上显示如图 32-7(a)所示的"按键说明"字样。符号"◀"为向左移动;"▶"为向右移动;"▲"为向上移动;"▼"为向下移动。下文中的此类符号不再介绍。

注意:为保证使用安全,三芯电源线须可靠接地。

2. 选择实验方式

根据是否连接电脑选择"联网模式"或"单机模式"。这两种方式下的操作完全相同,故不再重复介绍。

3. 自由振荡——摆轮振幅 θ 与系统固有周期 T_0 的对应值的测量。

自由振荡实验的目的,是为了测量摆轮的振幅 θ 与系统固有振动周期 T_0 的关系。

在图 32-7(a)状态中按确认键,显示如图 32-7(b)所示的实验类型,默认选中项为"自由振荡",字体加灰底为选中。再按确认键,显示如图 32-7(c)所示。

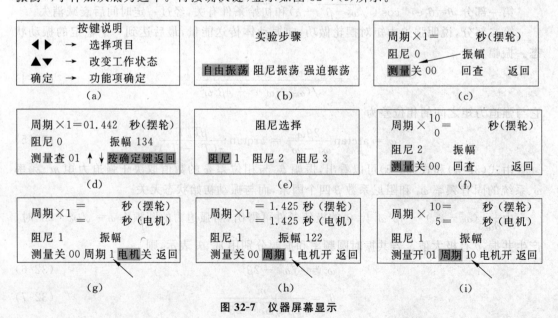

图 32-7　仪器屏幕显示

用手转动摆轮160°左右，放开手后按"▲"或"▼"键，测量状态由"关"变为"开"，控制箱开始记录实验数据，振幅的有效数值范围为160°～50°（振幅小于160°测量开，小于50°测量自动关闭）。测量显示关时，此时数据已保存并发送至主机。

查询实验数据，可按"◀"或"▶"键，选中"回查"，再按确认键，显示如图32-7(d)所示，表示第一次记录的振幅 $\theta_0=134°$，对应的周期 $T=1.442\,\mathrm{s}$。然后按"▲"或"▼"键查看所有记录的数据，该数据为每次测量振幅相对应的周期数值，回查完毕，按确认键，返回到图32-7(c)所示状态。此法可作出振幅 θ 与 T_0 的对应表。该对应表将在稍后的"幅频特性和相频特性"数据处理过程中使用。

若进行多次测量可重复操作，自由振荡完成后，选中"返回"项，按确定键回到前面图32-7(b)状态进行其他实验。

因电器控制箱只记录每次摆轮周期变化时所对应的振幅值，因此有时转盘转过光电门几次，测量才记录一次（其间能看到振幅变化）。当回查数据时，有的振幅数值被自动剔除了（当摆轮周期的第5位有效数字发生变化时，控制箱记录对应的振幅值。控制箱上只显示4位有效数字，故学生无法看到第5位有效数字的变化情况，在计算机上则可以清楚地看到）。

4. 测定阻尼系数 β

在图32-7(a)所示状态下，根据实验要求，按"▶"键，选中"阻尼振荡"，按确认键显示阻尼，如图32-7(e)所示。阻尼分三挡，阻尼1最小，根据自己的实验要求选择阻尼挡，例如选择"阻尼2"挡，按确认键，显示如图32-7(f)所示。

首先将角度盘指针F放在0°位置，用手转动摆轮160°左右，选取 θ_0 在150°左右，按"▲"或"▼"键，测量由"关"变为"开"并记录数据。仪器记录十组数据后，测量自动关闭，此时振幅大小还在变化，但仪器已经停止记数。

阻尼振荡的回查与自由振荡类似，可参照上面操作。若改变阻尼挡测量，重复阻尼2的操作步骤即可。

从液晶窗口读出摆轮作阻尼振动时的振幅数值 θ_1、θ_2、θ_3、$\cdots$、θ_n，利用公式

$$\ln\frac{\theta_0\mathrm{e}^{-\beta t}}{\theta_0\mathrm{e}^{-\beta(t+nT)}}=n\beta\overline{T}=\ln\frac{\theta_0}{\theta_n} \tag{32-8}$$

求出 β 值。式中，n 为阻尼振动的周期次数；θ_n 为第 n 次振动时的振幅；$\overline{T}$ 为阻尼振动周期的平均值。可以测出10个摆轮振动周期值，然后取其平均值。求 $\ln\dfrac{\theta_0}{\theta_n}$ 的平均值可采用逐差法。

5. 测定受迫振动的幅频特性和相频特性曲线

在进行强迫振荡前必须先做阻尼振荡，否则无法实验。

仪器在图32-7(b)所示状态下，选中"强迫振荡"项，按确认键，显示如图32-7(g)所示，默认状态选中"电机"。

按"▲"或"▼"键，让电机起动。此时保持周期为1，待摆轮和电机的周期相同，特别是振幅已稳定，变化不大于1，表明两者已经稳定了（图32-7(h)），方可开始测量。

测量前应先选中"周期"，按"▲"或"▼"键把周期由1(图32-7(g))改为10(图32-7(i))（目的是为了减少误差，若不改周期，测量无法打开）。再选中"测量"，按下"▲"或"▼"键，测量打开并记录数据(图32-7(i))。

一次测量完成，显示"测量"关后，读取摆轮的振幅值，并利用闪光灯测定受迫振动位移

与强迫力间的相位差。

调节强迫力矩周期电位器,改变电机的转速,即改变强迫外力矩频率ω,从而改变电机转动周期。电机转速的改变可按照$\Delta\varphi$控制在$10°$左右来定,可进行多次这样的测量。

每次改变了强迫力矩的周期,都需要等待系统稳定,约需$2\ \min$,即返回到图32-7(h)所示状态,等待摆轮和电机的周期相同,然后再进行测量。

在共振点附近由于曲线变化较大,因此测量数据相对密集些,此时电机转速的极小变化会引起φ很大改变。电机转速旋钮上的读数(例如5.50)是一参考数值,建议在不同ω时都记下此值,以便重新测量时快速寻找以供参考。

测量相位时应把闪光灯放在电动机转盘前下方,按下闪光灯按钮,根据频闪现象来测量,仔细观察相位位置。

强迫振荡测量完毕,按"◀"或"▶"键,选中"返回"项,按确定键,重新回到图32-7(b)所示状态。

注意:

(1) 强迫振荡实验时,调节仪器面板"强迫力周期"旋钮,从而改变电机转动周期,该实验必须做10次以上,其中必须包括电机转动周期与自由振荡实验时的自由振荡周期相同的数值。

(2) 在做强迫振荡实验时,须待电机与摆轮的周期相同(末位数差异不大于2)即系统稳定后,方可记录实验数据。且每次改变了强迫力矩的周期,都需要重新等待系统稳定。

(3) 因为闪光灯的高压电路及强光会干扰光电门采集数据,因此须待一次测量完成,显示测量关后(参看图32-7(i)),才可使用闪光灯读取相位差。

(4) 学生做完实验后测量数据须保存,才可在主机上查看特性曲线及振幅比值。

6. 关机

在图32-7(b)状态下,按住复位按钮保持不动,几秒钟后仪器自动复位,此时所做实验数据全部清除,然后按下电源开关,结束实验。

五、数据记录和处理

1. 摆轮振幅θ与系统固有周期T_0关系(表32-1)。

表32-1 振幅θ与T_0关系

振幅$\theta/(°)$	固有周期T_0/s	振幅$\theta/(°)$	固有周期T_0/s	振幅$\theta/(°)$	固有周期T_0/s	振幅$\theta/(°)$	固有周期T_0/s

2. 阻尼系数 β 的计算

利用下式对所测数据(表 32-2)按逐差法处理，求出 β 值：

$$5\beta\overline{T} = \ln\frac{\theta_i}{\theta_{i+5}} \tag{32-9}$$

式中，i 为阻尼振动的周期次数；θ_i 为第 i 次振动时的振幅。

表 32-2　　　　　　　　　　　　　　　　　　　　　　　　　　　　阻尼挡位_____

序号	振幅 $\theta/(°)$	序号	振幅 $\theta/(°)$	$\ln\dfrac{\theta_i}{\theta_{i+5}}$
θ_1		θ_6		
θ_2		θ_7		
θ_3		θ_8		
θ_4		θ_9		
θ_5		θ_{10}		
$\ln\dfrac{\theta_i}{\theta_{i+5}}$ 平均值				

$10T=$ _____ s　　　　　　$\overline{T}=$ _____ s

3. 幅频特性和相频特性测量

调节强迫力周期电位器测量并记录周期 T 和振幅 θ，并根据表 32-1 的实验数据，查询与该振幅对应的固有周期 T_0，用频闪仪测量受迫振动力矩与强迫外力矩之间的相位差 φ，填入表 32-3。

表 32-3　幅频特性和相频特性测量数据记录表　　　　阻尼挡位_____

强迫力矩周期电位器刻度盘值	强迫力矩周期 T/s	相位差 φ 读取值/(°)	振幅 θ 测量值/(°)	查表 32-1 得出的与振幅 θ 对应的固有周期 T_0	$\dfrac{\omega}{\omega_r} \approx \dfrac{T_0}{T}$	$\left(\dfrac{\theta}{\theta_r}\right)^2 \approx \dfrac{\beta^2}{(\omega-\omega_0)^2+\beta^2}$	$\varphi=\arctan\dfrac{\beta T_0^2 T}{\pi(T^2-T_0^2)}$ 计算值

以 ω/ω_r 为横轴，$(\theta/\theta_r)^2$ 为纵轴，作出幅频特性 $(\theta/\theta_r)^2$-ω/ω_r 曲线；以 ω/ω_r 为横轴，相位差 φ 为纵轴，作相频特性曲线。

在阻尼系数较小（满足 $\beta^2 \ll \omega_0^2$）时和共振位置附近（$\omega = \omega_0$），由于 $\omega_0 + \omega = 2\omega_0$，从式(32-4)和式(32-7)可得出

$$\left(\frac{\theta}{\theta_r}\right)^2 = \frac{4\beta^2 \omega_0^2}{4\omega_0^2(\omega-\omega_0)^2+4\beta^2\omega_0^2} = \frac{\beta^2}{(\omega-\omega_0)^2+\beta^2}$$

据此可由幅频特性曲线求 β 值：

当 $\theta = \frac{1}{\sqrt{2}}\theta_r$，即 $\left(\frac{\theta}{\theta_r}\right)^2 = \frac{1}{2}$ 时，由上式可得

$$\omega - \omega_0 = \pm \beta$$

此 ω 对应于图 $\left(\frac{\theta}{\theta_r}\right)^2 = \frac{1}{2}$ 处两个值 ω_1、ω_2，由此得出

$$\beta = \frac{\omega_2 - \omega_1}{2}$$

将此法与逐差法求得之 β 值作一比较并讨论。本实验重点应放在相频特性曲线测量。

六、误差分析

因为本仪器中采用石英晶体作为计时部件，所以测量周期（圆频率）的误差可以忽略不计，误差主要来自阻尼系数 β 的测定和无阻尼振动时系统的固有振动频率 ω_0 的确定。且后者对实验结果影响较大。

在前面的原理部分中我们认为弹簧的弹性系数 k 为常数，它与扭转的角度无关。实际上由于制造工艺及材料性能的影响，k 值随着角度的改变而略有微小的变化（3%左右），因而造成在不同振幅时系统的固有频率 ω_0 有变化。如果取 ω_0 的平均值，则将在共振点附近使相位差的理论值与实验值相差很大。为此可测出振幅与固有频率 ω_0 的对应数值，在式 $\varphi = \arctan\frac{\beta T_0^2 T}{\pi(T^2-T_0^2)}$ 中 T_0 采用对应于某个振幅的数值代入（可查看自由振荡实验中作出的 θ 与 T_0 的对应表，找出该振幅在自由振荡实验时对应的摆轮固有周期。若此 θ 值在表中查不到，则可根据对应表中摆轮的运动趋势，用内插法，估计一个 T_0 值），这样可使系统误差明显减小。振幅与共振频率 ω_0 相对应的值可按照"实验内容与步骤"3 的方法来确定。

七、注意事项

1. 玻尔共振仪各部分均是精密装配，不能随意乱动。控制箱功能与面板上旋钮、按键均较多，务必在弄清其功能后，按规则操作。在进行阻尼振动时，电动机电源必须切断。

2. 阻尼选择开关位置一经选定，在整个实验过程中就不能任意改变。

八、预习思考题

1. 受迫振动的振幅以及它与强迫力矩之间的相位差与哪些因素有关？
2. 实验中采用什么方法来改变阻尼力矩的大小？它利用了什么原理？
3. 实验中是怎样利用频闪原理来测定相位差的？

九、分析讨论题

1. 从实验结果可得出哪些结论？
2. 本实验中有几种测定 β 值的方法？你认为哪种方法较好？为什么？

附录 1　ZKY-BG 型玻尔共振仪调整方法

经过运输或实验后若发现仪器工作不正常可进行调整，具体步骤如下。

1. 将角度盘指针 F 放在"0"处。
2. 松开连杆上锁紧螺母，然后转动连杆 E，使摇杆 M 处于垂直位置，然后再将锁紧螺母固定。
3. 此时摆轮上一条长形槽口（用白漆线标志）应基本上与指针对齐，若发现明显偏差，可将摆轮后面三只固定螺钉略松动，用手握住蜗卷弹簧 B 的内端固定处，另一手即可将摆轮转动，使白漆线对准尖头，然后再将三只螺钉旋紧；一般情况下，只要不改变弹簧 B 的长度，此项调整极少进行。
4. 若弹簧 B 与摇杆 M 相连接处的外端夹紧螺钉 L 放松，此时弹簧 B 外圈即可任意移动（可缩短、放长），缩短距离不宜少于 6 cm。在旋紧处端夹拧螺钉时，务必保持弹簧处于垂直面内，否则将明显影响实验结果。

将光电门 H 中心对准摆轮上白漆线（即长狭缝），并保持摆轮在光电门中间狭缝中自由摆动，此时可选择阻尼挡为"1"或"2"。打开电机，此时摆轮将作受迫振动，待达到稳定状态时，打开闪光灯开关，此时将看到指针 F 在相位差角度盘中有一似乎固定读数，两次读数值在调整良好时差 1°以内（在不大于 2°时实验即可进行）。若发现相差较大，则可调整光电门位置。若相差超过 5°以上，必须重复上述步骤重新调整。

由于弹簧制作过程中的问题，在相位差测量过程中可能会出现指针 F 在相位差读数盘上两端重合较好、中间较差，或中间较好、两端较差的现象。

附录 2　简单故障排除

故障现象	原因及处理办法
"强迫振荡"实验无法进行，一直无测量值显示	检查刻度盘上的光电门 I 指示灯是否闪烁 (1) 若此指示灯不亮，左右移动光电门，会看到指示灯亮，再将其调整到合适的不阻碍转盘运动的位置 (2) 指示灯长亮，不闪烁。说明光电门 I 位置偏高，使有机玻璃转盘 F 上的白线无法挡光，实验不能进行。调整光电门 I 的高度，直到合适位置即可 若不是以上情况，则"周期输入"小五芯电缆有断点或有粘连，拆开接上断点或排除粘连即可

故障现象	原因及处理办法
"强迫振荡"实验进行时,按住闪光灯,电机周期会变	有两个原因: (1) 闪光灯的强光会干扰光电门 H 及光电门 I 采集数据 (2) 闪光灯的高压电路会对数据采集造成干扰 因此必须待一次测量完成,显示"测量关"后,才可使用闪光灯读取相位差
幅频和相频特性曲线数据点非常密集	在做"强迫振荡"实验时,未调节强迫力矩周期电位器来改变电机的转速。每记录一组数据后,应该调节强迫力矩周期电位器来改变电机的转速,再进行测量
除1、2号集中器外,其他编号的集中器(如 3、4 号等)连接好后系统无法识别	系统默认的是 1、2 号集中器,如果是其他编号的集中器,则需要在软件界面"系统管理"/"连接装置管理"菜单中添加,只有添加后才能被系统识别
"自由振荡"实验时无测量值显示	连接"振幅输入"的大五芯线内有断点或有粘连,拆开接上断点或排除粘连即可

实验 33 液体黏滞系数的测量

各种实际液体具有不同程度的黏滞性。当液体流动时,平行于流动方向的各层流体速度都不同,即存在着相对滑动,于是在各层之间就有摩擦力产生,这一摩擦力称为黏滞力。它的方向平行于接触面,其大小与速度梯度和接触面积成正比,比例系数 η 称为黏滞系数,它是表征液体黏滞性强弱的重要参数。液体的黏滞性的测量是十分重要的。例如,现代医学发现,许多心血管疾病都与血液黏滞系数的变化有关,血液黏滞系数的增大会使流入人体器官和组织的血流量减小,血液流速减缓,使人体处于供血和供氧不足的状态,可能引发多种心脑血管病和其他身体不适症状,因此,测量血黏度的大小是检查人体血液健康的重要标志之一;又如,石油在封闭管道中长距离输送时,其输送特性与黏滞性密切相关,因此在设计管道之前,须测量被输石油的黏滞。

测定液体黏滞系数的方法有多种,本实验所采用的落球法是一种用绝对法测量液体的黏滞系数的方法。如果小球在黏滞液体中铅直下落,由于附着于球面的液层与周围其他液层之间存在着相对运动,因此小球受到黏滞阻力,它的大小与小球下落的速度有关。当小球作匀速运动时,测出小球下落的速度,就可以计算出液体黏滞系数。

一、实验目的

1. 利用斯托克斯公式测定液体黏滞系数。
2. 加深对液体内摩擦规律的理解。

二、实验仪器

盛油玻璃管筒内盛蓖麻油,固定在附有三个水平调节螺旋的平台上,游标卡尺,千分尺,电子秒表,钢尺,镊子,小钢球,温度计。

三、实验原理

如果半径为 r 的光滑金属小圆球在黏性液体中沿铅直线运动,那么它将受到三个铅直方向的力:小球的重力 P、液体作用于小球的浮力 B 和黏滞阻力 F(其方向与小球运动方向相反)。如果液体无限深广,在小球下落速度 v' 较小的情况下,有

$$F = 6\pi \eta r v' \tag{33-1}$$

上式称为斯托克斯公式,其中 η 称为液体的黏滞系数,其单位是 Pa·s。

小球开始下落时,由于速度尚小,所以阻力也不大,但随着下落速度的增大,阻力也随之增大。最后,三个力达到平衡(见图 33-1),即

$$P = B + F \tag{33-2}$$

设小球材料的密度为 ρ,液体的密度为 ρ',重力加速度为 g,匀速下落时的速度为 v',则式(33-2)可写为

$$\frac{4}{3}\pi r^3 \rho g = \frac{4}{3}\pi r^3 \rho' g + 6\pi \eta r v' \tag{33-3}$$

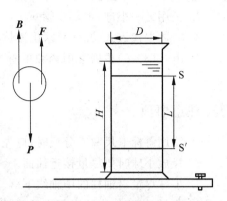

图 33-1 实验装置及小球

解之得

$$\eta = \frac{2}{9} \cdot \frac{\rho - \rho'}{v'} g r^2 \tag{33-4}$$

设小球的直径为 d,小球匀速下落的距离为 L,小球下落距离 L 所用的时间为 t,则式(33-4)可写成

$$\eta = \frac{(\rho - \rho')g}{18L}d^2 t \tag{33-5}$$

测出式(33-5)等号右边的各量,就可以求出黏滞系数 η。

实验时,待测液体必须盛于容器中(如图 33-1 所示),在容器的上下部各有一环线作为标记(即 S 和 S′),彼此间的距离为 L。小球在 S 和 S′间作匀速运动。因不能满足无限深广的条件,故须对式(33-5)进行修正才能符合实际情况。实验验证,若小球沿筒的中心轴线下降,式(33-5)应修正为

$$\eta = \frac{(\rho - \rho')g}{18L}d^2 t \left(1 - 2.4\frac{d}{D} - 3.3\frac{d}{2H}\right) \tag{33-6}$$

其中,D 为容器内径;H 为液柱高度。

四、实验内容

1. 将小球用有机溶剂(乙醚和酒精的混合液)清洗干净,并用滤纸吸干残液,从玻璃管内取少许油涂在小球上。(实验室已备好)

2. 小球开始下落时,用温度计测量油温,在全部小球下落完后再测量一次油温,取其平均值作为实际油温。

3. 根据测得的油温,用线性插值法计算油的密度(已知本实验所用的蓖麻油在 20℃ 和 4℃ 时的密度分别为 995.0 kg/m³ 和 970.0 kg/m³)。

4. 用游标卡尺测出玻璃管的内径 D；用钢尺测出小球匀速下落的距离 L 及油柱的深度 H。

5. 用千分尺测量两个小球的直径各 5 次，分别求出它们的平均值。

6. 仔细观察液体中有无小气泡（或其他脏物），待没有小气泡时才将小球放进玻璃管筒,（尽量接近油面，为什么?）让它沿着油柱的中轴线下落；用电子秒表测量小球经过距离 L 所需的时间 t。如此重复 5 次，求 t 的平均值。

7. 换用另一小球，重复步骤 6。

8. 将数据代入式(33-6)，求出液体的黏滞系数 η_1 和 η_2。

9. 由式(33-5)根据常用函数的标准不确定度合成公式，求出黏滞系数 η 的标准不确定度。

五、注意事项

1. 使用游标卡尺和千分尺时，应先读出其零点修正值。
2. 释放小球时要尽量接近油面。
3. 小球尽量沿油柱的中轴线下落。
4. 测量时间时，眼睛应正视 S 或 S′两条线以减少视差；当小球的中心位于 S 线时开始计时，当小球的中心位于 S′线时停止计时。

六、思考题

1. 本实验有哪些误差来源？其中哪些属于系统误差？影响较大的有哪几个？
2. 如何判断小球在作匀速运动？

七、提高要求：确定修正系数

考虑到容器壁的影响，小球沿液体高度为 H、内径为 D 的圆筒下落的收尾速度应修正为

$$v' = v\left(1 + 2.4\frac{d}{D}\right)\left(1 + 3.3\frac{d}{2H}\right)$$

式中，v 为在有限容积的容器中小球下落的收尾速度；2.4 和 3.3 即修正系数。因为一般总会满足 $d \ll H$，所以可略去一个因子 $\left(1 + 3.3\dfrac{d}{2H}\right)$。试用实验确定修正系数 K（上式中是常取的 $K=2.4$ 数值）。

用几个（4 个或更多）相同长度、不同直径的玻璃圆筒测量小球的收尾速度（即小球受力平衡时的匀速度）。要求保持其他实验条件均相同，即用相同的黏滞液体，相同的小球，在相同的温度下做实验。实验发现，圆筒半径 R 大时小球收尾速度大，圆筒半径小时收尾速度小。用作图法以收尾速度 v' 为纵轴，以 $1/R$ 为横轴，可测得两者呈线性关系。用外推法把直线延长到与纵轴相交，截距代表 $R=\infty$（即 $\dfrac{1}{R}=0$）时的小球收尾速度 v'，然后把该收尾速度代入式(33-4)求出 η 值。

如果已知修正项的公式 $v' = v\left(1 + K\dfrac{r}{R}\right)$，则可根据上述图线的截距求出小球在无限广

延液体内的收尾速度 v',然后再利用某圆筒测得的收尾速度 v' 及相应的 R、r,算出修正系数 K。

实验 34　气体比热容比的测量

一、实验目的

1. 测定空气的比定压热容与比定容热容之比。
2. 掌握光电计时仪、微型气泵的使用方法。

二、实验仪器

DH4602 型气体比热容测定仪,气泵及连接气管,精密玻璃瓶,螺旋测微计,物理天平。

三、实验原理

气体的比定压热容 c_p 与比定容热容 c_v 之比 $\gamma=c_p/c_v$,在热力学过程特别是绝热过程中是一个很重要的参数。可通过测定物体在特定容器中的振动周期来计算 γ 值。实验基本装置如图 34-1 所示,振动物体小球的直径比玻璃管直径仅小 0.01~0.02 mm,它能在此精密的玻璃管中上下移动。在瓶子的壁上有一小口,并插入一根细管,通过它各种气体可以注入到烧瓶中。

钢球 A 的质量为 m,半径为 r(直径为 d),当瓶子内压力 p 满足下面条件时,钢球 A 处于平衡状态。这时

$$p = p_L + \frac{mg}{\pi r^2}$$

式中,p_L 为大气压力。为了补偿由于空气阻尼引起振动物体 A 振幅的衰减,通过 C 管一直注入一个小气压的气流,在精密玻璃管 B 的中央开设有一个小孔。当振动物体 A 处于小孔下方的半个振动周期时,注入气体使容器的内压力增大,引起物体 A 向上移动;而当物体 A 处于小孔上方的半个振动周期时,容器内的气体将通过小孔流出,使物体下沉。以后重复上述过程,只要适当控制注入气体的流量,物体 A 能在玻璃管 B 的小孔上下作简谐振动,振动周期可利用光电计时装置来测得。

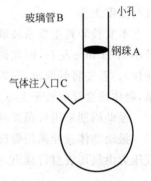

图 34-1　精密玻璃瓶

若物体偏离平衡位置一个较小距离 Δx,则容器内的压力变化 Δp,物体的运动方程为

$$m\frac{d^2 \Delta x}{dt^2} = \pi r^2 \Delta p \tag{34-1}$$

因为物体振动过程相当快,所以可以看作绝热过程。绝热方程

$$pV^\gamma = 常数 \tag{34-2}$$

将式(34-2)求导得

$$\Delta p = -\frac{p\gamma \Delta V}{V}, \quad \Delta V = \pi r^2 \Delta x \tag{34-3}$$

将式(34-3)代入式(34-1)得

$$\frac{d^2 \Delta x}{dt^2} + \frac{\pi^2 r^4 p \gamma}{mV} \Delta x = 0$$

此式即为熟知的简谐振动方程,它的解为

$$\omega = \sqrt{\frac{\pi^2 r^4 p \gamma}{mV}} = \frac{2\pi}{T}$$

即

$$\gamma = \frac{64mV}{T^2 \left(p_L d^2 + \frac{4mg}{\pi}\right) d^2} \tag{34-4}$$

式中各量均可以方便测得,因而可算出 γ 的值。由气体运动论可知,γ 值与气体分子的自由度数有关。对单原子气体(如氩)只有 3 个平动自由度;双原子气体(如氢)除上述 3 个自由度之外还有两个转动自由度;对多原子气体,则具有 3 个转动自由度,比热容比 γ 与自由度 f 的关系为 $\gamma = \frac{f+2}{f}$。理论上得出:

单原子气体(Ar、He)　　　$f=3$,　$\gamma=1.67$
双原子气体(N_2、H_2、O_2)　$f=5$,　$\gamma=1.40$
多原子气体(CO_2、CH_4)　　$f=6$,　$\gamma=1.33$

且与温度无关。

本实验装置主要系玻璃制成,且对玻璃管的要求特别高,振动物体的直径仅比玻璃管内径小 0.01 mm 左右,因此振动物体表面不允许擦伤。平时它停留在玻璃管的下方(用弹簧托住)。若要将其取出,只需在它振动时,用手指将玻璃管上方的小孔堵住,稍稍加大气流量,物体便会浮到管子上方开口处,就可以方便地取出,或将此管由瓶上取下,将球倒出来。

振动周期采用可预置测量次数的数字计时仪,采用重复多次测量。

振动物体直径采用螺旋测微计测出,质量用物理天平称量,烧瓶容积由实验室给出,大气压力由气压表自行读出,并换算(760 mmHg$=1.013\times10^5$ N/m^2)。

四、实验内容和步骤

1. 组装好测试架以及玻璃仪器,连好信号线及输气管,接上电源线。(先开气泵电源,再开仪器电源。反之,由于电磁干扰会使数显不正常,复位即可。)

2. 先开气泵电源,调节气泵上气量调节旋钮,控制气流量大小,稍等半分钟,小球即可在玻璃管中以小孔为中心上下振动。

3. 再打开后面板电源开关,接上光电门,若不计时或不停止计时,可能是光电门位置放置不正确,造成钢珠上下振动时未挡住光;或者是外界光线过强,此时须适当挡光。

4. 测定物体在特定容器中的振动周期 T。方法如下:

调节气泵上气量调节旋钮,使小球打开周期计时装置开关(挡位:选 30 次或 50 次),按下复位按钮后即可自动记录振动周期所需时间,重复 5 次并记录。

5. 用螺旋测微计和物理天平分别测出钢珠的直径 d 和质量 m,其中直径重复测量 5 次。

6. 实验记录表格自行设计。

本实验提供的烧瓶体积约为:1 451 cm^3

小球质量约为：4 g

小球半径约为：5 mm

在忽略容器体积 V、大气压 p_L 测量误差的情况下，估算空气的比热容比及其不确定度：

$$\gamma = \frac{64mV}{T^2 \left(p_L d^2 + \frac{4mg}{\pi} \right) d^2}$$

测量结果表示为 $\gamma \pm u_\gamma$。

五、思考题

1. 注入气体量的多少对小球的运动情况有没有影响？

2. 在实际问题中，物体振动过程并不是理想的绝热过程，这时测得的值比实际值大还是小？为什么？

六、注意事项

1. 不要随意移动本实验装置，以免损坏仪器。

2. 透明储气瓶上的玻璃管要垂直，否则小球吹不起来。

3. 调节气量时，气流不要过大或过小，否则钢球不以玻璃管上小孔为中心上下振动。

4. 气流不要太大，以免钢球冲出管外或造成瓶子损坏。

附录 仪器操作

1. 打开电源，程序预置周期为 30 次（数显），即：小球来回经过光电门的次数为 $N=(2\times30+1)$ 次。

2. 根据具体要求，若要设置 50 个周期，先按"置数"开锁，再按上调（或下调）改变周期 T，当显示 50 时，再按"置数"锁定。此时，即可按"执行"键开始计时，信号灯不停闪烁，即为计时状态。当物体经过光电门的周期次数达到设定值，数显将显示具体时间，单位"秒"。须重复执行"50"周期时，无须重设置，只要按"返回"即可回到上次刚执行的周期数"50"，再按"执行"键，便可以第二次计时。（当断电再开机时，程序从头预置 30 次周期，须重复上述步骤。）

3. 本仪器计时周期数的设置范围：0～98。

实验35 空气热机实验

热机是将热能转换为机械能的机器。历史上对热机循环过程及热机效率的研究，曾为热力学第二定律的确立起了奠基性的作用。斯特林1816年发明的空气热机，以空气作为工作介质，是最古老的热机之一。虽然现在已发展了内燃机、燃气轮机等新型热机，但空气热机结构简单，便于帮助理解热机原理与卡诺循环等热力学中的重要内容，是很好的热学实验教学仪器。

一、实验目的

1. 理解热机原理及循环过程。
2. 测量不同冷热端温度时的热功转换值,验证卡诺定理。
3. 测量热机输出功率随负载及转速的变化关系,理解输出匹配的概念。

二、实验仪器

空气热机实验仪,空气热机测试仪,酒精灯,计算机(或双踪示波器)。

三、实验原理

空气热机的结构及工作原理可用图 35-1 说明。热机主机由高温区、低温区、工作活塞及汽缸、位移活塞及汽缸、飞轮、连杆、热源等部分组成。

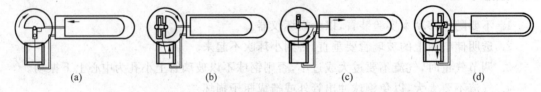

图 35-1 空气热机工作原理

热机中飞轮与连杆机构,工作活塞与位移活塞通过连杆与飞轮连接。飞轮的下方为工作活塞与工作汽缸,飞轮的右方为位移活塞与位移汽缸,工作汽缸与位移汽缸之间用通气管连接。位移汽缸的右边是高温区,可用电热方式或酒精灯加热,位移汽缸左边有散热片,构成低温区。

工作活塞使汽缸内气体封闭,并在气体的推动下对外做功。位移活塞是非封闭的占位活塞,其作用是在循环过程中使气体在高温区与低温区间不断交换,气体可通过位移活塞与位移汽缸间的间隙流动。工作活塞与位移活塞的运动是不同步的,当某一活塞处于位置极值时,它本身的速度最小,而另一个活塞的速度最大。

当工作活塞处于最底端时,位移活塞迅速左移,使汽缸内气体向高温区流动,如图 35-1(a)所示;进入高温区的气体温度升高,使汽缸内压强增大并推动工作活塞向上运动,如图 35-1(b)所示,在此过程中热能转换为飞轮转动的机械能;工作活塞在最顶端时,位移活塞迅速右移,使汽缸内气体向低温区流动,如图 35-1(c)所示;进入低温区的气体温度降低,使汽缸内压强减小,同时工作活塞在飞轮惯性力的作用下向下运动,完成循环,如图 35-1(d)所示。在一次循环过程中气体对外所做净功等于 $p\text{-}V$ 图所围的面积。

根据卡诺对热机效率的研究而得出的卡诺定理,对于循环过程可逆的理想热机,热功转换效率

$$\eta = A/Q_1 = (Q_1 - Q_2)/Q_1 = (T_1 - T_2)/T_1 = \Delta T/T_1$$

式中,A 为每一循环中热机做的功;Q_1 为热机每一循环从热源吸收的热量;Q_2 为热机每一循环向冷源放出的热量;T_1 为热源的热力学温度;T_2 为冷源的热力学温度。

实际的热机都不可能是理想热机,由热力学第二定律可以证明:循环过程不可逆的实际热机,其效率不可能高于理想热机,此时热机效率

$$\eta \leqslant \Delta T/T_1$$

卡诺定理指出了提高热机效率的途径,就过程而言,应当使实际的不可逆机尽量接近可逆机;就温度而言,应尽量提高冷热源的温度差。

本实验中,A、T_1 及 ΔT 均可测量,A 与 η 成正比,测量不同冷热端温度时的 A,可验证卡诺定理。

当热机带负载时,热机向负载输出的功率可由力矩计测量计算而得,且热机实际输出功率的大小随负载的变化而变化。在这种情况下,可测量计算出不同负载大小时热机实际输出功率。

四、实验内容及步骤

用手顺时针拨动飞轮,结合图 35-1 仔细观察热机循环过程中工作活塞与位移活塞的运动情况,切实理解空气热机的工作原理。

根据测试仪面板上的标志和仪器介绍中的说明,将各部分仪器连接起来。

使用酒精灯时需要注意:酒精灯里面的酒精不得超过酒精灯容积的 2/3;酒精灯点燃的情况下不得向酒精灯内添加酒精;熄灭酒精灯时应用酒精灯帽盖灭。将力矩计取下,调节酒精灯火焰到适当大小。观察热机测试仪显示的温度,冷热端温度差在 100℃ 以上时,用手顺时针拨动飞轮,热机即可运转。

调节酒精灯火焰,使转速在 8 r/s 左右。调节示波器,观察压力和容积信号,以及压力和容积信号之间的相位关系等,并把 p-V 图调节到最适合观察的位置。等待约 10 min,当温度和转速平衡后,从热机测试仪(或计算机)上读取温度和转速,从双踪示波器显示的 p-V 图估算(或计算机上读取)p-V 图面积,记入表 35-1 中。

表 35-1　测量不同冷热端温度时的热功转换值

热机转速 $n/(\text{r/s})$	热端温度 T_1/K	温度差 $\Delta T/\text{K}$	$\Delta T/T_1$	$A(p\text{-}V\text{图面积})/V^2$

逐步加大酒精灯火焰大小(最大不能使主机转速超过 15 r/s),重复以上测量 4 次以上。以 $\Delta T/T_1$ 为横坐标,A 为纵坐标,在坐标纸上作出 A 与 $\Delta T/T_1$ 的关系图,验证卡诺定理。

用手轻触飞轮让热机停止运转,然后将力矩计装在飞轮轴上,拨动飞轮,让热机继续运转。在热机空载转速(力矩计读数为零)达到最大时(但不得超过 15 r/s),调节力矩计的摩擦力(不要停机),待输出力矩、转速、温度稳定后,读取并记录各项参数于表 35-2 中。

表 35-2　测量热机输出功率随负载及转速的变化关系

热端温度 T_1/K	温度差 ΔT/K	输出力矩 M/(N·m)	热机转速 n/(r/s)	输出功率/W $P_0 = 2\pi n M$

在酒精灯加热功率不变的前提下,逐步增大输出力矩,重复以上测量 5 次以上。

以 n 为横坐标,P_0 为纵坐标,在坐标纸上作 P_0 与 n 的关系图,表示同一输入功率下,输出耦合不同时输出功率随耦合的变化关系。

表 35-1、表 35-2 中的热端温度 T_1、温差 ΔT、转速 n、加热电压 V、加热电流 I、输出力矩 M 可以直接从仪器上读出来,p-V 图面积 A 可以根据示波器上的图形估算得到,也可以从计算机软件直接读出(仅适用于微机型热机测试仪),其单位为焦;其他的数值可以根据前面的读数计算得到。

示波器 p-V 图面积的估算方法如下。

根据仪器介绍和说明,用 Q9 线将仪器上的示波器输出信号和双踪示波器的 X、Y 通道相连。将 X 通道的调幅旋钮旋到"0.1 V"挡,将 Y 通道的调幅旋钮旋到"0.2 V"挡,然后将两个通道都打到交流挡位,并在"X-Y"挡观测 p-V 图,再调节左右和上下移动旋钮,可以观测到比较理想的 p-V 图。再根据示波器上的刻度,在坐标纸上描绘出 p-V 图,如图 35-2 所示。以图中椭圆所围部分每个小格为单位,采用割补法、近似法(如近似三角形、近似梯形、近似平行四边形等)等方法估算出每小格的面积,再将所有小格的面积加起来,得到 p-V 图的近似面积,单位为"V^2"。根据容积 V,压强 p 与输出电压的关系,可以换算为焦。

容积(X 通道):1 V = 1.333×10^{-5} m³

压力(Y 通道):1 V = 2.164×10^4 Pa

则:1 V^2 = 0.288 J

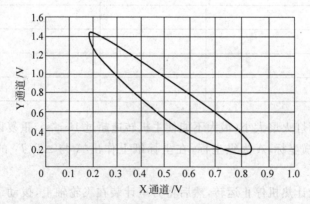

图 35-2　示波器观测的热机实验 p-V 曲线图

五、注意事项

1. 加热端在工作时温度很高,而且在停止加热后 1 h 内仍然会有很高温度,应小心操作,否则会被烫伤。

2. 热机在没有运转状态下,严禁长时间大功率加热。若热机运转过程中因各种原因停止转动,必须用手拨动飞轮帮助其重新运转或立即移开酒精灯,否则会损坏仪器。

3. 热机汽缸等部位为玻璃制造,容易损坏,应谨慎操作。

4. 记录测量数据前须保证已基本达到热平衡,避免出现较大误差。等待热机稳定读数的时间一般在 10 min 左右。

5. 在读力矩的时候,力矩计可能会摇摆。这时可以用手轻托力矩计底部,缓慢放手后可以稳定力矩计。如还有轻微摇摆,读取中间值。

6. 热机测试仪在工作时如果出现异常现象,重新开关电源可以恢复正常使用。

六、思考题

为什么 $p\text{-}V$ 图的面积即等于热机在一次循环过程中将热能转换为机械能的数值?

附录 1 仪 器 介 绍

仪器主要包括空气热机实验仪(实验装置部分)和空气热机测试仪两部分。

1. 空气热机实验仪(酒精灯加热型热机实验仪)

图 35-3 为酒精灯加热型热机实验仪示意图。

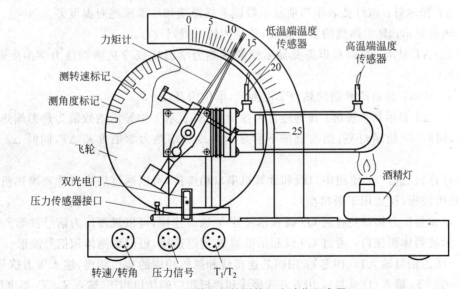

图 35-3 酒精灯加热型热机实验仪示意图

飞轮下部装有双光电门,上边的一个用以定位工作活塞的最低位置,下边一个用以测量飞轮转动角度。热机测试仪以光电门信号为采样触发信号。

汽缸的体积随工作活塞的位移而变化,而工作活塞的位移与飞轮的位置有对应关系。

在飞轮边缘均匀排列 45 个挡光片,采用光电门信号上下沿均触发方式,飞轮每转 4°给出一触发信号,由光电门信号可确定飞轮位置,进而计算汽缸体积。

压力传感器通过管道在工作汽缸底部与汽缸连通,测量汽缸内的压力。在高温和低温区都装有温度传感器,测量高低温区的温度。底座上的三个插座分别输出转速/转角信号、压力信号和高低端温度信号,使用专门的线和实验测试仪相连,传送实时的测量信号。

热机实验仪采集光电门信号、压力信号和温度信号,经微处理器处理后,在仪器显示窗口显示热机转速和高低温区的温度。在仪器前面板上提供压力和体积的模拟信号,供连接示波器显示 $p\text{-}V$ 图。所有信号均可经仪器前面板上的串行接口连接到计算机(仅适用于微机型)。

调节酒精灯火焰大小,可以改变热机的输入功率,直观反映为高温端温度及转速随之改变。

力矩计悬挂在飞轮轴上,由调节螺钉可调节力矩计与轮轴之间的摩擦力,由力矩计可读出摩擦力矩 M,并进而算出摩擦力和热机克服摩擦力所做的功。经简单推导可得热机输出功率 $P=2\pi nM$,式中 n 为热机每秒的转速,即输出功率为单位时间内的角位移与力矩的乘积。

2. 空气热机测试仪

空气热机测试仪分为微机型和智能型两种型号。微机型测试仪可以通过串口和计算机通信,并配有热机软件,可以通过该软件在计算机上显示并读取 $p\text{-}V$ 图面积等参数和观测热机波形;智能型测试仪不能和计算机通信,只能用示波器观测热机波形。

(1) 测试仪前面板简介(见图 35-4)

1—T_1 指示灯:该灯亮表示当前的显示数值为热源端绝对温度。

2—ΔT 指示灯:该灯亮表示当前显示数值为热源端和冷源端绝对温度差。

3—转速显示:显示热机的实时转速,单位为转/每秒(r/s)。

4—$T_1/\Delta T$ 显示:可以根据需要显示热源端热力学温度或冷热两端热力学温度差,单位为开(K)。

5—T_2 显示:显示冷源端的热力学温度值,单位为开(K)。

6—$T_1/\Delta T$ 显示切换按键:按键通常为弹出状态,表示 4 中显示的数值为热源端热力学温度 T_1,同时 T_1 指示灯亮;当按键按下后显示为冷热端热力学温度差 ΔT,同时 ΔT 指示灯亮。

7—计算机通信口:使用串口线和计算机串口相连接,可以通过热机软件观测热机运转参数和热机波形(仅适用于微机型)。

8—示波器压力接口:通过 Q9 线和示波器 Y 通道连接,可以观测压力信号波形。

9—示波器体积接口:通过 Q9 线和示波器 X 通道连接,可以观测体积信号波形。

10—压力信号输入口(四芯):用四芯连接线和热机相应的接口相连,输入压力信号。

11—T_1/T_2 输入口(五芯):用五芯连接线和热机相应的接口相连,输入 T_1/T_2 温度信号。

12—转速/转角信号输入口(五芯):用五芯连接线和热机相应的接口相连,输入转速/转角信号。

(2) 测试仪后面板简介(见图 35-5)

13—转速限制接口:加热源为电加热器时使用的限制热机最高转速的接口;当热机转

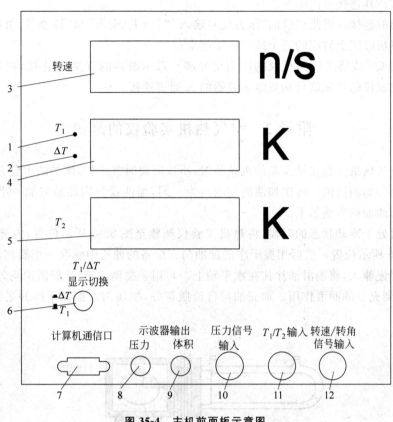

图 35-4 主机前面板示意图

速超过 15 r/s(会伴随发出间断蜂鸣声)后,热机测试仪会自动将电加热器电源输出断开,停止加热。

14—电源输入插座:输入 AC 220 V 电源,配 1.25 A 保险丝。

15—电源开关:打开和关闭仪器。

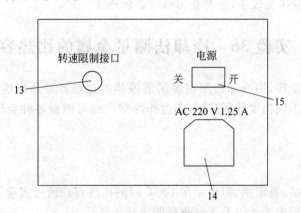

图 35-5 主机后面板示意图

各部分仪器的连接方法如下。

将各部分仪器安装摆放好后,根据实验仪上的标志使用配套的连接线将各部分仪器装置连接起来。其连接方法如下。

用适当的连接线将测试仪的"压力信号输入""T_1/T_2 输入"和"转速/转角信号输入"三个接口与热机底座上对应的三个接口连接起来；

用一根 Q9 线将主机测试仪的压力信号和双踪示波器的 Y 通道连接，再用另一根 Q9 线将主机测试仪的体积信号和双踪示波器的 X 通道连接。

附录 2　空气热机实验仪的维护

由于空气热机实验仪是运动的机械装置，所以需要时常维护，维护的主要方式是给仪器内水平滑动轴加润滑油。每次加油的间隔约为一周，加油量为用加油勺加一小滴油到水平轴上。详细的加油方法如下。

在热机处于冷却状态的时候，将热机实验仪调整至图 35-6 所示位置，内部偏心轮也调整至图 35-6 所示位置。然后用擦干净的加油勺在配备的油瓶中蘸取一小滴润滑油，从后玻盖孔中间缓慢伸入，将润滑油涂抹在水平轴上。再用手拨动飞轮，让润滑油均匀地分布在水平轴上，起到充分的润滑作用。加完油后将油瓶盖好，加油勺需擦拭干净并妥善放置，以备下次使用。

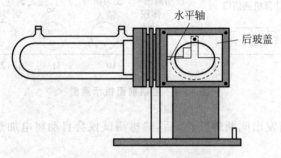

图 35-6　热机的局部后视图

注意：加油的量不宜过多，否则会影响到其他地方。

实验 36　冷却法测量金属的比热容

根据牛顿冷却定律，用冷却法测定金属或液体的比热容是热量学中常用的方法之一。若已知标准样品在不同温度的比热容，通过作冷却曲线可测量各种金属在不同温度时的比热容。

一、实验目的

以铜为标准样品，测定铁、铝样品在 100℃ 时的比热容。通过实验了解金属的冷却速率和它与环境之间的温差关系以及进行测量的实验条件。

二、实验原理

单位质量的物质，其温度升高 1 K(1℃) 所需的热量叫做该物质的比热容，其值随温度而变化。将质量为 M_1 的金属样品加热后,放到较低温度的介质(例如:室温的空气)中,样品将会逐渐冷却。其单位时间的热量损失($\Delta Q/\Delta t$)与温度下降的速率成正比,于是得到下述关系式:

$$\frac{\Delta Q}{\Delta t} = c_1 M_1 \frac{\Delta \theta_1}{\Delta t} \tag{36-1}$$

式中,c_1 为该金属样品在温度 θ_1 时的比热容;$\frac{\Delta \theta_1}{\Delta t}$ 为金属样品在 θ_1 时的温度下降速率。根据冷却定律有

$$\frac{\Delta Q}{\Delta t} = a_1 S_1 (\theta_1 - \theta_0)^m \tag{36-2}$$

式中,a_1 为热交换系数;S_1 为该样品外表面的面积;m 为常数;θ_1 为金属样品的温度;θ_0 为周围介质的温度。由式(36-1)和式(36-2),可得

$$c_1 M_1 \frac{\Delta \theta_1}{\Delta t} = a_1 S_1 (\theta_1 - \theta_0)^m \tag{36-3}$$

同理,对质量为 M_2、比热容为 c_2 的另一种金属样品,可有同样的表达式:

$$c_2 M_2 \frac{\Delta \theta_2}{\Delta t} = a_2 S_2 (\theta_2 - \theta_0)^m \tag{36-4}$$

由式(36-3)和式(36-4),可得

$$\frac{c_2 M_2 \frac{\Delta \theta_2}{\Delta t}}{c_1 M_1 \frac{\Delta \theta_1}{\Delta t}} = \frac{a_2 S_2 (\theta_2 - \theta_0)^m}{a_1 S_1 (\theta_1 - \theta_0)^m}$$

所以

$$c_2 = c_1 \frac{M_1 \frac{\Delta \theta_1}{\Delta t} a_2 S_2 (\theta_2 - \theta_0)^m}{M_2 \frac{\Delta \theta_2}{\Delta t} a_1 S_1 (\theta_1 - \theta_0)^m}$$

如果两样品的形状尺寸都相同,即 $S_1 = S_2$,两样品的表面状况也相同(如涂层、色泽等),而周围介质(空气)的性质当然也不变,则有 $a_1 = a_2$。于是当周围介质温度不变(即室温 θ_0 恒定)而两样品又处于相同温度 $\theta_1 = \theta_2 = \theta$ 时,上式可以简化为

$$c_2 = c_1 \frac{M_1 \left(\frac{\Delta \theta}{\Delta t}\right)_1}{M_2 \left(\frac{\Delta \theta}{\Delta t}\right)_2} \tag{36-5}$$

如果已知标准金属样品的比热容 c_1、质量 M_1,待测样品的质量 M_2 及两样品在温度 θ 时冷却速率之比,就可以求出待测的金属材料的比热容 c_2。

已知铜在 100℃ 时的比热容为

$$c_{Cu} = 393 \, \text{J}/(\text{kg} \cdot \text{K})$$

三、实验装置

本实验装置由加热仪和测试仪组成,由加热四芯线和热电偶线两组线连接,如图 36-1 所示。图中,A 为热源,采用 75 W 电烙铁改制而成,利用底盘支撑固定并可上下移动;B 为

实验样品,是直径 5 mm、长 30 mm 的小圆柱,其底部钻一深孔便于安放热电偶,而热电偶的冷端则安放在冰水混合物内;C 为铜-康铜热电偶(其热电势约 0.042 mV/℃);D 为热电偶支架;E 为防风容器;F 为三位半数字电压表,显示用三位半面板表;G 为冰水混合物。

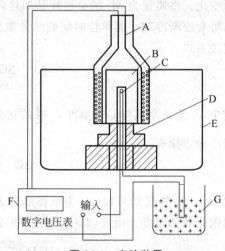

图 36-1　实验装置

四、实验内容

1. 用铜-康铜热电偶测量温度,而热电偶的热电势采用温漂极小的放大器和三位半数字电压表,经信号放大后输入数字电压表显示的满量程为 20 mV,读出的 mV 数查附表即可换算成温度。

2. 选取长度、直径、表面光洁度尽可能相同的三种金属样品(铜、铁、铝),用物理天平或电子天平称出它们的质量 M。再根据 $M_{Cu} > M_{Fe} > M_{Al}$ 这一特点,把它们区别开来。

3. 使热电偶热端的铜导线与数字表的正端相连;冷端铜导线与数字表的负端相连。当数字电压表读数为某一定值如 150℃(此时热电势显示约为 6.5 mV)时,切断电源移去电炉,样品继续安放在与外界基本隔绝的金属圆筒内自然冷却(筒口须盖上盖子)。记录样品的冷却速率 $\left(\dfrac{\Delta \theta}{\Delta t}\right)_{\theta=100℃}$。具体做法是:记录电压表上示值约从 $E_1 = 4.36$ mV 降到 $E_2 = 4.20$ mV 所需的时间 Δt(因电压表上的值显示数字是跳跃性的,所以 $E_1、E_2$ 只能取附近的值)于表 36-1 中,从而计算 $\left(\dfrac{\Delta E}{\Delta t}\right)_{E=4.28\text{ mV}}$。按铁、铜、铝的次序,分别测量其温度下降速度,每一样品重复测量 5 次。因为热电偶的热电动势与温差的关系在同一小温差范围内可看作线性关系,即 $\dfrac{\left(\dfrac{\Delta \theta}{\Delta t}\right)_1}{\left(\dfrac{\Delta \theta}{\Delta t}\right)_2} = \dfrac{\left(\dfrac{\Delta E}{\Delta t}\right)_1}{\left(\dfrac{\Delta E}{\Delta t}\right)_2}$,故式(36-5)可简化为 $c_2 = c_1 \dfrac{M_1 (\Delta t)_2}{M_2 (\Delta t)_1}$。

表 36-1　样品由约 102℃ 下降到约 98℃ 所需时间　　　　　　　　　　　　s

样品 \ 次数	1	2	3	4	5	平均值 $\overline{\Delta t}$	$s_{\Delta t}$
Fe							
Cu							
Al							

五、注意事项

1. 仪器的加热指示灯亮,表示正在加热;如果连接线未连好或加热温度过高(超过 200℃)导致自动保护时,指示灯不亮。升到指定温度时后,应切断加热电源。

2. 测量降温时间时,按"计时"或"暂停"按钮应迅速、准确,以减小人为计时误差。

3. 加热装置向下移动时,动作要慢,应注意要使被测样品垂直放置,以使加热装置能完全套入被测样品。

4. 国产的康铜丝,各厂生产成分配方和工艺略有不同,因而制成的铜-康铜热电偶在100℃时(参考0℃),测量的温差电势差有4.10 mV和4.25 mV等几种,用户使用时须自己定标。附录铜-康铜热电偶热电势表仅供参考(引自国家计量局,国家计量检定规程汇编,温度(一),中国计量出版社,1987)。

六、思考题

1. 为什么实验应在防风金属筒中进行?
2. 测量三种金属的冷却规律,并在作图纸上画出冷却曲线。如何求出它们在同一温度的冷却速率?

附录 铜-康铜热电偶分度表

温度/℃	热电势/mV									
	0	1	2	3	4	5	6	7	8	9
−10	−0.383	−0.421	−0.458	−0.496	−0.534	−0.571	−0.608	−0.646	−0.683	−0.720
−0	0.000	−0.039	−0.077	−0.116	−0.154	−0.193	−0.231	−0.269	−0.307	−0.345
0	0.000	0.039	0.078	0.117	0.156	0.195	0.234	0.273	0.312	0.351
10	0.391	0.430	0.470	0.510	0.549	0.589	0.629	0.669	0.709	0.749
20	0.789	0.830	0.870	0.911	0.951	0.992	1.032	1.073	1.114	1.155
30	1.196	1.237	1.279	1.320	1.361	1.403	1.444	1.486	1.528	1.569
40	1.611	1.653	1.695	1.738	1.780	1.882	1.865	1.907	1.950	1.992
50	2.035	2.078	2.121	2.164	2.207	2.250	2.294	2.337	2.380	2.424
60	2.467	2.511	2.555	2.599	2.643	2.687	2.731	2.775	2.819	2.864
70	2.908	2.953	2.997	3.042	3.087	3.131	3.176	3.221	3.266	3.312
80	3.357	3.402	3.447	3.493	3.538	3.584	3.630	3.676	3.721	3.767
90	3.813	3.859	3.906	3.952	3.998	4.044	4.091	4.137	4.184	4.231
100	4.277	4.324	4.371	4.418	4.465	4.512	4.559	4.607	4.654	4.701
110	4.749	4.796	4.844	4.891	4.939	4.987	5.035	5.083	5.131	5.179
120	5.227	5.275	5.324	5.372	5.420	5.469	5.517	5.566	5.615	5.663
130	5.712	5.761	5.810	5.859	5.908	5.957	6.007	6.056	6.105	6.155
140	6.204	6.254	6.303	6.353	6.403	6.452	6.502	6.552	6.602	6.652
150	6.702	6.753	6.803	6.853	6.903	6.954	7.004	7.055	7.106	7.156

续表

温度/℃	热电势/mV									
	0	1	2	3	4	5	6	7	8	9
160	7.207	7.258	7.309	7.360	7.411	7.462	7.513	7.564	7.615	7.666
170	7.718	7.769	7.821	7.872	7.924	7.975	8.027	8.079	8.131	8.183
180	8.235	8.287	8.339	8.391	8.443	8.495	8.548	8.600	8.652	8.705
190	8.757	8.810	8.863	8.915	8.968	9.024	9.074	9.127	9.180	9.233
200	9.286									

注：不同的热元件的输出会有一定的偏差，所以以上表格的数据仅供参考。

实验37 稳态法测量不良导体的导热系数

导数系数是表征物质热传导性质的物理量。材料结构的变化与所含杂质的不同对材料导热系数数值都有明显的影响，因此材料的导热系数常常需要由实验去具体测定。

测量导热系数的方法一般分为两类：一类是稳态法；一类是动态法。在稳态法中，先利用热源在待测样品内部形成一个稳定的温度分布，然后进行测量。在动态法中，待测样品的温度分布是随时间变化的。

一、实验目的

用稳态法测量不良导体（橡皮样品）的导热系数，学习用物体散热速率求热传导速率的实验方法。

二、实验仪器

FD-TC-B型导热系数测定仪（图37-1），游标卡尺，螺旋测微计，电子秤，导热硅脂或硅油。

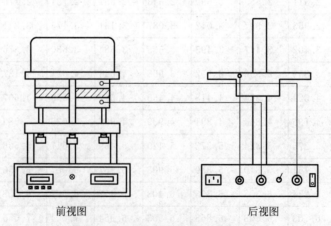

图37-1 导热系数测定仪装置图

安装步骤如下。

1. 取下支架上的固定螺钉,将样品放在加热盘与散热盘中间,然后放置在仪器的支架上。调节支架上的三个微调螺钉,使样品与加热盘、散热盘固定并接触良好,不宜过紧或过松。

2. 插好加热板的电源插头;再将两根温度传感器连接线的一端与机壳相连,另一端的传感器分别插在加热盘和散热盘的小孔中(注意:要一一对应,不可互换)。

3. 开启电源后,测定仪面板左边表头显示 FDHC→当时温度→b＝＝·＝,意思是告知用户请设定控制温度,右边表头显示散热盘的测量温度。

三、实验原理

由于温度不均匀,热量从温度高的地方向温度低的地方转移,这种现象叫做热传导。

热传导的强弱可用热流强度"单位时间(Δt)内通过任一横截面的热量(ΔQ)"表示: $\dfrac{\Delta Q}{\Delta t}$;温度不均匀的程度可用温度梯度$\nabla \theta$表示。设$\hat{h}$是横截面元$\Delta S$法线方向的单位矢量,则$\nabla \theta \cdot \hat{h} = \dfrac{\mathrm{d}\theta}{\mathrm{d}h}$,这里$\dfrac{\mathrm{d}\theta}{\mathrm{d}h}$为面元$\Delta S$处温度$\theta$沿$\Delta S$法线方向$\hat{h}$的方向导数。

1828年法国数学家和物理学家傅里叶给出了一个热传导的基本公式——热传导定律:

$$\frac{\Delta Q}{\Delta t} = -\lambda \frac{\mathrm{d}\theta}{\mathrm{d}h} \Delta S$$

式中的比例系数即物质的导热系数。不同物质的导热系数各不相同。

1898年C. H. Lees首先使用平板法测量不良导体的导热系数,这是一种稳态法。如图37-2所示,实验中,样品B制成平板状,其上端面与一个稳定的均匀发热体A充分接触,下端面与一均匀散热体C充分接触。由于平板样品的侧面积比平板平面小很多,可以认为热量只沿着上下方向垂直传递,横向由侧面散去的热量可以忽略不计。即可以认为,样品内只有在垂直样品平面的方向上有温度梯度,在同一平面内,各处的温度相同。

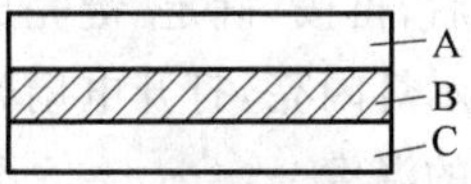

图37-2 实验原理示意图

设稳态时,样品上下平面温度分别为θ_1、θ_2,根据傅里叶热传导定律,在Δt时间内通过样品的热量ΔQ满足下式:

$$\frac{\Delta Q}{\Delta t} = \lambda \frac{\theta_1 - \theta_2}{h_B} S$$

式中,h_B为样品的厚度;S为样品的平面面积。实验中样品为圆盘状,设圆盘样品的直径为d_B,则由上式可得

$$\frac{\Delta Q}{\Delta t} = \lambda \frac{\theta_1 - \theta_2}{4h_B} \pi d_B^2$$

当热传导达到稳定状态时,样品上下表面的温度θ_1和θ_2不变,这时可以认为(通过加热盘)向样品传递的热流量与样品(通过散热盘)向周围环境的散热量相等。因此可以通过散热盘在稳定温度θ_2时的散热速率$\dfrac{\Delta Q}{\Delta t}\bigg|_{\theta=\theta_2}$来计算样品的热传导速率$\dfrac{\Delta Q}{\Delta t}$,从而求出导热系数。

实验时,当测得稳态时样品上下表面的温度 θ_1 和 θ_2 后,将样品抽去,让加热盘与散热盘接触。当散热盘的温度上升到高于稳态时的 θ_2 值 20℃ 或者 20℃ 以上后,移开加热盘,让散热盘在电扇作用下冷却,记录散热盘温度 θ 随时间 t 的下降情况,求出散热盘在 θ_2 时的冷却速率 $\left.\dfrac{\Delta\theta}{\Delta t}\right|_{\theta=\theta_2}$,则散热盘在 θ_2 时的散热速率或样品的热传导速率

$$\dfrac{\Delta Q}{\Delta t} = \left.\dfrac{\Delta Q}{\Delta t}\right|_{\theta=\theta_2} = \left. mc\dfrac{\Delta\theta}{\Delta t}\right|_{\theta=\theta_2}$$

式中,m 为散热盘的质量;c 为其比热容(已知 $c=385$ J/(kg·K))。

但在达到稳态的过程中,散热盘的上表面并未暴露在空气中,而物体的冷却速率与它的散热表面积成正比,为此,稳态时散热铜盘的散热速率的表达式应作面积修正:

$$\dfrac{\Delta Q}{\Delta t} = \left. mc\dfrac{\Delta\theta}{\Delta t}\right|_{\theta=\theta_2} \dfrac{\pi R_p^2 + 2\pi R_p h_p}{2\pi R_p^2 + 2\pi R_p h_p}$$

其中,R_p 为散热盘的半径;h_p 为其厚度。所以样品的导数系数 λ 为

$$\lambda = \left. mc\dfrac{\Delta\theta}{\Delta t}\right|_{\theta=\theta_2} \dfrac{R_p + 2h_p}{2R_p + 2h_p} \cdot \dfrac{4h_B}{\theta_1 - \theta_2} \cdot \dfrac{1}{\pi d_B^2} = \left. mc\dfrac{\Delta\theta}{\Delta t}\right|_{\theta=\theta_2} \dfrac{R_p + 2h_p}{R_p + h_p} \cdot \dfrac{2h_B}{\theta_1 - \theta_2} \cdot \dfrac{1}{\pi d_B^2}$$

四、实验内容

1. 按仪器的安装步骤安装好仪器后,接上导热系数测定仪的电源,开启电源后,仪器面板左边表头首先显示 FDHC,然后显示当时温度,当转换至 b==·= 时,用户可以设定加热器控制温度:按"升温"键,仪器面板左边表头由当时温度(显示 B××.×℃)上升到设定温度(可上升到 B80.0℃),一般设定在 65~75℃ 较为适宜。根据室温(实验时应记录室温)选择后,再按"确定"键完成设置,显示变为 A××.× 之值,即表示加热盘此刻的温度值。加热指示灯闪亮,打开电扇开关,仪器的加热盘即开始加热。仪器面板右边表头则显示散热盘当时的温度。

2. 加热盘的温度上升到设定温度值时,开始记录散热盘的温度,可每隔 1 min 记录一次。待在 10 min 或更长的时间内加热盘和散热盘的温度值基本不变,就可以认为已经达到稳定状态了。

3. 按"复位"键停止加热,取走样品,调节三个螺栓使加热盘和散热盘接触良好。再设定温度到 80℃,加快散热盘的温度上升,使散热盘温度上升到高于稳态时的 θ_2 值 10℃ 左右即可按"复位"键停止加热。

4. 移去加热盘,让散热盘在风扇作用下冷却,每隔 10 s(或者 30 s)记录一次散热盘的温度示值。由临近 θ_2 值的温度数据计算冷却速率 $\left.\dfrac{\Delta\theta}{\Delta t}\right|_{\theta=\theta_2}$。

5. 根据测量得到稳态时的温度值 θ_1 和 θ_2,以及在温度 θ_2 时的冷却速率,由公式 $\lambda = \left. mc\dfrac{\Delta\theta}{\Delta t}\right|_{\theta=\theta_2} \dfrac{R_p + 2h_p}{R_p + h_p} \cdot \dfrac{2h_B}{\theta_1 - \theta_2} \cdot \dfrac{1}{\pi d_B^2}$ 计算不良导体样品的导热系数。

五、注意事项

1. 实验前将加热盘与散热盘及样品的表面擦干净,可以在传感器上抹一些硅油或者导热硅脂,以确保传感器与加热盘和散热盘接触良好。在固定安装加热盘、散热盘和样品时三

个调节螺钉不宜过紧或过松,用力要均匀(手感一致)。

2. 导热系数测定仪铜盘下方的风扇做强迫对流换热用,可以减小样品侧面与底面的放热比,增加样品内部的温度梯度,从而减小实验误差。所以在实验过程中,风扇一定要打开。

3. 测定仪用单片电脑控制,最高控制温度为80℃,读数误差为0.1℃。电加热时加热指示灯闪亮,随着与设定值的接近,闪亮变慢,超过设定温度1℃即自动关闭加热电源,低于设定温度自动开启。

4. 加热盘和散热盘侧面两个小孔安装数字式温度传感器,不可插错。近电源开关(在测定仪背面)的接插件为加热传感器,应插入加热盘的小孔;另一个传感器插入散热盘上的小孔。特别注意插入小孔之前涂上少许导热硅脂或硅油,使其接触良好。

5. 在实验过程中,需移开加热盘时,应先关闭加热电源(按"复位"键),移开热圆盘时,手应握固定装置转动,以免烫伤手;实验结束后,切断总电源,保管好测量样品,不要使样品两端面划伤,以致影响实验的精度。

六、思考题

1. 如果散热时把圆盘样品覆盖在散热盘上,不作面积修正求出冷却速率,试分析作与不作面积修正两种测量方法的实验结果。

2. 应用稳态法是否可以测量良导体的导热系数?如可以,对实验样品有什么要求?在实验方法上有什么区别?

七、提高要求:利用牛顿冷却定律测定冷却速率

当被加热的物体与环境温差不太大时,该物体自然冷却的速率与该物体与环境的温度差成正比:

$$\frac{d\theta}{dt} = b(\theta - \theta_0)$$

式中,θ 与 θ_0 分别为物体与环境的温度,b 为比例常数,上式在温差小于26℃时与实验符合得较好。因此,为使温差不致过大,应合理选择加热温度 θ_1。试用最小二乘法拟合冷却曲线(注意应选择测量误差大的变量作为因变量),由此求出散热盘在 $\theta = \theta_2$ 时的冷却速率。

实验38 金属线膨胀系数的测量

绝大多数物质都具有"热胀冷缩"的特性,这是由于物体内部分子热运动加剧或减弱造成的。这个性质在工程结构的设计中,在机械和仪器的制造中,在材料的加工(如焊接)中,都应考虑到。否则,将影响结构的稳定性和仪表的精度;考虑失当,甚至会造成工程的损毁、仪器的失灵,以及加工焊接中的缺陷和失败等。

一、实验目的

测定金属在一定温度区域内的平均线膨胀系数。

二、实验仪器

电加热恒温箱,FD-LEA型线膨胀系数测定仪,直径为8 mm、长度为400 mm的铁、铜、

铝棒,千分表。

金属线膨胀系数测量实验装置如图 38-1 所示。

FD-LEA 型线膨胀系数测定仪面板如图 38-2 所示。

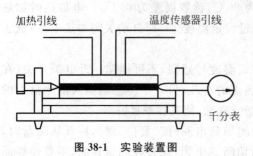

图 38-1　实验装置图

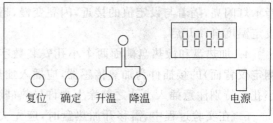

图 38-2　仪器面板图

三、实验原理

材料的线膨胀是材料受热膨胀时,在一维方向的伸长。线膨胀系数是选用材料的一项重要指标。特别是研制新材料时,少不了要对材料线膨胀系数进行测定。

固体受热后其长度的增加称为线膨胀。经验表明,在一定的温度范围内,原长为 L 的物体,受热后其伸长量 ΔL 与其温度的增加量 $\Delta \theta$ 近似成正比,与原长 L 亦成正比,即有

$$\Delta L = \alpha L \Delta \theta \tag{38-1}$$

式中的比例系数 α 称为固体的线膨胀系数(简称线胀系数)。大量实验表明,不同材料的线胀系数不同,塑料的线胀系数最大,金属次之,殷钢、熔融石英的线胀系数很小。殷钢和石英的这一特性在精密测量仪器中有较多的应用,表 38-1 示出了几种材料的线胀系数。

表 38-1　几种材料的线胀系数　　　　　　　　　　　　($℃)^{-1}$

材　料	铜、铁、铝	普通玻璃、陶瓷	殷　钢	熔融石英
α 数量级	10^{-5}	10^{-6}	$<2\times10^{-6}$	10^{-7}

实验还发现,同一材料在不同温度区域,其线胀系数不一定相同。某些合金,在金相组织发生变化的温度附近,同时会出现线胀量的突变。因此测定线胀系数也是了解材料特性的一种手段。但是,在温度变化不大的范围内,线胀系数仍可认为是一常量。

为测量线胀系数,我们将材料做成条状或杆状。由式(38-1)可知,测量出 θ_1 时的杆长 L、受热后温度达 θ_2 时的伸长量 ΔL 和受热前后的温度 θ_1 及 θ_2,则该材料在 (θ_1,θ_2) 温区的线胀系数为

$$\alpha = \frac{\Delta L}{L(\theta_2 - \theta_1)} \tag{38-2}$$

其物理意义是固体材料在 (θ_1,θ_2) 温区内,温度每升高 $1℃$ 时材料的相对伸长量,单位为 $(℃)^{-1}$。

测线胀系数的主要问题是如何测伸长量 ΔL。先粗略估算 ΔL 的大小,若 $L\approx 250$ mm,温度变化 $\theta_2-\theta_1\approx 100℃$,金属的 α 数量级为 $10^{-5}(℃)^{-1}$,则可估算出 $\Delta L\approx 0.25$ mm。对于这么微小的伸长量,用普通量具如钢尺或游标卡尺是测不准的。可采用千分表(分度值为

0.001 mm)、读数显微镜、光杠杆放大法、光学干涉法测量。本实验中采用千分表测微小的线胀量。

四、实验内容和步骤

1. 仪器调整

(1) 稍用力压一下千分表活络端,使它能与绝热体有良好的接触。

(2) 开启电源,数字显示为"FdHc"→"A×××"表示当时传感器温度,显示"b==="表示等待设定温度。

(3) 按升温键,数字即由零逐渐增大至所需的设定值,最高可选 80℃。

(4) 当数字显示达到所需的设定值时,再按确定键,开始对样品加热。

(5) 如果需要改变设定值可按复位键,重新设置。

2. 测量

当温度恒定在设定温度 40.0℃,读出千分表数值 L_1,当温度分别为 45.0℃、50.0℃、55.0℃、60.0℃、65.0℃、70.0℃、75.0℃时,分别记下千分表读数 $L_2 \sim L_8$。

3. 数据处理

用逐差法求出温度每升高 5℃ 时金属棒的平均伸长量 ΔL,再由式(38-2)即可求出金属棒在(40℃,75℃)温区内的线胀系数。

五、思考题

1. 该实验的误差来源主要有哪些?是否要考虑 L 的误差?
2. 如何利用逐差法来处理数据?
3. 利用千分表读数时应注意哪些问题?如何消除误差?

六、提高要求:用最小二乘法拟合实验数据

由于金属棒的膨胀滞后于仪器显示的温度值,停止膨胀时显示的温度值可能和设定的温度值略有不同,温度间隔不一致,导致逐差法失效,此时可用最小二乘法对式

$$L_i/L = \bar{\alpha}\theta_i + \bar{L}_0/L$$

进行拟合来求 α 的最佳值 $\bar{\alpha}$ 以及 $\bar{L}_0$。(物理意义是什么?)。试写出 $\bar{\alpha}$ 及其标准差的计算公式。

实验 39 半导体热电特性实验

一、实验目的

测量半导体 PN 结电压-温度的对应关系。

二、实验仪器

实验仪器为半导体热电特性综合实验仪(图 39-1)。由两部分组成:主控仪器箱(恒流源、电压电流测量及显示系统、制冷加热控制系统和计算机接口系统);样品池(内装样品及制

冷元件、加热元件、测温二极管)。其中样品池由绝热材料密封(导热系数≤0.01 W/(m·K)),升温由黄铜载体内发热体提供热量,降温采用两级:一级为风冷,二级为 BiTe 系半导体制冷。这样,当需要低于室温时,两级同时工作,而由高温回到室温时则由风冷使其快速冷却。采用黄铜做载体是因为其热导率高、热容适中。加热和冷却功率均可调节。仪器可与计算机连接,实时观测到样品导电能力随温度的变化。在脱机状态下也可进行实验,从面板 LED 显示读取温度、电压、电流值,数据保存于控制器中。

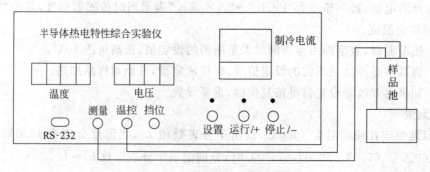

图 39-1　仪器面板、连线示意图

实验仪器可手动控制或用计算机控制,数据可导出到 Excel 表格或纯文本文件中,以便用 Excel 直接处理或用 Matlab、Origin 等工具处理。

三、实验原理

PN 结构成的二极管和三极管的伏安特性对温度有很大的信赖性,利用这一特点可以制造 PN 结温度传感器和晶体管温度传感器。本实验用的测温元件为二极管温度传感器。二极管的正向电流 I、电压 U 满足下式:

$$I = I_s(e^{\frac{qU}{kT}} - 1) \tag{39-1}$$

式中,q 为电子电荷;k 为玻耳兹曼常量;T 为热力学温度;I_s 为反向饱和电流(与 PN 结材料的禁带宽度以及温度有关)。可以证明:

$$I_s = CT^r e^{-\frac{qU_0}{kT}} \tag{39-2}$$

式中,C 是与 PN 结面积、杂质浓度等有关的常数;r 也是常数;U_0 为热力学温度 0K 时 PN 结材料的导带底和价带顶间的电势差。

将式(39-2)代入式(39-1),由于 $e^{-\frac{qU}{kT}} \gg 1$,两边取对数得

$$U = U_0 - \frac{kT}{q}\ln\frac{C}{I} - \frac{kT}{q}\ln T^r \tag{39-3}$$

式中 $\frac{kT}{q}\ln T^r$ 相对较小,可以忽略。因此式(39-3)可以写为

$$U = U_0 + \alpha T \tag{39-4}$$

式中

$$\alpha = -\frac{k}{q}\ln\frac{C}{I} \tag{39-5}$$

根据式(39-4),可以通过测量不同温度时二极管两端的正向电压得到需要测量的温

度,这就是 PN 结传感器的测量原理。

四、实验内容

不用计算机时的实验仪器操作步骤如下。

1. 实验前准备:连接仪器和样品池的连接线,注意连接线的标志不要接错。检查仪器的开关处在关的位置,连接仪器的电源线到供电插座。

2. 检查连接线无误后打开仪器的电源开关。

3. 按"设置"按键,显示屏显示 0010STAR,代表设置开始温度,通过"+""−"按键修改要设定的初始温度。再按"设置"按键,显示屏显示 0080END,代表设置结束温度,通过"+""−"按键修改要设定的结束温度。再按"设置"按键,显示屏显示 0000SET,代表设置模式,可不作设置。再按"设置"按键,显示屏显示当前样品池的温度和样品的电压值,退出设置状态。

4. 按"运行"按键,进入测量工作,仪器会首先自动调整温度到初始温度,然后再加热、测量,当达到结束温度时自动停机。在测量时,温度每到一整数度时"运行"灯闪动一下并伴一声蜂鸣,这时应手动记录温度和电压值作为测量数据进行手动计算和分析(表 39-1)。

表 39-1 温度-电压关系表

$T/℃$	10	15	20	25	30	35	40	45	50	55	60	65	70	75	80
U/mV															

5. 关闭仪器电源。

6. 根据实验数据作图:横坐标为开氏温度,纵坐标为电压。猜想电压、温度二者关系的数学模型,拟合得到二者之间的关系。求出半导体材料的温度系数 a 和禁带宽度 U_0(温度为 0 K)。

注意:手动测量完毕,测量的结果也保存在仪器中,可通过计算机专用软件一次读出进行计算、分析和打印。

实验 40 利用虚拟仪器技术测量发光二极管的伏安特性

20 多年前,美国国家仪器公司 NI(National Instruments)提出"软件即是仪器"的虚拟仪器(VI)概念,引发了传统仪器领域的一场重大变革,使得计算机和网络技术得以长驱直入仪器领域,和仪器技术结合起来,从而开创了"虚拟仪器"的先河。

所谓虚拟仪器,实际上就是一种基于计算机的自动化测试仪器系统。虚拟仪器通过软件将计算机硬件资源与仪器硬件有机地融为一体,从而把计算机强大的计算处理能力和仪器硬件的测量、控制能力结合在一起,大大缩小了仪器硬件的成本和体积,并通过软件实现对数据的显示、存储以及分析处理。

一套完整的虚拟仪器系统的结构一般来说分为四层。

1. 测试管理层:由用户使用生产商开发的应用程序根据自己的需要建立的一套测试仪器。

2. 应用(程序)开发层:由生产商提供的软件开发工具,如 NI 推出的虚拟仪器开发平台软件 LabVIEW。

3. 仪器驱动层：由生产商开发的针对不同类型仪器的驱动程序接口。

4. I/O 总线驱动层：由生产商开发的用相同标准总线连接不同类型仪器的总线系统。

本实验采用根据各种传感器的不同输出信号设计的数据采集分析执行器 LabCorder，通过 RS-232 串口与计算机连接通信，由通用的 LabVIEW 软件生成虚拟仪器程序界面，观察、测量、采集、处理、控制所测物理量，并在电脑上实时显示数据。

一、实验目的

1. 根据制定好的 VI 程序 LabCorder，测量发光二极管的伏安特性，了解虚拟仪器的概念。
2. 分析不同发光二极管之间的差别，学习从实验曲线获取相关信息的方法。

二、实验仪器

计算机（含操作系统，LabCorder 程序），LabCorder 数据采集分析执行器（图 40-1），电阻箱（或标准电阻），电位器，导线，待测发光二极管。

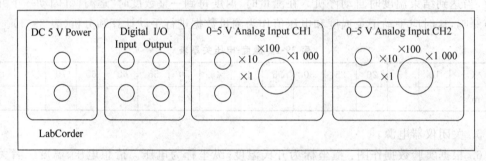

图 40-1　数据采集分析器前面板（后面板图略，通过 RS-232 与计算机连接通信）

三、实验原理

发光二极管是由半导体材料制成的光电器件。当加在发光二极管两端电压小于开启电压时，发光二极管不会发光，也没有电流通过。电压一旦超过开启电压，电流急剧上升，二极管处于导通状态，此时电流与电压近似呈线性关系，直线与电压轴的交点可以认为是开启电压。根据公式

$$eU = h\frac{c}{\lambda}$$

可以算出发光二极管发出光的波长 λ。上式中，U 为开启电压；h 为普朗克常数；c 为光速；e 为电子电荷；eU 亦即材料的禁带宽度。

四、实验内容

1. 用实验室的 3.5 mm 孔径大面包板搭建如图 40-2 所示的测量发光二极管伏安特性的实验电路，采用 LabCorder 数据采集器的通道 1 和通道 2 分别测量发光二极管两端的电压和通过发光二极管的电流（测电阻两端的电压）。

2. 调节图 40-2 电路中的电位器改变二极管两端的电压 U 和通过二极管的电流 I，测量发光二极管的正向伏安特性（实验点不少于 15 个，最大正向电流 $I \leqslant 20$ mA，二极管两端

电压 $U \leqslant 3$ V),采集的数据能通过 LabCorder 程序界面显示在电脑屏幕上,运行程序,可在程序界面上的"X-Y 函数关系记录"区域显示所测二极管的伏安特性曲线。

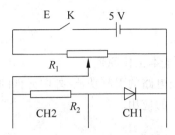

图 40-2　发光二极管的测量电路

3. 根据所测二极管的伏安特性曲线计算出开启电压。

4. 要求至少测量 5 个发光二极管的伏安特性曲线,在一张图中作出这 5 个发光二极管的伏安特性曲线(横轴为电压,纵轴为电流),并计算出开启电压。

5. 实验后对每一元件进行检查并归类。

五、注意事项

1. 实验开始时要检查所配置的元器件数目以及是否正常,二极管可用万用表的二极管挡检查,正向导通,反向截止。

2. 接线时,开关要处于关的状态。测量时,电压和电流一定要从零开始,由小到大增加! 实验点应均匀分布在实验曲线上。

3. 加在元件上的电压及通过它的电流都应小于其额定值。

4. 正式测量之前,应对被测元件进行粗测,以大致了解曲线变化的规律及变化范围。在测量值变化较大时要适当增加测量点。

5. 确定测量范围时,既要保证元件安全,又要覆盖正常工作范围,以反映元件特性。应根据测量范围选定电源电压。

附录　电流表的内接和外接

我们知道,测量伏安特性时,电流表有内接和外接两种接法,由于电表内阻的影响,这两种接法都会引进一定的系统误差。电流表内接时,待测电阻 R_x 的实测值会偏大;电流表外接时,R_x 的实测值会偏小。通常根据待测元件的阻值及电表的内阻,选择合适的电表连接方法来减小接入误差的影响:测量小电阻时采用电流表外接;测量大电阻时采用电流表内接。如果已知电压表和电流表的内阻分别为 R_V 和 R_A,利用下列公式可以对被测电阻 R_x 进行修正:

当电流表内接时,$R_x = \dfrac{U}{I} - R_A$

当电流表外接时,$\dfrac{1}{R_x} = \dfrac{I}{U} - \dfrac{1}{R_V}$

数字仪表的使用日益普及,数字电压表的内阻可达 10 MΩ,所以测量伏安特性时一般采用电流表外接法。

实验 41　数字电表原理及应用技术实验

一、实验目的

1. 了解双斜式数字电表的基本工作原理。
2. 了解 7107 模数转换集成电路的引脚功能、外围元件的作用及参数选择原则。
3. 熟悉 7107 在电测技术中的应用。

二、实验仪器

DMST-A 型数字电表及传感器设计实验仪、低频(数字)示波器、ZX-21 型电阻箱。

三、实验原理

1. 双斜式模数转换电路的基本工作原理

双斜式模数转换电路的工作原理非常简单,就是在一定的时间 T_1 内对极板上电量为零的电容器 C 充电,如果充电电流是恒定的并且与待测电压 V_x 成正比,则电容器 C 两极板上积累的电量(或两极板间的电压)随时间也线性地增加,并且在 T_1 结束时刻所积累的电量 Q_0 是与被测电压 V_x 成正比的。在此之后若让电容器放电,并且放电的电流与一个参考电压 V_{ref} 成正比,则电容器两极板上的电量 Q_C 就会从 Q_0 线性地减小,设 Q_C 减至零时放电过程所经历的时间为 T_2。在以上过程中,由于电容器 C 在充电结束时刻(即放电的开始时刻)所积累的电量 Q_0 是与 V_x 成正比的(即放电时电荷量对时间的曲线的斜率是一个常数),所以电容器的以上放电过程所经历的时间 T_2 也与 V_x 成正比。如果用一个计数器在 T_2 开始时刻计算时间(对时钟脉冲进行计数),在 T_2 结束时刻停止计数,则 T_2 时期内计数器的读数 N_2(计时脉冲数)就与 V_x 成正比。以上两个斜率————一个是充电时曲线的斜率,其大小与输入电压成正比;另一个是放电时曲线的斜率,是一个常数————是这种测量方法的基础,所以这种技术就叫双斜率法。

目前,常用的 $3\frac{1}{2}$ 位数字万用表是用 CMOS 的 7106/7 型单片 A/D 转换器构成的,这些 A/D 转换器的工作原理就是基于电容器的以上充、放电过程中计数器读数 N_2 与 V_x 成正比的基本关系。图 41-1 是双斜式 A/D 转换器的结构框图及工作原理图,为了保证电容器 C 的充、放电过程都是恒流过程,采用由运算放大器 A_1 组成的积分电路。整个转换过程分为三个阶段。

第一阶段,通过控制电路使有关模拟开关 K 闭合,放掉由于各种原因使电容器 C 两极板上积累的电量,并在这一阶段,通过控制开关(图 41-1 中未画出)使参考电压 V_{ref} 对 $0.1\ \mu F$ 的参考电容 C_{ref} 充电到 V_{ref} 值,这一阶段称为自动调零阶段。

第二阶段,称为取样阶段。在该阶段控制电路令模拟开关 K 将被测电压 V_x 与积分器相连,电容器 C 开始以恒定电流 V_x/R 充电,与此同时打开计数门,计数器开始计数。当计数器计到某一确定值 N_1 时溢出,控制电路令取样过程结束,因此取样时间 T_1 是固定的,取样阶段结束时刻积分器的输出电压

$$V_0 = Q_0/C$$

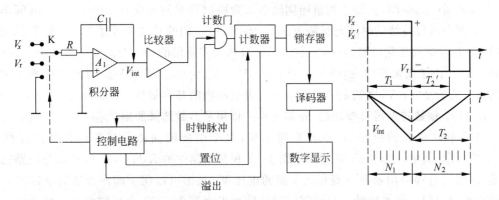

图 41-1 双斜式 A/D 转换器的工作原理及结构框图

式中，Q_0 为取样阶段结束时刻积分电容 C 上积累的电量。因取样阶段的充电电流为 V_x/R，故 T_1 期间积分电容 C 上积累的电量

$$Q_0 = \int_0^{T_1} \frac{V_x}{R} dt = \frac{V_x}{R} T_1$$

则有

$$V_0 = \frac{Q_0}{C} = -\frac{V_x}{RC} T_1 \tag{41-1}$$

上式等号右边的负号表明 V_0 与 V_x 具有相反的极性。这是因为如果 V_x 为正，则图 41-1 中电容器 C 右极板带负电荷，故 V_0 极性为负；反之，V_0 为正。

第三阶段称为测量阶段。在此阶段，控制电路首先对被测电压 V_x 作极性判断，然后再令模拟开关 K 把与 V_x 极性相反的参考电压 V_{ref} 与积分器相连（实际上是通过控制开关把已充电到电压值为 V_{ref} 的参考电容 C_{ref} 按与 V_x 反极性的方式经缓冲电路接至积分器），电容器 C 开始以恒定电流 V_{ref}/R 放电，与此同时，计数器开始计数，电容器 C 上的电量从 Q_C（电压 V_C）开始线性地减小。当电容器 C 上的电压降至零时，由零值比较器给控制电路一个信号，令计数器停止计数。所以测量阶段所经历的时间 T_2 应满足以下关系：

$$-\frac{T_1}{RC} V_x + \frac{1}{C} \int_0^{T_2} \frac{V_{\text{ref}}}{R} dt = 0$$

$$\frac{T_1}{RC} V_x = \frac{T_2}{RC} V_{\text{ref}}$$

即

$$T_2 = \frac{T_1}{V_{\text{ref}}} V_x \tag{41-2}$$

式中，T_1、V_{ref} 在测量过程中均为常数，故 T_2 与 V_x 成正比。如果时钟脉冲的周期为 T_{CP}，$T_1 = N_1 T_{\text{CP}}$，$T_2 = N_2 T_{\text{CP}}$，则式（41-2）可改写为

$$N_2 = \frac{N_1}{V_{\text{ref}}} V_x \tag{41-3}$$

这表明：在测量阶段的计数值 N_2 与被测电压 V_x 成正比。

双斜式单片模数转换器在控制电路作用下，就按以上三个步骤周期性地对被测电压进行测量。在 $3\frac{1}{2}$ 位模数转换器中，N_1 设定为 1 000，N_2 的计数范围为 1~2 000，每个测量周

期为 4 000 个 T_{CP} 时间，在每个测量周期除第二阶段取样时间总保持 1 000 个 T_{CP} 时间不变外，其余两个阶段持续的时间与被测电压 V_x 有关，但它们的总和应等于 3 000 个 T_{CP}，而且测量阶段持续时间变化范围为 0~2 000T_{CP}，故自动调零阶段的持续时间变化范围为(1 000~3 000)T_{CP}。由于满量程时 $N_2 = N_{2\max} = 2\,000$，$V_x = V_m = 2V_{ref}$，若取 $V_{ref} = 100$ mV，则被测电压的最大值为 200 mV，这就是一般数字万用表电压挡的基本量程。

2. 7107 模数转换器引脚功能、外部元件的作用及参数选择原则

7107 单片模数转换器为 40 脚双排结构，每个引脚的功能及与外部元件的连接如图 41-2 所示。其中，R_{int} 与 C_{int} 就相当于图 41-1 积分电路中的 R 与 C，27 脚是积分电路的输出端，在测量过程中用示波器观察此引脚的电压 V_{int} 波形可以明了前面所述的电容器 C 的充放电物理过程。模数转换过程所需的时钟脉冲发生器由 7107 内部的两个反相器（非门）F_1、F_2 以及与 38、39 和 40 引脚相连的外部元件 R_1、C_1 组成，它属于两级反相的阻容振荡器，输出波形是占空比为 50% 的方波（电路见图 41-2(c)）。振荡频率 f_0 可根据 R_1、C_1 的值按下式估算：

$$f_0 = \frac{1}{2.2R_1C_1} = 0.455/R_1C_1$$

在 7107 单片模数转换器中，对由以上阻容振荡器提供的时钟脉冲，还要经过 4 分频之后再作为受控电路控制的计数脉冲，该计数脉冲的周期才是前面所说的 T_{CP}。由前面所论述的基本原理可知，R_1、C_1 参数的差异并不影响最终测量结果，只是影响测量速率，但是，为了提高测量过程中抗 50 Hz 工频干扰的能力，应把它们的参数选择得使：$T_1 = 20n$ ms，其中 $n = 1, 2, 3, \cdots$。取 $n = 5$，则要求双斜式 A/D 转换器的取样时间 $T_1 = 1\,000T_{CP} = 1\,000 \times 4/f_0 = 0.1$ s，也

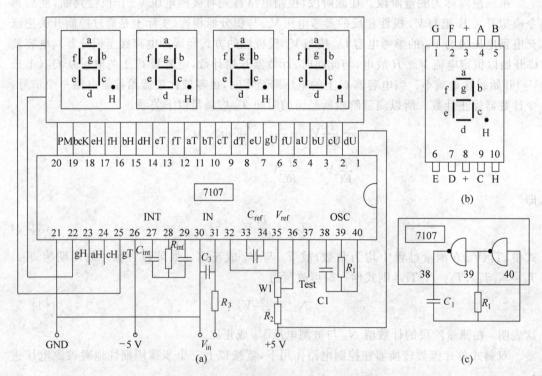

图 41-2　7107 引脚功能及与外部元件的连接

即要求 $f_0=40$ kHz，取 $C_1=100$ pF 时，电阻 R_1 的取值满足以下关系：$R_1=0.45/(40\times 10^3\times 100\times 10^{-12})=112.5$ kΩ。为了使 7107 芯片内部的由运放电路组成的电容器 C 的充放电电路工作在线性区域，电容器 C 的充电电流不宜过大，通常限制为 4 μA，在满量程为 200 mV 的情况下，积分电阻 R_{int} 的取值应为：$R_{\text{int}}=200$ kΩ/4=50 kΩ，实际取电阻元件系列值 47 kΩ。若参考电压 $V_{\text{ref}}=1$ V，则满量程为 2 V，此时 R_{int} 应取 470 kΩ。C_{int} 的取值以组成电容器 C 恒流充电电路(积分器)运放 A_1 的输出电压变化在线性范围内，要求不要超过 2 V 为原则。在 $T_1=4\,000/f_0=0.1$ s 和充电电流为 4 μA 的情况下，为了使恒流充电电路的输出不超过 2 V，则 C_{int} 应满足以下关系：$C_{\text{int}}=Q_{O\max}/V_{O\max}=T_1\times 4\,\mu A/2\,V=0.2\,\mu F$ 实际取电容元件的系列值 0.22 μF。

在 7107 内部，计数器是由四位二-十进制计数单元串接而成，每位计数单元的输出线有四条，它们的二进制代码只能在 0000B～1001B 范围内变化，这对应着十进制数 0～9 范围变化，每位计数单元的输出线再经译码器译码后与七段 LED 数码显示管连接，最后以十进制数显示测量结果。因此每位七段译码器有七条输出线，在 $3\frac{1}{2}$ 位模数转换芯片中，共有 24 条线与外部的 LED 数码显示管相连。对 7107 芯片，这 24 条线的引脚编号及与 LED 的连接关系如图 41-2(a)和(b)所示。

四、实验内容

数字电表的工作原理及在电测技术中的改装实验。

1. 双斜式模数转换器的工作原理实验

这项实验内容需用到 7107 及 LED 显示模块、电压测量模块、直流毫伏表和长余辉(或数字)示波器。

1) 7107 时钟频率的调节与测定

用示波器观测 7107 的振荡器输出(仪器面板上的"CLC"插孔)波形，调节"CLC"插孔上方的电位器(W2)使振荡的周期 $T_0=25$ μs。

2) 200 mV 挡量程的校准

(1) 把 7107 及显示模块的百位小数点置亮。毫伏表量程切换开关 K3 拨至 200 mV 位置。

(2) 用毫伏表测量参考电压输出插孔 L14 电压值并调节 W3 使这一数字为 100 mV。

(3) 用毫伏表测量被测电压 V_x 输出插孔 L1 电压值并调节 W1 使读数为 199.9 mV。

(4) 如图 41-3 接好连线后，观察 7107 显示模块中显示的数字是否也为 199.9 mV，若有小的差异，缓慢调节 W3 使该模块显示读数为 199.9 mV。

3) 取样时间 T_1 和测量时间 T_2 随被测电压 V_x 变化情况的观测

用示波器观测取样时间 T_1，调节 W2 旋钮使最终 T_1 为 0.1 s，在以后的测量中保持 W2 的这一位置不变。

调节 W1 改变 V_x 值，使直流毫伏表的读数为 0 mV、50 mV、100 mV、150 mV、199.9 mV。用示波器观测 7107 积分电路输出端(仪器面板上的"V_{int}"插孔)的波形，调节示波器同步，当波形相对稳定时，读出和记下正向积分时间 T_1 和反向积分时间 T_2 值、积分电路在正向积分期间的最大输出电压(即取样阶段结束时刻积分电容 C_{int} 上的电压)

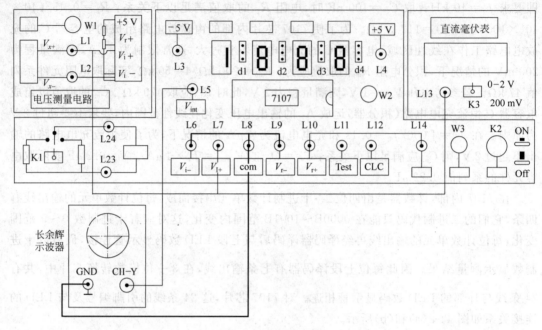

图 41-3 实验接线图

$V_{\text{int max}}$ 值(表 41-1),观测充、放电过程的斜率随 V_x 的变化情况并记下 7107 显示模块中表头的读数。

表 41-1

V_x/mV	T_1/s	V_{intmax}/mV	T_2/s	表头读数/mV
0				
50				
100				
150				
199.9				

测试条件: $f_0=$ $V_{\text{ref}}=$

4) 改变时钟信号的频率,观测时钟快慢对测量结果的影响

用示波器观测取样时间 T_1,调节 W2 旋钮使 T_1 具有不同值,观察 7107 显示模块中所显示的数字的变化情况。重复以上三项实验内容。根据测量结果小结双斜式模数转换器的工作原理和特点。

2. 数字电表在电测技术中的改装

1) 0～2 V 直流电压表改装

(1) 分压法 电路接线如图 41-4(a)所示。

(2) 提高参考电压法 0～2 V 的测量范围,也可采用提高参考电压并相应改变 R_{int} 阻值的方法($V_{\text{ref}}=1$ V, $R_{\text{int}}=470$ kΩ)。电路接线如图 41-4(b)所示。

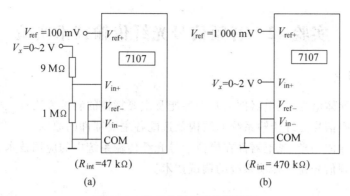

图 41-4 数字电压表改装接线图

2) 直流电流表的改装

(1) 欧姆压降法　电路接线如图 41-5(a)所示,让被测电流流过阻值一定的电阻 R_i,然后用测量范围为 $0\sim200$ mV 的数字电压表,测量该电阻上的欧姆压降。为了使读数与被测电流一致,电流表量程与 R_i 阻值的乘积应为 200 mV。这种方式组成的电流表在满量程时,电流表两端有 200 mV 的压降,这对被测电路原有工作状态有一定影响。

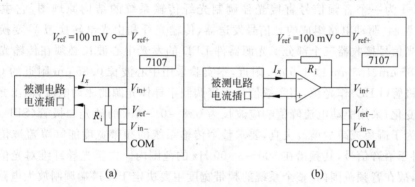

图 41-5 数字电流表改装接线图

(2) 由运放电路组成的 I-V 变换法　电路接线如图 41-5(b)所示,适合于小电流($0\sim20$ mA)的测量。其特点是这种电流表接入被测电路后在电路上的压降为零,所以对被测电路原有的工作状态没有任何影响。

3) 欧姆表的改装

电路连线如图 41-6 所示,在此情况下,$V_x = IR_x$,$V_{ref} = IR_S$,由于

$$V_x = (N_2/N_1)V_{ref}$$

因此

$$R_x = (N_2/N_1)R_S$$

图 41-6 中的 R 是在各种情况下为了使接至 V_{in+} 的电压不超过 200 mV($R_{int}=47$ kΩ)而设置的可调电阻。因此 $R_S=100$ Ω 时,电阻测量范围为 $0\sim200$ Ω;$R_S=1\,000$ Ω 时,电阻测量范围为 $0\sim2\,000$ Ω;以此类推。

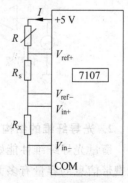

图 41-6 欧姆表改装接线图

实验 42 音频信号光纤传输技术实验

一、实验目的

1. 熟悉半导体电光/光电器件的基本性能及主要特性的测试方法。
2. 了解音频信号光纤传输系统的结构及选配各主要部件的原则。
3. 掌握半导体电光/光电器件在模拟信号光纤传输系统中的应用技术。
4. 训练音频信号光纤传输系统的调试技术。

二、实验仪器

OFE-B 型光纤传输及光电技术综合实验仪,示波器,数字万用表,音频信号发生器,光功率计。

三、实验原理

1. 系统组成

图 42-1 为一个音频信号直接光强调制光纤传输系统的结构原理图,它主要包括由 LED 及其调制、驱动电路组成的光信号发送器,传输光纤和由光电转换、$I\text{-}V$ 变换及功放电路组成的光信号接收器三个部分。光源器件 LED 的发光中心波长必须在传输光纤呈现低损耗的 $0.85~\mu m$、$1.3~\mu m$ 或 $1.5~\mu m$ 附近,本实验采用中心波长 $0.85~\mu m$ 附近的 GaAs 半导体发光二极管(LED)作光源,用音频信号直接调制半导体光源的驱动电流,输出光功率随驱动电流而变化;采用驱动电流峰值响应波长为 $0.8\sim0.9~\mu m$ 的硅光二极管(SPD)作光电检测元件。为了避免或减少谐波失真,要求整个传输系统的频带宽度能够覆盖被传信号的频谱范围,对于语音信号,其频谱在 $300\sim3\,400~Hz$ 的范围内。由于光导纤维对光信号具有很宽的频带,故在音频范围内,整个系统的频带宽度主要决定于发送端调制放大电路和接收端功放电路的幅频特性。

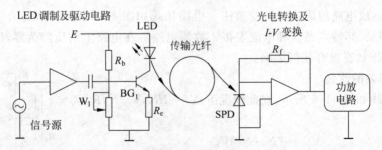

图 42-1 音频信号光纤传输实验系统原理图

2. 光导纤维的结构及传光原理

衡量光导纤维性能好坏有两个重要指标:一是看它传输信息的距离有多远,二是看它能携带信息的容量有多大。前者决定于光纤的损耗特性,后者决定于光纤的脉冲响应或基带频率特性。

经过人们对光纤材料的提纯,目前已使光纤的损耗容易做到 1 dB/km 以下。光纤的损耗与工作波长有关,所以在工作波长的选用上,应尽量选用低损耗的工作波长,光纤通信最早是用短波长 $0.85\ \mu m$,近来发展到用 $1.3\sim1.55\ \mu m$ 范围的波长,因为在这一波长范围内光纤不仅损耗低,而且"色散"也小。

光纤的脉冲响应或它的基带频率特性又主要决定于光纤的模式性质。光纤按其模式性质通常可以分成两大类:①单模光纤;②多模光纤。无论单模还是多模光纤,其结构均由纤芯和包层两部分组成。纤芯的折射率较包层折射率大,对于单模光纤,纤芯直径只有 $5\sim10\ \mu m$,在一定条件下,只允许一种电磁场形态的光波在纤芯内传播。多模光纤的纤芯直径为 $50\ \mu m$ 或 $62.5\ \mu m$,允许多种电磁场形态的光波传播。以上两种光纤的包层直径均为 $125\ \mu m$。按其折射率沿光纤截面的径向分布状况又分成阶跃型和渐变型两种光纤,对于阶跃型光纤,在纤芯和包层中折射率均为常数,但纤芯折射率 n_1 略大于包层折射率 n_2。所以对于阶跃型多模光纤,可用几何光学的全反射理论解释它的导光原理。在渐变型光纤中,纤芯折射率随离开光纤轴线距离的增加而逐渐减小,直到在纤芯-包层界面处减到某一值后,在包层的范围内折射率保持这一值不变。根据光射线在非均匀介质中的传播理论分析可知:经光源耦合到渐变型光纤中的某些光射线,在纤芯内是沿周期性地弯向光纤轴线的曲线传播。

本实验采用阶跃型多模光纤作为信道。

3. 半导体发光二极管的结构、工作原理、特性及驱动、调制电路

光纤通信系统中对光源器件在发光波长、电光效率、工作寿命、光谱宽度和调制性能等许多方面均有特殊要求,所以不是随便哪种光源器件都能胜任光纤通信任务。目前在以上各个方面都能较好满足要求的光源器件主要有半导体发光二极管(LED)和半导体激光二极管(LD)。本实验采用 LED 作光源器件。光纤传输系统中常用的半导体发光二极管是一个如图 42-2 所示的 N-p-P 三层结构的半导体器件,中间层通常是由 GaAs(砷化镓)P 型半导体材料组成,称有源 S 层。其带隙宽度较窄,两侧分别由 GaAlAs 的 N 型和 P 型半导体材料组成,与有源层相比,它们都

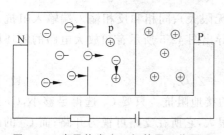

图 42-2 半导体发光二极管及工作原理

具有较宽的带隙。具有不同带隙宽度的两种半导体单晶之间的结构称为异质结。在图 42-2 中,有源层与左侧的 N 层之间形成的是 p-N 异质结,而与右侧 P 层之间形成的是 p-P 异质结,故这种结构又称 N-p-P 双异质结构。当给这种结构加上正向偏压时,就能使 N 层向有源层注入导电电子,这些导电电子一旦进入有源层后,因受到右边 p-P 异质结的阻挡作用不能再进入右侧的 P 层,它们只能被限制在有源层与空穴复合。导电电子在有源层与空穴复合的过程中,其中有不少电子要释放出能量满足以下关系的光子:

$$h\nu = E_1 - E_2 = E_g$$

其中,h 是普朗克常量;ν 是光波的频率;E_1 是有源层内导电电子的能量,E_2 是导电电子与空穴复合后处于价键束缚状态时的能量,两者的差值 E_g 与双异质结构中各层材料及其组分的选取等多种因素有关。制作 LED 时只要这些材料的选取和组分的控制适当,就可使得 LED 发光中心波长与传输光纤的损耗波长一致。

本实验采用的 HFBR-1424 型半导体发光二极管的正向伏安特性如图 42-3 所示,与普通的二极管相比,在正向电压大于 1 V 以后,才开始导通,在正常使用情况下,正向压降为 1.5 V 左右。半导体发光二极管输出的光功率与其驱动电流的关系称 LED 的电光特性(图 42-4)。为了使传输系统的发送端能够产生一个无非线性失真,而峰-峰值又最大的光信号,使用 LED 时应先给它一个适当的偏置电流,其值等于这一电光特性曲线线性部分中点对应的电流值,而调制电流的峰-峰值应尽可能大地处于这一电光特性的线性范围内。

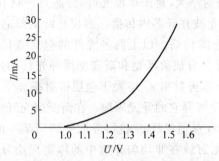   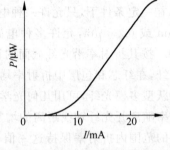

图 42-3 HFRB-1424 型 LED 的正向伏安特性　　图 42-4 HFRB-1424 型 LED 的电光特性

音频信号光纤传输系统发送端 LED 的驱动和调制电路如图 42-5 所示,以 BG_1 为主构成的电路是 LED 的驱动电路,调节这一电路中的 W_2 可使 LED 的偏置电流在 $0\sim 20$ mA 的范围内变化。被传音频信号由 IC_1 为主构成的音频放大电路放大后经电容器 C_4 耦合到 BG_1 基极,对 LED 的工作电流进行调制,从而使 LED 发送出光强随音频信号变化的光信号,并经光导纤维把这一信号传至接收端。

根据理想运放电路开环电压增益大(可近似为无限大)、同相和反相输入端输入阻抗大(也可近似为无限大)和虚地三个基本性质,可以推导出图 42-5 所示音频放大电路的闭环增益为

$$G(j\omega) = V_0/V_i = 1 + Z_2/Z_1 \tag{42-1}$$

式中 Z_2、Z_1 分别为放大器反馈阻抗和反相输入端的接地阻抗。只要 C_3 选得足够小,C_2 选得足够大,则在要求带宽的中频范围内,C_3 的阻抗很大,它所在支路可视为开路;而 C_2 的阻抗很小,它可视为短路。在此情况下,放大电路的闭环增益 $G(j\omega)=1+R_3/R_1$。C_3 的大小

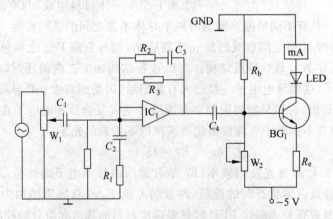

图 42-5 LED 的驱动和调制电路

决定了高频端的截止频率 f_2,而 C_2 的值决定着低频端的截止频率 f_1。故该电路中的 R_1、R_2、R_3 和 C_2、C_3 是决定音频放大电路增益和带宽的几个重要参数。

4. 半导体光电二极管的结构、工作原理及特性

半导体光电二极管与普通的半导体二极管一样,都具有一个 PN 结。光电二极管在外形结构方面有它自身的特点,这主要表现在光电二极管的管壳上有一个能让光射入其光敏区的窗口,此外与普通二极管不同,它经常工作在反向偏置电压状态(如图 42-6(a)所示)或无偏压状态(如图 42-6(b)所示)(光电二极管的偏置电压是指无光照时二极管两端所承受的电压)。在反偏电压下,PN 结的空间电荷区的势垒增高、宽度加大、结电阻增加、结电容减小,所有这些均有利于提高光电二极管的高频响应性能。无光照时,反向偏置的 PN 结只有很小的反向漏电流,称为暗电流。当有光子能量大于 PN 结半导体材料的带隙宽度 E_g 的光波照射到光电二极管的管芯时,PN 结各区域中的价电子吸收光能后将挣脱价键的束缚而成为自由电子,与此同时也产生一个自由空穴,这些由光照产生的自由电子-空穴对统称为光生载流子。在远离空间电荷区(亦称耗尽区)的 P 区和 N 区内,电场强度很弱,光生载流子只有扩散运动,它们在向空间电荷区扩散的途中因复合而被消失掉,故不能形成光电流。光电流的形成主要靠空间电荷区的光生载流子,因为在空间电荷区内电场很强,在此强电场作用下,光生自由电子-空穴对将以很高的速度分别向 N 区和 P 区运动,并很快越过这些区域到达电极,沿外电路闭合形成光电流,光电流的方向是从二极管的负极流向它的正极,并且在无偏压短路的情况下与入射的光功率成正比,因此在光电二极管的 PN 结中,增加空间电荷区的宽度对提高光电转换效率有着密切关系。为此目的,若在 PN 结的 P 区和 N 区之间再加一层杂质浓度很低以致可近似为本征半导体(用 I 表示)的 I 层,就形成了具有 P-I-N 三层结构的半导体光电二极管,简称 PIN 光电二极管,PIN 光电二极管的 PN 结除具有较宽空间电荷区外,还具有很大的结电阻和很小的结电容,这些特点使 PIN 管在光电转换效率和高频响应特性方面与普通光电二极管相比均得到了很大改善。根据文献,光电二极管的伏安特性可用下式表示:

$$I = I_0[1-\exp(qV/kT)] + I_L \qquad (42-2)$$

式中,I_0 是无光照的反向饱和电流;V 是二极管的端电压(正向电压为正,反向电压为负);q 为电子电荷;k 为玻耳兹曼常量;T 是结温,单位为 K;I_L 是无偏压状态下光照时的短路电流,它与光照时的光功率成正比。式(42-2)中的 I_0 和 I_L 均是反向电流,即从光电二极管负极流向正极的电流。根据式(42-2),光电二极管的伏-安特性曲线如图 42-7 所示,对应

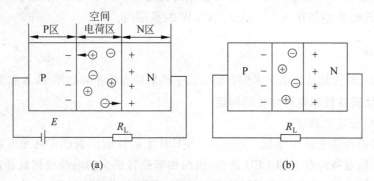

图 42-6 光电二极管的结构及工作方式

图 42-6(a)所示的反偏工作状态,光电二极管的工作点由负载线与第三象限的伏安特性曲线交点确定。由图 42-7 可以看出以下几点。

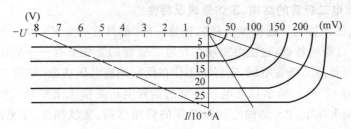

图 42-7 光电二极管的伏安特性曲线及工作点的确定

(1) 光电二极管即使在无偏压的工作状态下,也有反向电流流过,这与普通二极管只具有单向导电性相比有着本质的差别。认识和熟悉光电二极管的这一特点对于在光电转换技术中正确使用光电器件具有十分重要的意义。

(2) 反向偏压工作状态下,在外加电压 E 和负载电阻 R_L 的很大变化范围内,光电流与入射的光功率均具有很好的线性关系。无偏压工作状态下,只有 R_L 较小时光电流才与入射光功率成正比;R_L 增大时,光电流与光功率呈非线性关系。无偏压状态下,短路电流与入射光功率的关系称为光电二极管的光电特性,这一特性在 I-P 坐标系中的斜率:

$$R \equiv \Delta I/\Delta P \quad (\mu A/\mu W) \tag{42-3}$$

定义为光电二极管的响应度,这是表征光电二极管光电转换效率的重要参数。

(3) 在光电二极管处于开路状态情况下,光照时产生的光生载流子不能形成闭合光电流,它们只能在 PN 结空间电荷区的内电场作用下,分别堆积在 PN 结空间电荷区两侧的 N 层和 P 层内,产生外电场,此时光电二极管表现出有一定的开路电压。不同光照情况下的开路电压就是伏安特性曲线与横坐标轴交点所对应的电压值。由图 42-7 可见,光电二极管开路电压与入射光功率也是呈非线性关系。

(4) 反向偏压状态下的光电二极管,由于在很大的动态范围内其光电流与偏压和负载电阻几乎无关,故在入射光功率一定时可视为一个恒流源;而在无偏压工作状态下光电二极管的光电流随负载电阻变化很大,此时它不具有恒流源性质,只起光电池作用。

光电二极管的响应度 R 值与入射光波的波长有关。本实验中采用的硅光电二极管,其光谱响应波长在 $0.4 \sim 1.1~\mu m$ 之间,峰值响应波长在 $0.8 \sim 0.9~\mu m$ 范围内。在峰值响应波长下,响应度 R 的典型值在 $0.25 \sim 0.5~\mu A/\mu W$ 的范围内。

四、实验内容

OFE-B 型光纤传输及光电技术综合实验仪主机前后面板布局如图 42-8 和图 42-9 所示。

1. LED 伏安特性和电光特性的测定

1) LED 伏安特性测定

用两端带拾音插头的电缆线一端插入 OFE-B 实验仪前面板的 C3(光电器件)插孔,另一端插入光纤信道绕纤盘上的 LED 插孔;用两端带拾音插头的电缆线把仪器前面板上的直流毫安表接入 LED 的模拟信号调制驱动电路中(即用电缆线将插孔 C2 与 C10 连接)。用数字万用表的直流电压 $0 \sim 2V$ 挡测量发送器前面板的 C4(电光器件及端电压测试)插孔的

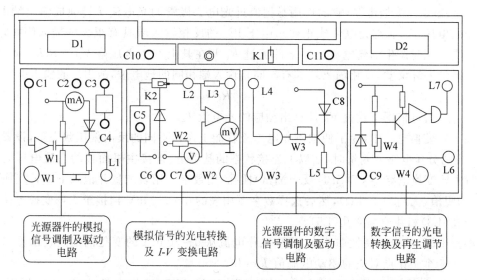

图 42-8　OFE-B 型光纤传输及光电技术综合实验仪前面板布局图

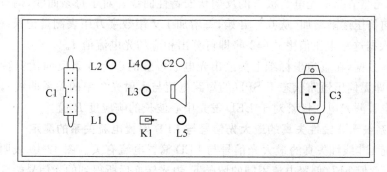

图 42-9　OFE-B 型光纤传输及光电技术综合实验仪后面板布局图

电压,调节 W1,当 LED 开始导通时,微调 W1,从 LED 的电压为 1.00 V 开始读取,然后继续调节 W1,LED 电压每增加 50 mV 时,读取并记录实验仪面板上 D1(直流毫安表)指示的 LED 的电流值。

2) LED 电光特性测定

在以上连线的基础上,把光电检测器件(SPD)的插头插入仪器前面板上的 I-V 变换电路中的 C6(SPD)插孔,SPD 带光敏面的另一端插入光纤信道绕纤盘光纤输出端的圆筒形插孔中;用一条电缆线把光功率计接入 I-V 变换电路左侧的 C5(光功率计)插孔;"SPD 切换"开关 K2 掷向光功率计一侧。在 LED 电流为零的情况下,调节光功率计的零点。然后,调节主机前面板 W1 使"直流毫安表"指示的 LED 工作电流从零(此时光功率计的读数应为零,若不为零则记下读数,并在以后的各次测量中以此为零点扣除)逐渐增加,每增加 2 mA 记录一次光功率计的示值,直到 LED 电流为 20 mA 为止。根据测量结果描绘 LED——传输光纤组件的电光特性曲线,并确定出其线性度较好的线段。

2. 硅光电二极管光电特性及响应度的测定

实验仪中 LED 是发光中心波长与被测光电二极管的峰值响应波长很接近的 GaAs 半导体发光二极管,在这里它作光源使用,其光功率由光导纤维输出。由 IC_1 为主构成的电路是一个电流-电压变换电路,它的作用是把流过光电二极管的光电流 I 转换成输出端 L3 插孔的输出电压 V_0,它与光电流成正比。由于 IC_1 的反相输入端具有很大的输入阻抗,光电二极管受光照时产生的光电流几乎全部流过 R_f 并在其上产生电压降 $V_{cb}=R_f I$。又因 IC_1 具有很高的开环增益,反相输入端具有与同相输入端相同的地电位,故 IC_1 的输出电压

$$V_0 = R_f I \quad (42\text{-}4)$$

已知 R_f 后,就可根据上式由 V_0 计算出相应的光电流 I。

在 $I\text{-}V$ 变换电路中,为了使被测光电二极管能工作在不同的反向偏压状态下,设置了由 W2 组成的分压电路。测量时,在以上连接状态的基础上,连接主机面板的直流电压表插孔 C11 与 $I\text{-}V$ 变换电路中 C7(SPD 反压测试)插孔,用数字万用表测量并记录下 $I\text{-}V$ 变换电路中 R_f 的阻值(大约为 10 kΩ),然后选择数字万用表的 0~200 mV 挡接至 $I\text{-}V$ 变换电路的输出端插孔(L3)和共地端插孔(L5)。

根据 LED 的电光特性曲线在 LED 工作电流从 0~20 mA 的变化范围内查出输出光功率均分的 5 个工作点对应的驱动电流值 $I_1 \sim I_5$。

把 SPD 切换开关 K2 掷向 $I\text{-}V$ 变换一侧,测量 LED 工作电流为 $I_1 \sim I_5$ 所对应的 $P_1 \sim P_5$ 五种光照情况下光电二极管的反向伏安特性曲线。对于每条曲线,调节 W2 使被测二极管的反向偏压逐渐增加,从 0 V 开始,每增加 1 V 用数字万用表测量记录一次 IC_1 输出电压 V_0 值,根据这一电压值由式(42-4)即可算出相应的光电流值 I。

根据实验数据,在直角坐标纸上描绘出光电二极管的以上 5 条反向伏安特性曲线及电光特性曲线(即无偏压短路状态下 SPD 的短路电流与入射光功率的关系曲线),并由电光特性曲线计算出被测光电二极管对于 LED 发光中心波长的响应度 R 值。

3. 实验系统无非线性失真的最大光信号与 LED 偏置电流关系的测定

实验系统无非线性失真的最大光信号与 LED 偏置电流有关。图 42-10 表明了实验系统在同一调制幅度但 LED 偏置电流不同的情况下,电光转换后所得到的光信号幅度也不同。

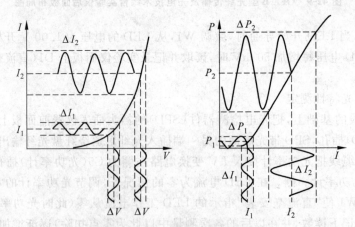

图 42-10 LED 工作点的正确选择

实际连线:在以上连线的基础上,用一端带 Q9 插头的两头电缆线从信号发生器把 1 kHz 的正弦信号引入 OFE-B 实验仪前面板的 LED 的调制输入插孔 C1 中,把示波器和数字电压表(0~200 mV 电压表)接至 OFE-B 实验仪前面板 $I\text{-}V$ 变换电路的输出端插孔(L3)和共地端插孔(L5)。

测量：调节 W1，使 D1 指示的 LED 偏置电流分别为 4 mA、8 mA、12 mA、16 mA 和 20 mA，在 LED 以上每一种偏置状态下，调节 1 kHz 的正弦调制信号的幅度从零逐渐增大，直到数字电压表的读数有明显变化为止。记录这一状态下示波器所显示正弦波形的峰-峰值。这一峰-峰值就对应着实验系统在 LED 一定偏置电流情况下无非线性失真的最大光信号。根据 SPD 的光-电特性、R_f 阻值及 I-V 变换电路输出波形的峰-峰值计算本实验系统光纤输出端最大光信号光功率的峰-峰值。

4. 接收器允许的最小光信号幅值的估测

在保持实验系统以上连接不变情况下，逐渐减小 LED 的偏置电流，并适当减小调制信号源的幅度，使接收器 I-V 变换输出电压交流分量的波形为无截止畸变的最大幅值，此后继续减小 LED 的偏流和调制信号的幅度。随着 LED 偏置电流的减小，用示波器观察到的以上交流信号最大幅值也愈来愈小，当 LED 的偏流小到某一值时，这一交流信号的幅值就可能与系统存在的噪声信号的幅值相比较，对应于这一状态的光信号的幅值就是本实验系统接收器允许的最小光信号的幅值。知道系统接收端允许的最小光信号的幅值和 LED——传输光纤组件输出的最大光信号幅值后，就可根据光纤损耗计算出本实验系统的最大传输距离。

5. 语音信号光纤传输系统最佳工作点的选择

把音箱接入实验仪后面板的输出插孔 C2 中，并把后面板的开关 K1 切换到"模拟"一侧。语言信号源接入前面板模拟调制信号输入插孔 C1。根据以上实验数据选择语音信号光纤传输系统最佳工作点后，进行语音信号光纤传输实验。调节前面板的 W1 旋钮，考察实验系统的音响效果。

五、思考题

1. 利用 SPD、I-V 变换电路和数字毫伏表，设计一光功率计。
2. 如何测定图 42-7 所示 SPD 第四象限的正向伏安特性曲线？
3. 在 LED 偏置电流一定情况下，当调制信号幅度较小时，指示 LED 偏置电流的毫安表读数与调制信号幅度无关，当调制信号幅度增加到某一程度后，毫安表读数将随着调制信号的幅度而变化，为什么？
4. 若传输光纤对于本实验所采用 LED 的中心波长的损耗系数 $\alpha \leqslant 1$ dB，根据实验数据估算本实验系统的传输距离还能延伸多远。（光纤损耗系数 α 的定义为：$\alpha = 10\lg(P_{in}/P_{out})/L$(dB/km)。式中，$P_{in}$ 为光纤输入光功率；P_{out} 为光纤输出光功率；L 为光纤长度。）

参考文献

[1] 朱世国，付克祥.纤维光学（原理及实验研究）[M].成都：四川大学出版社，1992.
[2] 吕斯骅，朱印康.近代物理实验技术[M].北京：高等教育出版社，1991.

实验 43　CCD 器件的特性研究及应用

CCD（电荷耦合器件）是 1970 年问世的新型光电器件，具有尺寸小、重量轻、功耗小、噪声低、线性好、灵敏度高、动态范围大、性能稳定和自扫描能力强等优点，在物体外形测量、表面检测、工程检测、电视摄像等领域得到广泛的应用。因此项发明美国科学家博伊尔获得了

2009年的诺贝尔物理学奖。

一、实验目的

1. 理解 CCD 器件的工作原理。
2. 掌握 CCD 器件的主要特性及测试方法。
3. 设计一个利用 CCD 器件进行物体位移测量的方案并进行相应实验。

二、实验仪器

OEMS 型光电测量及技术实验系统一台,双踪示波器一台,钠光源,聚光镜,准直镜,光具座。

三、实验原理

CCD 器件的基本特点是用电荷作为信号的载体。它由光敏元、转移栅、移位寄存器和输入输出电路组成。光敏元的作用是将光信号转换为电荷,转移栅将电荷送到移位寄存器中,移位寄存器在驱动时钟脉冲作用下将电荷按特定次序送到输出端,接入图像显示器等信号存储处理设备中进行图像的存储、处理或重现。

1. 电荷存储

构成 CCD 的基本单元是 MOS(金属-氧化物-半导体)结构,如图 43-1(a)所示。在栅极 G 施加正偏压 U_G 之前,P 型半导体中空穴(多数载流子)的分布是均匀的。当栅极施加正偏压(此时 U_G 小于 P 型半导体的阈值电压 U_{th})后,空穴被排斥,产生耗尽区,如图 43-1(b)所示。偏压继续增加,耗尽区将进一步向半导体体内延伸。当 $U_G > U_{th}$ 时,半导体与绝缘体界面上的电势(常称为表面势,用 O_s 表示)变得如此之高,以至于将半导体内的电子(少数载流子)吸引到表面,形成一层极薄的但电荷浓度很高的反型层,如图 43-1(c)所示。

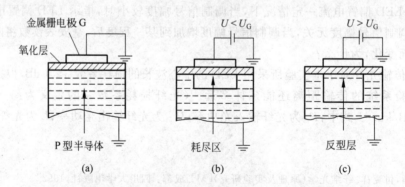

图 43-1 单个 CCD 栅极电压变化对耗尽区的影响

(a) 栅极电压为零;(b) 栅极电压小于阈值电压;(c) 栅极电压大于阈值电压

2. 光敏元的感光原理

光敏元由一个 MOS 电容器或光电二极管组成。以 P 型 Si 基底 MOS 电容器为例,其结构主要是在 P 型 Si 表面形成一薄层 SiO_2,再在 SiO_2 上面沉积一层金属(如 Al)。SiO_2 薄层相当于电容器中的电介质,金属层为栅极。MOS 电容器尺度非常小,约 10 μm,是典型的点电容器(见图 43-2(a))。当栅极接入正电压时,其电场可透过绝缘层 SiO_2 对 P 型 Si 中的载流子进行排斥或吸引。正电压越高,电场对电子的吸引力就越强,这一现象称为电子势阱。当光敏元受到光照时,光子能量使栅极附近的半导体中产生空穴-电子对,电子被吸入势阱中。光越强,光照时间越长,势阱中吸收的电子就越多;反之亦然。

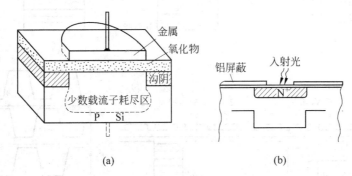

图 43-2 两种摄像器件的光敏元
(a) 用作少数载流子储存单元的 MOS 电容剖面图;(b) PN 光电二极管

图 43-2(b)中光敏元采用了 PN 结结构。光电二极管处于反偏压状态,形成耗尽层,摄像时光照射到光敏元面上,光子被光敏元吸收,产生电子-空穴对,多数载流子(空穴)进入耗尽区外的衬底,然后通过接地消失,少数载流子(电子)便被收集到势阱中成为光生信号电荷。光敏元就这样实现了光电转换。光照停止后,吸收在势阱中的电子以空间电荷的形式也会保存较长时间,这就实现了对光信号的记忆。

3. 电荷耦合

CCD 势阱中的存储电荷要以一定的顺序转移到输出电路中,必须进行电荷转移。以表面沟道 CCD 为例。相邻单元间的距离很小,约几微米。控制势阱深度的栅极电压按一定的规律和顺序变化使势阱深度沿单方向平移运动,存储在势阱中的信号电荷在此栅极电压的控制下随势阱运动而在 CCD 内半导体与绝缘体之间的界面移动。

为了理解 CCD 中势阱和电荷如何从一个位置移到另一个位置,可观察图 43-3 中所示的 CCD 中四个彼此靠得很近的电极。

假定开始时有一些电荷存储在偏压为 10 V 的第一个电极下面的深势阱里,其他电极上均加有大于阈值的较低电压(例如 2 V)。设图 43-3(a)为零时刻(初始时刻)。经过 t_1 时刻后,各电极上的电压变为如图 43-3(b)所示,第一个电极仍保持为 10 V,第二个电极上的电压由 2 V 变到 10 V。因这两个电极靠得很近(间隔只有几微米),它们各自的对应势阱将合并在一起,原来在第一个电极下的电荷变为这两个电极下的势阱所共有,如图 43-3(b)和(c)所示。若此后电极上的电压变为如图 43-3(d)所示,第一个电极电压由 10 V 变为 2 V,第二个电极电压仍为 10 V,则共有的电荷转移到第二个电极下面的势阱中,如图 43-3(e)所示。由此可见,深势阱及电荷包向右移动了一个位置。通过将按一定规则变化的电压加到 CCD 各电极上,电极下的电荷包就能沿半导体表面按一定方向移动。通常把 CCD 电极分为几组,每一组称为一相,并施加同样的时钟脉冲。CCD 的内部结构决定了使其正常工作成需要的相数。如图 43-3 所示的结构需要三相时钟脉冲,其波形图如图 43-3(f)所示,这样的 CCD 称为三相 CCD。三相 CCD 的电荷耦合(传输)方式必须在三相交叠脉冲的作用下,才能以

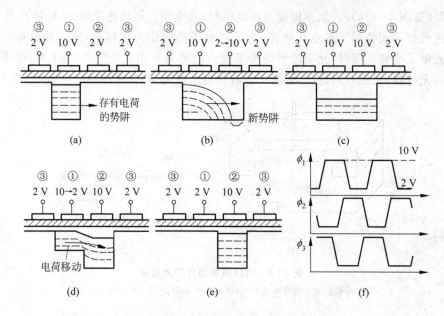

图 43-3 三相 CCD 中电荷的转移过程
(a) 初始状态；(b) 电荷由①向②转移；(c) 电荷在①、②电极下均匀分布；
(d) 电荷继续由①向②转移；(e) 电荷完全转移到②；(f) 三相交叠脉冲

一定的方向逐单元地转移。另外必须强调指出，CCD 电极间隙必须很小，电荷才能不受阻碍地从一个电极下转移到相邻电极下。如果电极间隙比较大，两相邻电极间的势阱将被势垒隔开，不能合并，电荷也不能从一个电极向另一个电极完全转移，CCD 便不能在外部脉冲作用下正常工作。

4. 移位寄存器中信息电荷的传输原理

光敏元件的感光电荷首先在转移脉冲 SH 的作用下经过转移栅送到移位寄存器中。移位寄存器是由一列紧密排列的 MOS 电容器阵列组成，它们对光不敏感（光屏蔽了），只是接收经转移栅送来的电荷包。阵列上接通严格满足一定相位要求的驱动时钟脉冲电压，以保证信息电荷单向依序传输，把它们逐个移位到输出机构中去，最后送到器件外面。常用的驱动时钟脉冲有二相、三相和四相，目前实用的 CCD 中多采用二相结构。

二相 CCD 传输原理：电荷定向转移是靠势阱的非对称性实现的。在三相 CCD 中依靠时钟脉冲的时序控制来形成非对称势阱。在二相驱动的 CCD 中采用不对称的电极结构加上二相时钟控制的栅极电压来形成不对称势阱，实现电荷的单向运动。

5. 电荷读出方法

CCD 的信息电荷读出方法有两种：输出二极管电流法和浮置栅 MOS 放大器电压法。

图 43-4(a)所示为在线阵列末端衬底上扩散形成输出二极管，当二极管加反向偏置电压时，在 PN 结区产生耗尽层。当信息电荷通过输出栅 OG 转移到二极管耗尽层时，将作为二极管的少数载流子而形成反向电流输出。输出电流的大小与信息电荷大小成正比，并通过负载电阻 R_L 变为信号电压 U_o 输出。

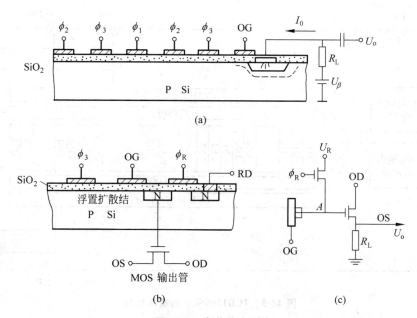

图 43-4 电荷读出方法
(a) 输出二极管电流法；(b) 浮置栅 MOS 放大器电压法；(c) 输出级原理电路

图 43-4(b) 所示为一种浮置栅 MOS 放大器读取信息电荷的方法。MOS 放大器实际是一个源极跟随器，其栅极由浮置扩散结收集到的信息电荷控制，所以源极输出随信息电荷变化。为了接收下一个"电荷包"的到来，必须将浮置栅的电压恢复到初始状态，故在 MOS 输出管栅极上加一个 MOS 复位管。在复位管栅极上加复位脉冲 ϕ_R，使复位管开启，将信息电荷抽走，使浮置扩散结复位。

图 43-4(c) 所示为输出级原理电路，由于采用硅栅工艺制作浮置栅输出管，可使栅极等效电容 C 很小。如果电荷包的电荷为 Q，A 点等效电容为 C，输出电压为 U_o，A 点的电压变化 $\Delta U = -\dfrac{Q}{C}$，因而可以得到比较大的输出信号，起到放大器的作用，称为浮置栅 MOS 放大器电压法。

掌握了 CCD 的基本原理后，再来了解一下本实验仪所使用的 CCD 就容易多了。本实验仪采用的 CCD 型号是 TCD1206SUP，为二相 CCD，它的工作原理如下。

TCD1206SUP 的基本结构如图 43-5 所示，中间的光电二极管是光电转换单元，两侧的转移栅控制光生信号电荷向移位寄存器转移，转移栅的两侧是转移光生电荷的 CCD 模拟转移寄存器。CCD 的驱动脉冲 SH、F_1、F_2、FR 的时序关系如图 43-6 所示，其中，SH 为转移脉冲，F_1、F_2 为驱动脉冲，FR 为复位信号。转移脉冲加在转移栅上，当 SH 遇到下降沿，光电二极管停止光电转换，转移栅打开，光电二极管中的奇、偶光生信号电荷迅速向两列移位寄存器(1,2)转移。当 SH 遇到上升沿，转移栅关闭，光电二极管进行光电转换，此时光电二极管与移位寄存器的连接中断，光敏元件在外界光照作用下进行曝光产生与光照对应的光生电荷。而 F_1、F_2 控制已转移到移位寄存器中的光生电荷依次串行输出到信号输出缓冲区，在输出端将上、下两列信号按原光敏元件采集的顺序合二为一后，由电极 OS 输出。每

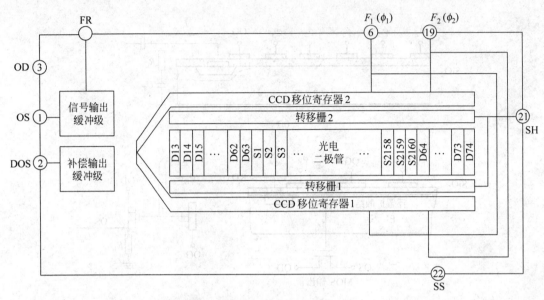

图 43-5　TCD1206SUP 的基本结构

输出一个电荷信号,复位控制信号 FR 就要进行复位操作,清空缓冲区,以便进行下一次的输出。

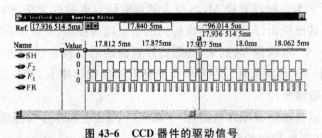

图 43-6　CCD 器件的驱动信号

四、实验内容

1. 熟悉仪器,准备实验

（1）了解实验箱各部分的功能及用法,详情请参考实验系统使用说明书。将示波器地线与实验仪上的地线连接好,并确认示波器的电源和实验仪的电源插头均插入交流 220 V 插座上。

（2）打开 OEMS 光电测量及技术实验系统的主电源开关,多挡开关"输入选择"打到"CCD 信号",多挡开关"数码显示"打到"积分时间工作频率",仪器初始化结束后显示为"000"字样,前两位表示积分时间值,共分为 16 挡,显示数值范围由"00"～"15",数值越大表示积分时间越长。末位表示 CCD 的驱动频率,分四挡,显示数值范围"0"～"3"。

（3）调节示波器,以看清楚至少两个信号周期为准。分别测量 F_1、F_2、SH、FR 等各路脉冲信号的波形是否正确。

2. 积分时间(SH 信号的周期)、驱动频率对光电探测阵列影响的研究

(1) 将实验仪驱动频率设置为"0"挡,并确认积分时间设置处于"00"挡。

(2) 按下 CCD"电源开关"按钮,多挡开关"光源"打到"A",即白光源,保持 CH1 探头不动,运行实验软件(单击工具栏上的▣按钮或选择"采集"菜单中的"连续采集"命令,以后依此方法运行软件,将不再赘述),观测输出信号 V_o 并记录。

(3) 测量积分时间从"00"~"15"之间输出信号的变化情况并作相应记录,注意观察输出信号的高电平部分的信号宽度有无变化。

(4) 改变驱动频率,重复上述实验,观察波形变化情况并做相应记录。

3. CCD 器件的光电转换特性及相应灵敏度测量

(1) 将实验仪驱动频率设置为"0"挡,并确认积分时间设置处于"00"挡。

(2) 运行实验仪软件,单击工具栏上的▣按钮,记录"信号属性"中的平均值(以后依此方法取信号平均值,不再赘述)。

(3) 多次调节镜头光阑,改变光源强度,并记录光阑大小(即光强的相对大小值),运行实验仪软件,观察并记录信号平均值。

(4) 绘制光电转换特性曲线(即 V_o ~ 相对光强 × 积分时间曲线)。

4. 用 CCD 光电测量系统进行尺寸测量或位移测量

(1) 采用钠黄光作为光源,通过聚光、准直后形成平行光,再将被测目标尽可能地贴近 CCD 线阵上,对被测目标采集数据。

(2) 将被测目标平行于 CCD 移动,目标移动前后分别记录一帧数据,分别如图 43-7 中的曲线 1 和曲线 2 所示。两条光强分布曲线中,曲线的下降沿或上升沿反映了目标物体的边缘,采用确定的阈值或者下降沿斜率最大点作为物体的边沿,前后两组数对应值相减就是物体的位移 S。

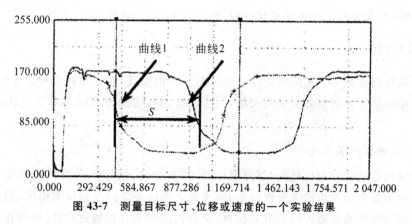

图 43-7 测量目标尺寸、位移或速度的一个实验结果

(3) 采用相关技术测量物体位移 S:测量时先对平行光进行校正,得到校正系数,再在各元器件位置不变的前提下,分别在目标移动前后记录一帧数据,对这两帧数据进行校正,将两帧数据进行相关性计算得出一曲线图,曲线最大值处 x 的值,即为物体的位移。

五、思考题

1. 观察光电阵列输出信号的分布情况,为什么平行光照射下的 CCD 输出不是一条直线,而是有一定的起伏?可以采用什么方法来进行处理?
2. 驱动频率和积分时间对 CCD 输出的影响是什么?
3. 根据线性区判断,若光圈数很大(即光阑透光孔径为 0),这时的输出为 0 吗?为什么?线性区是否严格线性,受到哪些因素的影响?
4. 响应灵敏度与积分时间、驱动频率有关吗?要提高响应灵敏度,有哪些途径?
5. 利用 OEMS 光电测量及技术实验系统测量物体的尺寸时,不同的方法的适用尺寸范围大致为多少?

六、提高要求

利用 OEMS 型光电测量及技术实验系统自拟设计方案,测量物体的宽度、移动的速度。

实验 44 偏振光的研究和检测

一、实验目的

1. 观察光的偏振现象,学习产生和鉴别各种偏振光的方法。
2. 了解和掌握偏振片、1/4 波片的作用及应用。

二、实验仪器

光学防震平台,氦氖激光器及其电源,激光功率计,偏振片,1/4 波片。

三、实验原理

光的偏振现象显示了光的横波性。光波是一种电磁波,在光与物质相互作用时,起主要作用的是横向振动着的电矢量或光矢量,而振动方向对传播方向的不对称性构成光的各种偏振态。

(一) 光的五种偏振态

光的偏振态通常分为自然光、部分偏振光、线偏振光、圆偏振光和椭圆偏振光五种。自然光和部分偏振光二者均由大量取向各异、彼此无相位关联的线偏振光组成,只不过自然光的光矢量相对于光的传播方向具有对称性,部分偏振光不具备轴对称性,而存在某一优势方向。线偏振光、椭圆偏振光和圆偏振光均可以等效为振动方向相互垂直、相互关联的两个线偏振光,这两个线偏振光具有相同的传播方向和频率,两者有确定的相位差。有

$$\begin{cases} E_x = A_x\cos(\omega t - kz) \\ E_y = A_y\cos(\omega t - kz + \delta) \end{cases} \tag{44-1}$$

当 $\delta=0,\pi$ 时,上式描述的是线偏振光;当 $\delta=\pm\pi/2, A_x=A_y$ 时,为圆偏振光;当 $\delta=\pm\pi/2$,

$A_x \neq A_y$ 时,为正椭圆偏振光;当 $\delta \neq \pm \pi/2$, $A_x \neq A_y$ 时,为各种取向的斜椭圆偏振光。

(二)通过检偏器后的透射光强

人眼仅对光的强弱变化敏感,而无法直接感知光的各种偏振态,必须借助检偏器,研究透射光强的变化来判定光的偏振态。检偏器(或起偏器)是一种只允许某一振动方向光通过的光学器件,当它用来产生线偏振光时称为起偏器,用来检验线偏振光时称为检偏器。常用的检偏器有两类:一类是利用材料对不同方向的电磁振动具有选择吸收特性的原理制成的,称为偏振片;另一类是用双折射晶体制成的特殊棱镜,如尼科耳棱镜、格兰棱镜等,这类棱镜的透光率和偏振度远高于偏振片。在检偏器上能够让电矢量充分透过的方向称为透振方向,记作 P,与 P 正交的方向上的电矢量将被强烈吸收而无法透过,称为消光方向。

1. 自然光通过检偏器

由于自然光具有轴对称性,将光强为 I_0 的自然光中每一个光矢量都在 x、y 两个方向上分解,因此有 $I_x = I_y = \frac{1}{2} I_0$,这说明自然光可以等效为等幅($I_0/2$)、无确定相位关系,且取向任意的两个正交的线偏振光。

如图 44-1 所示,I_P-θ 曲线应为一条直线。

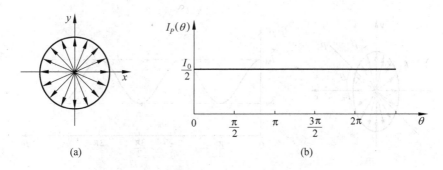

图 44-1 自然光通过检偏器的透射光强

2. 线偏振光通过检偏器——马吕斯定律

马吕斯定律指出,一束如图 44-2 所示光强为 I_0 的线偏振光,通过检偏器的透射光强为

$$I_P(\theta) = I_0 \cos^2 \theta \tag{44-2}$$

式中,θ 为线偏振光的振动方向与检偏器的透振方向 P 之间的夹角,当检偏器旋转一周时,透射光强交替出现极大和消光各两次,彼此相隔 $\pi/2$。五种偏振光中,只有线偏振光入射时才会有"消光"现象。

3. 部分偏振光通过检偏器

部分偏振光具有一优势方向即极大值 I_M 方向和一与其正交的极小值 I_m 方向,以这两个方向建立直角坐标系,可以将部分偏振光分解为光强为 I_M 和 I_m 的两个线偏振光,而且两者间的相位差是完全随机的。则任意透振方向 P 的透射光强 $I_P(\theta)$ 等于 I_M、I_m 按马吕斯定律在 θ 方向的非相干叠加:

$$I_P(\theta) = I_m \cos^2 \theta + I_M \sin^2 \theta \tag{44-3}$$

式中,θ 为透振方向 P 与 x 轴之间的夹角,也可改写成以 β 为参数,有

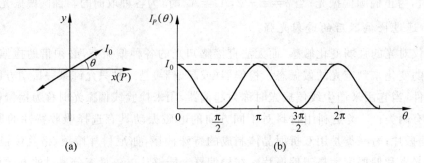

图 44-2　线偏振光通过检偏器的透射光强

$$I_P(\beta) = I_m + (I_M - I_m)\cos^2\beta \tag{44-4}$$

式中，β 为透振方向 P 与 y 轴之间的夹角。由式(44-4)可知，部分偏振光也可以看成光强为 $2I_m$（x、y 方向的光强均为 I_m）的自然光和光强为 $I_M - I_m$ 的线偏振光之和，如图 44-4 所示。当检偏器旋转一周时，透射光强交替出现极大和极小各两次，彼此相隔 $\pi/2$，但无"消光"现象。图 44-3 的曲线形式上应当是自然光和线偏振光之和，即图 44-1 和图 44-2 两条曲线的叠加。

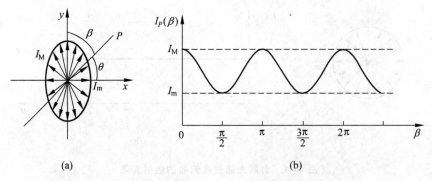

图 44-3　部分偏振光通过检偏器的透射光强

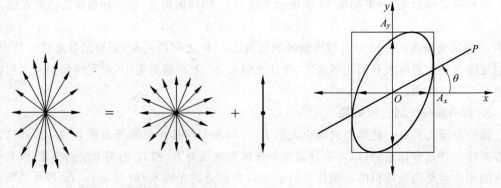

图 44-4　部分偏振光可以看成自然光与线偏振光之和　　　图 44-5　椭圆偏振光的描述

4. 椭圆偏振光通过检偏器——偏振光的干涉

椭圆偏振光可用两个正交、有固定相位差 δ 的线偏振光 $E_x = A_x\cos\omega t$，$E_y = A_y\cos(\omega t + \delta)$ 加以描述。如图 44-5 所示，A_x、A_y 是两个正交振动的振幅，分别为椭圆外切矩形的两边长之半，θ 为透振方向 P 与 x 轴之间的夹角。两线偏振光在 P 方向上的投影同频、同方向，有确定的相位差，满足相干条件，因此，透射光强等于二者光强的相干叠加：

$$I_P(\theta) = (A_x\cos\theta)^2 + (A_y\sin\theta)^2 + 2A_x\cos\theta \cdot A_y\sin\theta\cos\delta \tag{44-5}$$

考虑到 $I_x = A_x^2$，$I_y = A_y^2$，可得

$$I_P(\theta) = \frac{1}{2}(I_x + I_y) + \frac{1}{2}(I_x - I_y)\cos 2\theta + \sqrt{I_x I_y}\sin 2\theta\cos\delta \tag{44-6}$$

利用三角函数进一步化简上式，并且入射椭圆偏振光的总光强 $I_0 = I_x + I_y$，可得

$$I_P(\theta) = \frac{1}{2}I_0 + \frac{1}{2}\sqrt{I_x^2 + I_y^2 + 2I_x I_y\cos 2\delta} \cdot \cos(2\theta - \theta_0) \tag{44-7}$$

其中

$$\theta_0 = \arctan\frac{2\sqrt{I_x I_y}\cos\delta}{I_x - I_y} \tag{44-8}$$

当 $\delta = \pm\pi/2$，即入射光为正椭圆偏振光时，由式（44-6）可知透射光强为

$$I_P(\theta) = (A_x\cos\theta)^2 + (A_y\sin\theta)^2 \tag{44-9}$$

与式（44-3）比较，不难发现椭圆偏振光与部分偏振光相同，检偏器旋转一周，透射光强交替出现极大和极小各两次，彼此相隔 $\pi/2$，无"消光"现象。因此，其透射光强曲线也应与图 44-3(b) 相似。

（三）椭圆偏振光的检测

椭圆偏振光可以用一个起偏器和一个 1/4 波片产生，并利用检偏器旋转后的光强的变化来加以检测（图 44-6）。

激光器　起偏器(P)　1/4 波片　检偏器(A)　光电接收器(Ⅱ)

图 44-6　椭圆偏振光的定量检测光路

1. 波片

当一束光入射到双折射晶体表面上，进入它们内部的折射光有两束：遵守折射定律的为寻常光（o 光），不遵守折射定律的为非常光（e 光）。在晶体中，存在 o 光、e 光传播速度相同的方向，称该方向为光轴。将晶体制成片状，且光轴与晶体表面平行，当光进入这样的晶片后，o 光和 e 光沿同一方向传播，因二者传播速度不同，经过厚度为 d 的晶体后，o 光和 e 光之间产生相位差

$$\delta = \frac{2\pi}{\lambda}(n_o - n_e)d \tag{44-10}$$

式中，λ 为真空中的波长；n_o、n_e 分别为晶体中 o 光和 e 光的折射率。这种能使振动互相垂

直的两束偏振光产生一定相位差的晶片称为波片。当 $\delta=(2k+1)\pi/2$ 时,相当于 o 光和 e 光的光程差为 $(2k+1)\lambda/4$,这样的晶片为 1/4 波片。

2. 1/4 波片的摆正

在透振方向相互垂直的起偏器 P 和检偏器 A 之间(PA 正交),放一波片并旋转一周,波片的 e-o 坐标系会四次与 P 平行,被称为波片摆正。波片摆正时,入射的线偏振光无法分解 o 光和 e 光,波片不起作用,出射光仍为原来 P 方向振动的线偏振光,必与 A 正交而出现"消光"现象。

四、实验内容

1. 光路的共轴调节

将激光器、起偏器、检偏器和激光功率计的探头调整到同一高度,使激光束垂直入射到各光学元件,并使各光学元件的光心在一条直线上,检查从检偏器出射的光束是否已全部进入激光功率计的探头。激光功率计开始计数之前,应先调零并选择合适的功率挡。

2. 线偏振光的检验

将起偏器的起偏角定在偏振方向为 0°的位置,然后旋转检偏器找到光强最大的位置,记录功率计的读数,而后每隔 30°记录一次透射光强的数值,直到旋转一周后出现两次极大和两次"消光"。画出透射光强随角度变化的曲线,与理论曲线相比较,验证马吕斯定律。

3. 1/4 波片的摆正

旋转检偏器使 PA 正交,在起偏器与检偏器之间放一 1/4 波片,调节波片使激光束通过其光心并与波片垂直;再旋转波片,找到四次消光的位置,记录每旋转 15°从检偏器出射的光强,并画出透射光强随角度变化的曲线。

4. 椭圆与圆偏振光的检测

在 1/4 波片摆正的基础上,即正交偏振片处于"消光"状态时,以波片的光轴位置作为 0°线。

(1)椭圆偏振光的检测

将 1/4 波片旋转 15°,即波片的光轴与起偏器的夹角为 15°时,旋转检偏器,每隔 30°记录出射光强的读数,观察光强的变化,并画出透射光强随角度变化的曲线与理论曲线比较,分析可能产生误差的来源。

(2)圆偏振光的检测

将 1/4 波片旋转 45°,即波片的光轴与起偏器的夹角为 45°时,旋转检偏器,每隔 30°记录出射光强的读数,观察光强的变化,并画出透射光强随角度变化的曲线与理论曲线比较,分析可能产生误差的来源。

五、注意事项

1. 实验过程中为避免激光烧伤眼睛,不得以眼睛直视激光光束。
2. 在激光功率计读取数据之前,应首先选取合适的功率挡,并进行调零。
3. 在光路调整的过程中,应注意等高共轴,调整完后锁定光具座。

4. 光路调整完成后,检查激光功率计的探头是否接收全部的出射光线。

六、思考题

1. 如何使用起偏器与波片获得椭圆偏振光?

2. 为什么在相互正交的起偏器与检偏器之间加 1/4 波片后,原来的消光状态变成有光输出的状态? 从偏振光干涉的角度加以解释。

3. 如何区分圆偏振光和椭圆偏振光?

4. 如何区分部分偏振光和线偏振光?

七、提高要求:进一步区分各种偏振光

1. 设计一个区分椭圆偏振光和部分偏振光(或圆偏振光和自然光)的实验方案,搭建实验装置。(提示:使起偏器与检偏器中间的 1/4 波片的光轴方向与光强最大(或最小)方向重合,再转动检偏器,若光强能变为零的(消光),为椭圆偏振光;若光强仍有没有变为零的情况出现的,则为部分偏振光。使自然光通过玻璃可获得部分偏振光。)

2. 设计一个区分自然光及自然光与圆偏振光的混合光的实验方案,搭建实验装置。

3. 设计一个区分圆偏振光及自然光与圆偏振光的混合光的实验方案,搭建实验装置。

实验 45 声光衍射与液体中声速的测定

声波就其本质而言是一种机械压力波。当声波振动频率超过 20 000 Hz 时我们就称其为超声波。

声波的传播需要介质,这与电磁波的传播机理完全不同。离开了传播介质,声波就无法传播出去。当声波在气体、液体介质中传播时,由于气体与液体的切变弹性模量 $G=0$,这时声波只能以纵波的形式存在;当声波在固体中传播时,由于 $G \neq 0$,因此在固体中的声波既可能是声纵波,还可能是声横波、声表面波等。笼统地说,声波是纵波是错误的。

声波是能量传播的一种形式。它既是信息的载体,也可以作为能量应用于清洗和加工。例如利用超声波加工金属零件等。值得一提的是:①超声波对人类是安全的,不会因为它的存在带来环境污染;②超声表面波具有极强的抗干扰能力,因此在信息领域中人们更是对其青睐有加。可以预料,超声波的科学应用在 21 世纪将获得飞速发展。

布里渊于 1923 年首次提出声波对光作用会产生衍射效应。随着激光技术的发展,声光相互作用已经成为控制光的强度、传播方向等最实用的方法之一,其中声光衍射技术得到最为广泛的应用。

一、实验目的

1. 理解声光相互作用的机理和超声光栅的原理。

2. 观察声光衍射现象。

3. 学会用超声光栅测定液体中的声速。

二、实验仪器

SLD-Ⅱ型声光衍射仪,光具座,He-Ne 激光器,游标卡尺,米尺,酒精温度计。

本实验中采用压电材料的逆压电效应产生超声波并在液槽中产生超声驻波场,形成超声光栅。压电材料在这里起电声换能的作用,在交变电场作用下产生超声振动。当交变电压的频率达到换能器的固有频率时,由于共振的作用,此时换能器的输出振幅达到极大值。常见的具有显著逆压电效应的材料有石英、铌酸锂等晶体和锆钛酸铅陶瓷(PZT)等。本实验中采用后者。实验装置安排如图 45-1 所示。

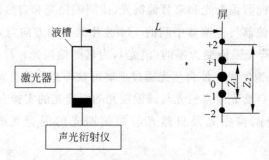

图 45-1 一种简单的声光衍射光路

三、实验原理

声波在气体、液体介质中传播时,会引起介质密度呈疏密交替的变化并形成液体声场。当光通过这种声场时,就相当于通过一个透射光栅并发生衍射,这种衍射称为"声光衍射"。存在着声波场的介质则称为"声光栅",当采用超声波时,通常就称为"超声光栅"。本实验研究的就是以液体为介质的超声光栅对光的衍射作用。

超声波在液体中传播的方式可以是行波也可以是驻波。行波形式的超声光栅,栅面在空间随时间移动。图 45-2 示出了声行波在某一瞬间的情况。图 45-2(a)表示存在超声场时,液体内呈现疏密相间的周期性密度分布。图 45-2(b)为相应的折射率分布,n_0 表示不存在超声场时该液体的折射率。由图 45-2 可见,密度和折射率两者都是周期性变化的,且具有相同的周期,相应的波长正是超声波的波长 λ_s。因为是行波,折射率的这种分布以声速 V_s 向前推进并可表示为

$$n(Z,t) = n_0 + \Delta n(Z,t)$$

$$\Delta n(Z,t) = \Delta n \sin(K_s Z - \omega_s t) \tag{45-1}$$

式中,Z 为超声波传播方向上的坐标;ω_s 为超声波的角频率;λ_s 为超声波波长;$K_s = 2\pi/\lambda_s$。由式(45-1)可见,折射率增量 $\Delta n(Z,t)$ 按正弦规律变化。

如果在超声波前进方向上适当位置垂直地设置一个反射面,则可获得超声驻波。对于超声驻波,可以认为超声光栅是固定于空间的。设前进波和反射波的方程分别为

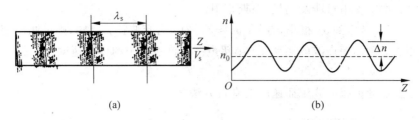

图 45-2 液体介质中的声波

$$\begin{cases} a_1(Z,t) = A\sin 2\pi\left(\dfrac{t}{T_s} - \dfrac{Z}{\lambda_s}\right) \\ a_2(Z,t) = A\sin 2\pi\left(\dfrac{t}{T_s} + \dfrac{Z}{\lambda_s}\right) \end{cases} \quad (45\text{-}2)$$

二者叠加，$a(Z,t)=a_1(Z,t)+a_2(Z,t)$，得

$$a(Z,t) = 2A\cos 2\pi \dfrac{Z}{\lambda_s} \sin 2\pi \dfrac{t}{T_s} \quad (45\text{-}3)$$

式(45-3)说明叠加的结果产生了一个新的声波：振幅为 $2A\cos(2\pi Z/\lambda_s)$，即在 Z 方向上各点振幅是不同的，呈周期变化，波长为 λ_s（即原来的声波波长），它不随时间变化；相位 $2\pi t/T_s$ 是时间的函数，但不随空间变化。这就是超声驻波的特征。

计算表明，相应的折射率变化可表示为

$$\Delta n(Z,t) = 2\Delta n \sin K_s Z \cdot \cos \omega_s t \quad (45\text{-}4)$$

式中各符号意义如前，相应的图像表示在图 45-3 中。可以看出，在不同时刻 $\Delta n(Z,t)$ 的分布是不同的，也就是说对于空间任一点，折射率随时间变化，变化的周期是 T_s，并且对应 Z 轴上某些点的折射率可以达到极大值或极小值；对于同一时刻，Z 轴上的折射率也呈周期性分布，其相应的波长就是 λ_s。总之，驻波超声光栅的光栅常量就是超声波的波长。

当一束单色准直光垂直入射到超声光栅上（光的传播方向在光栅的栅面内）时，出射光即为衍射光，如图 45-4 所示。图中 m 为衍射级次数，θ_m 为第 m 级衍射光的衍射角。可以证明，与光学光栅一样，形成各级衍射的条件是

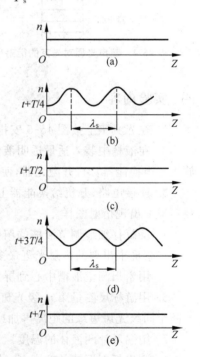

图 45-3 超声驻波场中的折射率分布

$$\sin \theta_m = m\lambda/\lambda_s, \quad m = 0, \pm 1, \pm 2, \cdots \quad (45\text{-}5)$$

式中，λ 为入射光波长；λ_s 为超声波波长。

像上述这种能产生多级衍射的声光衍射现象称为喇曼-奈斯(Raman-Nath)衍射，只有当超声波频率较低、入射角较小时才能产生这种衍射。另一种声光衍射称为布拉格衍射，它只产生零级及唯一的 +1 级或 -1 级衍射。这种情况只在超声波频率较高、声光作用长度较大，且光束以一定的角度倾斜入射时才能发生。布拉格衍射效率较高，常用于光偏转、光调

制等技术中。本实验中只涉及喇曼-奈斯衍射。

由式(45-5),考虑到 θ_m 很小,有 $\sin\theta_m \approx Z_m/2L$,当光波长 λ 已知,则可测出超声波的波长 λ_s。假如还能测出超声波的频率 f_s,则超声波在该液体中的传播速度

$$v_s = \lambda_s f_s \tag{45-6}$$

以上方法是测量超声波传播速度的有效方法之一。

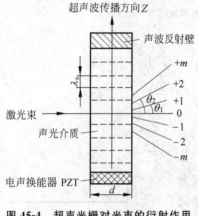
图 45-4 超声光栅对光束的衍射作用

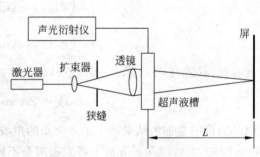
图 45-5 推荐光路

四、实验内容

1. 在光具座上按图 45-5 安排光路。

2. 在液槽中装入适量透明液体(水、酒精或其他待测液体),尽量使液槽器壁的气泡少,放入超声换能器。打开激光器,使激光束垂直入射在液槽上。

3. 连接电路,开机给换能器上加上激励电压。调节声光衍射仪的频率调节旋钮,直到观察屏上出现衍射图样。

4. 反复仔细地调节液槽的俯仰、方位,液槽中声换能器的位置以及仪器频率调节旋钮,直到观察屏上出现的衍射光斑最多而且光强度最大。

5. 用米尺测量液槽中心到屏之间的距离 L 并求平均值。

6. 用游标尺测量第 m 级光斑间的距离 Z_m(为避免找光斑中心而出现的失误,应当测量 ± 两个同级光斑边缘的距离再加或减光斑的直径)。

7. 用温度计测液体的温度。

8. 测出超声振荡的频率 f_s,由式(45-6)计算该温度下的声速 v_s 并求平均值。

9. 改变液槽中液体的温度,测量不同温度下的声速,注意温度对于声速的影响。

10. 推荐内容:

(1) 按图 45-5 安排光路并使各元件共轴等高,将狭缝宽度调节到合适并调节透镜的位置,使屏上出现清晰的狭缝像。

(2) 重复实验内容 2、3、4,使观察屏上出现的各级衍射狭缝像最多且清晰。

(3) 测量 L、各级衍射狭缝像的距离 Z_m 以及 f_s,求该液体中超声波的速度。

五、注意事项

1. 不得用肉眼直视未经扩束的激光（衍射细光束也不例外），为此不得取下观察屏，以免对眼睛造成伤害。

2. 声换能器是仪器振荡电路的一部分，未接上声换能器时仪器不能工作。

3. 声换能器使用中注意以下两点：①声换能器未插入液体介质中不要开机；②不要用手触摸压电晶片。

六、思考题

1. 温度改变，液体折射率将改变，超声光栅的参数也将改变。温度对液体中的声速带来什么样的影响？

2. 驻波的相邻波腹或相邻波节间的距离都等于半波长，为什么超声光栅的光栅常量等于超声波的波长呢？

3. 设想一下，当在液槽两个相互垂直的方向上，例如 Z、X（垂直于图 45-4 的图面）方向安置超声换能器，能得到一个什么样的超声光栅？

参考文献

丁慎训，张连芳. 物理实验教程[M]. 2 版. 北京：清华大学出版社，2002.

实验46　光学信号的空间频谱与空间滤波

一个光信号与它的频谱是同一事物在两个空间的表现，光信号分布于坐标空间(x,y)，而它的频谱存在于频率空间(f_x,f_y)。由信号到频谱可以通过透镜（欲获得准确的变换，当然不是一般的透镜所能奏效的）来实现。阿贝成像理论以及阿贝-波特实验告诉人类：可以通过对信号的频谱进行处理（滤波）来达到对信号本身作相应处理的目的。这正是现代光学信息处理最基本的思想和内容。

阿贝-波特实验告诉我们，人类已迈进了光学信息处理的大门。

一、实验目的

1. 了解信号与频谱的关系以及透镜的傅里叶变换功能。
2. 掌握现代成像原理和空间滤波的基本原理，理解成像过程中"分频"和"合成"的作用。
3. 掌握光学滤波技术，观察各种光学滤波器产生的滤波效果，加深对光学信息处理基本思想的认识。

二、实验仪器

OIP 型光学信号处理系统（光具座、扩束镜、小孔屏、准直镜、钢丝网格物或低频正交光栅、傅里叶变换透镜、滤波器、白屏），He-Ne 激光器或半导体激光器，测微目镜或横卧显微镜，游标卡尺。

三、实验原理

1. 光学信号的傅里叶频谱

一个光学信号 $g(x,y)$ 往往是空间变量 x、y 的二维函数,其傅里叶变换被定义为

$$G(f_x, f_y) = \iint_{-\infty}^{\infty} g(x,y) e^{-j2\pi(f_x x + f_y y)} dxdy = \text{FT}\{g(x,y)\} \tag{46-1}$$

符号 FT 表示傅里叶变换。$G(f_x, f_y)$ 本身也是两个自变量 f_x、f_y 的函数。f_x、f_y 分别是与 x、y 方向对应的空间频率变量。$G(f_x, f_y)$ 被称为光信号 $g(x,y)$ 的傅里叶频谱,亦称空间频谱。一般来说,$g(x,y)$ 是非周期函数,$G(f_x, f_y)$ 应该是 f_x、f_y 的连续函数。式(46-1)的逆运算被称为逆傅里叶变换,即

$$g(x,y) = \iint_{-\infty}^{\infty} G(f_x, f_y) e^{j2\pi(f_x x + f_y y)} df_x df_y \tag{46-2}$$

式(46-2)可以理解为,一个复杂光学信号可以看作是由无穷多列平面波的干涉叠加组成,每列平面波的权重就是 $G(f_x, f_y)$。

式(46-1)、式(46-2)所代表的傅里叶变换运算是通过透镜来完成的。换句话说,透镜(正透镜)除了具备我们已熟悉的成像功能外,还有一个功能就是能完成傅里叶变换,这是现代光学赋予它的新的任务。如图 46-1 所示的是一个光学信息处理中最基本的光路 $4f$ 系统光路。图中 C 为扩束镜;L_0 为准直镜;L_1、L_2 为两个傅里叶变换透镜;P_1 为输入平面(物面);P_2 为傅里叶变换平面(或频谱平面,频率平面);P_3 为输出平面(像面);D 为小孔屏(可不用)。当我们把光信号 $g(x_1, y_1)$ 置于 P_1 平面,在 P_2 平面就能得到它的频谱 $G(f_x, f_y)$。频率变量 f_x、f_y 与坐标 x_2、y_2 的关系为

$$\begin{cases} f_x = x_2/\lambda f \\ f_y = y_2/\lambda f \end{cases} \tag{46-3}$$

式中,λ 为单色准直光波长;f 为傅里叶透镜 L_1 的焦距。空间频率变量 f_x、f_y 的单位为 lines/mm 或 1/mm。当测得频谱面 P_2 上一点在 x_2、y_2 方向的值,利用式(46-3)就可以获得相应的频率值。

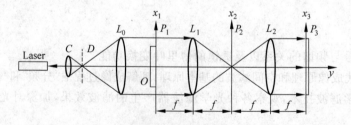

图 46-1 $4f$ 系统光路

2. 周期结构物的频谱以及基频的测量

光学实验中有很大一类实际元器件具有周期结构,例如一片光栅、一个网格物体都属这一类。这类物体可用周期函数来表述。数学级数理论告诉我们,一个周期函数只要满足狄里赫利条件,就可以把它展成级数来表示。为简单起见,我们采用一维周期函数

$$g(x) = \sum_{m=-\infty}^{\infty} c_m e^{j2\pi m f_0 x} \tag{46-4}$$

式中,m 为级次数;f_0 为周期函数的空间基频率。空间基频为空间周期 d 的倒数,即 $f_0 = 1/d$。周期函数 $g(x)$ 的空间频谱为

$$G(f_x) = \int_{-\infty}^{\infty} \left[\sum_{m=-\infty}^{\infty} c_m e^{j2\pi m f_0 x} \right] e^{-j2\pi f_x x} dx = \sum_{m=-\infty}^{\infty} c_m \int_{-\infty}^{\infty} e^{-j2\pi (f_x - m f_0) x} dx$$

由复指数函数的正交性:

$$\int_{-\infty}^{\infty} e^{-j2\pi (f_x - m f_0) x} dx = \delta(f_x - m f_0)$$

式中 $\delta(f_x - m f_0)$ 称为 δ 函数,于是

$$G(f_x) = \sum_{m=-\infty}^{\infty} c_m \delta(f_x - m f_0) \tag{46-5}$$

由 δ 函数的性质可知,当 $f_x - m f_0 = 0$ 时,$\delta(f_x - m f_0)$ 取值才不为零;可知当 $f_x - m f_0 \neq 0$ 时,δ 函数衰减为零。从式(46-5)我们看到,一个周期性结构物体的傅里叶频谱,由一个加权了的 δ 函数列组成,亦即一个周期性结构物体具有离散谱(亦称分立谱、线状谱)。这和非周期函数具有连续谱不同。利用上述性质我们可以由 P_2 平面上测得的 ± 1 级频谱分量与零频谱之间的距离 x_2,代入式(46-3)求得这个周期性物体在 x_2 方向上的基频。

3. 阿贝成像理论

如图 46-2 所示,阿贝成像原理认为:透镜成像过程可分为两步,第一步是通过物的衍射光在系统的频谱面上形成空间频谱(夫琅禾费衍射图样),这是衍射所引起的"分频"作用;第二步是代表不同空间频率的各光束在像平面上相干叠加而形成物体的像,这是干涉所引起的"合成"作用。这两步从本质上讲对应着两次傅里叶变换。如果这两次傅里叶变换完全理想,即信息没有任何损失,则像和物完全一样。这也是人们常说的"两次衍射成像理论"。

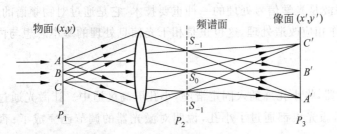

图 46-2 阿贝成像原理示意图

现以一维光栅作为物,插入图 46-1 所示的 $4f$ 系统中的 P_1 处,单色平行光垂直照射其上,产生衍射光,这是一组沿不同角度传播的平面波。它们向透镜 L_1 投射去,L_1 将它们变换成会聚球面波,并在频率平面 P_2 上形成夫琅禾费衍射图样,一组光点阵列,每一个光点代表了一个傅里叶分量,这是第一次夫琅禾费衍射实现的分频。光通过 P_2 平面后立刻成为发散球面波,若 P_2 至 P_3 间的距离足够长,光束能够自动完成又一次夫琅禾费衍射,各个光束在像平面实现干涉叠加形成输出像。但图 46-1 的第二次变换不是由长距离来完成夫琅禾费衍射的,而是通过透镜 L_2 来实现的,这些由 P_2 平面上各光点发射的发散球面波被 L_2 变换成不同角度传播的平面波在输出平面 P_3 处实现干涉叠加,形成输出像。

4. 光学信号的空间滤波

如前所述，光学信号经傅里叶变换透镜变换在频谱面上形成信号的频谱（信号的夫琅禾费衍射图样）。如果在频谱面上设置各种空间滤波器，挡去频谱中某一些空间频率成分，或改变某些分量的位相，则将明显地影响图像，这就是空间滤波。光学信息处理的实质就是设法在频谱面上滤去无用信息分量或改变某些分量而保留有用分量，从而在输出面上获得所需要的图像信息。

下面介绍几种常用的空间滤波器。

(1) 低通滤波器（图 46-3(a)）。它可滤去频谱面上离光轴较远的高频成分，保留离光轴较近的低频成分，因而图像的精细结构消失。

(2) 高通滤波器（图 46-3(b)）。它的作用是滤去低频部分，而让高频部分通过，所以图像轮廓明显。若使高通滤波器的挡光圆屏变小，滤去零频成分，则可除去图像中的背景，提高像质。

(3) 带通滤波器（图 46-3(c)）。它的作用是滤去低频和高频部分，只让中频部分通过。

(4) 方向滤波器。方向滤波器可以是一个狭缝，如图 46-3(d)所示；也可以是扇形，如图 46-3(e)所示。设物为铜丝网格，如果将狭缝放在沿 x 方向，则只有沿 x 方向衍射的物面信息能通过。在像面上就突出了 y 方向的线条。

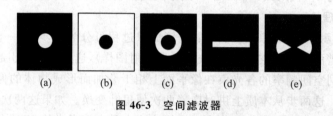

图 46-3　空间滤波器

总之，空间滤波是光学信号处理的一种重要技术，它是通过对物频谱的改造处理来达到对信号（物分布）作相应改造处理，这也正是相干光信息处理的基本思想与内容。

四、实验内容

1. 打开激光器，将小孔屏插入固定滑座，小孔屏高度适中。让激光通过小孔，当滑座在整个导轨上移动，激光束都通过了小孔，说明对激光器的调节已完成了；否则，还应调节激光器。

2. 按图 46-1 排布光路，顺序是傅里叶透镜 L_1、L_2，准直镜 L_0，使它们等高共轴后再加入扩束镜 C。

3. 在 L_1 的前焦面 P_1 上放物（网格物，或低频正交光栅），在 L_1 的后焦平面（P_2 平面）处放置白屏，其上呈现出网格的傅里叶频谱。改变物面与 L_1 的距离，观察频谱大小有无变化（注意观察并和后面提到的光路进行比较），再将网格物放置在 L_1 的前焦面上。

4. 用游标卡尺测量 x_2 及 y_2 方向±1 级光斑的距离 $2x_2$ 和 $2y_2$，它们的一半代入式(46-3)，求物信号在 x_2 及 y_2 方向的基频。

5. 取下 P_2 处的白屏换成滤波器，P_3 放置测微目镜（或横卧显微镜），微调测微目镜使图像最佳，变换不同滤波器，观察系统的输出，完成表 46-1。

表 46-1　空间滤波实验结果对应表

输入图像								
滤波器								
通过的频谱								
输出图像								
说明	频谱全部通过，输出物原像	频谱在竖直方向上通过，输出水平横线	频谱在水平方向上通过，输出竖直横线	频谱在45°斜方向分量通过，输出斜线空频增大	频谱在−45°斜方向分量通过，输出斜线方向与左对称	挡去±1级分量，输出网格空频加倍	只让0级通过，网格全部消失	挡去0级，输出网格像衬度反转

6. 将光路改为图 46-4 所示的单透镜光路，再做一次实验，注意：

（1）改变物和傅里叶透镜间的距离，频谱面位置是否发生了变化；

（2）改变物和傅里叶透镜的距离，观察频谱面上输入物的夫琅禾费衍射图样的大小有无变化。

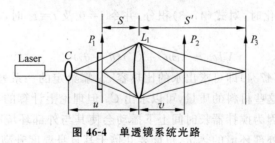

图 46-4　单透镜系统光路

五、思考题

1. 为什么笼统地说频谱平面就是傅里叶透镜的后焦平面是错误的？
2. 分析总结单透镜系统光路的特点。
3. 为什么采用一维方向滤波器滤波时，当让 45°斜方向的频谱分量通过时，输出像的条纹间距比让水平和竖直分量通过时的条纹间距小（条纹变密）？

实验 47 用电功量热法测定水的比热容

一、实验目的

1. 熟练使用量热器。
2. 用电功量热法测定水的比热容,加深对热力学第一定律的认识。
3. 通过对末态温度的修正,掌握一种散热修正方法。

二、实验仪器

电子天平(或物理天平)、量热器、搅拌器、加热器(带有玻璃套管的电热丝)、温度计($-25.0 \sim 125.0$ ℃)、直流稳压电源($0 \sim 30$ V,$0 \sim 3$ A)、烧杯等。

三、实验原理

1. 用电热法测定水的比热容

本实验采用电功量热法测定水的比热容,其依据是焦耳热效应。若加在电热丝两端的电压为 V,通过的电流为 I,则在时间 dt 内电场力做功为

$$dW = VI\,dt \tag{47-1}$$

这些功全部转化为热量,使一个盛水的量热器系统温度升高 $d\theta$,该系统吸收的热量为

$$dQ = (cm' + C_c)d\theta \tag{47-2}$$

其中 c 为水的比热容;m' 为水的质量;C_c 为量热器系统(包括内筒、电热丝、玻璃套管、搅拌器以及温度计浸没水中的那一部分等)的热容。

如果通电过程中无热量散失,则 $dW = dQ$,即

$$VI\,dt = (cm' + C_c)d\theta \tag{47-3}$$

当 V、I 均不随时间变化时,对式(47-3)积分,并令 $t=0$ 及 $t=t_n$ 时,系统温度 $\theta = \theta_0$ 及 θ'_n,则有

$$VIt_n = (cm' + C_c)(\theta'_n - \theta_0) \tag{47-4}$$

如果 C_c 已知,则由式(47-4)即可求出水的比热容 c。靠给定的一系列系统材料的比热容及在实验中不易称量的这些材料的质量,可以求出 C_c,但理论上计算的 C_c 往往与实际过程发生较大的偏离。这是因为搅拌器长时间上下摇动会使其与外部环境有更多的接触机会,由它带走并随时传递给外部环境的热量,可能要几倍于其自身温度升高所需要的热量;玻璃套管及温度计的热容,也会因实验者选用水量的多寡以及由系统温度向室温的过渡区域的影响而变得难以估计;等等。此外,本实验的目的还在于寻求一种水的比热容的绝对测量方法,即通过实地测量而不是希望给出过多的物理学常量来实现测量。

若将质量为 $m(\approx m')$、温度为 θ_a 的冷水,与量热器内已经通电加热过的水(假定其质量仍为 m',温度已变为 θ'_m)相混合,若平衡温度为 θ_b,则由热平衡方程可得

$$(cm' + C_c)(\theta'_m - \theta_b) = cm(\theta_b - \theta_a) \tag{47-5}$$

将式(47-4)与式(47-5)联立,消去 $(cm' + C_c)$,整理后得

$$c = \frac{VIt_n(\theta'_m - \theta_b)}{m(\theta'_n - \theta_0)(\theta_b - \theta_a)} \tag{47-6}$$

式(47-6)即水的比热容的计算式。式中虽不出现 m' 及 C_c,但对实验来讲,它们给予水的比热容 c 的测量结果的影响依然存在。例如,m' 的选取将直接影响 $(\theta'_n - \theta_0)$ 的大小,而且为了使 C_c 对测量结果不确定度的影响减小,又需考虑 m' 的量值,以及 m 与 m' 之比的选择,等等。

2. 散热修正

由于通电过程中,系统温度与环境温度不一致,所以,实验系统与外界的热量交换是不可避免的。设系统实际达到的末温 θ_n 与无热量交换时所应抵达的末温 θ'_n 偏离 $\Delta\theta$,则有

$$\theta'_n = \theta_n - \Delta\theta \tag{47-7}$$

依据牛顿冷却定律,在系统与环境温差不大,且处于自然冷却的情况下,系统的降温制冷速率

$$\frac{\mathrm{d}\theta}{\mathrm{d}t} = -k'(\theta - \theta_e) \tag{47-8}$$

式中 $k' = k/C_c$ 是一个与系统表面积成正比、并随表面辐射本领及系统热容而变的常量,称为降温常量,其物理意义为:单位温差下,单位时间内因与外界的热量交换而导致的温度变化量,单位是 s^{-1}。θ 及 θ_e 分别代表系统的表面温度及环境温度。

以相等的时间间隔 $\Delta t_0 = 30\ \mathrm{s}$ 连续记录通电加热过程中系统温度 $\theta_0, \theta_1, \cdots, \theta_i, \cdots, \theta_n$ 随时间 $0, 1 \cdot \Delta t_0, \cdots, i \cdot \Delta t_0, \cdots, n \cdot \Delta t_0 \equiv t_n$ 的变化。为求降温常数,切断加热电源后,仍连续记录系统温度 $\theta_{n+1}, \theta_{n+2}, \cdots, \theta_m$ 随时间 $(n+1)\Delta t_0, (n+2)\Delta t_0, \cdots, m\Delta t_0$ 的变化。当可假定室温不变时,对式(47-8)求解,并以降温过程中的边界条件 $t = (n+2)\Delta t_0$ 及 $m\Delta t_0$ 时,$\theta = \theta_{n+2}$,θ_m 代入,可得

$$k' = \frac{1}{(n+2-m)\Delta t_0} \ln \frac{\theta_m - \theta_e}{\theta_{n+2} - \theta_e} \tag{47-9}$$

对于较小的时间间隔,可假定系统温度随时间作线性变化,其在任一时间间隔内的平均温度可写作

$$\bar{\theta}_i = \frac{1}{2}(\theta_{i-1} + \theta_i) \tag{47-10}$$

将式(47-9)及式(47-10)代入式(47-8),可求出系统在不同温度 $\bar{\theta}_i$ 下,Δt_0 时间内由于散热而导致的温降 $\Delta\theta_i$,即

$$\Delta\theta_i = -k'(\bar{\theta}_i - \theta_e)\Delta t_0 \tag{47-11}$$

将式(47-10)代入式(47-11)并对加热过程中所有的时间间隔求和,经整理可得整个加热过程中由于散热而导致的总降温为

$$\Delta\theta = -k'\left[\sum_{i=1}^{n-1}\theta_i + \frac{1}{2}(\theta_0 + \theta_n) - n\theta_e\right]\Delta t_0 \tag{47-12}$$

将 $\Delta\theta$ 代入式(47-7),即可求出修正后系统的末温 θ'_n。

四、实验内容

1. 加热及降温过程

采用电流表外接法连接测量电路(如图 47-1 所示),注意电源电压须小于 5 V,同时记录室温 θ_e。

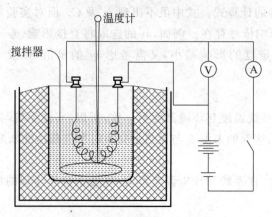

图 47-1 测量电路示意图

向量热器内加入适量(约 2/5 量筒)的水,称取其合质量 m_1(即水的质量 m' + 量筒的质量)。将其置于量热器外筒内,通电加热。调整加热电流适当,待电流、电压稳定后记录其数值。充分搅拌后读取系统初温 θ_0,同时计时,以 $\Delta t_0 = 30$ s 为间隔连续记录加热升温至断电停止加热(约 10 min)以及降温过程(约 12 min)中系统温度随时间的变化($\theta_0, \theta_1, \cdots, \theta_n$, $\theta_{n+1}, \theta_{n+2}, \cdots, \theta_m$)。

注意:加热过程中应不断搅拌,并观察电流、电压是否存在起伏。如有波动应予记录,并在最后取其等效平均值。

2. 混合过程

重新测量量热器中的水温 θ'_m,迅速将准备好的温度为 θ_a($\theta_a < \theta_e$)的冷水(质量为 $m \approx m'$)注入量热器(约至 4/5 量筒)内使之混合。充分搅拌后读取其平衡温度 θ_b。最后称取其总质量 m_2(= $m' + m$ + 量筒的质量)。

再次记录室温 θ_e。

五、注意事项

1. 注意正确连接电路,以防因电极接反而损坏仪表;
2. "室温"应取实验前、后的平均值;
3. 量热器内注入水后方可接通电源,以防加热器玻璃套管炸裂;
4. 实验过程中,应不断轻轻搅拌,以使温度计示值能代表系统的表面温度;
5. 加注冷水时,动作应迅速,但不得使水溅出,以免影响测量结果;
6. 正确使用直流稳压电源(输出须小于 5 V)及电流表、电压表等,小心操作使用温度计、烧杯等玻璃仪器;
7. 实验结束后应将内筒擦干,并将其他仪器用品整理复原。

六、思考题

1. 电功量热法的依据是什么?其基本条件在本实验中是怎样得到满足的?
2. 开始通电就开始计时、测温吗?何时开始计时、测温较好?为什么?

3. 为什么切断电源后温度仍会升高？如何判断系统已开始自然冷却，从而把 k' 求准？

4. 读取初温前及自然降温过程中是否需要搅拌？为什么？读取 θ_0 及 θ'_m 前要求轻轻摇动量热器，这样做有何益处？

5. 为了减小测量误差，选取参数时应注意什么？混合时，加注冷水的温度及质量应如何考虑？

6. 如何根据测得的 $\theta_{n+2},\cdots,\theta_m$ 以及室温 θ_e，用最小二乘法估算降温常数 k'？

实验 48 LCR 电路的谐振现象

一、实验目的

1. 研究 LCR 电路的谐振现象；
2. 了解 LCR 电路的相频特性和幅频特性。

二、实验仪器

标准电感、标准电容、电阻箱、双踪示波器、功率型函数发生器、隔离变压器。

三、实验原理

同时具有电感和电容两类元件的电路，在一定条件下会发生谐振现象。谐振时电路的阻抗、电压与电流以及它们之间的相位差、电路与外界之间的能量交换等均处于某种特殊状态，因而在实际中有着重要的应用，如在放大器、振荡器、滤波器电路中常用作选频等。本实验中，通过 LCR 电路的相频特性、幅频特性的测量，着重研究 LCR 电路的谐振现象。

1. 串联谐振

LCR 串联电路如图 48-1 所示。其总阻抗 $|Z|$、电压 u 与电流 i 之间的相位差 φ、电流 i 分别为

$$|Z| = \sqrt{R^2 + \left(\omega L - \frac{1}{\omega C}\right)^2} \quad (48\text{-}1)$$

$$\varphi = \arctan \frac{\omega L - \dfrac{1}{\omega C}}{R} \quad (48\text{-}2)$$

$$i = \frac{u}{\sqrt{R^2 + \left(\omega L - \dfrac{1}{\omega C}\right)^2}} \quad (48\text{-}3)$$

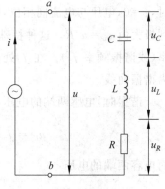

图 48-1 LCR 串联电路

其中 $\omega = 2\pi f$ 为角频率（f 为频率），$|Z|$、φ、i 都是 f 的函数，当电路中其他元件参数取确定值的情况下，它们的特性完全取决于频率。

图 48-2(a)、(b)、(c) 分别为 LCR 串联电路的阻抗、相位差、电流随频率的变化曲线，其中图 (b) $\varphi - f$ 曲线称为相频特性曲线；图 (c) $i - f$ 曲线称为幅频特性曲线，它表示在总电压 u 不变的条件下 i 随 f 的变化曲线。相频特性曲线和幅频特性曲线有时统称为频率响应特

性曲线,简称频响特性。

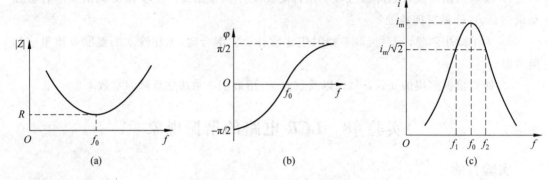

图 48-2　LCR 串联电路的频率特性
(a) 阻抗特性；(b) 相频特性；(c) 幅频特性

由图 48-2 可以看出,存在一个特殊的频率 f_0,特点为:

(1) 当 $f<f_0$ 时,$\varphi<0$,电流的相位超前于电压,整个电路呈电容性,且随 f 的降低,φ 趋近于 $-\pi/2$;而当 $f>f_0$ 时,$\varphi>0$,电流的相位落后于电压,整个电路呈电感性,且随 f 的升高,φ 趋近于 $\pi/2$。

(2) 随着 f 偏离 f_0 越远,阻抗越大,电流越小。

(3) 当 $\omega L - \dfrac{1}{\omega C}=0$,即

$$\omega_0 = \frac{1}{\sqrt{LC}} \quad \text{或} \quad f_0 = \frac{1}{2\pi\sqrt{LC}} \tag{48-4}$$

时,$\varphi=0$,电压与电流同相位,整个电路呈纯电阻性,总阻抗达到极小值 $Z_0=R$,而总电流达到极大值 $i_m=u/R$。这种特殊状态称为串联谐振,此时角频率 ω_0(或频率 f_0)称为谐振角频率(或谐振频率 f_0)。在 f_0 处,$i-f$ 曲线有明显尖锐的峰显示其谐振状态,因此,有时称它为谐振曲线。

谐振时,电感两端的电压

$$u_L = i_m |Z_L| = \frac{\omega_0 L}{R}u, \quad \frac{u_L}{u} = \frac{\omega_0 L}{R} = \frac{1}{R}\sqrt{\frac{L}{C}}$$

而电容两端的电压

$$u_C = i_m |Z_C| = \frac{1}{R\omega_0 C}u, \quad \frac{u_C}{u} = \frac{1}{R\omega_0 C} = \frac{1}{R}\sqrt{\frac{L}{C}}$$

令

$$Q = \frac{u_L}{u} = \frac{u_C}{u} \quad \text{或} \quad Q = \frac{\omega_0 L}{R} = \frac{1}{R\omega_0 C} \tag{48-5}$$

Q 称为谐振电路的品质因数,简称 Q 值。它是由电路的固有特性决定的,是标志和衡量谐振电路性能优劣的重要参数。Q 值标志着:

(1) 储耗能特性：Q 值越大,相对(储能的)耗能越小,储能效率越高(可以证明 Q 值等于 LC 元件总储能与每周期内耗能之比的 2π 倍)。

(2) 电压分配特性：谐振时，$u_L = u_C = Qu$，电感、电容上的电压均为总电压的 Q 倍，因此，有时称串联谐振为电压谐振。利用电压谐振，在某些传感器信息接收中，可显著提高灵敏度或效率，但在某些应用场合，它(对系统与人员却)具有(一定)不安全性，故而在设计和操作中应予以注意。

(3) 频率选择特性：设 f_1、f_2 为谐振峰两侧 $i = i_m/\sqrt{2}$ 处所对应的频率(如图 48-2(c)所示)，则 $\Delta f = f_2 - f_1$ 称为**通频带宽度**，简称带宽。当 f_1、f_2 与 f_0 很接近时，可以证明

$$Q = \frac{f_0}{\Delta f} \tag{48-6}$$

显然，Q 值越大，带宽越窄，峰越尖锐，频率选择性越好。Q 值对于放大器、滤波器的选频特性的影响甚大，因而在有关电路设计中是一个很重要的参数。

2. 并联谐振

如图 48-3 所示电路为工程上广泛应用的 LCR 并联电路，其总阻抗 $|Z_p|$、电压 u 与电流 i 之间的相位差 φ、电压 u (或电流 i)分别为

$$|Z| = \sqrt{\frac{R^2 + (\omega L)^2}{(1 - \omega^2 LC)^2 + (\omega CR)^2}} \tag{48-7}$$

$$\varphi = \arctan \frac{\omega L - \omega C[R^2 + (\omega L)^2]}{R} \tag{48-8}$$

$$u = i|Z_p| = \frac{u_R}{R}|Z_p| \tag{48-9}$$

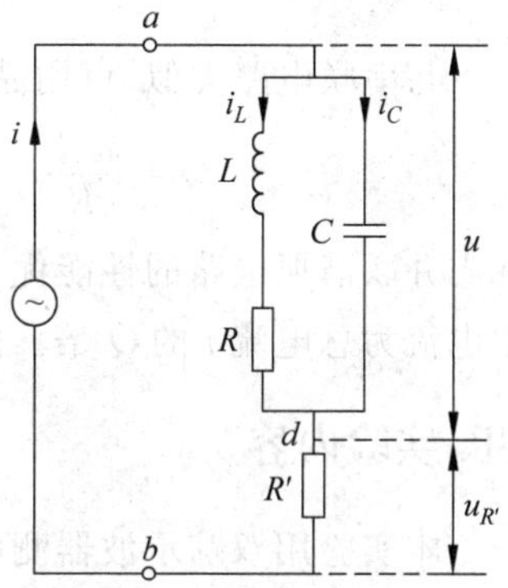

显然，它们都是频率的函数。当 $\varphi = 0$ 时，电流和电压同相位，整个电路呈纯电阻性，即发生谐振。由式(48-8)求得的并联谐振的角频率 ω_p (或并联谐振频率 f_p)为

$$\omega_p = 2\pi f_p = \sqrt{\frac{1}{LC} - \left(\frac{R}{L}\right)^2} = \omega_0 \sqrt{1 - \frac{1}{Q^2}} \tag{48-10}$$

图 48-3　LCR 并联电路

式中 $\omega_0 = 2\pi f_0 = 1/\sqrt{LC}$，$Q = \omega_0 L/R = \sqrt{L/C}/R$。可见，并联谐振频率 f_p 与 f_0 稍有不同，当 $Q \gg 1$ 时，$\omega_p \approx \omega_0$，$f_p \approx f_0$。

图 48-4(a)、(b)、(c)分别为 LCR 并联电路的阻抗、相位差、电流或电压随频率的变化曲线。由 $\varphi - f$ 曲线可见：在谐振频率 $f = f_p$ 两侧，当 $f < f_p$ 时，$\varphi > 0$，电流的相位落后于电压，整个电路呈电感性；当 $f > f_p$ 时，$\varphi < 0$，电流的相位超前于电压，整个电路呈电容性。显然，在谐振频率两边区域，并联电路的电抗特性与串联电路时截然相反。值得指出的是：对于 LCR 串联电路，电流电压同相与电路的阻抗值为极小 R 发生在同一频率 f_0 (见图 48-2(a))；但是对于图 48-3 所示的并联电路，可以证明同相与电路的阻抗值为极大 Z_0 (导纳值为极小)并不发生在同一频率，而是稍有不同的 f_p'。由图 48-4(a) $|Z_p| - f$ 曲线和图 48-4(c) $i - f$ 曲线可见，在 $f = f_p'$ 处总阻抗达到极大值，总电流达到极小值 i_0，而在 f_p' 两侧，随 f 偏离 f_p' 越远，阻抗越小，电流越大。不言而喻，这种特性与串联电路完全相反。图 48-4(c) $u - f$ 曲线为在总电流 i 保持不变的条件下，电感(或电容)两端电压 u 随频率的变化曲线

（由于当 R 较小时，并联电路的阻抗 Z_p 与串联电路的阻抗 Z 之间有关系 $Z_p \approx \dfrac{L}{C}/Z$，所以当总电流 i 不变时，$u=iZ_p$ 即图 48-4(c) $u-f$ 曲线将具有与图 48-2(c) 同样的形状）。

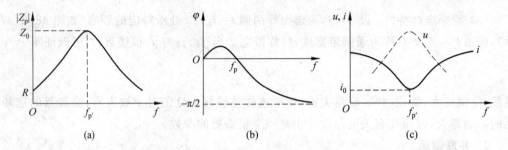

图 48-4　LCR 并联电路的频率特性
(a) 阻抗特性；(b) 相频特性；(c) 幅频特性

与串联电路类似，可用品质因数 Q 即

$$Q = \frac{\omega_0 L}{R} = \frac{1}{R\omega_0 C} \quad \text{或} \quad Q = \frac{u_C}{u} \approx \frac{u_L}{u} \quad \text{或} \quad Q \approx \frac{f_0}{\Delta f} \tag{48-11}$$

标志并联谐振电路的性能优劣，其意义也与串联电路类同，不过，此时 $i_L \approx i_C = Qi$，谐振支路中电流为总电流 i 的 Q 倍。因此，有时称并联谐振为电流谐振。

四、实验内容

本实验用双踪示波器测电压和相位差。在连接实验电路时，将函数发生器的正弦波输出电压接隔离变压器的初级（Ⅰ—Ⅰ端），其次级（Ⅱ—Ⅱ端）作为输出电压，接本实验电路的 a 和 b 两端。

1. 测 LCR 串联电路的相频特性和幅频特性曲线

测量电路如图 48-1 所示。取 $L=0.1\text{ H}, C=0.05\ \mu\text{F}, R=100\ \Omega$，用示波器的两个通道 CH_1 和 CH_2 分别观测总电压 u 和电阻两端的电压 u_R。（注意：两个通道输入线的地（黑色）端与 b 点共地。）

（1）测相频特性曲线：用双踪示波器（在双踪显示下）测出电压、电流间相位差 φ（参见公式(48-2)）。信号频率约在 1.40～3.10 kHz 范围内，选择相位差约 $\pm 15°$、$\pm 30°$、$\pm 45°$、$\pm 60°$、$\pm 72°$、$\pm 80°$ 所对应的频率，进行测量。

（2）测幅频特性曲线：在总电压的峰-峰值 $u_{pp}=3.0$ V 保持不变的条件下选择(1)中所选频率，再加选其相邻两频率间某一合适频率，测相应的 u_R。

（3）在谐振频率 f_0 下，测 u_L、u_C（仍取总电压的峰-峰值为 $u_{pp}=3.0$ V）。（注意：在测 u_L、u_C 时，为防止 CH_1 和 CH_2 不共地而造成局部短路，去掉一个通道的输入线，只用一个通道观测。）

2. 测 LCR 并联电路的相频特性和幅频特性曲线

测量电路如图 48-3 所示，取 $L=0.1\text{ H}, C=0.05\ \mu\text{F}, R'=5\text{ k}\Omega$（电阻 R' 是为监测总电流 i 保持不变而串入的）。为观测相位差 φ，把 CH_1、CH_2 的输入线地端接 d 点作共地，并用

CH$_1$观测 u，用 CH$_2$（把其"极性转换"按钮置于"推入"状态）观测 $u_{R'}$（总电流 $i=u_{R'}/R'$）。

(1) 测相频特性曲线：参照 1.(1)中的方法自行测量（选择频率范围约 1.70～2.80 kHz）。

(2) 测幅频特性曲线：固定$(u_{R'})_{pp}=2.0$ V不变，参照 1.(2)中的方法进行测量。

3.（选做）设计并实行用谐振法测定一个未知电感及其损耗电阻（限用本实验的仪器）。（写出实验原理，画出电路图，写出测量步骤，由测量数据算出结果。）

五、数据处理

1. 作 LCR 串联电路的 φ—f 曲线和 i—f 曲线。用式(48-5)和式(48-6)计算出 3 个 Q 值并进行比较。分析讨论以上结果。

2. 作 LCR 并联电路的 φ—f 曲线和 i—f 曲线。用式(48-11)计算出 3 个 Q 值并进行比较。分析讨论结果。

六、思考题

1. 若把图 48-1 中的 R 改为 500 Ω，其他条件不变，电路的谐振特性会有什么变化（用计算数据予以说明）？

2. Q 表是常用的一种测量电抗元件 Q 值的仪器。图 48-5 为其原理图。待测样品为磁环上绕制的电感线圈，它等效于一个纯电感 L 和一个损耗电阻 r 串联，C 为近乎无损耗的空气介质电容器，f 为高频信号源，V、V$_C$ 为毫伏表。

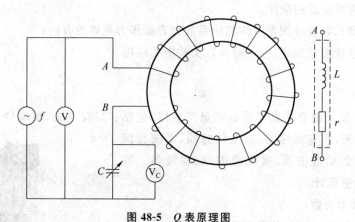

图 48-5　Q 表原理图

(1) 说明测量原理；

(2) 写出测量步骤；

(3) 若在测量某一样品时，$C=330$ pF，$f_0=600$ kHz，$u=10$ mV，$u_C=1.00$ V，试求 L、r、Q 值。

3. 图 48-6 为某晶体管超外差收音机中波段的输入回路。B$_1$ 为磁性天线线圈，$L_1=300$ μH，C_1 为可变电容器，其容量为 7/270 pF，$C_2=10$ pF（为 5/20 pF 半可调电容器），设 a、b 两点间有分布电容 $C_0=10$ pF。试求该波段接收信号的频率范围。

4. 图 48-7 为频率稳定度很高的某晶体振荡器中的正弦波振荡器部分的等效电路。设谐振频率为 20 MHz，$C_1=50$ pF，$C_2=100$ pF，$C_3=C_5=10$ pF（均为 5/20 pF 半可调电容器），$C_4=5.6$ pF。试求电感 L_1 的值。

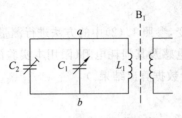

图 48-6　收音机调谐回路

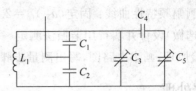

图 48-7　晶体振荡器的等效电路

实验 49　毛细管法测量液体黏滞系数和表面张力系数

本实验使用奥氏黏度计，采用比较法测量液体黏滞系数。相比落球法测量液体黏滞系数的方法，本实验利用了黏滞流体在垂直毛细管内的流动规律，具有所需测量样品量少、可测不同温度点、控温精度高、结果可重复性好等优点。特别适用于黏滞系数小的液体，如水、酒精、汽油、血浆或血清等。本实验仪器可用于基础物理实验和设计性实验。

一、实验目的

1. 了解泊肃叶公式的应用；
2. 学习用奥氏黏度计测量液体黏滞系数和表面张力系数的方法；
3. 学习比较法测量原理，并了解其在实验中的应用。

二、实验仪器

FD-LSM-B 型毛细管法黏滞系数测量实验仪（包括：实验主机，玻璃烧杯，磁性转子，奥氏黏度计，秒表，装有加热器、温度传感器、毛细管固定架、连接插座的恒温槽盖，吸气橡皮球、移液器。如图 49-1 所示），密度计。

仪器主要技术参数：

(1) 控温分辨率：0.1℃，控温范围：室温—45.0℃。

(2) 秒表：计时分辨率 0.01 s。

(3) 电机转速可调，供电电压：4～11 V。

(4) 奥氏黏度计：毛细管内径 0.55 mm，毛细管长度约 102 mm。

(5) 玻璃烧杯容积：约 1.5 L。

(6) 移液器：量程 1000 μL。

(7) 电源：交流 220 V。

图 49-1　毛细管法黏滞系数测量实验仪

三、实验原理

自然界中,一切实际流体(气体、液体)都具有一定的黏滞性,这表现在流体流动时,各流体层之间有摩擦力的作用。当相邻两层流体以不同的定向速度运动时,由于流体分子之间的作用力和分子热运动,就会在流体内部产生平行于流层的切向力,运动快的流层对运动慢的流层以拉力 f,运动慢的流层对运动快的流层以阻力 f',这一对力被称为内摩擦力,或黏滞力。内摩擦力的大小与流体层的面积大小、各层之间的速度梯度(垂直于流层)及流体本身的特性有关。

设流体充满相距为 x 的两平行板 A 和 B 之间,板的面积为 S,B 板保持静止,以恒力 f 作用在 A 板表面切线方向。由于板表面所附着的流体与板间的流体有摩擦力存在,A 板将由加速运动变为匀速运动(此时 f 与 f' 大小相等),其速度为 v,各层的速度分布如图 49-2 所示。对给定的流体,实验表明,作用于接触面积为 S 的相临两流层上的黏滞力 f 与垂直于 S 方向上的速度梯度 $\mathrm{d}v/\mathrm{d}x$ 以及接触面积 S 成正比,即

$$f = \eta \frac{\mathrm{d}v}{\mathrm{d}x} S \tag{49-1}$$

式中,η 即为流体的黏滞系数。所以

$$\eta = \frac{f}{S\frac{\mathrm{d}v}{\mathrm{d}x}} \tag{49-2}$$

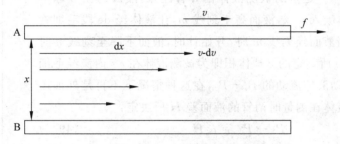

图 49-2 内摩擦系数与速度分布示意图

不同流体有不同的黏滞系数,同一种流体在不同温度下的黏滞系数也不相同,而且流体的黏滞系数还与压强有关,但不显著。气体的黏滞系数很小,且与温度的平方根成比例。由于液体分子间距比气体小千倍以上,层间分子的相互作用力成为产生内摩擦力的主要原因,所以其黏滞系数比气体大 $10^2 \sim 10^4$ 倍,且随温度的升高几乎按指数规律减小。在国际单位制中,黏滞系数的单位为:帕斯卡·秒(Pa·s)。1Pa·s 相当于速度梯度为 $1\mathrm{s}^{-1}$ 时,作用在 $1\mathrm{m}^2$ 接触面积上的力为 1N 的流体所具有的黏滞系数,即

$$1\,\mathrm{Pa} \cdot \mathrm{s} = 1\,\mathrm{N} \cdot \mathrm{s} \cdot \mathrm{m}^{-2}$$

设实际液体在半径为 R,长度为 L 的水平管中作稳定流动,取半径为 $r(r<R)$ 的液柱,作用在液柱两端的压强差为 P_1-P_2,则推动此液柱流动的力为

$$F_1 = (P_1 - P_2)\pi r^2 \tag{49-3}$$

液体所受的黏滞阻力为

$$F_2 = -\eta \frac{dv}{dr} 2\pi rL \qquad (49\text{-}4)$$

设液体作稳定流动，则有

$$F_1 = F_2$$

$$(P_1 - P_2)\pi r^2 = -2\pi rL\eta \frac{dv}{dr}$$

$$-\frac{dv}{dr} = \frac{P_1 - P_2}{2\eta L} r$$

对上式积分可得

$$v = \frac{P_1 - P_2}{4\eta L}(R^2 - r^2) \qquad (49\text{-}5)$$

在 t s 内流经管内任一截面的液体体积为

$$V = \int_0^R 2\pi rv\,dr = \frac{\pi R^4 (P_1 - P_2)}{8\eta L} t \qquad (49\text{-}6)$$

上式即是泊肃叶公式。亦可改写为

$$\eta = \frac{\pi R^4 (P_1 - P_2)}{8VL} t \qquad (49\text{-}7)$$

利用上式便可以计算出液体的黏滞系数。

奥氏黏度计结构如图 49-3 所示，为由玻璃制成的 U 形连通管。使用时竖直放置。一定量的被测液体由 a 管注入，液面约在 b 球中部，测量时将液体吸入 c 球，液面高于刻线 m，让液体经 de 段毛细管自由向下流动，当液面经刻线 m 时，开始计时，液面下降至刻线 n 时停止计时，由 m、n 所划定的 c 球体积即为被测液体在 t s 内流经毛细管的体积 V。推动液体流动的 $P_1 - P_2$，在这种情况下不再是外加压强，而是由被测液体在测量时两管的液面差 H 所决定：

$$P_1 - P_2 = \rho g H \qquad (49\text{-}8)$$

由此可得

$$\eta = \frac{\pi R^4 g H}{8VL} \rho t \qquad (49\text{-}9)$$

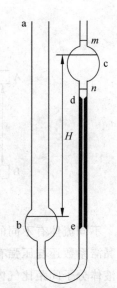

图 49-3 奥氏黏度计

在实际测量中，毛细管的半径 R、长度 L，以及刻线 m、n 所划定的体积 V 都是很难准确地测定的，液面差 H 也随液体的流动时间而改变，不是一个固定值。因此，直接使用式(49-9)来测量是十分不方便的。比较法是用一支奥氏黏度计对两种液体进行测量，若其中一种液体的黏滞系数已知，通过比较即可得知另一种液体的黏滞系数。设第一种液体的黏滞系数为 η_1，密度为 ρ_1，流经毛细管的时间为 t_1，第二种液体的黏滞系数为 η_2，密度为 ρ_2，流经毛细管的时间为 t_2，则

$$\eta_1 = \frac{\pi R^4 g H}{8VL} \rho_1 t_1 \qquad (49\text{-}10)$$

$$\eta_2 = \frac{\pi R^4 g H}{8VL} \rho_2 t_2 \qquad (49\text{-}11)$$

由于 R、V、L 都是定值,如果取用的两种液体的体积也是相同的,则在测量开始和测量结束时的液面差 H 也是相同的。因此,将式(49-10)、式(49-11)相比较,可得

$$\frac{\eta_1}{\eta_2} = \frac{\rho_1 t_1}{\rho_2 t_2} \tag{49-12}$$

即

$$\eta_2 = \eta_1 \frac{\rho_2 t_2}{\rho_1 t_1} \tag{49-13}$$

若 η_1、ρ_1 和 ρ_2 为已知,根据测得的 t_1 和 t_2 即可算出 η_2。其中 ρ_1 和 ρ_2 可用密度计测量(见实验2中的附录3)。

用奥氏黏度计还可以测量液体的表面张力系数。如图49-3所示,奥氏黏度计的一边是口径稍大的玻璃管,另一边是直径很小的毛细管,这相当于一个毛细管插入广延的液体中。当液体静止时,由于毛细作用,液体会沿着毛细管上升一段高度 Δh。设在一定温度下表面张力系数为 α_1、密度为 ρ_1 的液体从 c 泡自由下降到平衡状态时,亦即两边的力达到平衡时,右侧液面在毛细管 de 内的高度为 h_{01},左侧液面在 b 泡处的高度为 h_1,其差值 $\Delta h_1 = h_{01} - h_1$,若液体与管壁的接触角可视为零,则有

$$\alpha_1 = \Delta h_1 r \rho_1 g / 2 \tag{49-14}$$

同样,有相同体积的表面张力系数为 α_2、密度为 ρ_2 的待测液体,在同一温度下从 c 泡自由下降达到平衡时,右侧液面在毛细管 de 内的高度为 h_{02},左侧液面在 b 泡处的高度为 h_2,其差值为 $\Delta h_2 = h_{02} - h_2$,接触角视为零,则有

$$\alpha_2 = \Delta h_2 r \rho_2 g / 2 \tag{49-15}$$

把式(49-14)和式(49-15)相除得到

$$\alpha_2 = \frac{\Delta h_2 \rho_2}{\Delta h_1 \rho_1} \alpha_1 \tag{49-16}$$

若式(49-16)中的 α_1、ρ_1 和 ρ_2 已知,测量出 Δh_1 和 Δh_2 便可算出 α_2。

四、实验内容

1. 黏滞系数测量

(1) 摆放好主机,将玻璃烧杯注入水(水量接近杯口的刻线),放入磁性转子,把烧杯放在机箱指定位置,将主机与加热器(位于恒温槽盖)用传感器连接线连接,打开电源开关,顺时针旋转"电机控制"的"转速调节"电位器至接近最大,将"电机控制"开关拨至"开",这时可以看到杯中的磁性转子快速转动,逆时针转动"转速调节"电位器至接近最小,使转子以合适的速度转动,最后设定温度(取决于实验的设计,但要高于室温),对恒温槽进行加热。

温度设定控制方法:开机时首先显示标志"FdHC",接着显示当前温度("A"标志开头),最后显示设定温度"b=.=",并停在这个显示(按"升温""降温"键可改变设定温度),按"确定"键开始加热,期间如果希望重新设定温度,按"复位"键重新设定,步骤同前(等到显示"b"开头的显示时开始设置温度)。另外,在加热期间,可按"确定"键切换显示设置温度("b"标志开头)和当前测量温度("A"标志开头)。

(2) 清洗奥氏黏度计:用移液器将 6~10 mL 的酒精注入黏度计的 b 泡中,打开橡皮球

的阀门,用手捏住橡皮球,尽量把橡皮球中的空气挤出,关闭阀门松开手缓缓吸气,将液体从 b 泡吸入 c 泡,并使液面稍高于 m 刻线(注意不要吸入橡皮球中)。再次挤压橡皮球,将液体全部压回到大管中。重复上述步骤两到三次,将酒精压入大管中后,倒入回收杯中。

(3) 取 6~8 mL 的酒精注入黏度计中(对具体的体积不作要求,但要保证前后注入的两种液体的体积相同)。

(4) 将黏度计放入恒温槽中,固定并保证其在竖直位置。

(5) 用橡皮球将黏度计 b 泡中的酒精吸入 c 泡中并使液面稍高于 m 刻线(注意不要吸入橡皮球内)。

(6) 打开橡皮球阀门,让液面自由下降,用计时器记录液面从刻线 m 下降到刻线 n 所用的时间 t_1(注意视线应与刻线水平)。

(7) 重复(5)、(6)两个步骤,测量 3~5 个数据(按照实验内容的设计而定)。

(8) 挤压橡皮球让酒精全部压入大管中,然后倒出。

(9) 用 6~10 mL 的水,按照步骤(2)的方法再次清洗黏度计。

(10) 取与之前相同体积(见步骤(3))的水注入黏度计中,重复步骤(4)、(5)、(6)、(7)的方法测量 t_2。然后挤压橡皮球把水压入大管中倒出。

(11) 用密度计测出水和酒精的密度,按照公式(49-13)计算出酒精在某个温度下的黏滞系数。

2. 表面张力系数测量

(1) 用清水、蒸馏水洗涤奥氏黏度计和移液器,晾干。设定恒温器温度(一般为 30℃),并让其稳定在该设定温度。

(2) 用移液器取 10 mL 待测液体注入奥氏黏度计中,c 泡上端用橡皮球吸住,使液面上升至 c 泡后,让其自由下降(此即让毛细管充分湿润后,液体再下降)。

(3) 静止后用玻璃烧杯外面的刻度尺测量出奥氏黏度计两边液面的高度差(注意测量时眼睛要平视液面)。

(4) 倒出待测液体,重复步骤(1)清洗奥氏黏度计和移液器,晾干。

(5) 用移液器取 10 mL 的标准液体(纯水),用与步骤(2)、(3)同样的方法测量出奥氏黏度计两边液面的高度差。

(6) 根据公式(49-16)计算待测液体的表面张力系数。

五、注意事项

1. 实验时注意轻拿轻放烧杯,并避免液体洒在机箱上面。

2. 由于实验设备中没有冷却设备,为了保证实验速度,测量的温度点应从低温到高温。恒温槽中的水不应放得过满(一般加至烧杯上的水位标志线高度即可),否则在加温时水会溢出恒温槽。

3. 奥氏黏度计十分易碎,尤其下端弯曲的部分很容易折断,操作过程中尽量不要一手同时握两管。

4. 要保证两次测量时毛细管的摆放位置相同(垂直于水平面固定在加热器盖子上),标准液和待测液的体积必须相同,这样才能保证参数的可比性,从而使前后两次所产生的压强之比等于这两种液体的密度之比。

5. 使用橡皮球吸液体时,应放慢速度,防止液体流动过快使得液体流入橡皮球中,从而影响液体的体积。

6. 为保证被测液体的温度与恒温槽中的温度相同,每设定一个温度时应等待 3~5 min 后再进行测量。

7. 将橡皮管与奥氏黏度计连接时,注意手握黏度计的力度和方法,以免握断黏度计,可以用水润湿橡皮管头并且旋转着拧进。

8. 仪器通电后,禁止触摸加热棒及加热棒的电源插头/座(特别是手沾水的情况下),以免触电;另外加热器在最大加热温度时温度比较高,触摸加热棒也容易烫伤。

9. 奥氏黏度计在实验前后应清洗,防止毛细管堵塞。做完实验后应该从恒温槽上拆下,放在安全的地方妥善保管。烧杯中的水不宜长时间存放,加热器和测温棒更不能长时间浸泡在水中,实验后应将水倒去(倒水时注意转动磁子,防止与水一起倒入下水道)。

附录　水在不同温度下的黏滞系数和表面张力系数

表 49-1　不同温度下纯水的黏滞系数

温度/℃	黏滞系数/(10^{-7} Pa·s)	温度/℃	黏滞系数/(10^{-7} Pa·s)
21	9 810	31	7 840
22	9 579	32	7 679
23	9 358	33	7 523
24	9 142	34	7 371
25	8 937	35	7 225
26	8 737	36	7 085
27	8 545	37	6 947
28	8 360	38	6 814
29	8 180	39	6 685
30	8 007	40	6 560

表 49-2　不同温度下纯水的表面张力系数

温度/℃	表面张力系数/(10^{-3} N·m^{-1})	温度/℃	表面张力系数/(10^{-3} N·m^{-1})
0	75.62	10	74.20
5	74.90	11	74.07
6	74.76	12	73.92
8	74.48	13	73.78

温度/℃	表面张力系数/(10^{-3} N·m^{-1})	温度/℃	表面张力系数/(10^{-3} N·m^{-1})
14	73.64	24	72.12
15	73.48	25	71.96
16	73.34	30	71.15
17	73.20	40	69.55
18	73.05	50	67.90
19	72.89	60	66.17
20	72.75	70	64.41
21	72.60	80	62.60
22	72.44	90	60.74
23	72.28	100	58.84

实验50 弗兰克-赫兹实验

1914年弗兰克(F. Franck)和赫兹(G. Hertz)在研究气体放电现象中低能电子与原子间相互作用时,在充汞的放电管中发现:透过汞蒸气的电子流随电子的能量呈现有规律的周期性变化,间隔为4.9 eV,并拍摄到与能量4.9 eV相对应的光谱线253.7 nm。对此,他们提出了原子中存在的"临界电势"的概念:当电子能量低于与临界电势相应的临界能量时,电子与原子碰撞是弹性的,而当能量达到这一临界能量时,碰撞过程由弹性变为非弹性,电子把这份特定的能量转移给原子使之受激,原子退激时再以特定频率的光量子形式把能量辐射出来,电子损失的能量 ΔE 与光量子能量及光子频率的关系为

$$\Delta E = eV = h\nu$$

该实验的真正价值在于恰好为玻尔于1913年提出的原子模型理论提供了光谱研究之外的另一种验证手段,使玻尔理论具有了坚实的实验基础。

1920年弗兰克及其合作者对原先的实验装置作了改进,提高了分辨率,测得了汞的除4.9 eV以外的较高激发能级和电离能级,进一步证实了原子内部能量是量子化的。1925年弗兰克和赫兹共同获得诺贝尔物理学奖。

一、实验目的

1. 通过实验了解原子内部能量量子化的情况。
2. 学习和体验弗兰克和赫兹研究气体放电现象过程中低能电子和原子间相互作用的实验思想和实验方法。

二、实验仪器

F-H-Ⅱ型分体式弗兰克-赫兹教学实验仪,它由以下三大部分组成:

1. F-H 电源组；
2. 扫描电源和微电流放大器；
3. F-H 管、加热炉、控温装置（充氩 F-H 管不用）。

三、实验原理

根据玻尔理论，原子只能处在某一些状态，每一状态对应一定的能量，其数值彼此是分立的；原子在能级间进行跃迁时吸收或发射确定频率的光子，当原子与一定能量的电子发生碰撞可以使原子从低能级跃迁到高能级（激发），如果是基态和第一激发态之间的跃迁，则有

$$eV = \frac{1}{2}m_e v^2 = E_1 - E_0$$

电子在电场中获得的动能和原子碰撞时交给原子，原子从基态跃迁到第一激发态，V_1 称为原子第一激发电势（位）。

进行弗兰克-赫兹实验（F-H 实验）通常使用的碰撞管是充汞的。这是因为汞是原子分子，能级较为简单；汞是一种易于操纵的物质，常温下是液体，饱和蒸气压很低，加热就可改变它的饱和蒸气压；汞的原子量较大，和电子作弹性碰撞时几乎不损失动能；汞的第一激发能级较低（4.9 eV），因此只需几十伏电压就能观察到多个峰值。当然除充汞蒸气以外，还常用充惰性气体如氖、氩等的碰撞管，这些碰撞管温度对气压影响不大，在常温下就可以进行实验。

对于四极式的 F-H 碰撞管，实验线路连接如图 50-1 所示。

V_F 为灯丝加热电压（直流 1～5 V 连续可调）；V_{G1K} 为正向小电压（直流 0～5 V 连续可调），它的作用是抵消阴极附近电子云形成的负电位的影响；V_{G2K} 为加速电压，具有"手动"（0～90 V 连续可调）和"自动"（锯齿波扫描电压）两种工作方式，且电压上限值可调；V_{G2P} 为减速电压（直流 0～15 V 连续可调）。

F-H 管中的电位分布如图 50-2 所示。

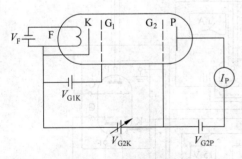
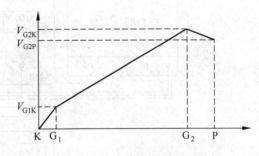

图 50-1　F-H 管接线图　　　　图 50-2　F-H 管电位分布图

电子由阴极发出经电场 V_{G2K} 加速趋向阳极，只要电子能量达到克服减速电场 V_{G2P} 就能穿过栅极 G_2 到达板极 P 形成电子流 I_P。由于管中充有气体原子，电子前进的途中要与原子发生碰撞。如果电子能量小于第一激发能 eV_1，它们之间的碰撞是弹性的，根据弹性碰撞前后系统动量和动能守恒原理不难推得电子损失的能量极小，电子能如期地到达板极；如果

电子能量达到或超过 eV_1，电子与原子将发生非弹性碰撞，电子把能量 eV_1 传给气体原子，要是非弹性碰撞发生在 G_2 栅附近，损失了能量的电子将无法克服减速场 V_{G2P} 到达板极。

这样，从阴极发出的电子随着 V_{G2K} 从零开始增加板极上将有电流出现并增加，如果加速到 G_2 栅的电子获得等于或大于 eV_1 的能量将出现非弹性碰撞而出现 I_P 的第一次下降。随着 V_{G2K} 增加，电子与原子发生非弹性碰撞的区域向阴极方向移动；经碰撞损失能量的电子在趋向板极的途中又得到加速，又开始有足够的能量克服 V_{G2P} 减速电压到达板极。I_P 随 V_{G2K} 增加又开始增加，而如果 V_{G2K} 的增加使那些经历过非弹性碰撞的电子能量又达到 eV_1，则电子又将与原子发生多次非弹性碰撞。每当 V_{G2K} 造成的最后一次非弹性碰撞区落在 G_2 栅极附近就会使 I_P-V_{G2K} 曲线出现下降，如此反复将出现如图 50-3 所示的曲线。由于开始时阴极 K 附近积聚了较多电子，这些空间电荷（电子云）使 K 发出的电子受阻滞而不能全部参

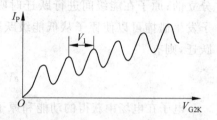

图 50-3　板极电流与加速电压·关系图

与导电，随着 V_{G2K} 的增大，空间电荷逐渐被驱散，参与导电的电子逐渐增多，所以 I_P-V_{G2K} 曲线的总趋势呈上升状。

曲线的极大极小出现呈现明显的规律性，它是能级量子化能量被吸收的结果，也是原子能级量子化的体现，就图 50-3 的规律来说，每相邻极大或极小值之间的电位差为第一激发电势（位）。

四、实验内容：原子的第一激发电位的测量

实验测定弗兰克-赫兹实验管的 I_P-V_{G2K} 曲线，观察原子能量量子化情况，并由此求出充气管中汞原子的第一激发电位。

1. 按图 50-4 连接电路，其中 X-Y 记录仪也可用示波器（手动测量时不用）。

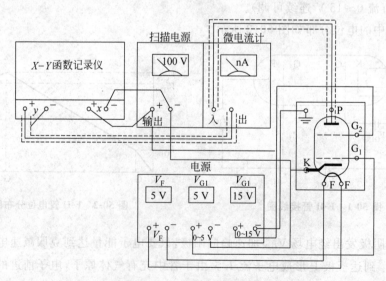

图 50-4　实验仪器连接图

2. 开启电炉加热系统使 F-H 管置于某一温度(160~180℃)。

3. 选择适当的实验条件如 $V_F \approx 2\,\text{V}$，$V_{G1K} \approx 1\,\text{V}$，$V_{G2K} \approx 1\,\text{V}$，用手动方法改变 V_{G2K}，同时观察电流计上 I_P 的变化。

注意：如果 V_{G2K} 增加时电流迅速增加，则表明 F-H 管已产生击穿，则应立即调低 V_{G2K}。如果希望有较大的击穿电压，可以用增高气体密度或降低灯丝电压来达到。

4. 适当调整实验条件使微电流计能出现 10 个峰(汞)，峰谷明显。

5. 选取合适的实验点记录数据，使得能完整真实地绘出 I_P-V_{G2K} 曲线。

6. 处理 I_P-V_{G2K} 曲线，求出汞的第一激发电位。

处理方法：

① 用曲线的峰或谷位置电位差求平均值。

② 用最小二乘法处理峰或谷点位置电位：

$$V_{G2K} = a + V_1 n$$

式中，n 为峰或谷序数；V_{G2K} 为特征位置电位值；V_1 为拟合的第一激发电位。

7. 降低炉温(例为 140℃)观察 I_P-V_{G2K} 曲线变化，记录第一峰和最末峰位置，与 6 比较，大致推断炉温对曲线的影响。

五、注意事项

1. 先开启电炉加热至实验温度值，再开启其他电源。

2. 不同的实验条件有不同的 V_{G2K} 击穿值，击穿发生后应立即调低 V_{G2K} 以免 F-H 管受损。

3. 灯丝电压不宜调得过大，宜在 2~3 V。

六、思考题

1. 用充汞管做 F-H 实验为何要先开电炉加热？
2. 考察 I_P-V_{G2K} 周期变化与能级的关系，如果出现差异估计是什么原因？
3. 第一峰位置值为何与第一激发电位有偏差？

实验 51 核 磁 共 振

1896 年，荷兰物理学家塞曼(Zeeman)发现在强磁场作用下，光谱的谱线会发生分裂，这一现象称为"塞曼效应"，塞曼因此获得 1902 年的诺贝尔物理学奖。塞曼效应的本质是原子的能级在磁场中的分裂，后来把各种能级在磁场中的分裂都称为"塞曼分裂"。

原子核的能量也是量子化的，也有核能级，这种核能级在磁场作用下也会发生塞曼分裂。当入射的电磁波的频率所对应的能量与核能级的塞曼分裂的能级差相同时，该原子核系统对这种电磁波的吸收最大，这种现象称为"核磁共振"。核磁共振技术来源于 1939 年拉比(I. I. Rabi)所创立的分子束共振法。他用这种方法首先实现了核磁共振这一物理思想，精确地测定了一些原子核的磁矩，从而获得了 1944 年的诺贝尔物理学奖。随后，伯塞尔(E. M. Purcell)和布洛赫(F. Bloch)因在 1946 年观察到液体和固体中质子的共振吸收而分获 1952 年的诺贝尔物理学奖。

如今，核磁共振已成为确定物质分子结构、组成和性质的重要实验方法，在有机化学分析中更具有独特的优点。1973 年，Paul Lauterbur 最早发表核磁共振成像实验，1977 年研制成功的人体核磁共振断层扫描仪（NMR-CT）因能获得人体软组织的清晰图像而成功用于许多疑难病症的临床诊断。2003 年，Paul Lauterbur 因核磁共振成像研究的成就获诺贝尔生理学或医学奖。

一、实验目的

1. 了解核磁共振的基本原理。
2. 学习利用核磁共振的稳态吸收信号测量样品的共振频率并计算相应的旋磁比和核朗德因子。

二、实验原理

1. 原子核的磁矩和磁共振

原子核具有自旋角动量 $\boldsymbol{P}$，会产生核磁矩 $\boldsymbol{\mu}$：

$$\boldsymbol{\mu} = \gamma' \boldsymbol{P} \tag{51-1}$$

$\gamma' = g_N \dfrac{e}{2m_P}$ 称为旋磁比，是一个参数。其中，e 为质子电荷；m_P 为质子质量；g_N 为核朗德因子，其值因核而异，可正可负。

原子核在磁场 $\boldsymbol{H}$ 中受到力矩 $\boldsymbol{L}$：

$$\boldsymbol{L} = \boldsymbol{\mu} \times \mu_0 \boldsymbol{H} \tag{51-2}$$

并且产生附加能量

$$E = -\boldsymbol{\mu} \cdot \mu_0 \boldsymbol{H} \tag{51-3}$$

根据量子力学，角动量和磁矩在空间的取向是量子化的，设外磁场 $\boldsymbol{H} = \hat{z} H_0$ 的方向沿 z 轴，则 $\boldsymbol{P}$ 与 $\boldsymbol{\mu}$ 在外磁场方向的投影只取以下数值：

$$P_z = m\hbar, \quad \mu_z = \gamma' m \hbar$$

式中 m 为磁量子数。当 m 取最大值时投影最大，通常取 P_z 和 μ_z 的最大值作为微观粒子的角动量和磁矩的代表值。把上式中的 μ_z 代入式(51-3)，则

$$E = -\boldsymbol{\mu} \cdot \mu_0 \boldsymbol{H}_0 = -\gamma' m \hbar \mu_0 H_0$$

由此可见，磁矩在磁场中的能量只取分立的能量值。例如，自旋量子数 $I = \dfrac{1}{2}$ 的氢核，$m = I$，$-I$，只能取两个值，磁矩在外磁场方向上的投影也只能取两个值，如图 51-1(a)所示，与此相应的能级如图 51-1(b)所示（这些能级又称为塞曼能级）。

根据量子力学的规律，只有 $\Delta m = \pm 1$ 的两个能级之间才能发生跃迁，这两个高、低跃迁能级之间的能量差为

$$\Delta E = \gamma' \hbar \mu_0 H_0$$

由这个公式可知：相邻两个能级之间的能量差 ΔE 与外磁场 H_0 的大小成正比，磁场越强，则两个能级分裂也越大。如果实验时在外磁场区域又叠加一个电磁波，如果电磁波的能量 $\hbar\omega$ 恰好等于相邻两个塞曼能级之差，则原子核就会发生共振跃迁吸收电磁波的能量。由于塞曼能级间隔很小，故磁共振跃迁所吸收或发射的能量是在比光频小得多的射频或微波频

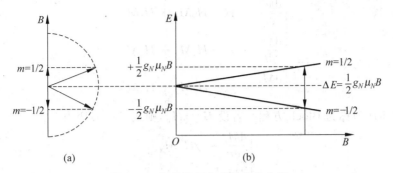

图 51-1 氢核能级在磁场中的分裂

段辐射量子 $\hbar\omega$ 的能量范围。

对裸露的质子而言,经过大量测量得到 $\gamma'/(2\pi)=42.577\,469\text{ MHz/T}$。但是对于原子或分子中处于不同基团的质子,由于不同质子所处的化学环境不同,受到周围电子屏蔽的情况不同,$\gamma'/(2\pi)$ 的数值将略有差别,这种差别称为化学位移。对于温度为 25℃ 球形容器中水样品的质子,$\gamma'/(2\pi)=42.576\,375\text{ MHz/T}$,本实验可采用这个数值作为很好的近似值。

2. Bloch 方程

Bloch 根据经典理论力学和部分量子力学的概念推导出 Bloch 方程。Feynman、Vernon、Hellwarth 在推导二能级原子系统与电磁场作用时从基本的薛定谔方程出发得到与 Bloch 方程完全相同的结果,从而得出 Bloch 方程适用于一切能级跃迁理论,他们的理论称为 FVH 表象。FVH 表象是简单而严格的理论。以下介绍半经典理论和弛豫时间的概念。(FVH 表象参看本实验参考文献[1])

Bloch 将原子核近似为自转陀螺,原子核的能级跃迁理解为陀螺在外力作用下的进动和章动,如图 51-2 所示。以下是 Bloch 方程的推导。

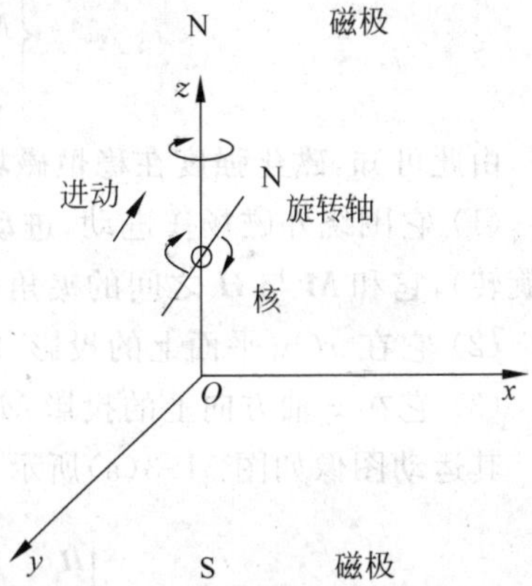

由于实验样品不是单个核磁矩 $\boldsymbol{\mu}$,而是由这些微观磁矩的矢量和构成的宏观磁化强度 $\boldsymbol{M}$(为单位体积内所有微观磁矩的矢量和),所以相应于 $\boldsymbol{M}$ 有一个宏观角动量 $\boldsymbol{G}$:

$$\boldsymbol{M} = \gamma' \boldsymbol{G}$$

$\boldsymbol{M}$ 在磁场 $\boldsymbol{H}$ 中所受力矩

$$\boldsymbol{T}_H = \boldsymbol{M} \times \mu_0 \boldsymbol{H}$$

图 51-2 陀螺(原子核)在外力作用下的进动和章动

在此力矩作用下,与磁化强度 $\boldsymbol{M}$ 相对应的角动量 $\boldsymbol{G}$ 将发生变化:

$$\frac{\mathrm{d}\boldsymbol{G}}{\mathrm{d}t} = \boldsymbol{T}_H$$

由此可得

$$\frac{\mathrm{d}\boldsymbol{M}}{\mathrm{d}t} = \gamma \boldsymbol{M} \times \boldsymbol{H} \tag{51-4}$$

式中,$\gamma = \mu_0 \gamma' = g_N \dfrac{\mu_0 e}{2m_P}$。其分量式为

$$\begin{cases} \dfrac{\mathrm{d}M_x}{\mathrm{d}t} = \gamma(-H_y M_z + H_z M_y) \\ \dfrac{\mathrm{d}M_y}{\mathrm{d}t} = \gamma(-H_z M_x + H_x M_z) \\ \dfrac{\mathrm{d}M_z}{\mathrm{d}t} = \gamma(-H_x M_y + H_y M_x) \end{cases} \quad (51\text{-}5)$$

式(51-4)、式(51-5)称为 Bloch 方程。若设 $\boldsymbol{H} = \hat{z} H_0$，则式(51-5)变为

$$\begin{cases} \dfrac{\mathrm{d}M_x}{\mathrm{d}t} = \gamma H_0 M_y \\ \dfrac{\mathrm{d}M_y}{\mathrm{d}t} = -\gamma H_0 M_x \\ \dfrac{\mathrm{d}M_z}{\mathrm{d}t} = 0 \end{cases} \quad (51\text{-}6)$$

由此可见，磁化强度的分量 M_z 是一个常量，即 $\boldsymbol{M}$ 在 z 轴方向上的投影将保持不变。将式(51-6)的第一式对 t 求导，并把第二式代入，有

$$\dfrac{\mathrm{d}^2 M_x}{\mathrm{d}t^2} = -\gamma^2 H_0^2 M_x \quad (51\text{-}7)$$

这是一个简谐运动方程，其解为 $M_x = A\cos(\gamma H_0 t + \varphi)$，由式(51-6)第一式得到 $M_y = -A\sin(\gamma H_0 t + \varphi)$，令 $\omega_0 = \gamma H_0$ 代入之，有

$$\begin{cases} M_x = A\cos(\omega_0 t + \varphi) \\ M_y = -A\sin(\omega_0 t + \varphi) \\ \sqrt{M_x^2 + M_y^2} = A = 常量 \end{cases} \quad (51\text{-}8)$$

由此可知，磁化强度在稳恒磁场中的运动特点是：

(1) 它围绕外磁场作进动，进动的角频率为 $\omega_0 = \gamma H_0$（当 $\gamma > 0$ 时迎着 z 轴观察是顺时针旋转），它和 $\boldsymbol{M}$ 与 $\boldsymbol{H}$ 之间的夹角 θ 无关；

(2) 它在 xOy 平面上的投影 A 是常量；

(3) 它在 z 轴方向上的投影 M_z 为常量。

其运动图像如图 51-3(a) 所示。

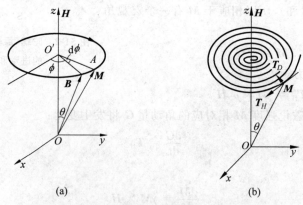

图 51-3　原子核自旋磁矩在外磁场中的拉摩进动

3. 弛豫过程

在实际情况下，M 绕 H 进动会受到阻尼作用，因而随着进动的进行，M 与 H 之间的夹角 θ 将随时间而减小，最后达到平衡位置，使 M 平行于 H 取向，如图 51-3(b)所示。为了描述这一物理图像，可通过唯像地再同时引入一阻尼力矩 T_D，推导出下列进动方程：

$$\frac{\mathrm{d}M}{\mathrm{d}t} = \gamma M \times H + T_D \tag{51-9}$$

阻尼力矩 T_D 通常有三种表达式：

(1) Landau-Lifshitz 形式 $\quad T_D = -\dfrac{\alpha\gamma}{M} M \times (M \times H)$

(2) Gibert 形式 $\quad T_D = \dfrac{\alpha}{M} M \times \dfrac{\mathrm{d}M}{\mathrm{d}t}$

(3) Bloch 形式 $\quad T_D = -\dfrac{M_x}{T_2}\hat{x} - \dfrac{M_y}{T_2}\hat{y} - \dfrac{M_z - M_0}{T_1}\hat{z}$

以上公式中，α 为阻尼系数；T_1 和 T_2 分别称为自旋-晶格（纵向）弛豫时间和自旋-自旋（横向）弛豫时间，通常 $T_2 \leqslant T_1$；M_0 为自旋系统与晶格达到热平衡时自旋系统的磁化强度。在实际使用中，Bloch 形式能对人体内所有核磁共振现象给出非常满意的描述，所以多在医学上讨论核磁共振原理和信号处理时被应用。

弛豫过程是原子核的核磁矩与物质相互作用产生的。弛豫过程分为纵向弛豫过程和横向弛豫过程。

1) 纵向弛豫（自旋-晶格耦合）

自旋与晶格热运动相互作用，使得核自旋系统的能量转换为晶格热运动的能量。转换的过程中核自旋系统中能级粒子数按 $1 - \exp\left(-\dfrac{t}{T_1}\right)$ 趋近热平衡时的粒子数。T_1 称为纵向弛豫时间。

2) 横向弛豫（自旋-自旋耦合）

核自旋与附近核自旋、电子自旋之间相互作用使得能级上粒子的寿命发生变化。自旋-自旋耦合最终表现为核磁共振信号按 $\exp\left(-\dfrac{t}{T_2}\right)$ 衰减，T_2 称之为横向弛豫时间。

存在弛豫过程的 Bloch 方程为

$$\begin{cases} \dfrac{\mathrm{d}M_x}{\mathrm{d}t} = \gamma(-H_y M_z + H_z M_y) - \dfrac{M_x}{T_2} \\ \dfrac{\mathrm{d}M_y}{\mathrm{d}t} = \gamma(-H_z M_x + H_x M_z) - \dfrac{M_y}{T_2} \\ \dfrac{\mathrm{d}M_z}{\mathrm{d}t} = \gamma(-H_x M_y + H_y M_x) - \dfrac{M_z - M_0}{T_1} \end{cases} \tag{51-10}$$

此时，如果没有电磁波的作用，则 M 最后会趋近 z 轴；如果维持一个磁场与外磁场垂直的电磁场的作用，则 M 最后会趋于稳定值。显然，此时系统从电磁波中所吸收的全部能量，恰好补充样品通过某种机制所损耗的能量。

检测核磁共振稳态（连续波电磁场）吸收信号必须正确理解共振吸收和弛豫过程这两个物理过程。现以被测核 $I = 1/2$ 为例来说明。因这类核在稳恒磁场 $H = zH_0$ 中只有

$$E_1 = -\frac{1}{2}\gamma \hbar H_0, \quad E_2 = \frac{1}{2}\gamma \hbar H_0$$

两个塞曼能级，所以它们对应于经典理论中两个旋进圆锥，如图 51-4 所示。两能级的能量差

$$\Delta E = E_2 - E_1 = \gamma \hbar H_0$$

当垂直于 H_0 方向所施加的射频场的频率满足

$$\hbar \omega = \Delta E = \gamma \hbar H_0$$

即 $\omega = \gamma H_0$ 时，则低能级核磁矩可吸收射频场能量而跃迁到高能级，这就是共振吸收。

共振吸收将会破坏能级粒子数的热平衡分布而趋于饱和，因而有赖于弛豫过程使粒子数恢复平衡分布。在热平衡状态下，核数目在两个能级上的相对分布由玻耳兹曼因子决定：

$$\frac{N_2}{N_1} = \exp\left(-\frac{\Delta E}{kT}\right) = \exp\left(-\frac{\gamma \hbar H_0}{kT}\right)$$

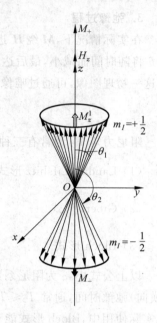

图 51-4 $I=1/2$ 的核磁矩系统的矢量和

式中，N_1 为低能级上的核数目；N_2 为高能级上的核数目；k 为玻耳兹曼常数；T 为绝对温度。当 $\Delta E \ll kT$ 时，上式可近似写成

$$\frac{N_1}{N_2} \approx 1 + \frac{\gamma \hbar H_0}{kT}$$

假定 $H_0 = 1.1214 \times 10^3$ kA/m，$T = 300$ K，则 $\frac{N_1}{N_2} \approx 1.0000099$。这就是说，在一百万个氢原子核中，热平衡条件下位于低能级上的核数目只比位于高级上的核数目多 10 个左右。所以核磁共振信号非常微弱。由于弛豫过程使因共振吸收而跃迁到高能级的原子核回到低能级，才能在实验中连续地观察到核磁共振吸收信号，为此还要使样品的弛豫时间不能太长，比如在液体样品中加适量含顺磁离子的物质可减少弛豫时间。

4. 连续波核磁共振吸收工作过程

连续波核磁共振是在所测样品上加上幅度不变的 x 轴方向的射频场

$$\boldsymbol{H} = 2H_1 \cos(\omega t)\hat{\boldsymbol{x}}$$

它可看作是如下两个左(手螺)旋圆偏振场和右(手螺)旋圆偏振场的叠加：

$$\boldsymbol{H}_1 = H_1 \cos(\omega t)\hat{\boldsymbol{x}} - H_1 \sin(\omega t)\hat{\boldsymbol{y}}$$

$$\boldsymbol{H}_1 = H_1 \cos(\omega t)\hat{\boldsymbol{x}} + H_1 \sin(\omega t)\hat{\boldsymbol{y}}$$

如图 51-5 所示，在这两个圆偏振场中，只有当圆偏振场的旋转方向与进动方向相同时才起作用。所以对于 γ 为正的系统，起作用的是顺时针方向的左旋圆偏振场，即式(51-10)中的 $\boldsymbol{H}$ 是外磁场 $\boldsymbol{H}_0 = H_0\hat{\boldsymbol{z}}$ 和左旋圆偏振磁场 $\boldsymbol{H}_1 = H_1 \cos(\omega t)\hat{\boldsymbol{x}} - H_1 \sin(\omega t)\hat{\boldsymbol{y}}$ 的叠加。这时，$\boldsymbol{M}$ 除了要绕 $\boldsymbol{H}_0$ 进动外，还要绕 $\boldsymbol{H}_1$ 进动，如图 51-6 所示。所以 $\boldsymbol{M}$ 与 $\boldsymbol{H}_0$ 之间的夹角 θ 将发生变化，这意味着核的能量状态的变化。当 θ 增加时，核要从旋转磁场 $\boldsymbol{H}_1$ 中吸收能量。但如果 $\omega \neq \omega_0$，则角度变化不显著。平均说来 θ 角的变化为零，原子核没有吸收磁场的能量，

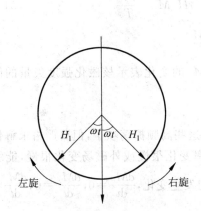

图 51-5 线偏振磁场分解为圆偏振磁场

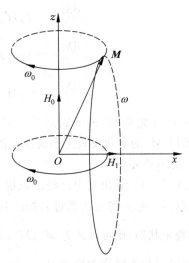

图 51-6 加线偏振场时 M 的运动

因此就观察不到核磁共振信号。

叠加了 H_1 后 $M \times H$ 的三个分量是

$$(M_y H_0 + M_z H_1 \sin \omega t)\hat{x}$$
$$(M_z H_1 \cos \omega t - M_x H_0)\hat{y}$$
$$(-M_x H_1 \sin \omega t - M_y H_1 \cos \omega t)\hat{z}$$

代入 Bloch 方程得

$$\begin{cases} \dfrac{dM_x}{dt} = \gamma(M_y H_0 + M_z H_1 \sin \omega t) - \dfrac{M_x}{T_2} \\ \dfrac{dM_y}{dt} = \gamma(M_z H_1 \cos \omega t - M_x H_0) - \dfrac{M_y}{T_2} \\ \dfrac{dM_z}{dt} = \gamma(-M_x H_1 \sin \omega t - M_y H_1 \cos \omega t) - \dfrac{M_z - M_0}{T_2} \end{cases} \quad (51\text{-}11)$$

在各种情况下来解 Bloch 方程,可以解释各种核磁共振现象。一般来说,Bloch 方程中含有 $\sin \omega t$、$\cos \omega t$ 这些高频振荡项,解起来很麻烦。为了简化推导,我们把坐标系转换为旋转坐标系,旋转频率为 ω。在旋转坐标系中射频磁场为

$$\begin{cases} H_{x'} = H_1 \\ H_{y'} = 0 \\ H_{z'} = H_z = H_0 \end{cases} \quad (51\text{-}12)$$

磁化率为(图 51-7)

$$\begin{cases} M_{x'} = M_x \cos \omega t - M_y \sin \omega t \\ M_{y'} = M_x \sin \omega t + M_y \cos \omega t \\ M_{z'} = M_z \end{cases} \quad (51\text{-}13)$$

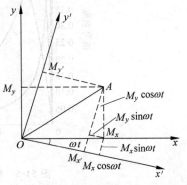

图 51-7 旋转坐标系

Bloch 方程在旋转坐标系中变为

$$\begin{cases} \dfrac{dM_{x'}}{dt} = (\gamma H_0 - \omega) M_{y'} - \dfrac{M_{x'}}{T_2} \\ \dfrac{dM_{y'}}{dt} = (-\gamma H_0 + \omega) M_{x'} + \gamma H_1 M_z - \dfrac{M_{y'}}{T_2} \\ \dfrac{dM_z}{dt} = -\gamma H_1 M_{y'} - \dfrac{M_z - M_0}{T_1} \end{cases} \quad (51\text{-}14)$$

表明 M_z 的变化是 $M_{y'}$ 的函数而不是 $M_{x'}$ 的函数,而 M_z 的变化表示核磁化强度矢量的能量变化,所以 $M_{y'}$ 的变化反映了系统能量的变化。

1) 稳态解

从式(51-14)看出其中已经不包括 $\sin \omega t$、$\cos \omega t$ 这些高频振荡项了,但要严格求解仍是相当困难的。稳态解是指通过共振区时射频场圆频率变化很慢或外磁场变化很慢,能级跃迁达到稳定状态,则可以认为 $M_{x'}$、$M_{y'}$、M_z 都不随时间发生变化,$\dfrac{dM_{x'}}{dt}=0,\dfrac{dM_{y'}}{dt}=0,\dfrac{dM_z}{dt}=0$,此时式(51-14)的解称为稳态解:

$$\begin{cases} M_{x'} = \dfrac{\gamma H_1 T_2^2 (\omega_0 - \omega) M_0}{1 + (\omega_0 - \omega)^2 T_2^2 + \gamma^2 H_1^2 T_1 T_2} \\ M_{y'} = \dfrac{\gamma H_1 M_0 T_2}{1 + (\omega_0 - \omega)^2 T_2^2 + \gamma^2 H_1^2 T_1 T_2} \\ M_z = \dfrac{M_0 [1 + (\omega_0 - \omega)^2 T_2^2]}{1 + (\omega_0 - \omega)^2 T_2^2 + \gamma^2 H_1^2 T_1 T_2} \end{cases} \quad (51\text{-}15)$$

根据式(51-15)中前两式可以画出 $M_{x'}$(与 H_1 同相,称为色散信号)和 $M_{y'}$(在相位上与 H_1 相差 90°,称为吸收信号)随 ω 而变化的函数关系曲线。根据曲线知道,当外加旋转磁场 H_1 的角频率 ω 等于 M 在磁场 H_0 中的进动角频率 ω_0 时,吸收信号最强,即出现共振吸收现象。

根据不同的静磁场(H_0)和射频幅度(H_1)以及样品弛豫时间(T_2)的不同可以得到不同的信号强度,如图 51-8 所示。

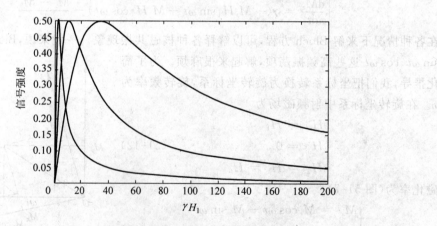

图 51-8 信号强度与射频磁场关系图(稳态解)

由上面得到的 Bloch 方程的稳态解可以看出,稳态共振吸收信号有以下几个重要特点。

(1) 当 $\omega = \omega_0$ 时，$M_{y'}$ 值为极大，可以表示为 $M_{y'极大} = \dfrac{\gamma H_1 T_2 M_0}{1+\gamma^2 H_1^2 T_1 T_2}$。可见，$H_1 = \dfrac{1}{\gamma(T_1 T_2)^{1/2}}$ 时，$M_{y'极大}$ 到达最大值 $M_{y'\max} = \dfrac{1}{2}\sqrt{\dfrac{T_2}{T_1}} M_0$。由此表明，吸收信号的最大值并不是要求 H_1 无限弱，而是要求它有一定的大小。

(2) 共振时 $\omega = \omega_0$，吸收信号的表示式中包含有 $S = \dfrac{1}{1+\gamma^2 H_1^2 T_1 T_2}$ 因子，也就是说 H_1 增加时，S 值减小（参看图 51-8）。这意味着自旋系统吸收的能量减少，相当于高能级部分地被饱和，所以人们称 S 为饱和因子。

稳态共振吸收信号的谱线有一定的宽度，如图 51-9 所示。通常用"半高宽"代表线宽，即谱线半高度所对应的频率间隔。由式(51-15)可以看出，吸收曲线半宽度为

$$\omega_0 - \omega = \dfrac{(1+\gamma^2 H_1^2 T_1 T_2)^{1/2}}{T_2} \tag{51-16}$$

当 $\gamma^2 H_1^2 T_1 T_2 \ll 1$ 时，$\omega_0 - \omega = \dfrac{1}{T_2}$，即线宽

$$\Delta\omega = 2(\omega_0 - \omega) = \dfrac{2}{T_2} \tag{51-17}$$

由此可见，线宽与弛豫时间 T_1 和 T_2 有关，但主要由 T_2 决定。由弛豫过程造成的线宽称为本征线宽，外磁场 H_0 不均匀也会使吸收谱线加宽。因此，由线宽估算的 T_2 是包含了其他因素的贡献的。

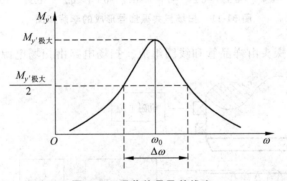

图 51-9 吸收信号及其线宽

2）瞬态解

实验过程中，使用的扫场电源频率为 50 Hz，扫场幅度较大，它不满足稳态解的条件，所以必须严格解 Bloch 方程。Bloch 方程是一阶微分方程组，其解析解极为复杂，所以采用欧拉方法进行数值计算得到数值解。以下计算采用的软件是 MATLAB 5.2 版本，结果如下：

图 51-10 中，$T_2 = 2$ ms，

$$\omega_0 - \omega = 50\cos 314t \text{ rad/s}$$

其李萨如图形如图 51-11 所示。

三、实验装置

连续波核磁共振实验装置如图 51-12 所示，实验系统由磁铁、探头及检测电路、扫场单

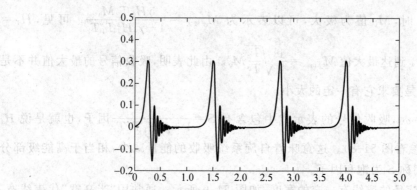

图 51-10　50Hz 扫场下得到的瞬态静（横坐标为时间，纵坐标为信号强度）

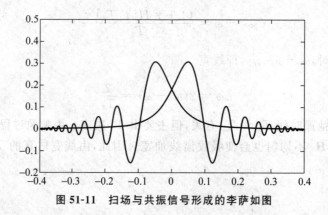

图 51-11　扫场与共振信号形成的李萨如图

元及示波器等组成。探头由样品管和线圈组成。扫场电路由扫场电源和扫场线圈组成。

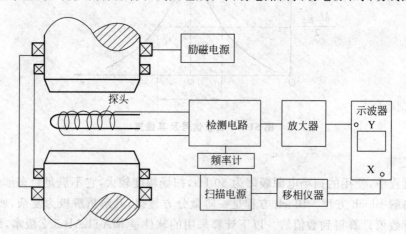

图 51-12　实验装置连接框图

1. 磁铁

磁铁要求能够产生尽量强的、非常稳定、非常均匀的磁场，分永磁铁和电磁铁两种。永磁铁稳定性较好、不耗电但是磁场无法变化。电磁铁必须配备性能优良的恒流源，而且必须恒温，否则磁场强度变化很大，又因为电磁铁消耗大量的热源，所以电磁铁温升非常快，一般可以升至 60～100℃,所以电磁铁必须通大量的水进行冷却以保持磁铁的温度。电磁铁使用时还必须有 30～60 min 热稳定时间,否则磁场变化较快。所以一般不采用电磁铁。但是电磁铁也有它的优点:①磁场可以大范围调节(0.1～2.1 T);②电磁铁的磁场在设计合理的情况下可以比较容易达到 2.1 T 的较高磁场,而永磁铁一般在 1.1 T 以下,最高只达到 1.6～1.7 T。

2. 连续波核磁共振检测电路原理

核磁共振检测电路是测量样品线圈 Q 值在共振状态相对不共振状态的微小变化。核磁共振信号在选择合适的样品和足够大的样品体积、优质的探头线圈时可以得到 $100\,\mu V$ 以上的信号。单线圈直接测量法是对核磁共振实验原理最直观的实验检测方法,其他许多实验方法均在直接测量法上加以改进,如电桥法、边限振荡器法等。此外,还有交叉线圈(双线圈)法。本教学用核磁共振实验仪采用边限振荡器法,它在本质上也是把发射线圈兼作接收线圈的单线圈法。

边限振荡器法简介如下。

边限振荡器经特殊设计,振荡器不是工作在振幅稳定的状态,而是工作在刚刚起振的边际状态(边限振荡器因此得名),这时电路参数的任何变化都会引起工作状态的变化。当共振发生时,样品要吸收射频场的能量,使振荡线圈的品质因数 Q 值下降,Q 值下降将引起工作状态的改变,表现为振荡波形包络线发生变化(原为直线),这种变化就是共振信号,经过检波、放大后与示波器连接,即可从示波器上观察到共振信号。但由于其形状不仅与吸收信号而且与边限振荡器的性能密切相关,因此难以真实地反映共振信号的线形,给线形分析带来不便。振荡器未经检波的高频信号经由"频率输出"端直接输出到数字频率计,从而可直接读出射频场的频率。

由于采用边限振荡器,所以射频场可以很弱,这样饱和的影响就小。但如果电路调节得不好,偏离边限振荡状态很远,则一方面射频场很强,出现饱和效应,另一方面样品中少量的能量吸收对振幅的影响很小,就可能观察不到共振吸收信号。

3. 扫场单元

为了能在示波器上观察到共振信号,在直流磁场 zH_0 上外加由一对亥姆霍兹线圈产生的 50 Hz 的低频扫描磁场 $zH'\sin\omega't$。当射频场的角频率固定为 ω 时,在磁场 H_z 扫过共振点 $H_z^0 = \omega/\gamma$ 时产生共振信号,如图 51-13 所示(但这时未必 $\omega = \omega_0$)。I 为输出信号强度。对于长 T_2 样品信号会出现"尾波",这种尾波非常有用,因为磁场越均匀,尾波越大。所以应调节样品在磁铁中的空间位置使尾波达到最大。

由图 51-13 可知,如果保持扫描磁场幅度不变,调节射频场的频率使这些吸收峰的间距相等,此时才有 $\omega = \omega_0$。而若 $\omega = \gamma(H_0 + H')$ 或 $\omega = \gamma(H_0 - H')$ 时,则出现二峰合一。

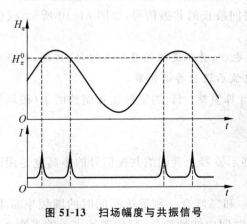

图 51-13 扫场幅度与共振信号

四、实验内容

1. 熟悉仪器性能并用相关线连接

本实验装置由永磁铁、边限振荡器、样品探杆(头)、50 Hz 交流扫场、移相器及稳压电源组成。同时还需配备频率计和双踪示波器及样品若干($CuSO_4$ 水溶液、$FeCl_3$ 水溶液、HF 溶液、甘油等)。

注:因为 $CuSO_4$ 水溶液的共振信号比较明显,所以开始时应该用 $CuSO_4$ 水溶液,熟悉了实验操作之后,再选用其他样品。

(1) 首先将探杆旋进边限振荡器后面板指定位置,注意探杆必须与边限振荡器保持良好紧密接触,将 5 mL 样品管(装有 1%摩尔浓度的 $CuSO_4$ 水溶液)插入探头内;

(2) 将扫场电源"扫场输出"与永磁铁连接(输出幅度 0~5 V 连续可调),并将电源后面板上 15 V 输出端与边限振荡器后面板上的接头用相关线连接,扫场电源上移相器的"X 轴输出"接至示波器的 Y_1 输入端;

(3) 边限振荡器"共振信号输出"接双踪示波器的 Y_2 输入端(射频幅度可调),边限振荡器的"频率输出"接至频率计(射频频率可调);

(4) 移动边限振荡器将探头连同样品放入磁场中,耐心调节样品在磁场中的位置,力求使样品在磁场的均匀区域内,并使探头放置的位置保证其上的射频线圈(构成边限振荡器振荡电路中的一个电感)产生的射频磁场与稳恒磁场方向垂直;

(5) 打开扫场、边限振荡器、频率计和示波器的电源。

2. 核磁共振信号的调节

(1) 将扫场电源的"扫场输出"设置为 2 V 左右。

(2) 调节"射频幅度"以调节边限振荡器电流(32 μA 左右,注意如果边限电流过大,即射频场过强,容易出现饱和现象;如果太小,边限振荡器将停振,都会导致没有信号)。

(3) 细调"边限振荡器"的频率,将频率调节至 ^{1}H 共振频率附近(在 26 MHz 附近捕捉信号,调节旋钮时要慢,因为共振范围非常小,很容易跳过)。

(4) 调出共振信号后,降低扫场幅度,调节射频频率至信号等间隔。同时调节样品在磁铁中的空间位置来得到最强、尾波最多、弛豫时间最长的共振信号,如图 51-10 所示(仅供参考)。

注:当扫场幅度降低时,尾波中的振荡次数也少,并不是磁场变得不均匀;另外,边限电流调节会对频率产生影响。因此,调节了边限电流后还应再调频率。

(5) 测出三峰等间隔时对应的频率。由此计算氢核(^{1}H)的旋磁比和朗德因子(磁场数值由实验室给定或由学生用高斯计自行测定)。

(6) 测量样品的横向弛豫时间 T_2。

测量 T_2 须测出共振信号的半高宽 $\Delta\omega$,但在示波器上看到的共振信号的半高宽是用时间间隔 Δt 表示的,须把它换算成 $\Delta\omega$。

首先要测得三峰等间隔时对应的圆频率 ω_0 和二峰合一刚消失瞬间时的圆频率 ω,则 $H' = \gamma|\omega_0 - \omega|$。设扫场在 $t=0$ 为中心的 $\Delta t/2$ 时间内线性变化,则用磁场表示的半宽 ΔH 可写成

$$\Delta H \approx H' \cos\omega' t \cdot \omega' \Delta t |_{t=0} = H'\omega' \Delta t = \gamma|\omega_0 - \omega|\omega' \Delta t$$

于是，用 $\Delta\omega$ 表示的半宽可写成

$$\Delta\omega = |\omega_0 - \omega| \omega' \Delta t$$

所以由式(51-17)可得横向弛豫时间为

$$T_2 = \frac{2}{\Delta\omega} = \frac{2}{|\omega_0 - \omega| \omega' \Delta t}$$

3. 李萨如图形的观察

将扫场电源上移相器的"X 轴输出"接至示波器的 X 输入端，将示波器 TIME 旋钮置"X-Y"挡，观察李萨如图形。调节移相器"X 轴振幅"和"X 轴移相"，观察信号图形如何变化。

4. 用 HF 溶液样品分别观测 ^{1}H、^{19}F 的共振信号

将 HF 溶液样品放入探头中，先测出 ^{1}H 的共振信号频率，再将频率调至 ^{19}F 的共振频率（约为 ^{1}H 的共振频率减去 1.4 MHz），"扫场输出"设置为 4 V 左右，即容易得到 ^{19}F 的共振信号。比较它们的幅度的大小，测出 ^{19}F 的共振频率。

五、思考题

1. 如何用李萨如图形法测量共振频率？
2. 为什么甘油样品的信号两边都有尾波而 $CuSO_4$ 水溶液样品却只有一边有？

参考文献

[1] 伍长征. 激光物理学[M]. 上海：复旦大学出版社，1989.
[2] 吴思诚，王祖铨. 近代物理实验[M]. 北京：北京大学出版社，1986.

总附录 A 理工科类大学物理实验课程教学基本要求

物理学是研究物质的基本结构、基本运动形式、相互作用及其转化规律的自然科学。它的基本理论渗透在自然科学的各个领域,应用于生产技术的许多部门,是其他自然科学和工程技术的基础。

在人类追求真理、探索未知世界的过程中,物理学展现了一系列科学的世界观和方法论,深刻影响着人类对物质世界的基本认识、人类的思维方式和社会生活,是人类文明的基石,在人才的科学素质培养中具有重要的地位。

物理学本质上是一门实验科学。物理实验是科学实验的先驱,体现了大多数科学实验的共性,在实验思想、实验方法以及实验手段等方面是各学科科学实验的基础。

一、课程的地位、作用和任务

物理实验课是高等理工科院校对学生进行科学实验基本训练的必修基础课程,是本科生接受系统实验方法和实验技能训练的开端。

物理实验课覆盖面广,具有丰富的实验思想、方法、手段,同时能提供综合性很强的基本实验技能训练,是培养学生科学实验能力、提高科学素质的重要基础。它在培养学生严谨的治学态度、活跃的创新意识、理论联系实际和适应科技发展的综合应用能力等方面具有其他实践类课程不可替代的作用。

本课程的具体任务是:

1. 培养学生的基本科学实验技能,提高学生的科学实验基本素质,使学生初步掌握实验科学的思想和方法。培养学生的科学思维和创新意识,使学生掌握实验研究的基本方法,提高学生的分析能力和创新能力。

2. 提高学生的科学素养,培养学生理论联系实际和实事求是的科学作风,认真严谨的科学态度,积极主动的探索精神,遵守纪律,团结协作,爱护公共财产的优良品德。

二、教学内容基本要求

大学物理实验应包括普通物理实验(力学、热学、电磁学、光学实验)和近代物理实验,具体的教学内容基本要求如下:

1. 掌握测量误差的基本知识,具有正确处理实验数据的基本能力。

(1) 测量误差与不确定度的基本概念,能逐步学会用不确定度对直接测量和间接测量的结果进行评估。

(2) 处理实验数据的一些常用方法,包括列表法、作图法和最小二乘法等。随着计算机及其应用技术的普及,应包括用计算机通用软件处理实验数据的基本方法。

2. 掌握基本物理量的测量方法。

例如:长度、质量、时间、热量、温度、湿度、压强、压力、电流、电压、电阻、磁感应强度、光强度、折射率、电子电荷、普朗克常量、里德伯常量等常用物理量及物性参数的测量,注意加强数字化测量技术和计算技术在物理实验教学中的应用。

3. 了解常用的物理实验方法,并逐步学会使用。

例如:比较法、转换法、放大法、模拟法、补偿法、平衡法和干涉、衍射法,以及在近代科学研究和工程技术中的广泛应用的其他方法。

4. 掌握实验室常用仪器的性能,并能够正确使用。

例如:长度测量仪器、计时仪器、测温仪器、变阻器、电表、交/直流电桥、通用示波器、低频信号发生器、分光仪、光谱仪、常用电源和光源等常用仪器。

各校应根据条件,在物理实验课中逐步引进在当代科学研究与工程技术中广泛应用的现代物理技术,例如:激光技术、传感器技术、微弱信号检测技术、光电子技术、结构分析波谱技术等。

5. 掌握常用的实验操作技术。

例如:零位调整、水平/铅直调整、光路的共轴调整、消视差调整、逐次逼近调整、根据给定的电路图正确接线、简单的电路故障检查与排除,以及在近代科学研究与工程技术中广泛应用的仪器的正确调节。

6. 适当介绍物理实验史料和物理实验在现代科学技术中的应用知识。

三、能力培养基本要求

1. 独立实验的能力。能够通过阅读实验教材、查询有关资料和思考问题,掌握实验原理及方法、做好实验前的准备;正确使用仪器及辅助设备、独立完成实验内容、撰写合格的实验报告;培养学生独立实验的能力,逐步形成自主实验的基本能力。

2. 分析与研究的能力。能够融合实验原理、设计思想、实验方法及相关的理论知识对实验结果进行分析、判断、归纳与综合。掌握通过实验进行物理现象和物理规律研究的基本方法,具有初步的分析与研究的能力。

3. 理论联系实际的能力。能够在实验中发现问题、分析问题并学习解决问题的科学方法,逐步提高学生综合运用所学知识和技能解决实际问题的能力。

4. 创新能力。能够完成符合规范要求的设计性、综合性内容的实验,进行初步的具有研究性或创意性内容的实验,激发学生的学习主动性,逐步培养学生的创新能力。

四、分层次教学基本要求

上述教学要求,应通过开设一定数量的基础性实验、综合性实验、设计性或研究性实验来实现。这三类实验教学层次的学时比例建议大致分别为:60%、30%、10%(各学校可根据本校的特点和需要,做适当调整,建议综合性实验、设计性或研究性实验的学时调整幅度分别不高于 25%,并含有一定比例的近代物理实验)。

1. 基础性实验:主要学习基本物理量的测量、基本实验仪器的使用、基本实验技能和基本测量方法、误差与不确定度及数据处理的理论与方法等,可涉及力学、热学、电磁学、光学、近代物理等各个领域的内容。此类实验为适应各专业的普及性实验。

2. 综合性实验:指在同一个实验中涉及力学、热学、电磁学、光学、近代物理等多个知识领域,综合应用多种方法和技术的实验。此类实验的目的是巩固学生在基础性实验阶段的学习成果、开阔学生的眼界和思路,提高学生对实验方法和实验技术的综合运用能力。各校应根据本校的实际情况设置该部分实验内容(综合的程度、综合的范围、实验仪器、教学要求)。

  3. 设计性实验：根据给定的实验题目、要求和实验条件，由学生自己设计方案并基本独立完成全过程的实验。各校也应根据本校的实际情况设置该部分实验内容(实验选题、教学要求、实验条件、独立的程度等)。

  4. 研究性实验：组织若干个围绕基础物理实验的课题，由学生以个体或团队的形式，以科研方式进行的实验。

  设计性或研究性实验的目的是使学生了解科学实验的全过程、逐步掌握科学思想和科学方法，培养学生独立实验的能力和运用所学知识解决给定问题的能力。各校应根据本校的实际情况设置该类型的实验内容(选题的难、易，涉及的领域等)。

五、教学模式、教学方法和实验学时的基本要求

  1. 各学校应积极创造条件开放物理实验室，在教学时间、空间和内容上给学生较大的选择自由。为一些实验基础较为薄弱的学生开设预备性实验以保证实验课教学质量；为学有余力的学生开设提高性实验，提供延伸课内实验内容的条件，以尽可能满足各层次学生求知的需要，适应学生的个性发展。

  2. 创造条件，充分利用包括网络技术、多媒体教学软件等在内的现代教育技术丰富教学资源，拓宽教学的时间和空间。提供学生自主学习的平台和师生交流的平台，加强现代化教学信息管理，以满足学生个性化教育和全面提高学生科学实验素质的需要。

  3. 考核是实验教学中的重要环节，应该强化学生实验能力和实践技能的考核，鼓励建立能够反映学生科学实验能力的多样化的考核方式。

  4. 物理实验课程一般不少于 54 学时；对于理科、师范类非物理专业和某些需要加强物理基础的工科专业建议实验学时一般不少于 64 学时。

  5. 基础性实验分组实验一般每组 1~2 人为宜。

六、有关说明

  1. 本基本要求适用于各类高等院校工科专业和理科非物理专业的本科物理实验教学。

  2. 建议有条件的学校在必修实验课程之外开设 1~2 门物理实验选修课，其内容以近代物理、综合性、应用性实验为主，面可以宽一些，技术手段应先进一些，以满足各层次学生的需要。各校应积极创造条件，开辟学生创新实践的第二课堂，进一步加强对学生创新意识和创新能力的培养，鼓励和支持拔尖学生脱颖而出。

  3. 积极开展物理实验课程的教学改革研究，在教学内容、课程体系、教学方法、教学手段等各方面进行新的探索和尝试，并将成功的经验应用于教学实践中。

教育部高等学校物理学与天文学教学指导委员会
物理基础课程教学指导分委员会
2010 年 3 月 31 日

总附录 B 附　　表

附表 B.1　常用基本物理常量表（CODATA2006 年推荐值）

物　理　量	符号、公式	数　　值	单位
真空中的光速	c	2.99792458×10^8（精确）	m/s
真空中磁导率	μ_0	$4\pi\times10^{-7}=12.566370614\cdots\times10^{-7}$（精确）	N/A²
真空电容率	$\varepsilon_0=1/\mu_0 c^2$	$8.854187817\cdots\times10^{-12}$（精确）	F/m
元电荷	e	$1.602176487(40)\times10^{-19}$	C
电子质量	m_e	$9.10938215(45)\times10^{-31}$	kg
中子质量	m_n	$1.674927211(84)\times10^{-27}$	kg
质子质量	m_P	$1.672621637(83)\times10^{-27}$	kg
普朗克常量	h	$6.62606896(33)\times10^{-34}$	J·s
阿伏伽德罗常量	N_A	$6.02214179(30)\times10^{23}$	mol⁻¹
摩尔气体常量	R	$8.314472(15)$	J/(mol·K)
标准状态下理想气体的摩尔体积	V_m	$22.413996(36)\times10^{-3}$	m³/mol
玻耳兹曼常量	$k=R/N_A$	$1.3806504(24)\times10^{-23}$	J/K
斯特藩-玻耳兹曼常量	$\sigma=\pi^2 k^4/60h^3 c^2$	$5.670400(40)\times10^{-8}$	W/(m²·K⁴)
牛顿引力常量	G	$6.67428(67)\times10^{-11}$	m³/(kg·s²)
法拉第常量	$F=N_A e$	$9.64853399(24)\times10^4$	C/mol
精细结构常数	$\alpha=e^2/2\varepsilon_0 hc$	$7.2973525376(50)\times10^{-3}$	
里德伯常量	$R_\infty=\alpha^2 m_e c/2h$	$10973731.568527(73)$	m⁻¹
洛喜密脱常量	$n_0=N_A/V_m$	$2.6867774(47)\times10^{25}$	m⁻³
玻尔磁子	$\mu_B=eh/4\pi m_e$	$927.400915(23)\times10^{-26}$	J/T
核磁子	$\mu_N=eh/4\pi m_P$	$5.05078324(13)\times10^{-27}$	J/T
玻尔半径	$a_0=\varepsilon_0 h^2/\pi m_e e^2$	$0.52917720859(36)\times10^{-10}$	m
电子 g 因子	g_e	$2.0023193043622(15)$	
电子旋磁比	$\gamma_e=g_e e/2m_e$	$1.760859770(44)\times10^{11}$	(s·T)⁻¹
质子 g 因子	g_P	$5.585694713(46)$	

续表

物 理 量	符号、公式	数 值	单位
质子旋磁比	$\gamma_P = g_P e/2m_P$	$2.675\,222\,099(70) \times 10^8$	$(s \cdot T)^{-1}$
经典电子半径	$r_e = e^2/4\pi\varepsilon_0 m_e c^2$	$2.817\,940\,289\,4(58) \times 10^{-15}$	m
电子磁矩	$\mu_e = g_e \mu_B/2$	$928.476\,377(23) \times 10^{-26}$	J/T
质子磁矩	$\mu_P = g_P \mu_N/2$	$1.410\,606\,662(37) \times 10^{-26}$	J/T
标准大气压	atm	101 325（精确）	Pa
标准重力加速度（纬度45°海平面）	g_n	9.806 65（精确）	m/s²
电子伏特	eV	$1.602\,176\,487(40) \times 10^{-19}$	J
（统一的）原子质量单位	$u = m_u = \frac{1}{12}(^{12}C)$ $= 10^{-3}(kg/mol)/N_A$	$1.660\,538\,782(83) \times 10^{-27}$	kg

注：数值栏括号内的两位数表示该值的标准不确定度，它的含义是括号前两数字存疑，如普朗克常数 $h = 6.626\,068\,96(33) \times 10^{-34}$ J·s 表示括号前的数字 96 存疑，为不准确数字。

附表 B.2　国际单位制的基本单位

物理量名称	表示符号	单位名称	单位符号	定　义
长度 length	l	米 meter	m	1 米等于光在真空中光线在 1/299 792 458 秒时间间隔内所经过的距离
质量 mass	m	千克/公斤 kilogram	kg	1 千克等于国际千克原器的质量
时间 time	t	秒 second	s	1 秒是铯-133 原子基态的两个超精细结构能级之间跃迁所对应的辐射的 9 192 631 770 个周期的持续时间
电流 current	I	安［培］Ampere	A	安培是一恒定电流，处于真空中相距 1 米的无限长平行直导线（截面可忽略），若流过其中的电流使两导线之间产生的力在每米长度上等于 2×10^{-7} 牛顿，则此时的电流为 1 安培
热力学温度 thermodynamic temperature	T	开［尔文］Kelvin	K	1 开尔文是水三相点热力学温度的 1/273.16
物质的量 amount of substance	υ 或 n	摩［尔］mole	mol	摩尔是一系统的物质的量，该系统中所包含的基本单元数与 0.012 kg 碳 12 的原子数目相等
发光强度 luminous intensity	I	坎［德拉］candela	cd	坎德拉是一光源在给定方向上的发光强度，该光源发出频率为 540×10^{12} Hz 的单色辐射，且在此方向上的辐射强度为 (1/683) W/sr

附表 B.3　国际单位制的两个辅助单位

量	名　称	符号 中文	符号 国际	定　义
平面角 plane angle	弧度 radian	弧度	rad	当一个圆内的两条半径在圆周上截取的弧长与半径相等时,则其间夹角为 1 弧度
立体角 solid angle	球面度 steradian	球面度	sr	如果一个立体角顶点位于球心,其在球面上截取的面积等于以球半径为边长的正方形面积时,即为一个球面度

附表 B.4　国际单位制中 21 个具有专门名称的导出单位

量的名称	单位名称/符号	单位换算	量的名称	单位名称/符号	单位换算
频率	赫[兹]/Hz	$1\ Hz=1\ s^{-1}$	磁通[量]密度 磁感应强度	特[斯拉]/T	$1\ T=1\ Wb/m^2$
力	牛[顿]/N	$1\ N=1\ kg \cdot m/s^2$	电感	亨[利]/H	$1\ H=1\ Wb/A$
压力,压强,应力	帕[斯卡]/Pa	$1\ Pa=1\ N/m^2$	摄氏温度	摄氏度/℃	$1℃=1\ K+273.15$
能[量],功,热量	焦[耳]/J	$1\ J=1\ N \cdot m$	光通量	流[明]/lm	$1\ lm=1\ cd \cdot sr$
功率,辐[射能]通量	瓦[特]/W	$1\ W=1\ J/s$	[光]照度	勒[克斯]/lx	$1\ lx=1\ lm/m^2$
电荷量	库[仑]/C	$1\ C=1\ A \cdot s$	[放射性]活度	贝可[勒尔]/Bq	$1\ Bq=1\ s^{-1}$
电压/电动势/电位(电势)	伏[特]/V	$1\ V=1\ W/A$	吸收剂量	戈[瑞]/Gy	$1\ Gy=1\ J/kg$
电容	法[拉]/F	$1\ F=1\ C/V$	比授[予]能		
电阻	欧[姆]/Ω	$1\ \Omega=1\ V/A$	比释动能		
电导	西[门子]/S	$1\ S=1\ \Omega^{-1}$	剂量当量	希[沃特]/Sv	$1\ Sv=1\ J/kg$
磁通[量]	韦[伯]/Wb	$1\ Wb=1\ V \cdot s$			

附表 B.5　中华人民共和国法定计量单位

中华人民共和国法定计量单位包括:
1. 国际单位制(SI)的基本单位;
2. 国际单位制的辅助单位;
3. 国际单位制中具有专门名称的导出单位;
4. 可与国际单位制并用的我国法定计量单位(表1);
5. 由以上单位构成的组合形式的单位;
6. 由词头和以上单位所构成的十进倍数和分数单位(表2)。

表 1 可与国际单位制单位并用的我国法定计量单位

量的名称	单位名称	单位符号	与 SI 单位的关系	备注
时间	分 [小]时 日(天)	min h d	1 min = 60 s 1 h = 60 min = 3 600 s 1 d = 24 h = 86 400 s	
[平面]角	度 [角]分 [角]秒	° ′ ″	1° = (π/180) rad 1′ = (1/60)° = (π/10 800) rad 1″ = (1/60)′ = (π/648 000) rad	在组合单位中用(°)、(′)、(″)的形式;与数字连用时去掉括号
体积	升	L(l)	1 L = 1 dm^3 = 10^{-3} m^3	字母 l 为备用符号
质量	吨 原子质量单位	t u	1 t = 10^3 kg 1 u ≈ 1.660 540×10^{-27} kg	
旋转速度	转每分	r/min	1 r/min = (1/60) s^{-1}	
长度	海里	n mile	1 n mile = 1 852 m (只用于航海)	
速度	节	kn	1 kn = 1 n mile/h (只用于航海)	
能	电子伏	eV	1 eV ≈ 1.602 177×10^{-19} J	
级差	分贝	dB		
线密度	特[克斯]	tex	1 tex = 10^{-6} kg/m	
面积	公顷	hm^2	1 hm^2 = 10^4 m^2	公顷的国际通用符号为 ha

表 2 构成词头的十进倍数和分数单位

因数	词头名称 英文	词头名称 中文	符号	因数	词头名称 英文	词头名称 中文	符号
10^{24}	yotta	尧[它]	Y	10^{-1}	deci	分	d
10^{21}	zetta	泽[它]	Z	10^{-2}	centi	厘	c
10^{18}	exa	艾[可萨]	E	10^{-3}	milli	毫	m
10^{15}	peta	拍[它]	P	10^{-6}	micro	微	μ
10^{12}	tera	太[拉]	T	10^{-9}	nano	纳[诺]	n
10^9	giga	吉[咖]	G	10^{-12}	pico	皮[可]	p
10^6	mega	兆	M	10^{-15}	femto	飞[母托]	f
10^3	kilo	千	k	10^{-18}	atto	阿[托]	a
10^2	hecto	百	h	10^{-21}	zepto	仄[普托]	z
10^1	deca	十	da	10^{-24}	yocto	幺[科托]	y